高等学校计算机专业规划教材

Fundamentals of Software Engineering Third Edition

软件工程基础

（第3版）

胡思康　编著

清华大学出版社
北京

内容简介

软件工程是利用工程化的原理和方法指导计算机软件系统开发、测试和维护的学科，具有知识面广、实践性强、不断发展等特点。本书系统介绍软件工程的基本概念、原理、方法与技术，全书共11章，可分为四部分：第一部分为第1章，简要介绍软件工程的发展与过程模型；第二部分包括第2～6章，以瀑布模型为基础，以结构化方法为主线，介绍软件工程各阶段的任务、过程、方法、工具与测试技术；第三部分包括第7～10章，以瀑布模型为基础，以面向对象方法为主线，介绍统一建模语言UML、面向对象分析与过程、面向对象设计与建模、软件测试、软件维护等；第四部分为第11章，介绍软件项目管理与CMM。

软件工程的学习应注重理论与实践相结合，因此在全书的讲解以及每章习题中，有针对性地给出实际项目的分析与设计过程，以锻炼读者在实践中应用软件工程方法与技术的能力。

本书可作为高等院校计算机专业或信息类相关专业课程的教材，也能作为有一定实践经验的软件工程人员和从事应用软件开发的广大计算机用户的参考用书。

图书在版编目（CIP）数据

软件工程基础/胡思康编著. —3版. —北京：清华大学出版社，2019（2023.2重印）
（高等学校计算机专业规划教材）
ISBN 978-7-302-51829-7

Ⅰ. ①软… Ⅱ. ①胡… Ⅲ. ①软件工程－高等学校－教材 Ⅳ. ①TP311.5

中国版本图书馆CIP数据核字（2018）第283130号

责任编辑： 龙启铭
封面设计： 何凤霞
责任校对： 焦丽丽
责任印制： 曹婉颖

出版发行： 清华大学出版社
网　　址：http://www.tup.com.cn, http://www.wqbook.com
地　　址：北京清华大学学研大厦A座　　邮　编：100084
社 总 机：010-83470000　　邮　购：010-62786544
投稿与读者服务：010-62776969，c-service@tup.tsinghua.edu.cn
质量反馈：010-62772015，zhiliang@tup.tsinghua.edu.cn
课件下载：http://www.tup.com.cn,010-83470236

印 装 者： 三河市铭诚印务有限公司
经　　销： 全国新华书店
开　　本： 185mm×260mm　　**印　张：** 22.5　　**字　数：** 520千字
版　　次： 2012年6月第1版　2019年3月第3版　　**印　次：** 2023年2月第12次印刷
定　　价： 49.00元

产品编号：081317-01

第3版前言

本书第2版自2015年6月出版以来，被众多高校选作教材，还作为研究生入学考试的参考书，取得了良好的效果。根据作者近年来从事“软件工程基础”“软件工程综合训练”的教学，并结合软件开发的实践经验，在保持原书结构和篇幅基本不变的前提下，对第2版的内容做了以下修正和补充：

（1）修改了第2版中出现的错误，更加规范和完善相关的图、表，对文字叙述做了进一步的加工和润色。

（2）根据软件工程的发展，以及项目实际的应用，删除了部分使用较少的内容，包括4GT过程模型、基于构建的开发模型、统一建模过程、Worrior图、管道过滤器模型、面向数据的设计方法、Jackson图等内容。新增部分内容，包括渐进交付的迭代模型、软件过程模型的比较、强调数据字典的作用、面向对象的分析过程、基于过程的面向对象集成测试、软件维护评审等内容，以反映软件工程的最新发展。

（3）新增了部分章节后的习题，目的是让读者更好地在实践中掌握基础理论。

鉴于技术人员专注技术而轻文档编写的实际情况，即使敏捷过程、极限编程等近年来广泛受到关注，也有一定程度的应用与实践，但有效的文档和管理在软件生命周期中仍有较高价值与强大的生命力。因此，本书第3版仍希望通过介绍软件工程各阶段的文档框架编写，来强化文档对软件工程实施的重要性。

下面给出本书的结构图，希望能给读者更好地学习提供帮助。

在全书的结构图中，有两类不同的学习路径：

一是按照本书的章节顺序进行学习。先以结构化程序设计为主，介绍软件工程的基本理论、方法、过程与工具；然后以面向对象为主，借助UML统一建模语言，完成对面向对象基本概念、封装性、继承性和多态性的理解，学习面向对象分析与设计的过程。

二是按照结构图中虚线对应的章节进行学习。这样的学习思路，是将软件工程生命周期的各阶段，按照结构化方法和面向对象方法相对比同时进行。这样的学习路径，便于用户在同一阶段、对同一项目采用何种方法进行分析与设计产生同步比较。

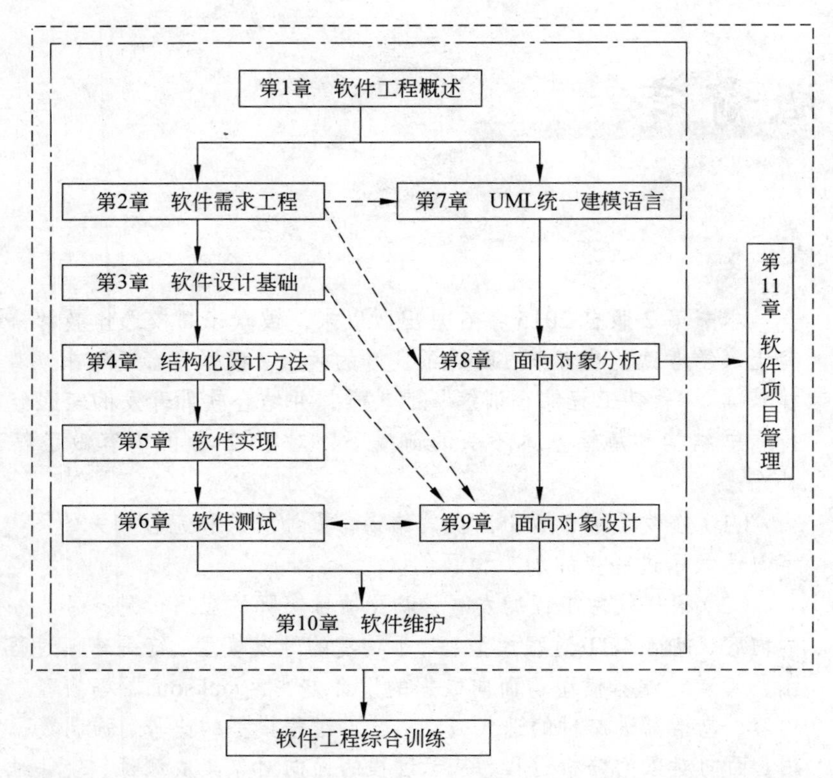

无论使用哪种学习路径进行学习，读者通过对两类设计思想的不同及软件过程的比较，不仅能分析和总结它们各自的优缺点，还能更深入理解相同的软件工程过程结合不同的软件设计思想，对软件分析、实现和维护的影响，对软件质量和管理发展的推动。

由于作者水平有限，疏漏、欠妥、谬误之处在所难免，恳请读者指正。读者如果对本书有任何意见和建议，欢迎与作者联系：skhu@163.com。

作　者
于北京理工大学
2019年1月

第2版前言

本书第1版自2012年7月出版以来，作为各类学生授课的教材、不同读者的参考书，以及一些高校用书，取得了良好效果。然而，随着软件工程的发展，为更好地服务于读者，编者对原书内容做了认真修改，编写第2版。

根据作者近年来从事“软件工程”课程教学和软件开发的实践经验，在保持原书结构和篇幅基本不变的前提下，第2版主要做了以下修正和补充:

（1）修改了第1版中出现的错误，更加规范和完善相关的图、表，对文字叙述做了进一步的加工和润色。

（2）增加软件工程中较重要的内容。增加的内容包括：基于构件的开发模型，Rational统一建模过程，可行性研究及系统流程图，需求验证，管道与过滤器模型，软件设计验证，集成测试案例，确认测试案例。

（3）作者认为软件工程基础应该注重基础理论与实践相结合的理念，因而增加了每章后的习题，特别是增加了实际分析、设计习题，让读者更好地在实践中掌握基础理论。

鉴于技术人员专注技术而轻文档编写的实际情况，本书第2版仍希望通过介绍软件工程各阶段的编写文档框架，来强调文档对软件工程实施的重要性。本书各章节的安排，是按照以结构化设计思想为基础，全面介绍软件工程过程各阶段的过程、方法和工具，让读者对软件工程的实施有一个完整、清晰的认识。之后，再以面向对象设计思想为指导，详细介绍基于面向对象的软件工程开发过程。

下面给出本书的结构图，希望能给读者更好地学习提供帮助。

建议学习过程:

（1）第1章通过对软件、软件生命周期和软件过程模型的介绍，让读者对软件工程的基本原理、方法、过程有一个基本认识。该章是全书的导论。

（2）第2~6章以结构化方法为依托，按照软件工程生命周期过程模型的需求分析、概要设计、详细设计、编码和测试等阶段，全面介绍各阶段涉及的过程、方法和工具，让读者对结构化软件工程的实施有一个完整、清晰的认识。

（3）第7~9章以面向对象方法为依托，详细介绍基于UML的软件工程，包括面向对象分析、面向对象设计、设计模式、数据设计和测试，使得读者对面向对象软件工程的实施有一个完整、清晰的认识。通过对这两种

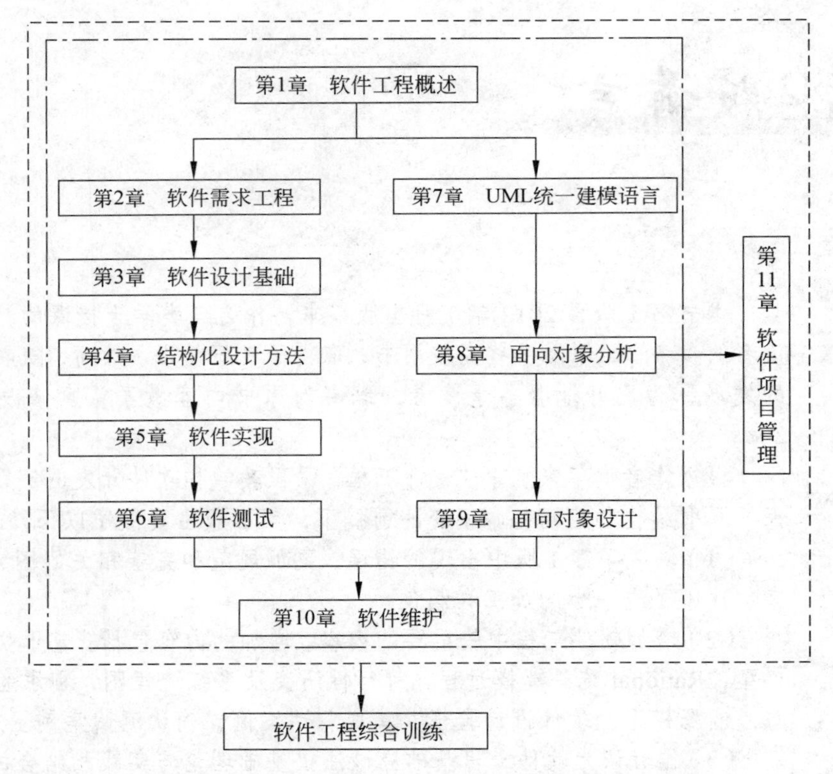

方法学的比较，洞悉它们各自的优劣，从而更好地掌握和灵活应用。

（4）第 10 章介绍作为软件工程最后一个阶段的软件维护的内容和过程，以及如何提高软件的可维护性，实现软件再工程。

（5）第 11 章介绍有关软件项目管理的基本要求和内容。该章应该贯穿于整个学习过程中，或置于最初进行学习也可行。只有通过合理的软件项目管理这一平台，才能按时、保质、保量地完成满足用户需求的、高质量的、高可靠性的软件产品。

（6）最后通过软件工程综合训练，配合一定的项目开发过程，真正把所学、所掌握的知识融入到实际项目中去。

按照这样的学习过程，读者通过对两类设计思想的不同以及软件过程的比较，不仅能分析和总结它们各自的优缺点，还能更深入理解相同的软件工程过程结合不同的软件设计思想，对软件分析、实现和维护的影响，对软件质量和管理发展的推动。

由于作者水平有限，疏漏、不妥、错误之处在所难免，恳请读者指正。读者如果对本书有任何意见和建议，欢迎与作者联系：skhu@163.com。

作 者

于北京理工大学

2015 年 1 月

第1版前言

软件是信息化的核心之一，软件产业展现国家科技发展的核心竞争力，体现国家的综合实力。随着计算机应用的不断普及，互联网应用的不断深入和网络技术的不断发展，使软件系统的规模和复杂度不断增加，如何确保开发出符合用户预期的、质量有保证的软件系统仍然面临巨大挑战，软件危机的障碍仍阻碍软件的发展。

作为计算机科学技术的一个重要分支——软件工程学，成为研究软件需求、开发、维护、管理的普遍原理和技术相结合的、活跃的研究领域。随着软件工程的迅猛发展，新技术、新方法、新工具不断涌现，为读者学习和研究这门学科创造了良好的基础和难得的机遇。

作为软件工程学的入门介绍，本书立足于基本的原理、概念、方法和工具，从实用的角度讲解软件系统需求、设计、实现、测试、维护和管理的内容，同时兼顾对软件工程过程介绍的全面性和系统性。

本书根据作者多年从事“软件工程”课程教学和软件开发的实践经验，在介绍相关理论和过程的基础上，着重讲解软件工程在实践中的方法、技术和工具。本书的特点体现在：

（1）减少软件工程理论的阐述，避免对不同过程和方法的学术讨论。

（2）介绍软件工程理论的基本概念和过程，它们对软件过程实践起着基石和指导作用。

（3）每章最后对各章的主要内容进行总结，便于读者理解和掌握主要内容。

（4）鉴于技术人员专注技术而轻文档编写的实际情况，书中介绍了软件工程各阶段需要编写的文档框架，并通过实例不断强调文档对实施软件工程的重要性。

（5）本书中的主要案例都来自于作者的研究和实际工程项目，让读者深切感受到书中介绍的理论是如何指导实践的。

本书各章节的安排，是以结构化设计思想为基础，全面介绍软件工程过程各阶段的过程、方法和工具，让读者对软件工程的实施有一个完整、清晰的认识；之后，再以面向对象设计思想为指导，详细介绍基于面向对象的软件工程开发过程。这样编排的目的，是使读者通过对两类设计思想的不同以及软件过程的比较，不仅能分析它们各自的优缺点，还能更深入理解相同的软件工程过程结合不同的软件设计思想，对软件分析、实现和维护的影响，对软件质量和管理发展的推动。

下面简要介绍本书各章节的概貌，让读者对本书内容有一个提纲挈领的了解。

第1章回顾了软件危机的产生，介绍软件工程的产生和发展，包括软件工程的基本概念、目标和实施原则。通过对软件、软件生命周期和软件过程模型的介绍，让读者对软件工程的基本原理、方法、过程有一个基本认识。

第2章介绍软件需求工程的基本概念、任务和原则，并详细说明结构化分析和建模过程，包括面向数据的数据建模、面向数据流的功能建模和面向状态的行为建模。

第3章介绍软件设计的基本概念、任务和原则，以及目前主流的软件体系结构设计模型，它们分别是以数据为中心的数据仓库模型、客户端/服务器模式的分布式结构模型和层次模型。

第4章从应用角度出发，详细描述了结构化设计的两类设计方法：面向数据流的设计方法和面向数据结构的设计方法，及其它们的设计过程。

第5章从软件工程范畴讨论程序实现和编码，包括程序设计语言的分类、特性、准则及程序编写规范等。

第6章介绍进行软件测试的对象和测试技术。软件测试对象不仅包括源码，还包括设计方案、需求说明等软件工程文档。测试技术主要介绍白盒测试和黑盒测试。

第7章介绍面向对象软件工程的建模基础。UML通过图形化的表示机制，为面向对象分析和设计提供统一的、标准化的视图、图、模型元素和通用机制，以刻画面向对象方法。

第8章介绍面向对象分析的建模过程。面向对象分析模型主要由3种独立模型构成：功能模型、静态模型和动态模型。该章详细说明作为建模基础的静态模型的5个层次。

第9章介绍把面向对象分析阶段得到的需求模型转换为符合用户功能、性能，便于与某种面向对象程序设计语言编程的系统实现方案。

第10章介绍作为软件工程最后一个阶段的软件维护的内容和过程，以及如何提高软件的可维护性和实现软件再工程。

第11章介绍有关软件项目管理的基本要求和内容。通过对软件项目的估算、项目进度管理、风险管理、质量管理、配置管理等内容的介绍，明确只有对软件工程实行全过程的计划、组织和控制等一系列活动，才能得到符合用户需求的、高质量且高可靠性的软件产品。

由于作者水平有限，疏漏、欠妥、谬误之处在所难免，恳请读者指正。读者如果对本书有任何意见和建议，欢迎和作者联系：skhu@163.com。

作　者

于北京理工大学

2012年1月

目 录

第2章 软件需求工程 /33

第 3 章 软件设计基础 /70

第 4 章 结构化设计方法 /99

第8章 面向对象分析 /213

第 9 章 面向对象设计 /241

第10章 软件维护 /277

第11章 软件项目管理 /299

第 1 章 软件工程概述

随着全球信息化的不断发展，智能产品的不断涌现，硬件技术的不断提升而价格却不断下降，越来越多的工作、生产和生活用品都在使用各类应用系统，而这些系统都离不开软件系统强有力的支撑。随着应用的不断增多，需求的不断增长，虽然软件研发能力不断增强，技术不断创新，而软件系统的规模和复杂度也在不断提高，特别是互联网将计算机和通信技术相融合，对软件系统提出了更高、更新的要求。迄今为止，软件系统发展仍然没有彻底摆脱软件危机的困扰。

为了准确地描述用户需求，可控地管理软件开发，有效地进行软件维护，软件研究人员开始研究消除软件危机的有效途径，并从 20 世纪 60 年代末起逐渐形成了一门新兴的工程学科——软件工程。

1.1 软件工程的发展历程

自从 1946 年 2 月在美国出现第一台电子计算机以来，计算机技术发展十分迅猛，并且已由最初的国防和数学计算领域，逐渐发展到商用、家用等各领域。随着计算机的广泛应用，人们对软件的需求越来越趋向大型化、复杂化和智能化，使得软件开发越来越复杂。而且，软件产品目前仍难以以工业化方式批量开发，导致软件成本居高不下。由于软件生产已经在各国占据重要位置，早在 20 世纪 60 年代末，当时的工业发达国家就已经意识到“软件危机”的危害性，即软件开发成本急剧增长的同时，软件开发周期难以确定，开发过程难以控制，软件质量难以保证，软件维护难以为继。

1.1.1 软件危机

什么是软件危机？目前，大多数软件研究领域的人员都接受的定义是，软件危机是指在计算机软件的开发和维护过程中所遇到的一系列严重问题。这些严重问题，虽然随着软件管理和软件技术的不断进步，部分问题得到有效改善，但软件危机仍然还困扰着软件和软件产业的发展。这些严重问题主要表现在以下几个方面：

（1）软件开发进度和成本难以控制。由于用于项目估算的数据来自以往的统计值和经验数据，因而项目进度和成本的估算常常很不准确，同时也极大地降低甚至损害了软件开发人员和组织的声誉。

【案例 1.1】 当初，伦敦股票交易系统的预算是 4.5 亿英镑，后来追加到 7.5 亿英镑，历时 5 年，最终还是失败，导致伦敦股票市场声誉下跌。

【案例 1.2】 微软公司于 2001 年年底宣布启动 Vista 系统研发，最初预计在 2003 年完成该项目。但在 2005 年年初和 2006 年 3 月分别推迟发布时间，直到 2007 年 1 月才正式发布该系统，耗时 5 年并投入了 60 亿美元。

（2）软件产品难以满足用户的需求。用户对自己将要使用的软件系统的需求并不完全了解和掌握。同时，软件开发人员又常常在对用户需求不甚明了的前提下，匆匆着手开始程序设计和实现。软件开发人员之间、软件开发人员和用户之间的交流并不充分，信息掌握并不对等。盲目上马的项目必然导致最终的软件产品不能符合用户实际的应用需求和操作习惯。

【案例 1.3】 美国政府统计署（GAO）2000 年的数据显示，美国军方每年花费数十亿美元购买软件，在其所购买的软件中，可以直接使用的只占 2%，还有 3%需要修改，而高达 95%的软件都成为了垃圾。

（3）软件质量难以得到保证。首先，难以给出客观的、一致的软件质量评价体系。对于同一类型的软件，不同的专家和用户，站在不同的角度进行评审，结论难以达到统一。其次，软件可靠性和质量保证，还需在技术审查、管理复审、程序正确性证明和软件测试等方面亟待加强。

【案例 1.4】 1963 年美国的火箭控制系统程序，在该程序中，把 FORTRAN 语句“DO 5 I=1，3”写成了“DO 5 I=1.3”，结果使得计划发往火星的火箭爆炸，造成 1000 多万美元的损失。

【案例 1.5】 1967 年苏联“联盟一号”载人宇宙飞船返航时，由于软件忽略了一个小数点，导致飞船在进入大气层时因打不开降落伞而被烧毁。

（4）软件产品难以进行维护。软件产品在使用过程中发现的各类错误，并不是都能修改的，某些错误是难以修改的。加之用户的需求不断变更，软件的运行环境不断改变，用户需要在原有软件系统中修改或增加一些新功能也已变得不可能。此外，不断攀升的软件维护费用也让用户不堪重负。

【案例 1.6】 20 世纪 70 年代软件维护费用占软件项目总预算的 35%～40%，20 世纪 80 年代到 90 年代上升到 40%～60%，目前已经上升到 70%～80%，且仍有上升趋势。

（5）软件的文档资料难以管理。由于开发过程的不规范、需求的不确定性以及用户与开发人员缺少彼此沟通的桥梁——文档，因此，评价软件质量的相关文档资料的缺失，造成软件难以管理和维护，进而带来更严重的困难和问题。

（6）软件产品的生产率难以得到提高。硬件系统的高速发展得益于标准的制定和工业化生产线。1965 年 Gordon Moore 提出了摩尔定律：集成电路的性能每隔 18 个月提高一倍，而价格则下降一半。但这一定律并不适用于软件系统。软件系统的研发完全不同于硬件系统，因为软件系统本质上是一个智力活动，再加上缺乏对主观意向的资料描述，因此更难以生产线的方式批量生产。

实际经验表明，在对计算机硬件不了解的情况下，普通人仍能组装一台计算机。对于计算机主板上的接口，如果各类板卡能插入某接口，通常说明该板卡的物理安装正确，否则就换另一个接口尝试一下。而对于软件系统而言，即使是相同应用领域的相同功能，仍难采用类似硬件组装的方式“组装”软件，还是要重新进行软件系统的开发过程，因

而使得普通人难以介入到软件系统的开发中来。

目前，软件工程在技术、过程和管理等各方面都取得相当的进展，技术的掌握和发展也由独立的个人转变为软件研发团队。但由于软件面临所要解决的问题的巨大性和复杂性，以及用户需求的易变性，软件研发人员还需面临开发周期长、开发成本高、开发估计误差大、难以查找和纠正软件中存在的所有错误等一系列问题。

1.1.2　软件危机出现的原因

摩尔定理为软件特别是大型软件项目的应用和部署提供了廉价且稳定的物理基础，而软件自身特点以及软件开发方法、过程中诸多方面的问题，使得软件研发的速度远远滞后于硬件发展的速度，难以满足社会和个人日益增长的软件需求，导致软件危机的出现。究其主要原因，体现在两方面，一方面是软件自身特点；另一方面是开发软件和使用软件的人员。

1. 对软件开发缺乏正确的理论指导

软件不同于物理产品，其结果不以物理特性来体现，它是人的智力活动的无形结果。软件体现的智力活动，是在一个特定时间内，由多人分工协作共同完成的。如何在有限的时间、空间、成本、资源、人力等多种因素的影响下，构建一个高质量的软件系统，这本身就是一个复杂且困难的问题。因为这不仅涉及软件开发的分析、设计、测试和维护等技术问题，更重要的是要有有效、可控、便于实施的项目过程管理。

2. 软件人员与用户缺乏充分交流

软件结果体现的是用户的需求，只有用户才真正了解自己的需求。但在软件项目的初期，即使是用户自己也难以全面描述自身的需求，或者由于某些原因，用户不愿意提出所有的需求。此外，对于用户描述的需求，由于缺乏相同的知识领域背景，软件人员对用户需求存在一定的误解，甚至会曲解用户的需求。这就要求在进行需求分析时，软件开发人员充分就软件涉及的各方面问题做到全面访谈和了解。然而，在目前的实际过程中，许多软件人员在没有完全地、正确地了解用户需求的前提下，就匆忙着手软件的设计和开发，最终导致软件开发工程的失败。

3. 对软件开发过程缺乏整体认识

软件人员在长期的软件开发过程中，逐步积累和总结了一些成功经验，但没有把这些成功经验整理、升华为软件开发规范和实施细则，因而在后续软件项目开发中，开发工作的计划难以制定，同时也难以及时吸取项目中新的内容和更正原有的不足。此外，仍有相当的软件开发人员忽视软件需求和文档管理，把所有的精力都投入到软件的实现中，不重视软件测试，这些都会造成软件维护的困难，同时也极大地降低用户对软件的评价。

4. 对软件产品缺乏有效一致的质量评价标准

对软件产品缺乏有效一致的质量评价标准，使得交付的软件质量差，在运行过程中出现错误，不符合用户的操作习惯等一系列问题。这些问题轻则影响用户的使用，重则导致用户信息、数据的丢失，甚至危及财产和生命安全。

虽然时至今日，软件和软件工程的发展已经到了一个新的阶段，但还是应该了解软件危机的表现和成因，清除长期存在人们心中的错误观念和认识，树立关于软件需求、设计和维护的良好观念，力争减少软件危机对软件项目带来的不利影响。

1.1.3 软件工程的发展

为了克服软件危机，消除软件危机对软件系统发展的困扰，1967年和1968年，美国和北大西洋公约组织在欧洲召开了两次计算机科学发展的国际会议，特别是在1968年召开的会议上，“软件工程”的概念被首次提出，目的是要将工程化的方法用于软件项目管理和开发的全过程。从“软件工程”概念的提出至今，随着软件技术的发展，通信和网络的不断建设，软件工程的研究范围和内容也在不断变化和发展中。软件工程的发展历程主要历经了四个重要阶段。

1. 第一代软件工程——传统软件工程阶段

在软件工程概念提出的初期，软件开发仍然是“手工作坊”式的，缺乏对系统整体的规划和设计，软件维护过程难以展开。随着软件项目失败率、错误率的居高不下，维护任务重等问题，软件工程提出的用工程化思想指导软件项目开发逐步为业界所理解和接受，使得软件开发从此走上了正规化道路，并逐渐形成软件工程的概念、框架、方法、工具和过程。

2. 第二代软件工程——面向对象软件工程阶段

20世纪70年代，随着以Smalltalk为代表的面向对象程序设计语言的推出，特别是80年代C++语言的兴起，到90年代ANSI/ISO C++标准的建立，面向对象方法和技术得到迅速推广和发展，面向对象的思想逐渐成为软件工程研究的主要内容，并逐步演化为一种新的、完整的软件开发体系，包括从需求、设计、实现到维护的一系列过程、工具和方法。这一阶段的发展是以“对象”为基础展开的，因此也称为对象工程。

3. 第三代软件工程——过程工程的软件工程阶段

随着软件规模和复杂度不断增大，开发人员不断增加，开发周期不断延长，开发成本不断增长，再加上软件开发是劳动密集型和知识密集型相结合的活动，使得人们在实践中认识到，要保证软件开发过程的可控性和软件质量的可靠性，关键是要对软件过程进行管理和控制。项目管理反映的是软件开发和维护中管理和支持的能力，同时提出对软件项目管理的计划、实施、监控、成本核算、质量保证以及软件配置的技术和过程，从而逐步形成过程软件工程，衍生出群体过程和个体过程两个子类，用于指导不同规模、不同人员参与的软件项目开发。

4. 第四代软件工程——构件工程的软件工程阶段

从20世纪90年代后期到现在，随着网络基础建设的不断完善，通信和网络技术的不断发展，资源共享、协同计算、群组通信等分布式处理系统应用深入各个领域，软件工程这个阶段的研究内容不仅仅是提高软件生产率，而且通过支持跨平台、跨网络的分布式应用研究，提高个人和群体之间共享、协同、一致和高效地完成各项任务。这就要求软件工程的发展，不仅要重视软件开发的方法和技术，还要更加重视和发展软件体系结构、软件设计模式、系统交互性、标准化等，积极提倡基于软构件（部件）的开发方法。软件重用和软构件技术正逐步成为软件工程研究和发展的主要内容。

1.2　软件工程的概念

1968 年在北大西洋公约组织召开的计算机国际会议上提出了“软件工程”的概念。从“软件工程”的名称可以看出与会者对软件开发提出的基本要求，就是借鉴工程化的概念和思想，运用工程化的方法、过程和工具来开发软件，使得软件开发的过程变得可管理、可控制，从而保证软件开发质量。

1.2.1　软件工程的定义

自从软件工程概念被提出之后，先后曾有多种不同定义：

- 1968 年，Fritz Bauer 给出的定义是，软件工程是为了经济地获得能够在实际机器上有效运行的、可靠的软件而建立和使用的、一系列完善的、健全的工程化原理。
- 著名的软件工程专家 Barry W. Boehm 给出的定义是，运用现代科学技术知识来设计并构造计算机程序，以及为开发、运行和维护这些程序所必需的相关文件资料。
- 1983 年 IEEE 给出的定义是，软件工程是开发、运行、维护和修复软件的系统方法。
- 1993 年 IEEE 又给出一个更全面更具体的定义：软件工程是把系统的、规范的、可度量的途径应用于软件开发、运行和维护的全过程，以及对上述方法的研究。
- 2006 年中国国家标准中给出的定义是，应用计算机科学理论和技术以及工程管理原则和方法，按预算和进度，实现满足用户要求的软件产品的定义、开发、发布和维护的工程或进行研究的学科。

虽然不同的人员对软件工程的定义不尽相同，强调的侧重点也各有差异，但通过上述定义可以看出，软件工程包括三个要素：方法、工具和过程，定义中涉及软件开发活动中的两个主要方面：工程学和软件生产过程。

工程学不仅提供工程化的过程、方法和工具，而且工程学理论支持上述要素的应用和发展。更为重要的是，在具体工程项目中，如果没有合适的理论和方法解决面临的问题，软件人员也力求在有限的时间、资源、经济等的前提下，寻找到解决问题的途径。

软件生产过程改变了人们对软件生产就是编写程序的认识局限，把软件生产扩展到软件的需求、设计和维护，扩展到支持上述过程的工具和方法，扩展到项目管理、过程管理等一系列活动。

软件工程应具有以下本质特性。

1. 软件开发活动必须是系统的、规范的和可度量的

软件开发是一系列的、整体的活动过程，包括确定问题范围，给出解决问题的、可操作的有效途径，支持用户后续需求变更等。整个活动过程做到有律可循，在已定义的规则下，在已规划的限度内完成软件开发。在软件活动开始前能有效预测软件规模，规范软件质量评定标准；在软件活动结束后，能有效统计和评价软件系统的规模，测定软件产品质量是否符合预期。最终用量化的结果衡量开发人员分析设计的能力，以及开发过程的管理控制效率。

2．软件工程关注所有软件活动的展开

无论软件系统规模的大小，软件开发都应该遵循软件工程的开发方法。对软件系统“大小”的不同划分，从软件工程角度出发，仅仅是开发周期的缩短、各开发阶段活动的详略，但绝不是任意地改变开发过程，甚至错误地删除某些阶段。同时，针对软件系统规模大小不一，可灵活地采取不同的开发策略和过程来完成软件项目。

3．软件工程支持软件活动中与内部的协同开发

随着用户需求的不断变化、硬件系统在运算和存储等技术上的进步，软件系统的复杂性已远远超过一个人或少数几人就能理解和控制的程度，软件系统也不再是一个独立的系统，而是与其他系统相互关联、相互通信。在系统开发过程中，开发人员间协同工作的流程、工具，开发人员和管理人员间的协同工作，软件工程提供可循的规则和过程，计算机辅助软件工程（CASE）工具提供有效的辅助手段。

4．软件工程强调软件活动中与外部的交流沟通

软件人员不仅具有分析、设计、测试、维护等能力，还应具备沟通和了解不同领域知识的能力。软件工程强调软件人员通过阅读、访谈、记录、现场观察等方式，了解和掌握相关用户的领域知识，了解用户的工作环境和工作流程，才能在软件工程过程中实现用户的需求，体现用户对软件的意图。缺乏用户相关领域的知识，缺少和用户的交流沟通，忽视用户在软件系统开发中的作用，都将影响软件开发活动。

5．软件工程为高质量、高效率开发软件提供了理论基础和应用途径

工程化的理论和方法已很成熟，并在不同的环境和领域得到实际应用。软件工程借鉴工程化的思想，应用于软件系统的实现，确保软件系统的质量。国际电工委员会（ISO/IEC）2004年颁布的软件工程ISO 9001:2000版，规范了需求、应用、开发、操作和维护等方面的标准。自从1983年以来，中国也陆续制定和发布20多项国家标准，主要包括基础标准、开发标准、文档标准和管理标准等四类。软件工程的一个重要方向，就是寻求和提供软件生产和管理的、普遍适用和遵循的标准。

软件工程提供的标准具有理论和实践指导意义，但仅仅试图机械地按照软件工程规范，而不与具体应用领域和环境等实际情况相结合，仍然不能开发出真正符合用户需求的、高质量的软件系统。

1.2.2 软件工程的目标

软件工程的目标是跟踪最新的软件技术发展，修改和制定新的软件开发活动规则，提高和规范软件管理的效率和可操作性，确保软件质量，提高软件生产率，开发出满足用户需求、并最终实现软件的工业化生产。

在软件工程的目标中，为满足用户需求，并实现工业化生产的目标，在目前实践中要达到以下目标：降低开发成本；达到需求说明中的各项功能和性能指标；软件架构易于理解，软件易于修改；需要较低的维护费用；按时完成开发工作，并及时交付使用。图1-1显示了这些目标间的关系。

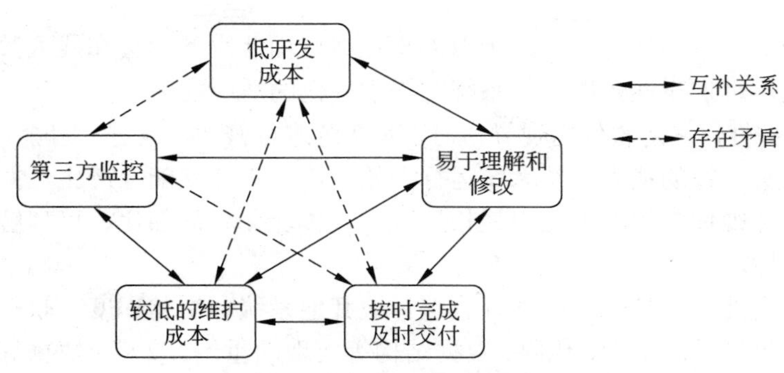

图 1-1　软件开发工程目标间的关系

在软件工程的目标中，效率和质量存在着内在联系。直观上看，保证软件质量需要精化管理和延长实现时间。提高软件生产率，需要压缩管理和减少实现时间，但由此会增加软件系统出错的可能性。因此，软件工程目标需要强调“确保软件质量，提高软件生产率”两者间的先后关系。

软件质量由诸多要素来衡量，在这些要素中，可理解性、功能性、安全性、可靠性、有效性、可扩充性、可维护性、可重用性、可移植性等概念与提高软件质量和软件质量评价体系都有着重要的联系。

（1）可理解性。它是对软件体系结构、数据、程序的描述清晰和易于掌握的程度。它有助于技术人员在总体上明晰系统的全局，细节上理解实现的过程，减少由于系统复杂性带来的控制、流程等方面的错误，提高软件测试、可维护性、可移植性和可靠性等特性。

（2）功能性。它是软件所实现的功能和达到的性能与满足用户实际需求的程度。功能实现用户的需求，功能间的关系体现用户的操作流程。功能性有助于用户对软件系统的体验和评价，提高可靠性、可重用性、可维护性等特性。

（3）安全性。它是软件具有的自身保护能力的程度。随着网络技术的发展，数据共享、系统的分布式部署都对系统安全性提出更高要求。一方面，不能因为提高安全性而降低系统的效率，另一方面，系统必须具备系统自身的修复能力，如数据恢复、备份能力。安全性有助于软件系统完备性和用户评价的提升。

（4）可靠性。它是软件在给定的时间、空间、外部环境等条件下，按照设计要求，成功运行的能力。软件可靠性是防止系统出现灾难性后果的重要保证。对于一些嵌入式系统、实时系统等领域，如卫星导航、设备的实时监控等，要求软件在设计、实现和测试过程中，必须对可靠性采取有针对性的方案。

（5）有效性。它是软件能充分利用计算机时间、空间、带宽等资源的能力。随着软件规模大型化、数据分布式存储、大数据量的传输、超大规模的数据运算等需求的日益增长，如何有效利用系统的各项资源成为衡量软件质量的重要技术指标之一。众所周知，计算机的时间、空间在很多时候是一对矛盾。化解这对矛盾，并平衡两者间关系，从而使得系统整体性能达到最优。因此，有效性在不同应用领域有不同的选择和评价。

（6）可扩充性。它是软件在功能或性能发生变化时，改变系统的容易程度。随着软件运行环境的变化、用户需求的变更，系统在功能、性能等方面会发生变更。如奥运会在线售票系统，原有的运行压力是十万人次在线，而北京奥运会在线人数会达到百万人的规模。因此，可扩充性体现软件系统对需求变化的适应能力。

（7）可维护性。它是软件出现异常时，对系统进行修改、改进、删除、增加等操作，并恢复系统正常运行的能力。从系统运行开始，维护工作就随之产生，并伴随系统一直持续下去。软件维护是软件工程中最长的过程，模块化、局部化、可理解性等特性有助于提高可维护性。

（8）可重用性。它是软件的部分或整体被其他系统利用的程度。软件的可重用部分包括软件架构等模式的重用，代码、数据结构等实现的重用，文档、数据等信息的重用，项目控制等管理的重用。对于可重用的内容和形式，通过重用仓库的建设，便于软件人员的使用和管理人员的管理。由于重用的内容都已经过测试，并已在实际软件系统中得到验证和应用。因此，可重用性对于保证软件质量起着重要作用。

（9）可移植性。它是将软件系统由一个软件或硬件环境转移到另一个软件或硬件环境的容易程度。由于可移植性要求系统能够在不同的平台上运行，因此在设计和实现过程中，都要对不同平台进行专门化设计，这不仅增加系统的复杂性，也给系统测试和维护带来困难。目前，采用的基本结构是，系统中通用部分集中实现，在部署时尽可能彼此物理地靠近，提高系统运行的效率。系统中与软件或硬件有紧密联系的部分，可以根据不同的平台和网络结构，部署在不同的物理位置上，以降低系统整体控制的复杂度。

1.2.3 软件工程的实施原则

软件工程在指导软件开发实践中，围绕软件设计、技术支持和过程管理等方面，提出6项具体的实施原则。

1．做好全面的用户需求分析

需求分析直接关系到软件开发的成功与否，而用户需求获取是否完整、全面，又关系到需求获取的正确性。通过访谈、记录、填表、现场观看、实地操作等一系列过程，做好系统的功能需求、性能需求、领域需求等各方面的分析，为实现正确的、符合用户实际需要的软件打好坚实基础。

2．选取适宜的开发模型

不同的应用领域、软件系统规模、软硬件环境以及用户等之间的相互关联和制约，并考虑到需求的易变性、系统的维护性和最终的成本收益，采用适宜的而非最新的开发模型，以满足用户和系统的要求。

3．采用成熟的设计方法

随着网络和通信技术的迅猛发展，各类新技术、新工具不断涌现。但考虑到系统质量和稳定性，采用成熟技术易于实现和维护。成熟的技术并不意味着技术的陈旧和落后，无论何种设计方法，抽象、模块化、独立性、完整性仍然被各类方法所支持，被各种技术所采纳。

4．选择高效的开发环境

无论多么完整的需求获取、多么良好的设计方法，最终都要落实在每一行程序代码和一个个数据上。因此，软件开发工具和开发环境对代码编写、测试以及过程的监控都很重要。需要注意的是，随着知识产权监管力度的加强，人们对知识产权认识的加深，软件开发环境的选择也占据一定的开发成本。

5．保证有效的维护过程

软件工程实施的最后阶段，不能忽视软件维护过程。软件维护不仅能纠正软件中存在的错误，提高系统的性能，及时总结开发过程中存在的问题，还能增强用户体验，提升对软件的评价。

6．重视软件过程管理

软件计划的实施，软件过程的可控性，软件资源的协调利用，是有效实施软件工程必不可少的条件。在软件开发过程中，文档修改的版本管理，项目按计划有序推进，小组成员的组织形式和成员的流动安排，项目评估、经验总结和质量评价，都是通过软件工程的过程管理控制来完成的。重视软件过程管理，选择有效的开发方法和工具，是在有限的时间、空间、人力、财力等各种资源的前提下，按时保质完成软件项目的最重要的两个方面，这两方面都要引起重视，不能偏废。

1.2.4　软件工程的基本原理

从软件工程概念诞生以来，不同领域的软件人员结合各自的经验和理解，陆续提出了许多软件工程的准则和规范，促进了软件工程学科的发展和应用。其中，美国著名的软件工程专家Barry Boehm综合许多专家的意见，并总结了在美国天合公司（TRW）多年开发软件的经验，结合软件工程理论和实践的需要，于1983年提出软件工程的七条基本原理。他认为这七条基本原理是确保软件产品质量和开发效率的原理的最小集合，这七条原理相互独立，其中任意六条原理的组合都不能替代另一条原理，因而它们是缺一不可的最小集合。

1．用分阶段的生命周期计划严格管理

“分而治之，各个击破”是面对复杂问题时采用的有效方法。软件开发通过软件生命周期这只有形的手，把软件开发过程划分为各阶段。通过各阶段的过程、方法和工具完成对软件复杂性的分解，每阶段的任务间彼此首尾相连，紧密合作，依次完成本阶段任务。此外，软件生命周期通过管理过程这只无形的手，在软件开发活动的后面形成依托和控制，保证软件项目按时保质的完成。Barry Boehm还认为，应制定和严格执行六类计划，即项目概要计划、里程碑计划、项目控制计划、产品控制计划、验证计划、运行维护计划。

2．坚持进行阶段评审

软件生命周期各阶段彼此衔接，因而前一阶段出现的错误，会不可避免地带入到后续阶段。这不仅造成对错误深入分析花费的无效成本，更重要的还会引入新错误，而新错误将会被继续带入后续阶段，造成后期纠正错误的高昂代价，这就是软件开发中的错误放大效应。因此，在软件分析和设计阶段出现的错误，不能等到编写代码时才发现，必须严格坚持各阶段技术审查和管理复审，及早发现和纠正错误。

3．执行严格的产品质量控制

经过阶段评审后的内容，为了保证软件质量和一致性，是不能随意更改的。但在实际软件项目开发过程中，用户需求、预算、进度、设计方案等总会发生改变。如何适应需求的变化，并把这一变化反映到项目中去的同时，又保持软件配置的一致性，这就必须实行严格的产品质量控制。引入基线（Baseline）概念，目的是标识软件开发各阶段的里程碑。也就是说，一旦形成各阶段文档并通过复审，即形成一条基线。形成基线后的各阶段、各部分的内容虽然可以修改，但必须按照一个正式的过程，对修改部分再重新评估，确认每处的修改都在有监督的情况下完成。

4．采用现代程序设计技术

运用现代软件程序设计新的、成熟的技术，结合结构化程序设计中的信息隐藏和自顶向下、逐步求精的编程思想，采用结构化、模块化、局部化的软件结构和组织形式。在面向对象程序设计中利用封装性、继承性、多态性和发送消息的机制，采用以对象为基础的软件结构和组织形式。在实现过程中，不要一味追求最新的技术，因为最新意味着不成熟，更意味着该项技术没有经过时间和实践的检验。

5．结果应能清楚地审查

软件是智力活动得到的结果，是既看不见也摸不着的逻辑产品，因而难以看清和检查软件开发各阶段工作的进展，这就增加检验和审查的难度。因此，必须制定每阶段的任务、目标和完成期限，规定各参与人员的职责和管理范围及权限，便于每阶段的结果能用可视化的检验标准和方法进行评价和管理。

6．开发人员应少而精

按照常理，人越多软件开发的进度和效率也应越高。然而，实际的情况却是随着软件规模和复杂性的提高，参与的人越多，在现代软件工程中带来的管理和通信成本都急剧增加。例如，当开发人员有 N 个时，可能的通信链路有 N×(N–1)/2 条。假定每条通信链路的费用为 W，则通信费用的总额为 N×(N–1)×W/2。更重要的是，软件开发是智力密集型活动，是人员的素质而不是数量成为决定软件产品质量和开发效率的重要因素。因而开发人员少，将减少管理和通信成本；开发人员精，将降低软件开发中的错误率。

7．承认不断改进软件工程的必要性

遵循上述六条基本原理，就能够按照当代软件工程基本原理实现软件的工程化生产。但是，随着人们需求不断变化、应用不断扩展、技术不断创新、硬件不断发展，也同时促使软件工程学要与时俱进，及时总结实践经验，不断吸收先进的技术和工具，不断构建更有效的过程模型，不断创新软件工程方法，并使之评价新的软件技术效果，指导高质量的软件开发过程，指出软件技术和开发过程中的不足，指明软件开发技术和方法新的研究方向。

随着软件工程学的不断发展和延伸，软件工程基本原理的内涵（软件工程的工程化开发思想和过程）和外延（软件系统和外部系统的相互联系）也将不断发展和创新。

1.3　软件与软件过程

计算机软件是与计算机硬件相对应的部分，它使得计算机能辅助人类的工作、学习，使得计算机具有一定的智能，是计算机硬件的“活的灵魂”。

软件工程的工程化思想，提出软件生命周期的概念，把软件开发划分为不同阶段，通过对软件生命周期各阶段活动的过程管理来完成软件项目开发。

1.3.1 软件的概念

什么是软件？这一问题长久以来一直被人们认为软件就是程序。“软件就是程序，开发软件就是编写程序”的观点被大多数人所接受。随着计算机不断发展并走入千家万户，成为工作、生活和娱乐过程中不可或缺的助手和工具，甚至连幼儿园的孩子们都开始接触计算机，用于游戏和学习。因此，有必要就软件的概念给一个明确的定义。

- Barry Boehm 提出“软件是程序，以及开发、使用和维护程序所需的所有文档”。
- 计算机领域多次引用的基本定义是：软件是计算机中与硬件相互依存的另一部分，它包括程序、数据以及相关文档的完整集合。
- 文献[8]中给出的定义是：与计算机系统有关的操作、有关的计算机程序、规程和可能相关的文档。

综合上述各类不同的软件定义，可以得出软件实现的是一个从现实问题域（输入）到信息域的解（输出）的过程，在此过程中包括程序、数据、文档以及它们间的联系。因此，软件基本的形式化定义为：

软件是由五元组 $S = (I, O, E, R, D)$构成，其中，

$I = \{i_1, i_2, \ldots, i_N\}$，$i_j$（$1 \leqslant j \leqslant N$）表示抽象数据输入；

$O = \{o_1, o_2, \ldots, o_N\}$，$o_j$（$1 \leqslant j \leqslant N$）表示抽象数据输出；

$E = \{e_1, e_2, \ldots, e_N\}$，$e_j$（$1 \leqslant j \leqslant N$）表示构成软件的子系统或构件；

$R = \{r_1, r_2, \ldots, r_N\}$，$r_j$（$1 \leqslant j \leqslant N$）表示软件子系统或构件间的关系；

$D = \{d_1, d_2, \ldots, d_N\}$，$d_j$（$1 \leqslant j \leqslant N$）表示软件相关文档，它们描述了 I、O、E、R 的内容及它们之间的关系。

软件不同于以往任何工业产品的物理特性，它是人类智力活动的无形产物，具有自身的特点。

1．软件是逻辑实体而非物理实体

软件不是传统意义上被生产出来的物理产品，它是被设计出来的逻辑实体。人们难以用通常意义上的尺寸、重量、形态、成分等标准来衡量，也难以用它的载体，如光盘、硬盘等来描绘和说明，但又不能否定它的存在，更不能否定它所带来的价值和意义。

2．软件是智力产品，生产的过程主要集中在研发上

软件是人的脑力劳动的产品，它集中了开发者的知识、经验和智慧，它能够帮助人们解决复杂的运算，辅助人们进行分析、判断和决策。因此软件生产的每阶段结果，都无法直观地看见和评价，所以对软件生产过程的管理控制将不同于物理产品制造的管理过程。

3．软件永不磨损，但它会退化，直至被放弃使用

图 1-2 的硬件故障失效率曲线也被称为“浴缸/U 形”曲线。在早期阶段有一个硬件磨合阶段。之后是一段硬件平稳运行期。随着硬件的老化、磨损，温度、湿度、灰尘等物理特性的衰减，硬件逐渐丧失其使用价值。

图 1-3 是软件理想和实际的失效率曲线。由于软件是无形产品，因而不存在像硬件产品那样的老化和磨损问题。理论上，只要系统软件环境和硬件环境不变，用户需求不变，软件就能一直运行下去。但在实际应用中，随着软件使用的时间越长，它暴露出的错误或系统在功能和性能上的不足就越多，这样就不得不进行维护，修改系统中存在的问题。但在问题的修改过程中，不可避免地会引入新的错误，这样又要再次修改系统中存在的问题。这就出现如图 1-3 中所显示的锯齿型。随着维护的不断进行，同时，设计该系统人员的流动和文档管理的削弱，软件也存在不断“磨损”，最终被遗弃或重新进行开发。

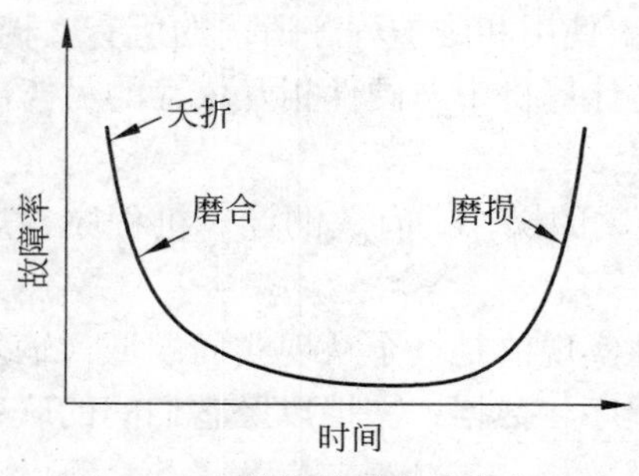

图 1-2　硬件的故障失效率曲线

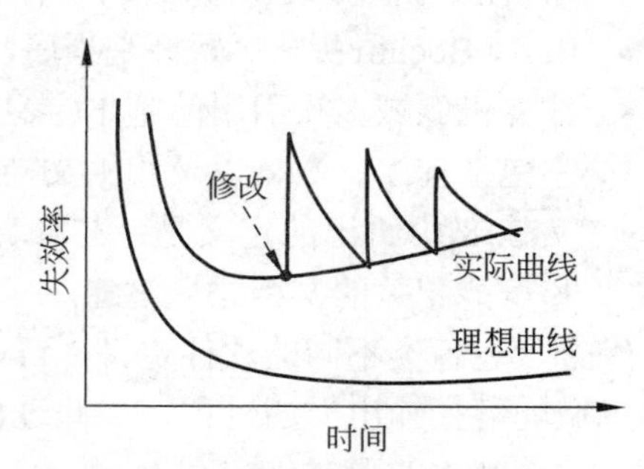

图 1-3　软件的故障失效率曲线

4．软件开发远未达到软件工程目标提及的产业化生产

对于一般物理产品，人们可以在设计好图纸的基础上，在市场里直接购买配件进行组装。如果物理产品出现损坏，也能在市场上直接购买到相应零件替换。对软件来说，即使是完全相同的功能，不同系统、不同项目、不同人员都需要进行各自开发，这种“手工作坊”式的开发，成本昂贵，同时产生很多错误，并且难以维护。虽然目前有一些智能的辅助开发工具，也提出了构件式开发等方法，但整个软件产业发展远未达到产业化生产的要求。

5．软件越来越复杂，今后将会更加复杂

随着人们需求的不断变化，应用的不断扩展，技术的不断进步，软件规模越来越大，软件结构越来越复杂。虽然互联网企业宣称今后的计算机只需安装一个浏览器，即可完成全部应用。看似客户端软件简单了，实际上后端的服务器、通信、带宽、安全性、分布式计算、存储等各项技术，共同提供着更为复杂的运算和逻辑。

1.3.2　软件的分类

现代信息化社会里，软件已经融入人们的工作、生活和学习中。各个领域都或多或少地与软件打着各种交道。用户可以不懂软件，不用软件，但不得不承认软件就在每个人的身边，并影响着每个人。随着软件应用的迅猛发展，给软件一个统一严格的分类是困难的。因此，按照软件的用途，一般将软件分为以下类型。

1．系统软件

系统软件是人与计算机硬件交互的平台，它管理着计算机的所有物理资源，如 CPU、内存、硬盘、外部设备（鼠标、键盘、打印机、扫描仪等），尽量隐藏计算机系统的底层信息、进程控制、网络和通信、复杂数据结构等实现细节，为人们和其他软件使用计算机资源提供各类服务与接口，以实现人机、系统间交互、资源共享等服务。

2．支撑软件

支撑软件是辅助其他软件开发或维护的软件，又称为工具软件或软件开发环境。它主要包括数据库连接和数据管理（如 SQL Server、Oracle 等）、程序集成开发环境（Visual Studio、Delphi 等）、软件工程辅助开发环境（Rational Rose、Visio 等），以及其他的系统工具。在软件工程过程管理中，支撑软件支持生命周期各阶段的各项活动，如需求分析工具、设计工具、编码工具、测试工具、维护工具、进度安排与控制、软件配置项管理工具、文件版本管理工具等。支撑软件为具体领域的应用开发提供了更高层级的接口和使用，降低了用户和软件人员与系统交互的复杂度，提高了应用软件开发的效率和质量。

3．实时软件

实时软件是满足严格时间约束条件的软件。当有事件发生或数据需要分析时，立即进行处理，并及时给出结果。实时软件主要应用在监控、信号控制等领域，主要包括数据采集、分析、输出三部分。除了实时性之外，高可靠性也是实时软件的重要指标。当实时软件监控有危险性的设备（如锅炉压力）或传输重要信息（如危重病人心跳）时，要确保软件具有相应的容错性。

4．嵌入式软件

嵌入式软件就是运行在芯片中的操作系统或开发工具。由于受芯片尺寸、嵌入式微处理器运算能力、存储容量等物理环境的限制，嵌入式软件除了具有一般软件的特点之外，还要尽可能地进行优化，减低硬件成本，减少对系统资源的消耗。

5．人工智能软件

人工智能软件是能够模拟人的大脑，完成一定分析、推理、决策等智力活动的软件。事实上，人工智能软件完成的智力活动仍然是机械地运行程序得到的结果，但它结合经典逻辑、符号主义、统计学和信息论等知识，在一定程度上体现人的大脑的部分功能。如借助著名的 LISP、Prolog 等软件，许多软件人员开发出专家系统、定理自动证明软件，并能控制机器昆虫、人工生命等机械装置来模拟动物世界、人类社会的关系、组织、活动等。

6．应用软件

应用软件是应用于实现用户特定需要的软件。它能针对不同用户的具体需求而进行分析和设计，具有领域性，但也能面对通用需求进行分析和设计。应用软件拓宽了计算机系统的应用领域，有效利用计算机的硬件资源，提供丰富的功能选择。

1.3.3　软件生命周期

软件工程用于软件开发的指导思想之一就是划分软件生命周期，把软件开发的全过程分阶段、定任务，按先后顺序依次完成。软件生命周期是从可行性分析与计划开始，经过需求分析、设计、实现、测试以及运行和维护等一系列活动，直至报废的时间周期，又称为软件生命周期（Software Lift Cycle）。

文献[11]中定义，将软件生命周期分为6个阶段，如图1-4所示。

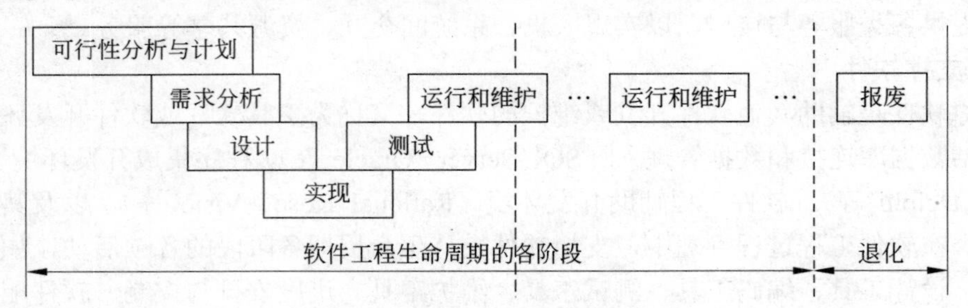

图1-4　软件生命周期的6个阶段

1．可行性与计划阶段

可行性分析与计划主要回答两个问题："要解决的问题是什么"以及"这个问题是否有解，是否值得解"。可行性主要包括技术可行性、操作可行性、经济可行性和法律可行性。在了解用户到底要做什么，并最终要实现何种功能后，技术可行性和操作可行性回答"用户问题是否有解"，经济可行性和法律可行性回答"用户问题是否值得去解"。

2．需求分析阶段

需求分析要解决的是"用户提出的软件系统必须完成什么"。需求分析主要包括问题定义、需求获取和需求验证等，确定软件系统必须具备的功能和性能。

3．设计阶段

软件设计要解决的是"软件系统如何完成，以体现用户需求"。软件设计可以划分为概要设计和详细设计两个子阶段。概要设计给出软件结构、全局数据结构、数据库结构和接口；详细设计给出各模块的具体实现算法和彼此的调用关系。这样把语言描述的需求转换为更为精确的、结构化的过程描述。

4．实现阶段

软件实现是把设计阶段的过程描述用某种计算机语言编写的代码来表示（也就是编码）。其中，代码的可理解性是软件测试、可维护、可移植等一系列后续活动中重要的先决条件之一。

5．测试阶段

软件测试是保证软件质量的重要手段，目的是发现程序中存在的错误，并在调试过程中修改这些错误。软件测试包括单元测试、集成测试、系统测试和确认测试等，它们分别对应实现阶段、设计阶段、需求阶段和可行性分析阶段的规格说明。

6．运行和维护阶段

软件维护是软件生命周期中最长的阶段，它将伴随着软件的使用而一直存在。软件维护的主要类型包括完善性维护、纠错性维护、适应性维护和预防性维护。

上述各阶段在一般的讨论研究中，也粗略地划分为需求分析、技术开发、系统运行和状态描述。其中，需求分析包括问题定义、可行性分析和需求获取；技术开发包括概要设计、详细设计、编码和测试；系统运行主要包括软件运行和维护；状态描述说明当前软件开发阶段的进展、任务完成和预期。

从整个软件生命周期来看，软件项目的开发过程可以看作是一个往复循环来解决问题的过程，每个过程也是一个微缩的软件生命周期过程，如图 1-5 所示。

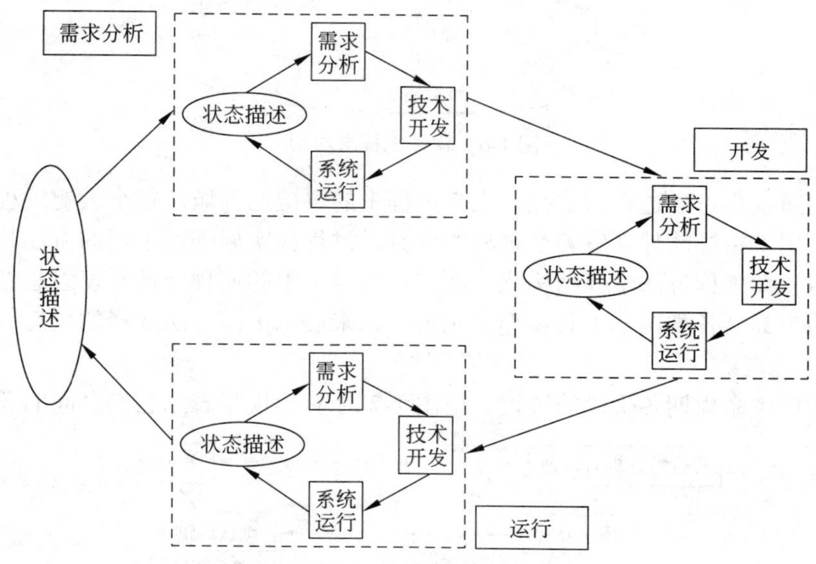

图 1-5　软件生命周期中的往复循环过程

1.3.4　软件过程

根据文献[8]的定义，软件过程是由组织或项目使用的，用以计划、管理、执行、监控和改进其软件相关活动的过程或过程集合。

按照 IEEE 计算机学会职业实践委员会推出的《软件工程知识体系》(2004 版)，将软件工程过程知识域划分为 4 个知识子域。

1．过程定义

过程定义可以是一个流程、一个策略或一个标准。它包括软件生命周期模型、软件生命周期过程、过程定义的符号、过程修改和自动化等 5 个子域。

2．过程实现与变更

过程实现与变更描述了过程实现和变更的基础结构、活动、模型与实际考虑。它包括过程基础结构、软件过程管理周期、过程实现与变更模型、实际考虑等 4 个子域。

3．过程评估

过程评估可以用评估模型和评估方法展开，如 CMM 的等级评价标准。它包括过程评估模型和过程评估方法等两个子域。

4．过程与产品度量

对软件过程实施的评价，是通过对软件过程的度量来衡量的。过程度量是收集、分析和解释关于过程的定量的信息。它包括过程度量、软件产品度量、度量结果的质量、软件信息模型和过程度量技术等 5 个子域。

软件工程建立在以质量焦点为基础之上，是以过程、方法和工具三个研究层次为重点的综合技术，如图 1-6 所示。

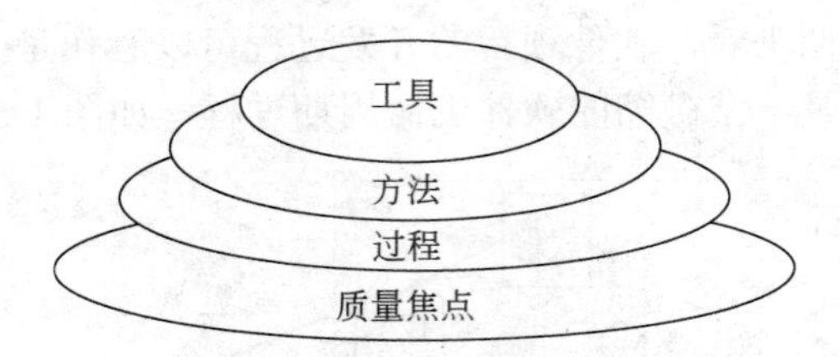

图 1-6 软件工程层次图

坚实的质量焦点以过程为依托，定义过程中的关键过程域，每个关键过程域中定义关键过程，用于指导软件开发各个过程的任务。过程的实施需要不同的方法具体完成，方法确立用软件工程方法学（结构化、面向对象等）中的何种软件开发思想做指导，并提供不同的工具（各类图形工具和形式化定义）来展示不同方法选择的思想，描述方法中的步骤。

针对软件生命周期各阶段的过程，用图 1-7 的 V 形模型表示它们之间的关联。

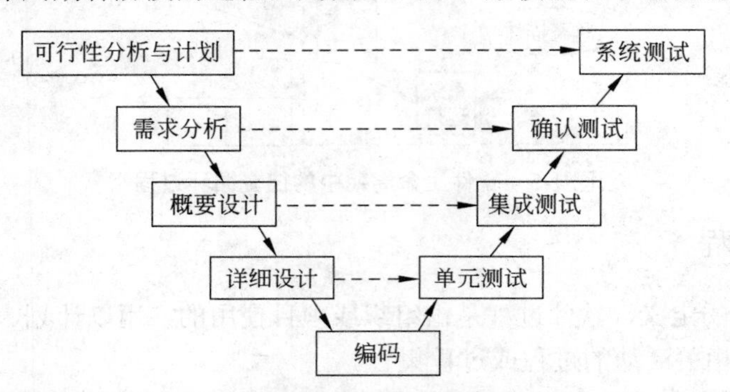

图 1-7 软件工程过程活动的 V 形模型

1.4 软件过程模型

针对软件生命周期各阶段活动的一般规律，对软件开发过程进行定量度量的量化，为软件工程管理提供阶段性评价，为软件开发过程提供原则和方法，提出了软件过程模型，又称为软件生命周期模型。

软件过程模型是一种软件开发策略，这种策略对软件生命周期的各阶段提出相应的过程规范，使软件开发进度按照项目管理的预期进行。因此，在进行软件开发时，无论软件的规模大小和复杂程度，都应选择一个合适的或综合多个软件过程的模型，该软件过程模型从软件项目需求定义直至软件经使用后废弃为止，作为跨越整个软件生命周期的系统开发、运行和维护所实施的全部过程、活动和任务的框架。

1.4.1 瀑布模型

瀑布模型（Waterfall Model）是由 Winston W. Royce 在 1970 年首先提出的，也是直到现在仍被大量采用的软件过程模型。瀑布模型是一个典型的线性模型。根据软件生命

周期各阶段的划分，瀑布模型由可行性分析与计划入手，依次进行需求分析、设计、编码、测试，直至通过用户确认之后得到最终的软件产品，并由此进入运行维护过程。这一过程如图1-8所示。

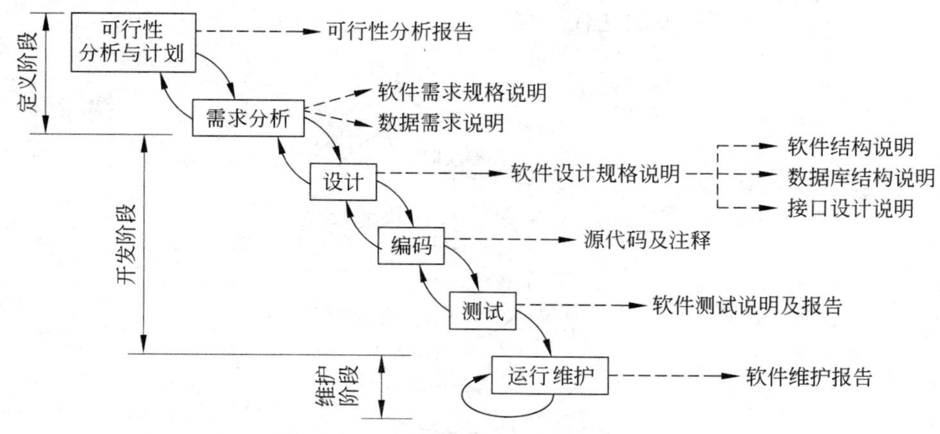

图1-8 瀑布模型及其各阶段规格说明

整个过程自顶向下，像是瀑布的水向下倾泻。瀑布模型中的各阶段既相互分离，又相互依赖。每一阶段的开始都是上一阶段结束的结果，是一个单向过程。图1-8还给出具有反馈的开发过程，即当前阶段如果发现有错误，则回溯到前一个阶段进行修正。如果错误还未解决，则再次向上回溯直到最初阶段。

可以看出，瀑布模型具有以下特点：

（1）简单。瀑布模型简单易用，降低了大型软件开发的复杂性，对促进软件工程的应用和发展起了很大作用。

（2）严格。瀑布模型每一阶段的开始都始于前一阶段的结束，每一阶段结束后都进行技术审查和管理复审，以减少本阶段的错误，防止错误给后一阶段的分析带来困扰。

（3）顺序。瀑布模型严格按照软件生命周期的各个阶段依次展开，在没有完成当前阶段任务时，不能开始后续阶段的工作。

（4）一次性。瀑布模型是软件项目的一次性完整开发过程，期间没有开发的迭代。

（5）质量保证。瀑布模型强调文档的作用，每一阶段完成后都要有各阶段的规格说明，并仔细检查和验证相关文档。

瀑布模型的实施过程，强调了各阶段完成时所提交的规格说明。规格说明详细记录了各阶段的任务、设计方案及完成情况，以及管理过程、风险控制、进度计划执行等内容。撰写规格说明有利于在过程执行中的审查和回溯。

随着软件工程的不断发展和技术进步，瀑布模型出现了难以适合现代软件开发模式的问题。瀑布模型是一次性单向开发，难以适应软件需求不明确或出现变动的情况；由于其严格的顺序性，用户只有等到软件开发结束才能得到最终结果，增大了开发的风险。

1.4.2 原型模型

原型是软件开发过程中一个用于实验的、测试的或早期能运行的简单系统。由于在软件开发的需求分析阶段难以确定用户需求，因而软件人员根据用户初步的、不明确的需求快速开发出系统原型。用户根据原型进一步明确到底要做什么，软件人员也进一步确定用户需求。据此，软件人员进一步修改或补充新的需求，并最终达到用户需要的软件产品。图 1-9 表示原型模型的迭代过程。

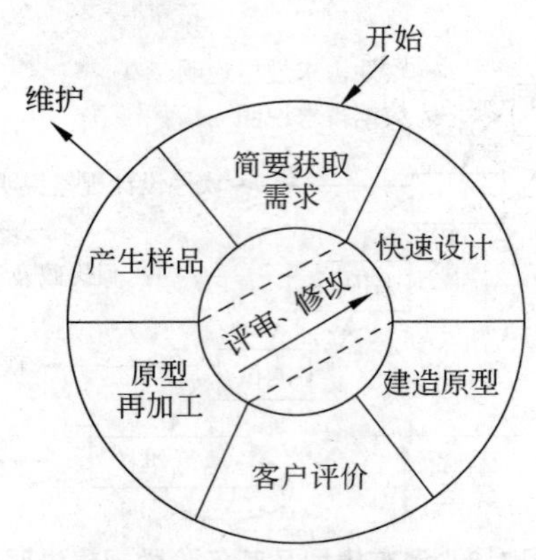

图 1-9 原型模型的迭代过程

原型模型方法实际上一个大大压缩的瀑布模型。由于需求不明确，它仅实现了系统中的部分内容。因此，原型方法是在每阶段任务不甚明确或未完全实现时，能转入下一阶段的工作。实现原型模型的过程有三类途径：

（1）利用计算机可视化集成开发环境，实现用户能见的、可操作的原型模型。这样，用户能通过直观感受和实际操作，明确自己的需求，降低后续开发的风险。

（2）针对已有的软件系统，开发原有系统中功能、性能等不足部分的原型模型，做到有针对性地获取需求。

（3）开发对需求不明确的部分，通过与用户的迭代交互过程，明确用户需求。

（4）开发一个原型，先实现用户最关心的部分或系统中的核心功能，交付用户使用。并在此基础上，逐步补充新的功能或修改原型中的不足。

原型模型具有以下特点：

（1）快速。用户不用等到软件的全部实现就能看见和使用系统。

（2）符合用户预期。由于原型模型充分展示了用户将来才能看到的软件，并在每次原型模型的演化过程中，用户都能及时参与，相当于把维护阶段提前到原型的迭代过程中。

由于最初的原型模型可能离用户最终的系统差别很大而被抛弃，因此原型模型不适宜开发大型软件项目，并且被抛弃的系统原型模型的开发成本也影响到原型模型的采用。此外，由于原型模型是在需求不明确的情况下进行开发的，因此原型质量及由此产生的问题也难以得到保证。

1.4.3 增量模型

增量模型是对软件项目的需求以一系列增量方式来开发，也称为渐增式开发模型。

增量模型是一种非整体开发模型，对于系统整体需求，增量模型先将需求分解为若干部分，每部分都按照瀑布模型进行开发。图 1-10 描述了增量模型的渐增方式。

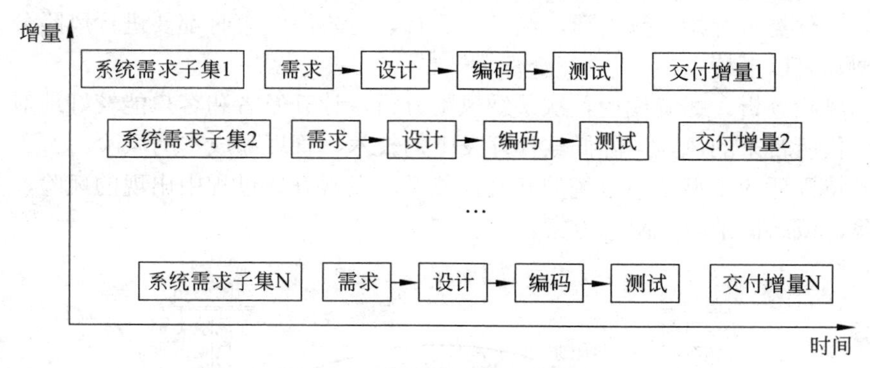

图 1-10　增量模型的渐增方式

增量模型不是在开发末期给出软件的全部，而是逐步交与用户系统中可用的部分，系统功能会随着时间而增加，同时通过用户反馈不断修正原来系统中存在的错误和不足。由 Mills、Dyer 和 Linger 提出的净室软件开发方法使用的就是增量模型。

增量模型具有以下特点：

（1）灵活性。由于软件开发是以系统的一个子集来进行的，用户能尽早对系统有直观认识。并且由于每次提交的是软件的部分功能，因而可以按照用户需求有选择地先开始系统中重要部分的分析与设计，同时也给开发时间、资源利用等资源带来很大灵活性。

（2）降低风险。由于增量模型每次提交的仅是系统的部分功能，因而适用于需求不明确、开发功能多、开发时间长的系统。即使系统出现错误，但由于用户尽早地参与开发过程，从而使得错误的影响范围有限。

由于软件系统的整体结构是设计好的，因而在增量模型中逐步增加系统功能的同时，如何确保增量部分不破坏已开发的部分，或不引入新错误？此外，如何适应用户需求的变更？这不仅将针对增量部分进行修改，也要完成对已开发部分的变更。

1.4.4　螺旋模型

螺旋模型是由 Barry W. Boehm 于 1988 年提出的，它将原型模型与瀑布模型相结合，并引入风险分析机制，适合大型复杂项目的开发。图 1-11 展示了螺旋模型的迭代过程。

螺旋模型是迭代式开发过程，软件开发每迭代一周，软件开发就向前推进一个层次，系统就修改或增加新的内容。每次迭代过程都包括需求定义、风险分析、工程实现和评审 4 个阶段的任务。理论上，迭代可以无限进行下去，使得某次迭代结果满足用户需求。但考虑到开发成本，应该用最少的迭代次数实现满足用户需求的软件。

在图 1-11 中的四个象限分别代表了以下活动：

（1）制订计划，包括决定目标、实施方案和系统限制。

（2）风险分析，包括划分风险类别、风险识别、风险评价、风险预防与消除。

（3）实施工程，包括开发、验证下一代产品，并做预防性评估。

（4）客户评估，包括验收测试、用户体验、下一次迭代评估。

在螺旋模型图中，螺旋的每次循环（一个周期）表示开发过程的一次完整活动。从最内层的软件需求开始，到设计、测试、运行，每阶段结束时都要进行风险分析。因而螺旋模型具有以下特点：

（1）风险分析。螺旋模型首次采纳风险分析，让开发者和客户能较好地对待和理解每一次迭代所带来的风险，降低软件开发中的技术、管理和成本的风险。

（2）特别适应大型复杂系统的开发，能及时发现开发过程中出现的风险，并能尽早规避风险，或给出消除风险的方案。

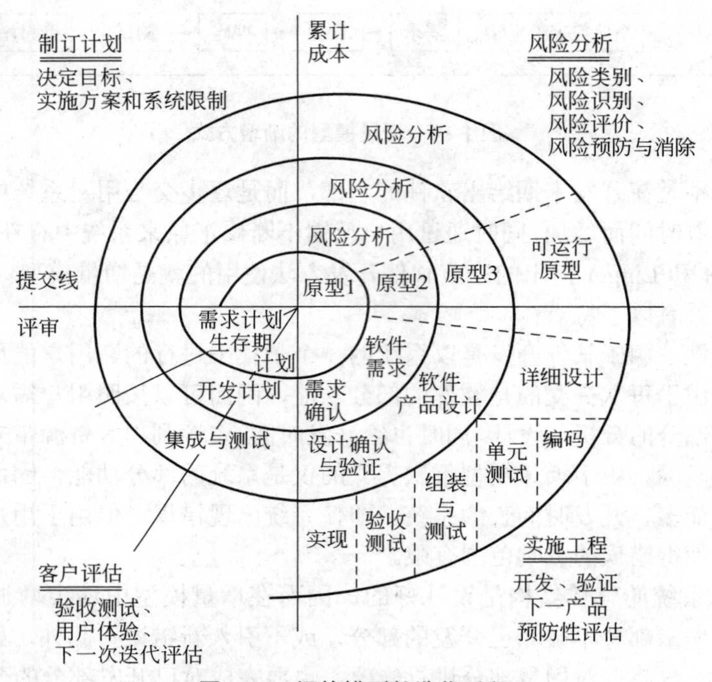

图 1-11 螺旋模型的迭代过程

螺旋模型强调风险分析，这需要具有一定的风险分析评估技术，且成功依赖于这种技术。因此，要求软件人员在每次迭代开始前，需要分析和找到软件开发中的风险，从而提前采取解决风险的策略，否则会给软件开发带来更大风险。

1.4.5 喷泉模型

喷泉模型是 B. H. Sollers 和 J. M. Edwards 于 1990 年提出的软件开发过程模型。从图 1-12 中可以看到，喷泉模型最大的特点在于软件过程的每个阶段相互重叠，而不像其他过程模型那样每阶段有明显界线。喷泉模型主要用于面向对象软件开发，并支持重用，就像喷泉的水一样，喷涌向上，之后又落下来，重新自底向上实现喷涌的往复迭代过程，而瀑布模型不支持软件重用过程。

喷泉模型具有以下特点：

（1）开发阶段的相互重叠。这不仅反映了软件开发的并行过程，也体现了面向对象

方法中分析、设计和实现之间无明显界限，各阶段平滑过渡的特点。

（2）支持重用。喷泉模型各阶段结果不仅支持下一阶段的开发活动，也支持向下往复过程时分析、设计内容和模式的重用。

（3）不严格的阶段划分，增量式开发。不要求一个阶段所有活动的彻底完成，而是整个开发过程逐步提炼、往复修改。

（4）对象驱动。对象是重用的基础，是整个过程的实体。分析、设计和实现的并行，就是完成对同一对象集的操作。

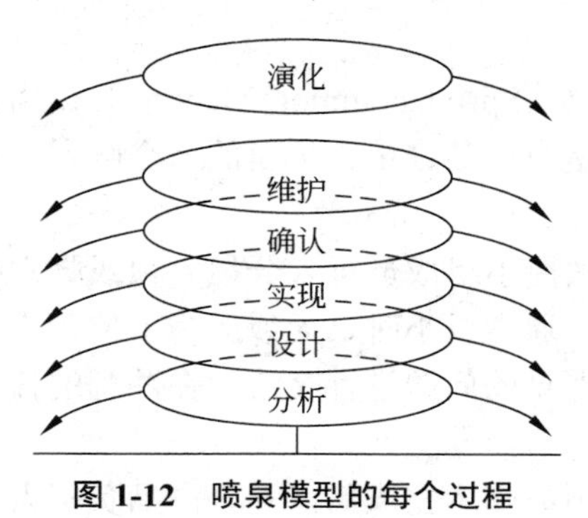

图 1-12　喷泉模型的每个过程

由于喷泉模型各阶段的并行，导致需要较多的软件人员参与到开发过程中，这给管理带来一定困难，同时也加大了文档的审核和管理困难。

1.4.6　敏捷过程模型

自从进入互联网时代，大部分软件系统的核心都部署在服务器端，而客户端的更新则通过推送的方式来实现。随着网络基础设施的不断完善和增强，使得软件的开发、维护、升级变得更加快捷与方便。通过网络，还能实时获取用户对需求的变更，因此客观上要求软件系统的开发流程跟上网络快速变化的节奏。为此，2001 年敏捷联盟在美国成立，同年发表了著名的《敏捷宣言》。《敏捷宣言》中提出的敏捷过程模型不是一个软件开发过程，而是对一类软件开发过程的统称。只要符合敏捷价值观、遵循敏捷原则的过程都是敏捷过程。与传统的过程模型相比，敏捷过程的价值主要体现在以下 4 个方面。

1．个体和交互胜过过程和工具

敏捷软件将人的作用提升到一个新高度。现代软件开发都强调团队开发、团队合作，一个优秀的团队让软件项目成功了一半，这远胜于任何完善的过程和良好的工具。

2．可以工作的软件胜过面面俱到的文档

换个角度理解，文档就是规范。敏捷过程强调的是实用主义，而非规范；强调软件人员应理解并处处以文档规范来要求和实施软件过程，而不是机械地知道和编写文档。

3．客户合作胜过合同谈判

通常意义的谈判是把对方当作对手而非友人。敏捷过程强调把客户当作合作伙伴而非对手，任何事情站在用户角度多考虑，充分与客户沟通，让开发出的软件实现客户的价值而非只有商业关系，以达到双赢的目的。

4．响应变化胜过遵循计划

敏捷过程提倡的快速，不仅是开发过程的快速，更是指能及时响应用户需求的快速。一个软件过程必须有足够的能力及时响应变化，用变化去修改计划，而不要被计划所束缚，导致最终软件产品没有体现用户变化的需求。

敏捷过程的开发流程如图 1-13 所示，实施的步骤主要包括：

（1）分析并确认产品订单（Product Backlog）。产品订单即是产品需求列表，由产品负责人对产品订单进行分析、抽象、分解，找出它们之间的相互关系，并估算系统规模和工作量。

（2）通过冲刺计划会议（Sprint Planning Meeting）提出需要完成的目标。目标可以是产品订单中的一项，或是对产品订单分析后的一个脚本。将该项或脚本细化后形成冲刺订单。

（3）冲刺（Sprint）。敏捷小组成员每人分担一项或脚本中细化后的一个任务。任务大小按照完成的时间划分，通常以小时、天或周为单位。小组每天召开会议，每位成员就自己任务的完成情况、遇见的问题进行交流。在冲刺的任务周期内，小组不接受任何需求的更改。

（4）迭代与复审。当项或脚本完成后，召开产品负责人和客户共同参与的评审会，得到软件系统的一个增量版本，并发布给用户。同时，在此基础上进一步总结并讨论下一步需要改进的地方。

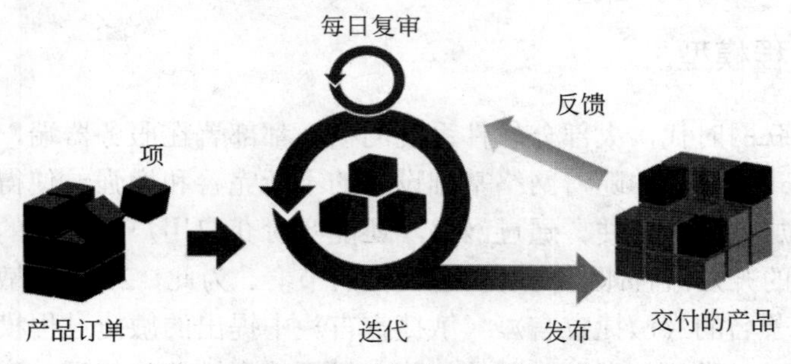

图 1-13　敏捷过程的开发流程

在敏捷过程的开发流程中，核心的原则在于以下 5 个方面：

（1）简单。无须深入探讨、构建软件系统，以快速、简单、实用、满足用户需求为要旨。

（2）变化。需求不仅实时在变，而且用户对需求的理解也在变。因此，敏捷过程要能反映这种变化，在当前项或脚本结束后，及时将变化反映在后续软件的设计和实现中。

（3）建模。在建模时，不用过早考虑模型描述、源代码、文档等内容，而多思考是谁在建模，为谁建模，为什么要这样建模。

（4）交流。强调项目开发过程中不同人员的交流，敏捷团队人员之间相互交流、与客户交流，保证建模的正确性，且足够详细。

（5）反馈。在开发过程中，无论是自己所做工作，还是与别人的合作，都应及时得到反馈。反馈是建立在团队合作的基础上，遵循群体软件过程的活动和准则。

从互联网应用与技术发展来看，敏捷过程具有以下优点：

（1）综合瀑布模型和原型模型的优点，在保证减少错误的前提下，快速得到用户系统。更主要的是，在每阶段的活动中，都引入风险分析，极大降低潜在的系统风险。

（2）快速开发、建模，不但能够促进个人和团队开发人员之间的交流，还能促进个人和其他人员的交流。

但同时也必须看到，由于敏捷过程模型致力于快速获取需求、尽早进行开发，因此不可避免地会忽略甚至引入一些错误，从而导致软件系统的开发陷入困境。这些主要体现为：

（1）在确认订单产品中，由于缺乏充分的需求分析以及风险评审，会造成没能发现某些错误，而对开发后续阶段的工作甚至是整个系统开发带来灾难。

（2）对于开发全新的软件系统，由于功能、接口、界面等因素的不确定性较大，导致后续的修改、测试等返工的工作量较大。

（3）由于快速搭建原型，没有在系统架构上进行严谨的设计，导致后期的代码管理、维护等过程复杂性增加。

1.4.7　渐进交付迭代模型

渐进交付迭代模型是随着软件规模的增大、功能的增加、架构的复杂而提出来的过程模型。面对不明确的需求（原型模型）、非整体的开发（增量模型）、影响软件质量的风险（螺旋模型），渐进交付迭代模型通过对软件不断演进地循环往复，完成软件系统的实施过程。图1-14展示了渐进交付迭代模型的演化循环过程。

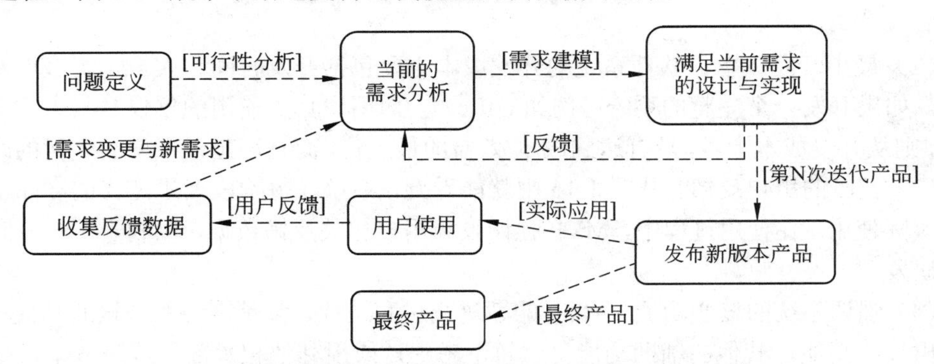

图1-14　渐进交付迭代模型的演化循环过程

随着互联网技术的发展，网络应用渗入了人们的日常生活。在基于互联网软件系统的实施过程中，MVP（Minimum Viable Product，最小可行产品）方法逐渐崭露头角。

MVP是指快速地构建出符合产品预期功能的、用最小成本实现的最小功能集合，然后征求用户意见。根据用户的反馈，通过迭代完善细节。MVP最初由Frank Robinson于2001年提出并定义，之后经Steve Blank和Eric Ries推广。图1-15说明了抽象的MVP迭代模型的开发线路。

图1-15形象地描述了用户需求与实际产品之间的鸿沟，这个鸿沟的跨越需要对用户需求、软件产品进行多次渐进迭代。正如图1-15所表示的情形，用户最终期望的产品是

图 1-15　从最小可用产品到最终复杂产品的开发线路

小汽车（可能用户对最初的需求，连自己也不清楚，仅仅是设想得到一种出行的交通工具）。瀑布模型的思路是，尽可能地获取用户的最终需求，然后从外形（车身）、车轮、动力装置、制动装置、内部装饰等着手，划分各部分，一个流程紧接着一个流程地进行，直至得到最终的产品。根据 MVP 渐进迭代的思路，是用最短的时间、最小的代价做出一个基本的、满足用户出行需求的产品（滑板车）。之后根据用户的使用，收集用户反馈信息，逐步完善、丰富滑板车功能，直至得到最终的产品（小汽车）。

举一个例子。学生拟设计一个校院食堂点餐外卖系统，以减轻就餐高峰时的食堂拥挤状况（这个项目来源于学生亲身体验的、真实需求的项目）。该系统包括食堂管理、菜品分类管理、图片管理、人员注册和登录、付款等。这个系统如果完全实现至少需要半年，更重要的是在这个时间内，作为用户的学生无法给开发团队反馈任何有用的信息。如果按照 MVP 的过程，团队先找出最关键、最小功能集（如某个就餐高峰最拥挤食堂）着手实现，不仅能最早收集用户的反馈，而且还能验证这个系统是否的确能减轻高峰就餐时的拥挤情况。

因此，MVP 渐进的迭代模型具有以下特点：

（1）最小功能集合。用户的最终需求在最初阶段是不明确的，有时甚至连用户自己也不知道期望开发出的完整系统是什么样。因此先实现用户明确的、紧迫的功能有现实意义。

（2）最小开发成本。软件系统的开发成本主要包括开发时间、人员、资金以及开发资源。如果开发一个完整的系统（例如 Office），而用户真正使用的仅仅是其中的少部分功能，则从开发成本上看，没有达到成本/效益的最大化，而且还延误了产品交付的时间。

（3）及时的用户反馈。从图 1-15 中就能看到，系统在每阶段渐进迭代的产品都能被用户实际使用。在使用过程中，MVP 强调收集用户相关反馈数据，以利于下一个阶段系统的研发。

（4）强调系统的核心功能。MVP 的渐进交付和迭代，都是围绕系统核心功能的。为了突出核心功能，其他的辅助功能可以暂不考虑，或用其他相关部件或服务来代替。

MVP 迭代模型也并非适合于任何时候。对于大型复杂系统，如操作系统、集成开发环境等，就难以做到开发出最小可用的系统而后再不断扩展功能。同样，对于需求明确的系统来讲，也不适宜采用 MVP 迭代模型进行开发。

1.4.8　微软解决框架过程模型

微软解决框架（MSF）过程模型，是微软公司总结的一套关于以往经验、原理模型、准则、概念、指南等的集合。它结合了瀑布模型中按阶段完成软件系统开发任务，以及螺旋模型中增量迭代的优势。MSF 模型是为大型软件项目开发而准备的，重点是放在如何推动项目、技术的成功。由于没有任何单一组织结构或软件过程模型能适用于所有项目的开发，因而 MSF 在设计之初就不把它当作一种过程模型来设计，而是把它定位为一套灵活的、可伸缩的框架，它只有指导方针而没有具体的实施细节，防止 MSF 陷于某类型项目开发模式的泥沼中，这样对不同软件项目有很强的适应能力。图 1-16 给出 MSF 模型。

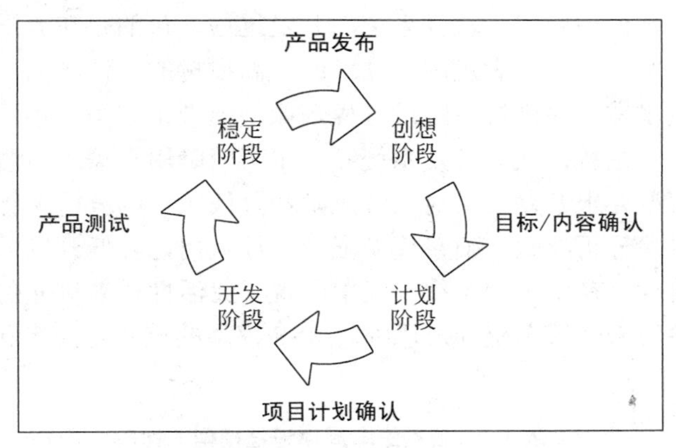

图 1-16　MSF 模型

MSF 模型分为 4 个主要阶段：

（1）计划阶段，主要包括目标和内容的认可，定义项目的目标、约束，以及解决方案的架构、项目计划和进度表。

（2）开发阶段，主要包括项目计划确认，完成设计规格说明书中定义的功能、构件以及其他要素。

（3）稳定阶段，主要包括进行产品测试、总结提升解决方案质量，确认符合生产环境质量标准。

（4）创想阶段，主要包括部署解决方案到实际生产环境中，总结项目过程中里程碑式的管理，项目中潜在的危险因素，以及风险分析的有效性等。

这 4 个阶段体现了瀑布模型的过程，每一次各阶段的迭代都是螺旋模型式的提升。同时，随着互联网软件和服务需求的迅猛增长和变化，MSF 也认识到目前软件系统发展是朝互联网应用的，因此它也吸收了敏捷过程的优点，强调与用户更紧密地交流，快速迭代，避免不必要的等待和流程，从而形成了 MSF 模型自身的特点：

（1）普适性。它的目标是搭建开发过程框架，而不是针对某领域或某技术的软件开发过程。同时给出在每个步骤中需要完成的任务和注意事项，因而适用于任何软件项目。

（2）风险分析。在 MSF 的过程中，用概率七值表示法来评估风险，用金钱损失计分表来估算风险，极大降低了项目失败的可能性。

（3）商业性。通过项目开发过程，把解决方案从项目团队过渡到运营团队。因为一个项目的价值，只有在它被成功发布并运行时才能体现出来。

但在实际过程中，由于 MSF 框架定义的宏观性，缺乏对细节性操作规范的指导，因而在具体过程实施的活动中，需要根据项目领域、性能要求等约束制定不同的方案、技术和管理规范。

1.4.9 软件过程模型的比较

前面讨论了8种不同类型的软件生命周期过程模型。在实际项目的开发过程中，通常会采用一种或多种模型应用于软件系统的开发过程，目的是在有限的时间、资源、人力、资金等的条件下，开发出满足用户需求的、高质量的软件产品。瀑布模型在已知系统全局的情况下按步骤有序推进各阶段过程。原型模型正是由于不明确用户到底需要完成的是怎么样的一个系统，从而开发系统原型用于明确用户需求。增量模型先完成系统核心部分。螺旋模型要求开发人员对系统风险和降低风险的分析有针对性，也要求开发人员具有良好的风险分析经验。喷泉模型强调软件重用，降低开发成本和风险。敏捷模型目前在争议中前行，在中小型系统开发中展现了灵活性。渐进交付的迭代模型通过往复迭代和用户的参与来降低系统开发风险。MSF模型的核心是同步和稳定，并已在微软公司成功地运行。

表1-1 各类生命周期过程模型的比较

软件生命周期模型	优 势	不 足
瀑布模型	总览全局，明确需求，文档规范，过程严谨	难以适应需求的变更
原型模型	通过原型开发和讨论，逐步明确问题定义和系统需求	原型的开发会增加系统成本
增量模型	系统核心功能明确，实现最小可用系统为前提，再后续扩展	需要各类人员广泛参与，增加管理难度
螺旋模型	增加风险分析，最大限度减少系统开发风险	风险分析策略需要分析人员具有经验，有一定难度
敏捷过程模型	快速开发，及时响应用户反馈	缺乏细致准备，会造成后续维护变更困难
渐进交付迭代模型	通过不断演进往复，完成软件系统的实施过程	对大型系统难以做到最小应用开发
MSF模型	同步和稳定策略推动项目、技术的成功	较少在微软之外的公司得到推广

由此可见，不同过程模型各有其特点，也都存在不足之处。每个软件开发组织都需要为软件开发、软件维护、软件管理等选择适合的生命周期模型。同时，各类软件过程模型自身也在不断发展和完善，以适应在网络环境中的软件技术、领域应用的发展。

1.5 软件开发方法

自从软件工程提出之后，软件研究人员一直致力于软件开发方法的研究与实践，取得一系列成果，为软件工程和软件产业的发展起着难以估量的作用。

软件开发方法是用已定义的过程、方法和工具，在技术上和管理上来组织软件生产的一系列活动。其中，过程用于定义软件开发顺序的操作流程，方法是用软件开发理论

和规范的技术手段来设计软件，工具提供了方法中可用的一组图形符号，这些图形符号有各自的语法和语义信息。目前，软件开发方法主要是面向过程的结构化开发方法和面向对象开发方法。

1.5.1　结构化开发方法

1972 年 D.Parnas 针对软件的可靠性和可维护性方面存在的问题，最先提出了信息隐藏的原则，即将软件开发中可能的变化因素划分到模块内部。如果这些因素发生了变化，则只需修改模块内部，而不会影响到其他模块，从而避免错误的蔓延，改善软件的可靠性。

1978 年 E. Yourdon 和 L. L. Constantine 提出了结构化开发方法，也称为面向功能的软件开发方法或面向数据流的软件开发方法。它首先提出用结构化分析（Structure Analysis，SA）对软件进行需求分析，之后用结构化设计（Structure Design，SD）方法进行系统设计，最后用结构化编程（Structure Programming，SP）实现软件。结构化方法提出的开发过程步骤明确，SA、SD 和 SP 三个阶段彼此衔接，前后照应。结构化开发方法给大型软件系统的开发提供了一整套可行的、便于管理的方法学，不仅提高了软件开发的效率和质量，而且降低了错误率。此外，该方法还给出了结构化设计过程中两类典型的基于数据流的软件结构（变换型和事务型）映射方法，它们彼此对应，便于从 SA 到 SD 的转换和选择。

随着结构化开发方法的发展，逐渐形成了完整的开发过程：需求分析从用户功能入手，通过数据流图、数据字典等工具表示用户需求；然后通过对数据流的映射，得到软件结构；之后通过对软件结构的模块化分析，定义模块的接口，设计各模块间的数据传递、调用关系，以及模块内的算法流程；最后通过结构化编程、测试而得到软件产品。

1.5.2　面向对象开发方法

面向对象开发方法是继结构化开发方法后的又一次技术革命，是软件工程发展的又一个重要里程碑。面向对象开发方法自 20 世纪 80 年代推出，90 年代得以蓬勃发展。它在大型软件项目需求的易变性、系统的扩展性和易于维护等方面具有明显优势。在面向对象发展进程中，具有代表性的有 G. Booch 的面向对象开发方法，P. Coad 和 E. Yourdon 的面向对象分析（OOA）和面向对象设计（OOD），J. Rumbaugh 等人的对象建模技术（OMT），以及 Jacobson 的面向对象软件工程（OOSE），并最终于 1997 年 OMG 正式推出基于面向对象技术的统一建模语言（UML）和基于 UML 的面向对象开发方法。

面向对象思想符合人们对客观世界的认识和描述。客观世界的实体是人们认识世界的基础，面向对象开发方法的基础是对象，而对象就是对客观事务（问题空间）的直接描述。Coad 和 Yourdon 给出了一个面向对象公式的定义：

面向对象 = 对象 + 类 + 继承 + 消息

面向对象的软件工程（OOSE）就是以对象为基础，结合上述公式的面向对象特性，提出了 OOA、OOD、OOP 等开发过程。OOA 主要分析对象、对象的外部关联和内部结构。OOD进一步分析对象，归纳出抽象类，演绎和细化类，总结出接口类、组织类库等。目前的可视化技术和代码自动生成技术，可以将OOD得到的类图直接转换为面向对象的程序代码，提高编程的效率，降低代码错误。由于OOSE是基于瀑布模型的并行分析和设计的，基于UML的从OOA到OOD再到OOP的转换可以做到无缝连接、平滑过渡，因为各阶段所使用的图形工具都基于UML，具有相同的语法和语义信息。整个OOSE过程体现了从具体到抽象再到具体的设计过程和实现准则。

1.6 案例描述

软件工程各阶段的方法和工具既相互独立，又彼此有关联。作为本书主要介绍的两类软件开发方法：结构化开发方法和面向对象开发方法，除了后续各章都有不同实例对两类方法的知识点进行说明以外，还以“简历信息自动获取和查询系统”和“试卷自动生成系统”两个案例贯穿本书，完整地实现上述两种开发方法的整个过程，以便读者能够深入理解和掌握这两种重要的软件开发方法。

下面给出这两个案例的问题描述。

1.6.1 简历信息自动获取和查询系统

简历信息自动获取和查询系统用于本书后续的结构化分析、设计和测试。

1. 问题陈述

各公司人力资源部都会收到成千上万封求职简历。仔细阅读这些简历不仅成为一项繁重任务，而且还有可能由于疏忽而使公司丧失优秀人才。因此，如何从各类简历中自动获取求职人员的信息，并自动存入数据库中，已成为一项重要工作。

企业招聘员工的流程，通常是由公司各个部门如业务部、销售部等向人力资源部门发出招聘申请，由人力资源部门进行招聘信息的发布。简历汇集到人力资源部门后，由人力资源部门进行初步筛选并根据简历申请的岗位信息进行分类，然后将分类后的简历分别送往各个部门以便进行进一步筛选。本系统要求按照大多数企业的招聘流程来设计，这样能让更多企业使用本系统。

本系统从公司收到的.pdf、.doc、.wps、.txt和.html等一些常见格式的简历中，根据用户的选择提取姓名、性别、年龄、特长、专业等基本文字信息，并存入公司共用数据库以备公司人力资源部门及其他部门进行查看和筛选。

2. 系统功能陈述

系统主要划分为如下5部分：

（1）用户及权限管理。整个系统中使用三个级别对用户权限进行管理，0、1、2级，其中2级为普通用户，权限最低，该级用户可以查看数据库中的信息，不能进行筛选；1级为系统用户，权限较高，该级用户可以进行录入关键的选择、录入信息、简历筛选等操作；0级为管理员，权限最高，该级用户除具有1级用户的操作外，还可以进行用户管理等操作。

（2）数据库管理。本系统中，主要涉及三类数据表：

- 用户。用于记录可以登录到本系统的所有用户、密码，及用户对应的权限，该数据表由管理员进行管理。
- 简历信息。该数据表主要存储由系统从简历中提取出的信息，其中的属性字段包含简历 ID、姓名、性别、年龄、手机号等。此外，该表中还包含有两个标记字段：是否满足要求和部门代号，其中“是否满足要求”字段用来标记该简历是否通过初检，“部门代号”字段则标记该简历可以投送到公司的哪个部门。
- 部门。该数据表主要存储企业各部门的基本信息，包括编号、名称、职责、隶属和管理。其中，职责描述部门的工作内容，隶属表示该部门的上级部门，管理是指本部门所管理的下级部门。

（3）简历信息提取。从设定类型的文档（如.pdf、.doc、.txt、.html 等）简历中，根据用户选择的关键字，提取简历中的相关信息，自动存入简历信息数据库，并提示有关信息。

（4）简历信息的人工录入。可以通过人工方式将纸质的简历录入到数据库中。

（5）信息查询。用户可以根据自己对人才的需求查询自己想要找的简历，并且可以根据权限来进行简历标记、简历分配、简历查看等操作。查询分为两种：

- 简单查询。用户输入检索关键字，系统会根据关键字并按照匹配方式对简历信息数据库进行查询，按照用户选择的排列条件将满足条件的简历信息输出。
- 复合查询。提供多条件的搜索，系统给出固定的选项，用户可以选择相关的信息（也可以空白）来进行查询，系统显示查询结果。

1.6.2　试卷自动生成系统

试卷自动生成系统用于本书后续的面向对象分析、设计和测试。

1. 问题陈述

试卷自动生成系统属于计算机辅助教学软件，是以计算机辅助教师完成试卷的生成工作。系统通过管理员进行系统管理和题库管理，并提供对试题的编辑功能，以便于管理员根据课程大纲对试题进行添加、修改和删除等操作。教师在输入组卷条件后，系统自动生成符合要求的试卷文件。根据教师的组卷要求，系统也提供手动组卷的方式。对于生成的试卷，教师可以进行浏览和修改。

2. 系统功能陈述

要求系统提供系统管理、题库管理和试卷组卷等功能。具体的陈述如下：

（1）系统管理。系统管理需要提供管理员对角色管理和考试大纲管理等功能。

- 角色管理包括用户登录和权限分配。设置用户组，对每个用户组设定特定子系统的读写权限（如命题权限、组卷权限、阅卷权限），负责权限核查等。
- 考试大纲包括考试大纲知识点的录入、修改，以及题库中试题与课程大纲知识点的对应。

（2）题库管理。题库管理主要提供试题录入、试题审核和试题检索等功能。

- 试题录入包括录入题目的科目、题型、难度、内容、课程大纲代码、命题人、命题日期等信息。

- 试题审核允许多人审核试题，控制修改权限，但不允许多人同时修改同一道题。
- 试题检索是当用户手动组卷时，按照用户的输入检索符合要求的试题。

（3）试卷组卷。试卷组卷主要提供自动组卷、手动组卷和导出试卷等功能。

- 自动组卷：根据用户填写的组卷要求表单（科目、题量、分值等），自动进行组卷。
- 手动组卷：用户根据知识点、难度检索试题，自行挑选题目、设定分值、排版，并在组卷过程中，显示试卷当前状态。
- 导出试卷：导出所设定的试卷，并保存成指定格式的文件。

1.7 本章小结

本章回顾了软件危机的产生，介绍软件工程的产生和发展，包括软件工程的基本概念、目标和实施原则，介绍了 Barry W. Boehm 定义的软件工程的七条基本原理，特别是最后一条“承认不断改进软件工程的必要性”，指明软件工程作为一个学科，将随着人们需求、技术进步、软硬件环境的变化而不断创新。

本章通过对软件、软件生命周期和软件过程模型的介绍，目的是让读者对软件工程的基本原理、方法、过程有一个本质的认识。

软件概念的阐述，消除了人们对软件的不正确概念，了解软件是程序、数据和文档的有机组合。

软件生命周期把软件的开发划分为可行性分析与计划、需求分析、设计、测试、运行和维护等阶段，每一阶段有各自的过程、方法和工具，每一阶段结束都要进行技术审查和管理复审，确保本阶段任务的完整性和正确性，减少错误对下一阶段的影响。

软件过程是由组织或项目使用的，用以计划、管理、执行、监控和改进其软件相关活动的过程或过程的集合。不同的软件过程对软件生命周期定义的框架、实施过程都有着各自的特点。

瀑布模型是最早提出的过程模型，也是影响最大的过程模型。它严格按照软件生命周期的各阶段顺序展开设计，并且每一阶段得到的结果将作为下一阶段过程的开始。瀑布模型强调整体开发过程，一次开发得到软件产品。

原型模型主要针对需求不明确的软件。通过构造软件的人机交互（界面）、主要功能和性能指标等的原型系统，并与用户反复交流，确定系统的功能、性能、领域等各方面需求。

增量模型是递增式开发模型，它不是在开发末期给出软件的全部，而是逐步交与用户系统中可用的部分，系统功能会随着时间而增加，同时通过用户反馈不断修正原来系统中存在的错误和不足。

螺旋模型是迭代式开发过程，每次迭代过程都包括需求定义、风险分析、工程实现和评审 4 个阶段的任务。螺旋模型将原型模型与瀑布模型相结合，并引入风险分析机制。

喷泉模型最大的特点在于，开发过程的每个阶段相互重叠，而不像其他过程模型那

样每阶段有明显界线。喷泉模型主要用于面向对象软件开发，支持重用，并且开发过程是一个往复迭代过程。

敏捷过程模型是符合敏捷价值观、遵循敏捷原则的一类过程的统称。敏捷过程的价值主要体现在 4 个方面：个体和交互胜过过程和工具，可以工作的软件胜过面面俱到的文档，客户合作胜过合同谈判，响应变化胜过遵循计划。

渐进交付迭代模型是随着软件规模的增大、功能的增加、架构的复杂而提出来的过程模型。面对不明确的需求（原型模型）、非整体的开发（增量模型）、影响软件质量的风险（螺旋模型），渐进交付迭代模型通过对软件不断演进地往复迭代，完成软件系统的实施过程。

MSF 模型是一套关于以往经验、原理模型、准则、概念、指南等的集合。MSF 模型分为计划阶段、开发阶段、稳定阶段和创想阶段等 4 个主要阶段。

在软件工程实践中，很少用一种模型完成整个软件项目的开发过程，而是将多个过程模型进行组合。各类过程模型的组合方式有两类：一类是以某种开发模型为主，因地制宜的嵌入其他过程模型，以利于各阶段活动的展开，提高效率；另一类是从项目计划开始，建立软件开发过程的组合模型，各模型间以平等身份参与项目开发，共同支撑软件开发的过程。

本章还介绍了目前两类软件开发方法：面向过程的结构化开发方法和面向对象开发方法。

结构化开发方法提出软件开发的 SA、SD 和 SP 三个阶段，它们彼此衔接，前后照应。结构化开发方法给大型软件系统的开发提供了一整套可行的、便于管理的方法学，不仅提高了软件开发的效率和质量，而且降低了错误率。

面向对象开发方法以对象为基础，并结合类、继承和消息等概念，著名的面向对象表示公式是：面向对象 = 对象 + 类 + 继承 + 消息。

面向对象开发方法提出 OOA、OOD、OOP 等开发过程。基于 UML 的软件工程从 OOA 到 OOD 再到 OOP 的转换可以做到无缝连接、平滑过渡，体现了从具体到抽象再到具体的设计过程和实现准则。

习　　题

1. 名词解释：软件危机、软件、软件工程、软件生命周期、瀑布模型、原型模型、增量模型、喷泉模型、敏捷过程模型。

2. “软件就是程序，软件开发就是编程”这种观点正确吗？为什么？

3. 目前软件维护的费用居高不下，结合自己经验和认识，谈谈维护的困难在哪里？结合软件的开发过程，说明能够克服哪些困难以及如何克服？

4. 软件生命周期各阶段的任务是什么？各阶段之间如何衔接以完成软件的开发过程？

5. 什么是软件过程？有哪些主要的软件过程模型？它们各有哪些优缺点？

6. 某公司以手机的人机交互软件研发为主。用瀑布模型进行软件开发已有相当的时间和经验。虽然你作为今年刚入公司的新员工，但根据自身的学习和软件开发经验，你认为快速原型法更适合公司的软件开发过程。因此，你写了一份报告给公司技术总监，详细阐述你的观点。注意，报告要言简意赅。

7. 某公司拟开发一个简易的文字处理系统，目的是能够编辑公司的通用文件。该文字处理系统功能主要包括文件管理、编辑和文档保存、实现拼写检查、文法检查、高级页面综合布局。请根据上述问题描述，选择合适的软件开发过程模型，并简述理由。

8. 今天你去参加某公司的面试，项目经理给你一份程序清单，要求你找出其中的Bug。你将如何回答这一问题？

9. 你是一家负责出售并提供外卖的火锅集团公司的项目经理。集团公司市场质量总监想让你实现一个监控火锅制作与配送的控制软件系统。该系统可以监视从原料采购、加工、制作的全过程，并跟踪配送物流。你决定选择哪个过程模型来实现该系统？请说明理由。

10. 在社会发展的历程中，技术的进步总会导致劳动力市场的变化。目前人工智能和大数据、移动互联网络技术在减轻、方便每个人工作和学习的同时，也减少甚至取代了很多劳动者的职位。从软件工程发展的角度上，谈谈你对此有何看法？

11. 查阅相关资料，总结目前软件工程的发展状况，并就软件工程未来发展谈谈自己的看法。

第2章 软件需求工程

软件需求分析是软件生命周期的基础，也是决定性的一步。整个软件工程的后续过程将按照软件需求分析的结果——需求规格说明的内容展开。随着人们对软件需求重要性认识的不断加强，从20世纪80年代后期到90年代，逐步形成了软件工程的子领域——需求工程。软件人员在对需求工程研究的基础上，不仅提出对软件需求正确性（矛盾的冲突消解）、完整性和一致性的理论研究，还提供了需求分析实施过程的图形化工具。

实际项目经验表明，用户自身对将要开发的系统也并不是完全理解，他们对需求目标的陈述也往往带有主观片面性、模糊性、不一致性，甚至还会出现错误。另外，用户不是计算机专家和工程师，他们不会把需求按照功能、性能、行为、约束等特性对需求分类。因此，只有运用系统的方法学，并借助需求分析提供的方法和工具，才能把软件系统功能、性能的总体陈述转化为具体的软件需求规格说明，奠定软件开发的基础。因此，需求工程是一个往复迭代的过程，是对用户需求不断认识和逐步细化的过程。

现代软件需求工程包括问题定义、可行性分析、需求分析等阶段，同时伴随着用户需求的变化。事实上，需求工程将贯穿整个软件生命周期。

2.1 软件需求的基本概念

软件需求是准确回答“系统必须做什么”的问题。这一阶段还不是确定系统如何实现，而是确定系统必须完成的任务是什么，用户操作流程是什么顺序，系统约束条件如何规定。这一阶段必须给出对目标系统完整、准确、一致的描述。

2.1.1 需求分析的任务

需求分析的基本任务是：定义软件的使用领域和必须满足的约束；确定系统功能、性能、领域等内容；确定软件与其他部分间的接口和通信；建立数据模型、功能模型和行为模型；最终完成需求规格说明，并经技术审查和管理复审，用作评价确认测试和质量评估的依据。

软件需求工程的要求更为广泛，它还包括对系统设计和维护有关的可理解性要求，以及文档的编写和需求变更通知，使得现代软件开发过程适应软件需求变化的需要。

1．确定系统将要实现的各项要求

系统中最主要、最基本的要求是功能需求。功能体现计算机能在多大程度上辅助用户完成工作，是用户体验中最重要的部分。软件在开发和使用过程中，受到软件环境、硬件环境、成本、人员操作等影响。另外，软件人员结合自身的经验，恰当地给用户提出将来系统可能进行的扩充和修改。虽然这不是正式的需求验证内容，但它给用户带来的好处是显而易见的。

2．数据分析

对于大多数项目，从本质意义上讲，就是一个信息管理系统，因而离不开软件数据分析过程。数据从哪里来（收集过程）、到哪里去（存储过程），系统内部如何操作和转换这些数据，如何表示数据，如何存储数据，如何共享数据等问题，都需要数据分析过程。数据分析还将数据从物理实体映射为逻辑实体，分析逻辑数据间的连接与视图模型。

3．定义逻辑模型

通过定义逻辑模型，把问题域中的问题转换为信息域问题。系统的逻辑模型与软件开发方法有关，结构化方法采用数据流图、数据字典等图形工具建模；面向对象方法采用用例图、类-对象图等来建模。

4．适应需求变更

虽然需求分析强调需求的稳定性，但用户需求的变化仍难以避免，需要有需求变更机制来控制开发计划，适应用户需求变化，最大限度地减少软件开发过程的风险。基线是进行需求变更的界线。在需求分析的基线定义之前，能够随时进行需求变更；在基线定义之后变更，则需要重新进行审查和复审。

2.1.2 需求分析的原则

需求分析原则是指在需求分析过程中，为了充分获取用户需求，保证需求获取的正确性、一致性、完整性和可操作性而遵循的实践和商业准则。这些准则包括以下内容。

1．软件人员要从用户角度考虑软件需求

软件人员在进行需求分析时，很容易陷入如何实现用户功能更简单、更方便的技术领域中，而不是站在用户角度考虑系统是否就是这些功能，对这些功能是否有约束，系统如何使用更能符合用户操作习惯。在需求评审中，软件人员需要在用户配合下，对需求规格说明进行管理复审，以确保与用户对需求规格说明的理解达成一致。

2．以流程为主线

由于开发人员和用户缺乏共同的领域背景，对于用户描述的某些问题难以理解，或在理解上也难免出现偏差。通过用户对流程的描述，将有关概念和内容连接起来，如信息、组织结构、处理规则、操作流程等，使得对问题的定义既有宏观描述，又有微观解释。

3．尽量重用

重用不仅提高开发效率，节约成本，更重要的是能提高软件质量。重用在实现上分为设计模式重用和代码重用。在需求分析阶段，重用设计模式是考虑的重点。

4．划分需求的优先级

软件工程需要在有限的时间、人力、成本等资源的综合约束下，完成用户系统开发任务，同时开发过程存在着风险和成本控制。因此，有必要对用户需求中的各项内容设定需求优先级。增量开发模型中迭代过程的增量选择，就主要通过需求分析优先级来

确定。

5. 需求变更要及时反馈

需求变更没有及时通知相关人员，会给按计划实施软件过程的产品质量带来严重后果。现代软件需求中的变更难以避免，并且需求的变更出现得越晚，其造成的影响就越大。需求变更不仅会造成工程的延误，导致已完成工作的返工，而且变更代价极高。因此，一旦客户需求发生变更时，应立即通知所有相关人员，并积极讨论变更带来的影响，组织新的实施方案。

2.1.3　需求分析的内容

需求分析的内容通常分为功能需求、性能需求、领域需求和其他需求，如图 2-1 所示。

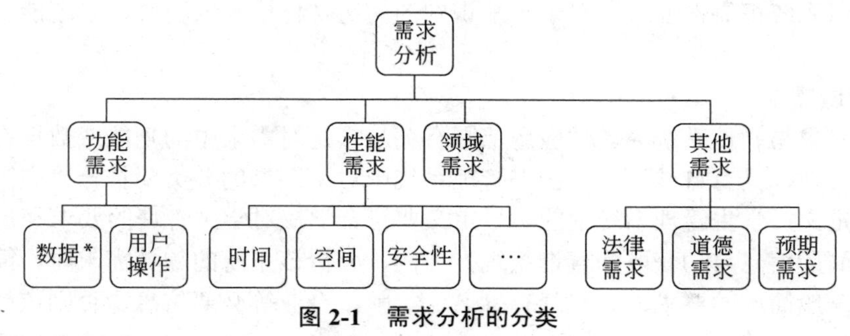

图 2-1　需求分析的分类

*：数据是指系统数据的收集和存储，而不是数据建模的过程。

1. 功能需求

功能需求描述系统提供的服务和在特定条件下的行为，包括系统登录、输入、响应、输出、异常等，有时还需要特别说明系统不应该做什么。通过功能需求分析，划分出系统必须完成的所有功能。考虑到开发时间、成本等因素的限制，功能需求与软件所使用的环境、领域、类型以及用户都有密切关系。

软件的功能描述应满足完整性和一致性。完整性要求需求分析覆盖所有用户提出的服务。但这本身受到用户影响，因为用户也难以提供完整的需求描述。一致性要求功能需求不能有相互矛盾之处。由于系统功能在不同时间、空间上的约束不同，需要考虑出现矛盾时的折中方案。

以“简历信息自动获取和查询系统”为例，分析该系统应该具有以下基本功能：

（1）基本业务功能。从问题陈述所定义的文件格式中，自动获取简历信息；以人工方式录入纸质的简历信息；提供简历信息的查询，其中包括简单查询和复合查询。

（2）用户管理功能。整个系统中使用三个级别对用户权限进行管理，不同权限的用户有不同的功能。

（3）数据管理功能。对系统的所有用户信息、简历信息和企业部门信息统一进行管理，提供不同数据间的关联和视图操作。

2. 性能需求

性能需求规定了软件系统必须满足在时间上或空间上的约束，通常包括系统响应时间、主存容量、存储容量、安全性、压力等方面的需求。各项性能要求都达到最优是困难的，甚至是不可能的。例如，在搜索引擎中，如果提升搜索结果的准确性，则要增加检索时间。因此，性能需求的满足是由多种因素共同决定的。

以“简历信息自动获取和查询系统”为例，分析该系统应该具有以下性能：

（1）提取简历信息准确性的要求。系统自动获取的简历信息分为必要信息和可选信息两类。必要信息（如姓名、性别、专业等）自动获取的准确率应达100%，可选信息（如个人爱好、特长等）自动获取的准确率应达80%以上。

（2）对系统安全性要求。要求系统提供Web登录，并且不同权限的用户，登录后的视图、对简历的操作应有不同。

（3）对系统可靠性要求。对于无法识别的简历文件格式或内容，系统能自动判断或给出提示。

3. 领域需求

领域需求与软件系统的具体应用范围有关，它是对需求中的功能或数据在领域上需要的特别实现，具有特殊性。如图书管理系统中对于图书的分类要符合“中国图书馆分类法”的定义，学生管理系统中的学号定义要符合学校对学生管理的要求和规则。

以“简历信息自动获取和查询系统”为例，分析该系统的领域需求时，简历文本内容应符合一般简历的要求，如包括有姓名、年龄、专业等必要信息，否则该简历文本被系统自动放弃。

4. 其他需求

其他需求是与软件系统有关的外在约束，如法律需求、道德需求、外部数据交换需求、预期需求等。

以“简历信息自动获取和查询系统”为例，随着互联网文件格式标准的制定和企业发展的需要，以XML格式或企业提供的简历模板编写的简历，系统预期将要能自动获取信息。因此，可以考虑用文法、类自然语言理解等模型来表示将来可能的文件扩展格式。

2.2 可行性分析

可行性分析是需求工程最初的计划阶段，它力求用最小的代价、在尽可能短的时间内确定问题是否能够解决。可行性分析的目的，不是确定问题如何去解，而是确定问题是否值得去解。而这一问题主要由技术和效益两方面决定。可行性研究实质上是进行一次大大压缩的、简化的分析、设计过程，是在较高层次上以抽象的方式进行系统分析和设计的过程。在实践过程中，可行性分析还应用原型模型实现系统的一个演示系统，用以明确用户需求。

2.2.1 可行性分析的内容

联想集团董事局主席柳传志就项目投资曾说过：“没钱赚的事我们不干；有钱赚但投

不起钱的事不干；有钱赚也投得起钱但没有可靠的人选，这样的事也不干。”随着我国法治国家的建设，还要强调“违法的事不能干”。因此，对于项目的可行性分析与研究应要包括以下几个主要方面。

1. 经济可行性

经济可行性回答“系统的经济效益能超过开发成本吗？”这一问题。通过运用软件成本估算技术、成本/效益分析等方法，从经济角度判断系统开发是否盈利。

软件成本估算技术主要有以下两种。

代码行技术是简单且应用面较广的软件成本估算技术之一。它把开发软件系统的技术成本按代码行的数量进行计算。由于代码行容易统计，并结合系统开发经验、软件应用领域，能够直接计算出每千行代码的成本。当今后需要开发类似软件系统、采用相近的软件技术和开发环境时，代码行技术能以较低成本估算出将要开发系统的成本。

功能点技术也是较为简单的软件成本估算技术之一。它根据事先规定的功能点计算方法，计算出不同类别各功能点的成本，据此估算将来开发系统的成本。

上述两种软件成本估算技术，以及其他的成本估算技术将在本书第 11 章中详细介绍。

成本/效益分析不仅仅涉及软件技术成本，还包括在开发系统过程中所产生的各类费用，如管理、各类资源（房租、水电费等）、人力、物力、需求调查、宣传、技术人员及用户的培训等。因此，系统的经济可行性分析是一个全面综合考虑的过程。

2. 技术可行性

技术可行性回答“现有技术能实现这个系统吗？”这一问题。技术分析从问题的复杂性、现有技术、技术所需代价（如所需的开发环境）、技术风险等四个方面出发，判断系统在开发时间、成本等限制条件下成功的可能性。

从软件项目实施的技术角度来看，合理的设计技术方案，其技术可行性论证应达到能够比较明确地提出方案的资源、人员、主要流程、核心数据结构、系统结构等的深度，并对多种可行的方案进行比较和评价。

3. 操作可行性

操作可行性回答“系统的操作方式符合用户操作流程和方式吗？”这一问题。通过对用户流程的操作分析，既能澄清需求中的模糊概念，又能明确需求中功能间的相互关系。运用原型模型开发系统演示过程，能让用户尽早了解未来系统的使用方式，减少开发过程的风险。

此外，为了确保达到系统满足用户的操作流程，在项目实施过程中必须确定可执行的项目进度计划、有效的组织机构、有经验的管理人员、良好的协作团队、合理的培训计划等，从各个层面保证项目结果对用户可操作性的支持。

4. 法律可行性

法律可行性回答“系统的开发过程和使用符合当前法律吗？”这一问题。在软件产业发展进程中，对知识产权保护日益得到重视，应明确系统可能导致的任何侵权、妨碍和责任。

2018 年伊始，Facebook 公司爆出史上最大的数据泄露事件，该事件涉及两家从事数据分析的机构。它们在未经用户同意的情况下，利用在Facebook上获得的5000万用户的个人资料数据来创建档案。受到丑闻影响，Facebook公司股价市值缩水360多亿美元。同时，欧盟、美国、英国也纷纷抨击Facebook公司和数据分析公司。

由此可见，对法律可行性需要进行综合判断，包括对政治、政策、经济、法律、道德、宗教、民族及社会稳定性等各方面均需要综合考虑。

2.2.2 系统流程图

在可行性研究阶段，对系统整体需求了解的同时，还需要用概要的形式对现有系统与将来系统的物理模型进行表示。系统流程图（System Flowchart）就是概要地描绘系统物理模型的传统工具。

系统流程图的基本思想是用规范的图形符号、以黑盒形式描述数据在物理系统中的流动情形。通过数据的流动过程，把系统中每个部件（包括人工处理过程、文档、数据库/表等）之间的相互关系表示出来。系统流程图表达的是数据在系统各部件之间的流动情形，不涉及数据具体的加工、控制过程，因此它不等同于后续的数据流图。

系统流程图主要从以下几个方面表现：

（1）从用户的角度上看，系统流程图在一个抽象的层面上描述用户的操作、应用场景与数据流动。这样，利于与用户交流，从而准确地获取用户需求。

（2）从系统分析员的角度上看，系统流程图使得系统分析员全面了解系统业务流程，便于进行进一步的需求分析。

（3）从项目管理者的角度上看，系统流程图有利于系统分析员与用户的交流和沟通。

图2-2给出系统流程图中的常用符号及含义。通过这些系统符号，可以把用户的业务操作流程转化为程序或人工操作，以及读写在特定设备或文件中的数据。

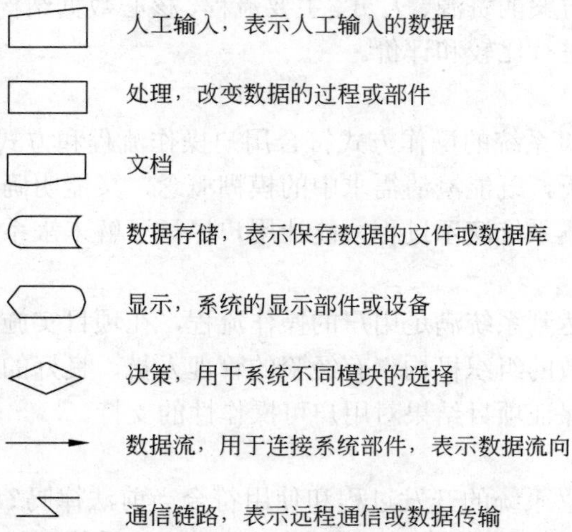

图2-2 系统流程图中的常用符号及含义

【例 2.1】 某企业拟开发一套人力资源管理信息系统，实现企业对人事、工资、用户等内容进行信息化管理，并设计良好的帮助系统，提供详细的帮助文档。通过企业局域网，能对相关信息实现增、删、改、查等功能，并能生成相关报告。

图 2-3 给出了相应的系统流程图。值得注意的是，该图中的符号是基于黑盒形式表示的，并没有指出每个部分或部件具体的处理过程，数据流箭头表示相关数据在系统各部件间的流动，不需要给出数据转换、结构改变等内容。

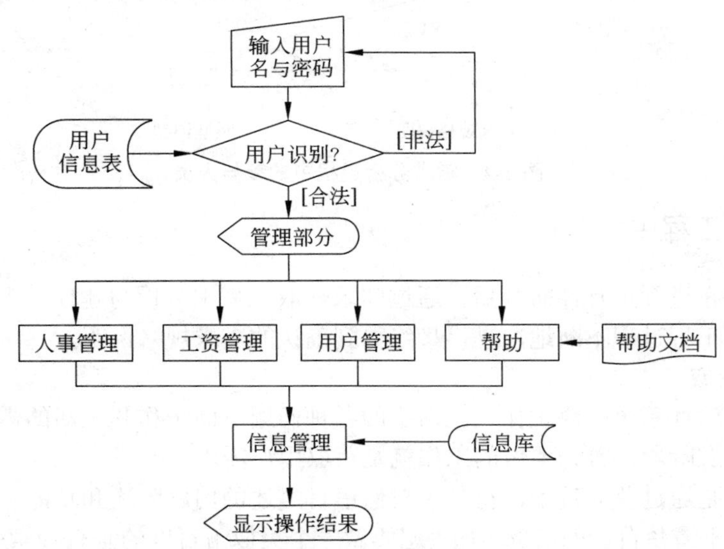

图 2-3 某企业人力资源管理信息系统的系统流程图

2.3 需求工程的过程

需求工程是在开发成本、软件运行环境等约束下，应用有效的技术、方法进行需求获取、需求分析和建模、需求评审等过程，是软件工程的子领域。需求工程是实际系统需求和软件能力之间的桥梁。

2.3.1 需求工程中的参与人员

在进行需求分析时，需要确定由谁参与到该项活动中来。在需求分析阶段需要建立沟通途径，以保证需求分析过程的顺利进行，因而要有双方的联络员。联络员的角色由项目管理员来扮演，他的工作包括确定需求会议的内容、时间、地点。实际上，更为重要的是要确保双方有一定的共同背景，这样才能顺利展开需求过程。为此，有时需要开发系统原型来解决用户和分析员对某个问题产生的歧义，而原型是需要由设计人员来完成的。同时，为了避免设计人员对需求分析产生误解，因此分析员有必要在需求分析过程中与设计人员就技术层面的问题进行探讨，以此估算用户需求在技术和操作上的可行性。图 2-4 给出了需求分析时参与人员以及他们之间的关系。

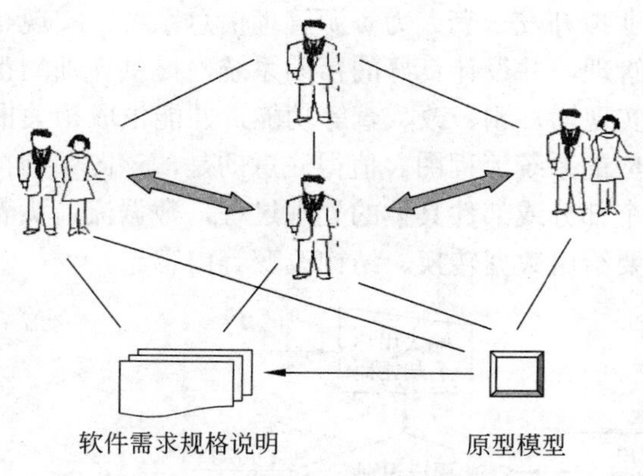

图 2-4 需求分析过程中的参与人员

2.3.2 需求工程中的活动

需求工程在进行可行性研究后，通过需求获取、需求分析与建模、需求评审的迭代过程，对需求工程过程不断地演进，最终得到确认的需求规格说明。

1. 需求获取

人们利用软件系统解决工作、生活中的各种问题，而工作和生活的需求各种各样，因此在项目研发阶段，首先要做的工作就是获取用户需求。

需求获取是通过获取技术，得到用自然语言描述的问题陈述和功能陈述。在很多情况下，用户并不清楚自己的需求（如“想要做一个类似于百度的垂直搜索引擎”），或者用户不愿意完全描述自己的需求（可能害怕自己的职位会被软件系统所取代），或者软件人员对用户需求理解有误（因为缺乏相关的领域背景）。因此，需求获取就要求软件人员在对系统领域知识有一定了解的前提下，与用户充分交流，逐步引导和发现，形成初步的需求。然后通过与用户进行多次的分析和修订，也可以快速建立一个系统原型，并以此为需求交流平台，确认目标系统，得到符合用户需求的初步需求文档。

需求也可以从开发团队自身获取。开发团队在软件的领域背景、系统架构、开发平台等方面拥有技术经验，能为用户在描述需求时给出诸如系统迁移、架构演化、数据安全等方面的建议和意见，让用户站在技术角度，在一定程度上理解需求中所描述的问题是否可行。

2. 需求分析与建模

以需求获取文档为基础，逐步细化需求中的软件功能，找出系统各元素间的依赖和调用关系、接口特性和设计上的性能约束，剔除其不合理的部分，提炼出真正有价值的潜在需求并经用户确认。之后采用软件开发方法提供的图形工具，用形式化或半形式化的定义来描述初步需求，确保需求的完整性、正确性和一致性，为系统的设计和实现提供保障，并推荐系统的解决方案，将目标系统的物理模型转换为详细逻辑模型，形成最终的软件需求规格说明和初步的用户手册。

3. 需求评审

作为准备提交的软件需求规格说明，需要进行技术审查和管理复审。可行性分析阶

段通常会给出多个候选方案。通过技术审查，再次确保所采纳的技术方案在技术上是可行的，在操作上是符合用户习惯的，在经济上是有效益的，在法律上是合法的。

为保证软件需求定义的质量，应对方案的可行性、功能的正确性、文档的一致性和完整性，需求的可修改性、可验证性，以及其他需求给予复审。复审是由需求分析人员之外的人员负责，并按规程严格进行。更重要的是，用户应尽早参与需求评审活动，降低开发的复杂性，提高系统的正确性。

图 2-5 描述了需求工程的迭代模型。

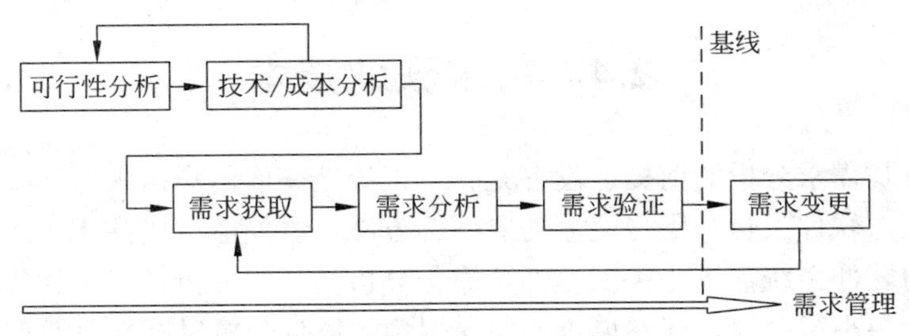

图 2-5 需求工程的迭代模型

2.3.3 需求工程的管理

需求管理贯穿整个需求工程的全过程。在需求工程管理过程中存在两大难题：一是需求确认困难；二是需求不断变更。

需求确认的目的如下：

（1）软件需求规格说明书正确描述系统功能和特征；

（2）通过可行性分析论证、需求获取和需求分析过程，能正确得到用户需求；

（3）需求内容满足一致性、完整性、正确性、可修改性和可验证性；

（4）需求为后续系统设计、实现、验收测试提供充分的准备。

但需求是否充分描述了用户对系统的预期结果，目前没有有效的方法和技术进行判断。因此，通过需求的可验证性逐一验证用户的需求，确定需求规格说明中的内容即是用户预期的内容。

目前，软件系统的开发周期长，系统规模大，复杂性高。如 2009 年发布的 Windows 7 有 20 个开发小组，共 1000 名工程师。如此大规模的软件开发，在整个设计和实现过程中需求不可能不发生变更，而这些变更对软件功能、开发成本、开发进度、开发质量等各方面都会产生巨大影响。因此，管理软件需求变更是必要的和重要的。

对传统的需求变更管理过程来说，主要包括软件配置、软件基线和变更审查。

软件配置是通过对文档版本、变更需求规程的控制，来保证配置项的完整性和可回溯性。软件配置的目的是确保所做工作是可回溯，能够恢复原来工作的文档、代码等内容，也能跟踪目前工作结果的来龙去脉。需要进行软件配置的内容统称为软件配置项。软件配置项主要有两类：一是属于产品自身需要的内容，如开发文档、代码、数据等；二是为软件产品服务的内容，如进度计划、人员安排、报告等。

软件基线由一组软件配置项组成。当软件配置项处于稳定状态后（如需求文档经过评审以后），就确定了这组软件配置项的基线。在后续的开发过程中，软件配置项发生变更，则这一变更要通过变更审查并确定，才能记录在软件配置项中，并通知与之有关的人员。需求变更的管理过程如图 2-6 所示。

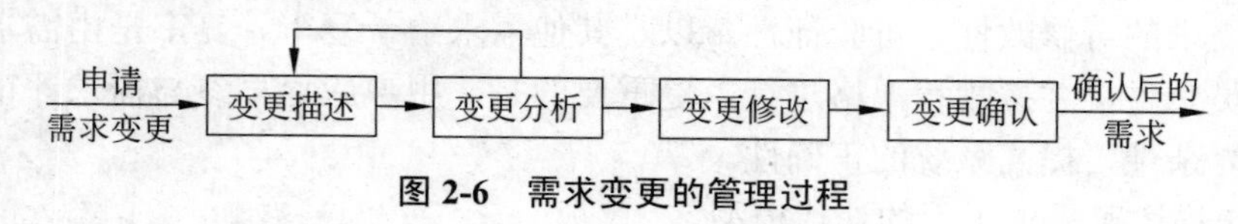

图 2-6　需求变更的管理过程

2.4　需求获取技术

需求获取是需求分析的前提，没有完整、正确地获取用户需求，就不能保证软件产品质量。因此，软件人员与用户交流需要好的方法，以便能达成共识。进行需求分析的软件人员称为软件系统需求分析工程师，简称分析员。为分析员提供的需求获取技术包括：个别会谈与小组会议、问卷调查、面向用例的场景分析以及快速原型技术等方法。

1. 个别会谈与小组会议

个别会谈是一种直接、简单而又重要的需求获取方法。参与会谈的人员包括分析员、用户以及系统领域专家。用户提供对系统功能、性能等方面的需求；领域专家提供系统背景、领域需求等方面的知识。这一过程是分析员调研需求的过程，也是分析员学习和掌握系统背景知识的过程，它保证了需求获取的正确性。

小组会议则体现了用户群体的集思广益。对系统的不同用户，由于操作流程的不同、使用功能的不同、对软件运行环境要求的不同，他们对系统的需求也不尽相同。小组会议保证各方需求获取的完整性、一致性。

Barry Boehm 在 1996 年提出了一种称为 W5H2 原则的方法，该方法强调项目目标、里程碑、精度、责任、管理和技术以及项目所需资源。这一方法是对项目特征和项目计划而提出的，但对于需求获取来说，同样具有理论指导价值。

- Why：为什么该系统被开发？
- What：系统将要开发的功能是什么？
- When：什么时候开发？
- Who：系统由谁负责？系统会有哪些相关的人、事物或其他系统？
- Where：所开发的业务处于整个系统的什么位置？
- How：完成系统的开发目标在技术上采用何种方法？在管理上如何进行？
- How much：开发系统需要哪些资源？需要多少？

在实际的需求获取过程中，无论是个别会谈还是小组会议，在进行需求获取前，都需拟定谈话提纲，提出会谈内容。谈话提纲要体现以下几点：

（1）用户背景。包括用户受教育的情况、计算机使用情况、使用系统人数情况、使用系统人数的变化情况等。

（2）系统背景，包括目前运行的系统的情况（主要是谈存在的不足和问题）、用户功能需求、性能需求、领域需求、其他需求、与系统相关的数据收集情况等。

（3）维护，包括将来系统的维护安排、系统服务、系统培训等。

个别会谈和小组会议结束之后，需要有详细的记录。在交流过程中，分析员主要学会倾听，标记有模糊、疑问的地方，以便进一步咨询。

2. 问卷调查

个别会谈和小组会议虽然能获取大部分需求，但在对系统性能、特殊需求需要进一步了解时，会难以抓住问题实质。如果分析员给用户提供规范的问卷表，用户就能明晰问题的主旨。在设计问卷表时，需要避免以下情况：

（1）避免使用抽象、含糊不清的词，因为这些难以准确描述用户想法；

（2）避免问题带有导向性，因为这会引导用户按照问卷表设计人员的思路去回答，造成曲解用户需求；

（3）避免全是选择题，因为选择题的所有答案可能并不符合用户的真实需求。

表2-1给出了“简历信息自动获取和查询系统”的某次问卷调查表（部分）。

表2-1 “简历信息自动获取和查询系统”的某次问卷调查表（部分）

编号	问 题 描 述
1	用户为什么要开发“简历信息自动获取和查询系统”？
2	目前用户是如何处理简历的？这一过程中遇见的困难或麻烦的事是什么？
3	是否能够到现场看看用户是如何处理简历的？
4	在处理简历过程中，哪些功能是用户希望用计算机来实现的？
5	有哪些部门、有多少人会使用将来的系统？
6	开发系统时，用户能提供什么数据？能提供哪些资源？
…	…

在用户操作流程中，如果有物理单据或表格需要处理，那么这些信息也十分有用。如税务系统中的各种税收单据，上面不仅有结构化的数据格式，还有单据的时间、部门、经手人等信息。这些表格数据是系统分析时的重点。

3. 面向用例的场景分析

个别会谈、小组会议和问卷调查是一种抽象的需求描述，存在用户描述模糊、分析员不理解甚至误解的情况。正如问卷调查表中提到的，如果有可能的话，实际观察用户的手工操作过程是一种行之有效的需求获取方法。这样，分析员能实际体验用户在工作中所遇见的不便和困难。用户环境就是将来系统运行的场景，用户的一次手工操作过程就是一个用例。例如，学校图书馆都有“图书管理信息系统”，来借书的都是该系统的用户。如果有了这样的需求描述，那该需求描述是否就完整呢？是否正确呢？这些用户之间是否有差异呢？如何区别呢？显然，亲自到图书馆借书、仔细观察不同用户的借书过程在管理上的差异，是一种有效、明确的需求获取方法。

在观察用户的实际操作过程中，应记录如下几点：

（1）用户操作之前的场景状态（系统用例的初始状态）；

（2）一次用例的描述；

（3）与用户操作同步进行的其他用户的操作；

（4）操作中出现错误时的处理过程；

（5）操作中出现异常时的处理过程；

（6）用户操作结束时的场景状态（系统用例的结束状态）。

场景让分析员实际模拟了用户的操作流程，但需要注意防止场景陷阱。所谓场景陷阱是指系统分析员在进行需求分析时，容易使分析员过早地陷入场景中用例的细节而难以抓住问题的实质。实际上，用例是系统流程的一条特定路径，它是用例的一个特定实例，并不能涵盖系统完整的操作流程，也难以发现操作过程中的各类错误和异常情况。

4. 快速原型技术

按照瀑布模型的线性开发过程，只有到系统开发结束后才能看见最终的软件产品。然而通过软件分析、设计和实现的过程，各种错误不断涌现和累加，使得系统失去最佳的修改时机。如果在最终产品阶段再进行修改，不仅造成极大的资源浪费，甚至会造成难以修改而放弃软件系统的严重后果。因此，快速原型技术的提出就是希望能尽量避免出现灾难性的后果。

快速原型技术的基本思想是，在系统的开发时期就让用户尽早地接触系统，对系统原型进行评估，指出不足之处并提出修改意见。这样，分析和开发人员能够在原型的基础上，按照用户需求进行修改，或者重新开发新原型，从而最终得到满足用户需求的软件系统。

图 2-7 描述了快速原型技术。

图 2-8 描述了快速原型技术的详细过程。

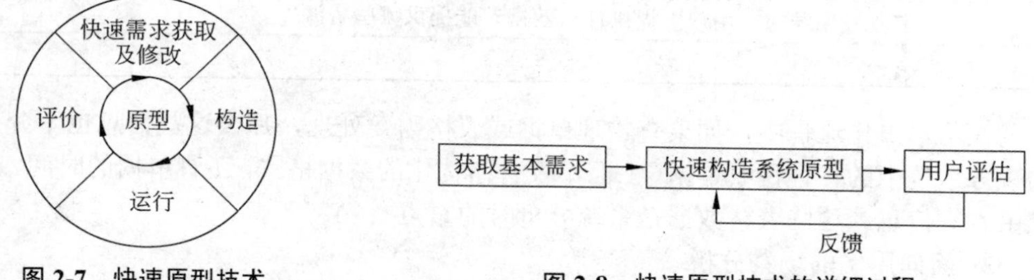

图 2-7　快速原型技术

图 2-8　快速原型技术的详细过程

快速原型技术有两种不同类型：抛弃型原型法和演化型原型法。

（1）抛弃型原型法是构造一个功能简单且质量要求不高的系统原型，针对这个原型，用户和软件人员提出意见、不足和错误，形成新的需求和设计方案。据此，不用原有模型而是重新设计更加完整、准确、一致、可靠的软件原型。如此往复迭代，最终得到符合用户需求的、高质量的软件系统。

（2）演化型原型法是构造一个功能简单但满足一定质量的系统原型，通常这个原型是最终系统的核心部分，然后通过不断地增加功能，修改原型中存在的不足，最后得到符合用户需求的、高质量的软件系统。

快速原型技术避免了软件开发结束才能得到结果所引发的问题，增进软件人员和用户对需求共同的理解，使得模糊、不确定的需求清晰化。原型不断修改和变化的过程，就是软件人员不断学习的过程。但是，对原型的修改和改进，不一定能得到最终产品，但由此却会产生一定的开发成本。如何消化这些成本是原型法需要考虑的问题。

2.5 结构化需求分析和建模

结构化需求分析方法最初由 Douglas Ross 提出，由 DeMarco 推广，由 Ward 和 Mellor 以及后来的 Hatley 和 Pirbhai 扩充，逐渐形成结构化需求分析方法的框架，它是最具代表性的需求分析建模方法。结构化需求分析和建模的主要目的是为了减少需求分析时的错误，通过自顶向下建立系统逻辑模型，降低系统设计时的复杂性，提高系统的可维护性。

2.5.1 结构化需求分析概述

结构化需求分析的核心是数据。数据包括在分析、设计和实现中涉及的概念、术语、属性等所有内容，并把这些内容定义在数据字典中。围绕数据字典，完成功能模型、数据模型和行为模型的结构化建模过程。图 2-9 给出了围绕数据字典展开的结构化需求分析。

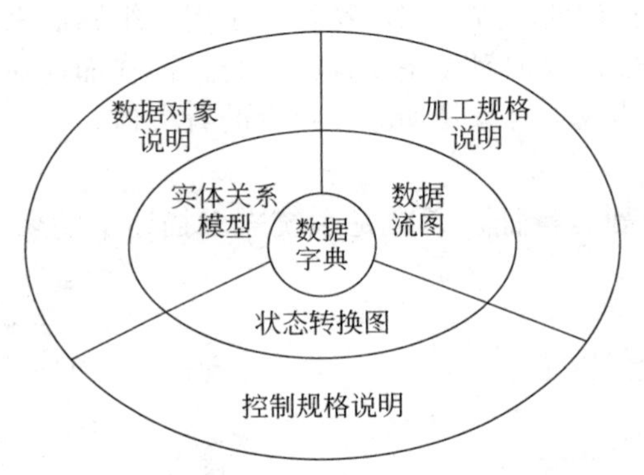

图 2-9 结构化需求分析与数据字典

实体关系模型主要描述数据建模过程，刻画系统的静态特征，包括实体的属性和属性间关系。数据对象通过对实体的抽象，为后续阶段中数据结构、数据库和类对象的分析与设计提供基础信息。

数据流图完成对功能、操作流程的抽象和分解，完成功能建模。通过将复杂问题自顶向下逐层分解，把操作流程由物理过程抽象为逻辑过程，完成对问题的抽象和逐级分解，最终解决问题。

状态转换图是系统的行为建模，针对系统中某个核心数据（对象）通过外部事件或条件的触发，导致该数据（对象）的状态发生改变。

2.5.2 面向数据的数据建模

数据建模回答软件开发过程中与各部分设计有关的所有数据对象。数据对象包括实体、实体属性和实体间关系。

数据建模需要回答以下几个问题：

（1）系统中有哪些数据对象？

（2）数据对象具有哪些属性？

（3）数据对象间有什么关系？

（4）数据对象分别处于系统的哪些功能或流程中？

（5）在面向对象建模中，能从数据对象中抽象出更高层次的对象吗？或者多个数据对象能组合起来吗？

（6）在面向对象建模中，从数据对象里能细化出更具体的数据吗？或者数据对象能分解吗？

实体关系模型（Entity-Relationship Model，E-R）是结构化建模的可视化图形工具，它描述数据对象（实体）、对象属性以及对象间关系和基数。

1. 数据对象（实体）

软件系统中涉及的概念、术语、属性，或需求描述中的名词、主谓结构短语都能作为候选数据对象，如外部实体（电子简历文件）、事件（生成各部门视图）、事物（简历检索结果）、角色（各部门的不同用户）、组织单位（人力资源部）、地点（企业内部）、结构（简历库）等对象。这些对象的共同特征分别用一组属性来定义。

在结构化数据建模中，数据对象是属性的集合。而在面向对象建模中，数据对象是属性和行为的集合，更体现了对象是动静相结合的有机体。

2. 对象属性

对象属性是对象的静态特征，通常是系统需求描述中的名词，对象属性的表示如图2-10所示。

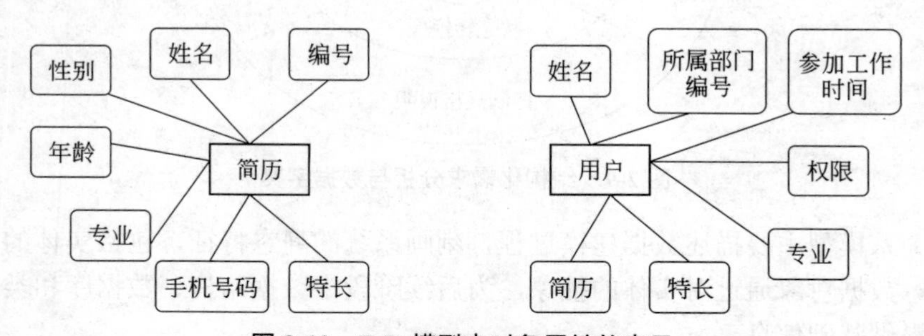

图2-10 E-R模型中对象属性的表示

在E-R模型的模型元素中，用矩形表示实体，圆角矩形表示属性，并用无向边将对象与属性相连接。E-R模型中的属性只表示数据对象的静态特征，只描述数据对象有哪些属性，而不考虑每个属性的数据类型及存储。

3. 对象间关系和基数

对象间关系用于描述数据对象间的关联关系，基数则表明数据对象在关系上的数量约束。针对两个数据对象Data1和Data2，关系在数量上的约束有三种基数关系：

（1）一对一关系（1∶1）：即一个 Data1 对应一个 Data2，一个 Data2 对应一个Data1；

（2）一对多关系（1∶N）：即一个 Data1 对应 N 个 Data2，一个 Data2 对应一个Data1；

（3）多对多关系（M：N）：即一个 Data1 对应 N 个 Data2，一个 Data2 对应 M 个 Data1。

图 2-11 描述了上述三种基数关系，它们各自的含义分别是：一个丈夫只能有一个妻子，一个妻子只能有一个丈夫；一把钥匙只能打开一把锁，而一把锁可以有 N 把钥匙打开；一个教师教 N 个学生，一个学生由 M 个教师来教。

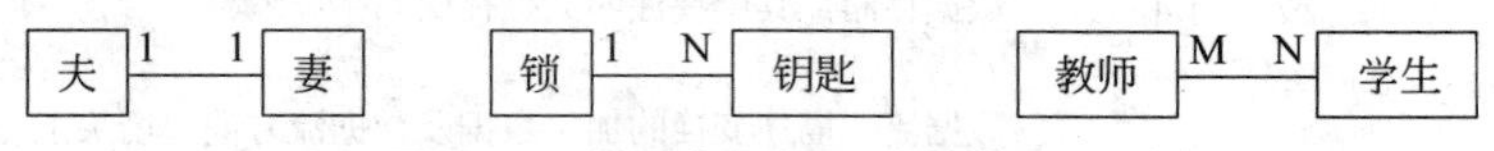

图 2-11 关系表示的三种基数关系

在 E-R 模型中，描述数据对象之间的关系用菱形表示，它通常是一个动词或动宾短语。关系也可以具有属性。图 2-12 用 E-R 模型表示数据对象“教师”“学生”与“教学”三者间关系，并且关系“教学”也同样具有属性。

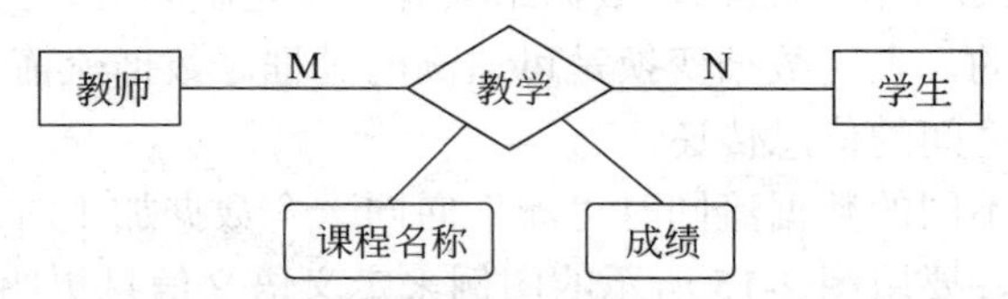

图 2-12 用 E-R 模型表示数据对象及其关联关系

2.5.3 面向数据流的功能建模

任何计算机系统都可以看成是一个转换函数 F：$(x_1, x_2, \cdots, x_m) \rightarrow (y_1, y_2, \cdots, y_n)$，其中 $X=(x_1, x_2, \cdots, x_m)$ 是输入的数据向量，$Y=(y_1, y_2, \cdots, y_n)$ 是结果向量，转换函数 F 就是功能模型。功能模型是在抽象层次上，给出输入向量 X 在 F 中的传递、变换过程。对 F 的描述，是自顶向下、逐层分解，直至得到输出结果 Y。图 2-13 描述了系统将要转换的外部实体，以及转换结果对应的外部实体。

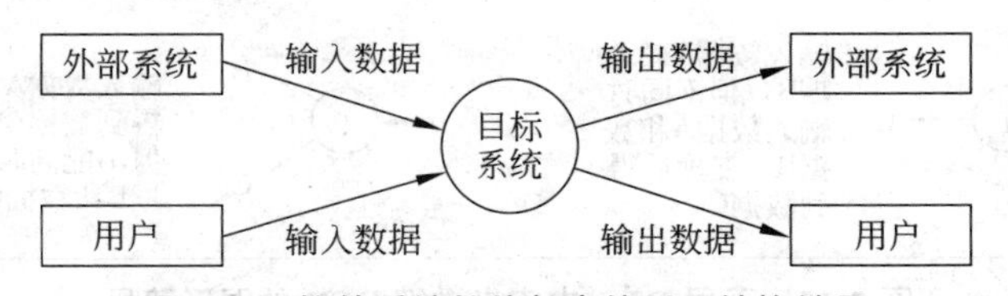

图 2-13 软件系统的外部实体以及转换结果

数据流图（Data Flowing Diagram，DFD）是结构化建模中最流行的功能建模工具，以至于在面向对象分析过程中也能见到它的身影。顾名思义，DFD 描述从数据输入、数据转换到数据输出的全过程。可以对 DFD 分层，分层的 DFD 更进一步刻画了系统的功能分解。

1. DFD 的基本图形符号

DFD 的基本图形符号及其含义如图 2-14 所示。

数据源是系统的外部接口，它表明系统数据的来源及系统结果的去向。源可以是人（用户）、其他系统（如传感器的信号）。在不同层次的 DFD 中，数据源是不能改变的。

数据加工是系统的变换部分，表明不同数据是通过哪些功能完成的变换。数据加工

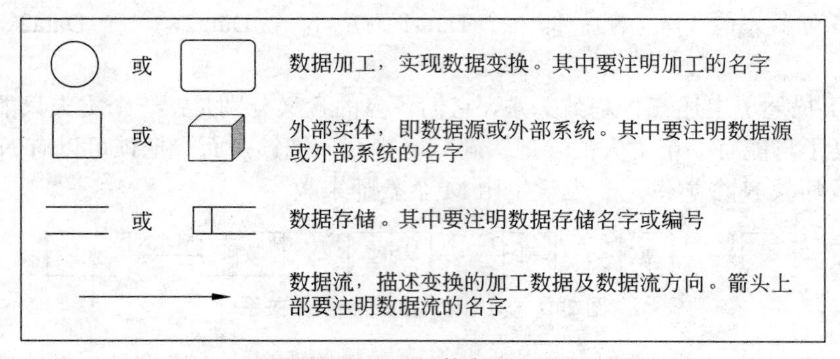

图 2-14　DFD 的基本图形符号

通过 DFD 的分层来分解，细化对数据的变换过程。

数据存储是在 DFD 中保存数据，数据结果既可以是临时文件，也可以是持久文件。

数据流是有方向的，表明数据变换是可追溯的过程。数据流箭头上必须给出数据流信息，说明数据加工之间的信息传递。

如果数据加工中不同的数据流同时“流”向同一个数据加工时，或当数据加工间同时输出多条数据流时，要用图 2-15 所示的图例来定义语义信息更明确的 DFD。

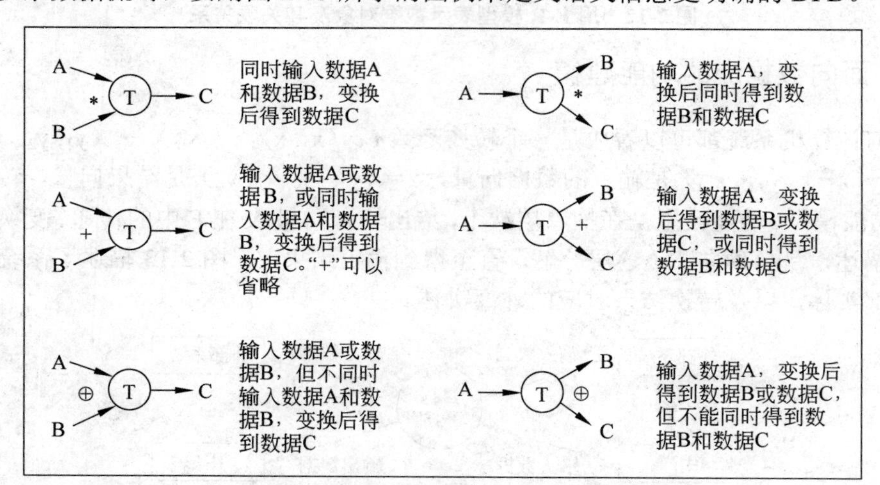

图 2-15　下层 DFD 中定义详细 DFD 的图形符号

2．DFD 的分解

DFD 可以用来表示所有抽象级别的系统功能，随着系统功能和信息的逐渐增加，DFD 通过分解来逐层细化用户需求。

最上层的 DFD 称为顶层或 0 层 DFD，又称为语境模型，因为它反映的是与系统交互的外部系统或用户。随着系统功能的逐步分解，DFD 也逐层细化。1 层 DFD 描述系统各部分（子系统）间数据转换关系。之后的各层 DFD 被逐步层次化以描述更多细节。图 2-16 详细描述了 DFD 分层及各层间的关系。

DFD 分层的思想是：自外向内，自顶向下，逐层细化，逐步精化。下面以“儿童自然语言理解系统”为例，讲解用 DFD 进行面向数据流建模的基本过程。

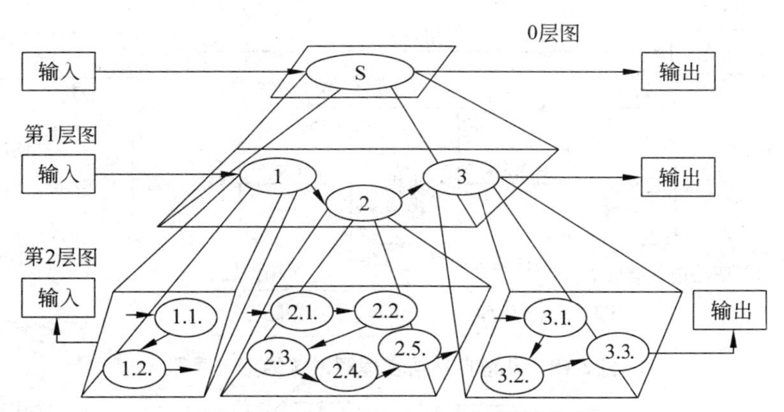

图 2-16　DFD 系统分层及各层间关系

【例 2.2 问题陈述】　“儿童自然语言理解系统”是一个儿童和计算机用自然语言聊天的对话系统。系统的输入、输出都是儿童化的自然语言。系统将儿童的自然语言转换为计算机内部表示的三元组形式进行处理。系统处理的核心过程包括：自然语言分析、黑板模型、自然语言生成。自然语言分析包括预处理和成组处理。自然语言生成包括儿童语言修饰和儿童化自然语言生成。黑板模型主要包括参数分析、常识分析、对话分析、情绪分析等过程。黑板模型的分析过程通过目标评估得到最终的计算机应答结果。最后，系统将儿童与计算机的整个对话过程记录在对话的历史文件中。

根据以上的问题描述，用 DFD 进行面向数据流建模。建模的基本过程为：

（1）确定系统的外部信息源、数据源或与外部系统的接口。

“儿童自然语言理解系统”是一个独立运行系统，无须与外部其他系统已有接口或数据关联。本系统的用户是儿童，输入、输出的信息都是自然语言。

（2）画出顶层图（0 层）。

图 2-17 给出“儿童自然语言理解系统”的顶层图。这一顶层图说明系统用户只有“儿童”，并且系统的输入输出都是自然语言。

图 2-17　“儿童自然语言理解系统”的顶层图

（3）第一次精化：划分系统的子系统。

在第一次精化过程中，问题陈述中描述“系统处理过程包括：自然语言分析、黑板模型、自然语言生成”。据此，图 2-18 给出儿童自然语言理解系统的第 1 层图。

（4）逐层求精：对各子系统进一步精化。

在逐层求精过程中，将第 1 层图中的各部分，按照需求进一步细化，以反映数据在各部分中的转换过程。图 2-19 中的三个子图分别是对“自然语言分析”“黑板模型”和“自然语言生成”的分层细化。实际上，读者通过加工的编号，也能找到它们各自对应的

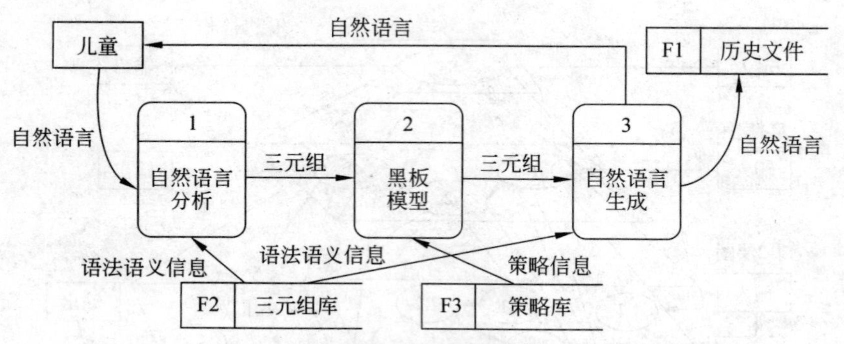

图 2-18　儿童自然语言理解系统的第 1 层图

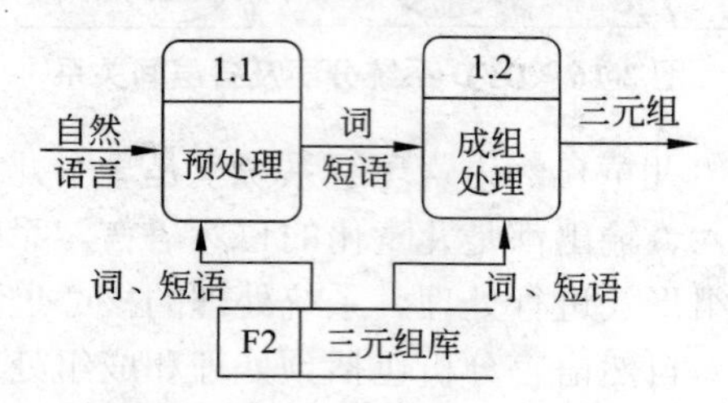

(a) 对"自然语言分析"的分层细化

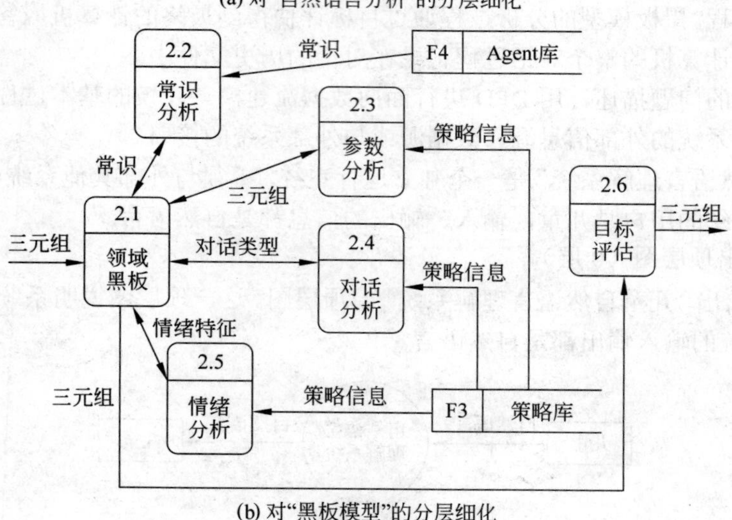

(b) 对"黑板模型"的分层细化

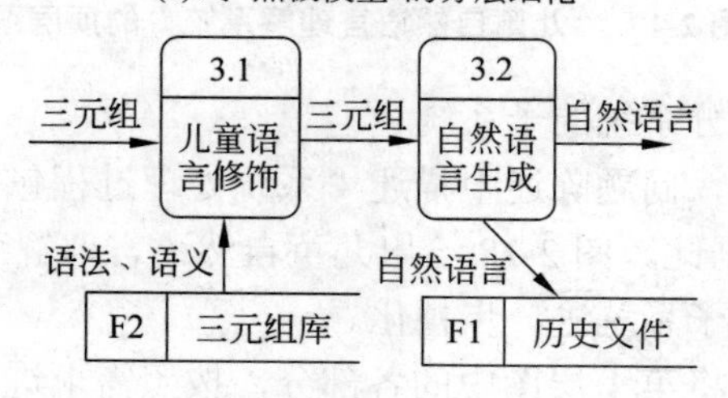

(c) 对"自然语言生成"的分层细化

图 2-19　对儿童自然语言理解系统进一步划分的三个子图

细分流程。图 2-19 中的数据流条目应该在数据字典中定义具体的数据结构。通过对图 2-19 分层的基本过程，逐步明了系统的处理过程、数据流的变换。这样，不仅明晰用户需求，而且为后续结构化设计奠定良好的基础。

3．DFD 各部分的命名和分层注意事项

对 DFD 中各部分的命名切忌用空洞的名词，这样不仅会给系统设计带来歧义，而且难以确定数据的结构和组织方式。命名时应遵循以下原则：

- 用名词或名词短语，避免使用空洞、无意义的词汇；
- 尽量使用需求描述中的已有词和领域术语；
- 命名出现困难时，应考虑数据流划分是否正确，并重获需求；
- 顶层 DFD 中的加工名就是软件项目的名字；
- 在分层 DFD 中，数据存储一般局限在某一层或少数几层中。

在逐层细化 DFD 时，还要注意以下几点：

（1）父图和子图的平衡关系。父子图（上下层图）中的输入、输出必须保持一致，不能随意修改数据流。子图的数据流可以是对父图数据流的分解。如图 2-20 所示的那样，工资＝基本工资＋绩效工资。

（2）DFD 的编号。DFD 中变换部分的编号按层次进行，体现对系统加工过程自顶向下的分解。

（3）平衡规则。所有子图中涉及的外部环境，需要与顶层图的外部环境保持一致。

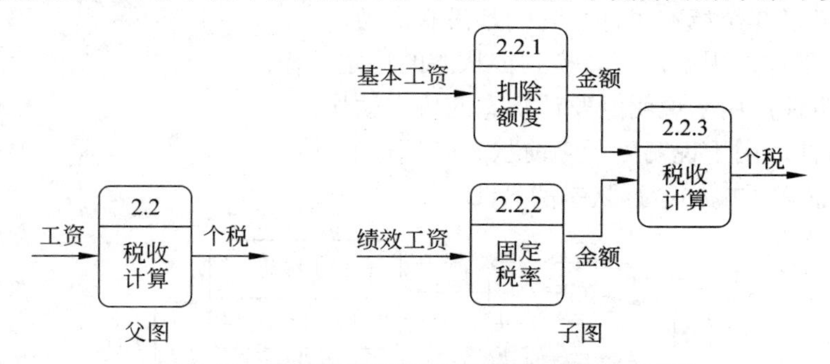

图 2-20　子图的数据流是对父图数据流的分解

2.5.4　面向状态转换的行为建模

行为建模是所有需求分析方法的操作性原则，系统状态的改变用状态转换图来描述。

1．状态转换图

状态转换图（Status Transition Diagram，STD）通过描述系统状态及引起状态转换的事件来表示系统行为。STD 同时也反映了事件执行的行为。STD 主要由状态、转换和事件的图形符号构成。

（1）状态。状态是可观察到的行为，是同一数据对象在系统的不同运行时刻所具有的行为属性值，是事件触发后一系列动作的结果。STD 的基本符号如图 2-21 所示。

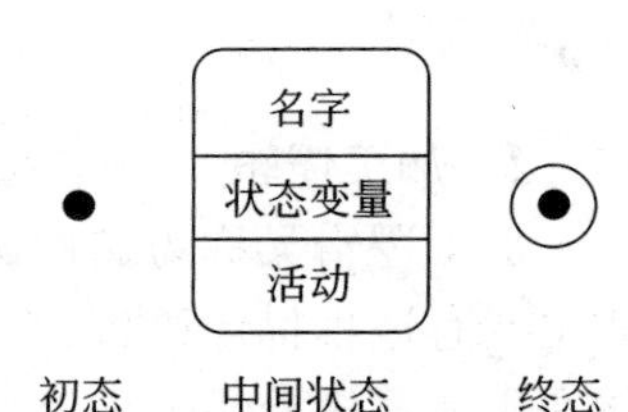

图 2-21　STD 的基本符号

STD 中的状态分为初态、终态、中间状态和复合状态。

- 初态：STD 的起点，一个 STD 仅有一个初态，用实心圆点表示。
- 终态：STD 的终点，一个 STD 可以有多个终态，用实心圆点和外部圆圈表示。
- 中间状态：是 STD 中临时的或永久的（存储过程）状态，它包括名字、状态变量和活动。状态变量描述状态属性，活动是该状态转换到下一状态时，要执行的事件或动作。
- 复合状态：也称超级状态，它是多种状态的集合，可以进一步细化。复合状态实际上包含了许多触发事件，需要有详细的需求描述。

（2）状态转换。由一个状态转换到另一个状态的关联就是状态转换，它表明状态变换是有序变换过程，用有向箭头表示。状态变换是由事件或条件触发的，因而箭头上应说明事件名称或触发条件。如果状态间转换没有事件触发，则前一状态的结束信息就是转换到下一状态的触发条件。

（3）事件。事件是指在某一时刻发生的事情，是触发状态转换的条件或一系列动作。在中间状态的符号中，活动即事件，它的语法定义是：

事件名(参数列表[条件表达式])/ 动作表达式

在上述语法定义中，如果事件没有事件名而仅有条件表达式，则当条件表达式成立时，就触发系统状态的转换。

STD 定义了 3 个标准事件，它们都没有参数。

- entry 事件：用于说明转换到该状态的特定动作；
- exit 事件：用于说明触发该状态的特定动作；
- do 事件：用于说明处于当前状态时执行的动作。

图 2-22 描述了电梯运行状态的 STD。

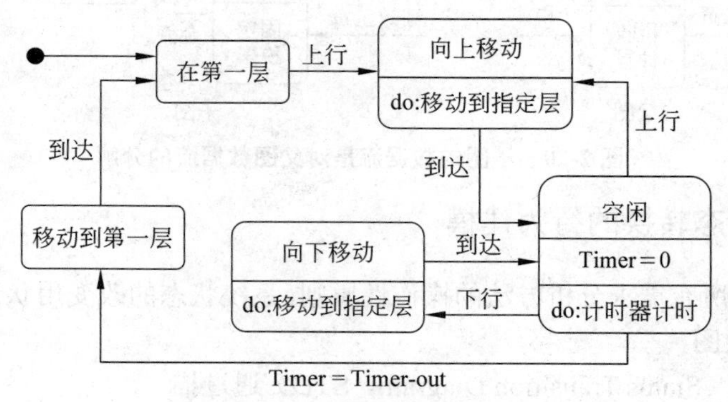

图 2-22　电梯运行状态的 STD

2．加工逻辑

加工逻辑又称为过程说明，用于描述 DFD 中加工部分的流程或算法。加工逻辑的形式主要有过程描述语言、判定树和判定表等。由于判定树和判定表与软件设计更为紧密，将在第 4 章中介绍，本节只介绍过程描述语言。

过程描述语言（Procedural Description Language，PDL）也称为伪码语言（Pseudo-code

Language，PL），它是一种介于自然语言和形式化语言之间的一种半结构化语言。在过程描述中，PDL 通过预先定义的关键词及其语义来描述 DFD 中的过程。PDL 的关键词语义通常与程序设计语言的保留字相一致，以便于从 PDL 过程描述到编码实现的映射，同时 PDL 的关键词符合程序控制结构和先内后外的语义信息。PDL 主要包括以下内容。

（1）顺序结构。顺序结构没有预定义的关键词，它描述自上而下依次执行的过程。

（2）选择结构。选择结构的 PDL 关键词定义可以如下所示：

- if 条件表达式 then BLOCK
- if 条件表达式 then BLOCK1 else BLOCK2
- select 表达式

```
        case 值 1: BLOCK1;
        case 值 2: BLOCK2;
        …
        case 值 N: BLOCKN;
    end select
```

（3）循环结构。循环结构的 PDL 关键词定义可以如下所示：

- while（条件表达式）{ BLOCK; }
- do { BLOCK; } while（条件表达式）;
- repeat { BLOCK; } until（条件表达式）;

（4）程序注释。用符号“//”或“/*...*/”表示对程序语句的注释。

在上述定义中，除了 repeat…until 语句之外，其他语句当条件表达式成立时执行各个 BLOCK。同时，这些定义并非唯一标准，只要符合某种程序设计语言保留字语义的关键字都能应用于 PDL。因此，PDL 是一个开放的、动态的过程描述语言。

图 2-23 给出在 ATM 上自动取款过程的 PDL 描述。

```
procedure  ATM 自动取款( )
{
    插入银行卡，输入密码次数初始化：InputTimes = 0;
    while (InputTimes ≤ 3)
    {
        输入密码 KEY;
        if （KEY == 预留密码） then 退出循环;
        InputTimes++;
    }
    if（InputTimes > 3） { 提示：密码输入错误; }   else   { 取款; }
    退出银行卡;
}
```

图 2-23 在 ATM 上自动取款过程的 PDL 描述

2.6 数据字典

数据字典（Data Dictionary，DD）以结构化方式定义了在数据建模、功能建模和行为建模过程中涉及的所有数据信息、控制信息，包括数据的含义、类型、范围、单位、精度等完整、准确、一致的定义。它是当前系统的软件词典，是对用户、设计人员、管理人员的概念解释，也提供在系统开发过程中各种相关数据和控制的描述信息，使得与系统相关的所有人员对信息有共同的、一致的理解。

2.6.1 数据字典的编写要求

数据字典是需求规格说明中的重要组成部分，它规范了整个软件开发过程中数据信息、控制信息等各类数据的定义和组织，具有广泛的指导意义。同时，编写数据字典又是一件非常繁琐而细致的工作，需要投入大量的人力、物力来完成。因此，在编写数据字典时需要遵循科学、实用、完整、一致的基本原则。

1. 数据字典设计原则

（1）应按照统一的数据字典定义形式来编写数据字典。虽然数据字典的定义有多种形式，但在同一项目的数据定义中应尽量统一为某一种定义方式，便于相关人员的讨论、修改，也利于数据字典的维护。

（2）应以实用为基础。软件项目不同领域的概念有各自的含义，对领域概念的说明既要做到正确表述，也要利于用户、开发人员、管理人员之间的理解与交流。

（3）应确保数据字典定义的完整性。无论在需求分析、设计阶段，还是在实现、运行维护阶段，所涉及的概念、数据、结构、控制等信息都应在数据字典中描述。同时，在数据字典中描述和定义的信息，也存在于系统的需求分析、设计、实现、运行维护等各阶段的代码或文档中。

（4）应确保数据字典定义的一致性。同一概念，在不同的描述或设计过程中，可能出现不同的表述。如“电话卡”与“IC 卡”“电脑”与“计算机”等。这些不同的描述在数据字典的定义中，或者进行统一，或者设计对照表进行说明。

2. 数据字典编写规范

数据字典对数据信息的编写给出了规范要求，避免造成形式上的混乱，以及引起内容上的歧义。

（1）数据编号规范。按照领域数据编码规则进行编码，如中图分类法、身份证号码等。或按序号进行编码，但要做到数据编号的唯一性。

（2）数据命名规范。尽可能使用领域概念，因为领域概念准确地描述了软件系统背景，易于用户理解，便于设计人员与用户的交流。

（3）数据命名缩写规范。对于英文词组或短句，建议采用驼峰法命名，即每个单词的首字母用大写字母表示，如课程名称用 CourseName。对于中英文数据名称的缩写，在第一次出现时必须给出全称，并同时指出缩写的形式。如果数据字典较大，应该在每章内容第一次出现时，给出数据名称的全称，以便于相关人员的理解。

2.6.2 数据字典的定义

数据字典的定义形式多种多样，本节介绍常用的词条描述、定义式和数据表等三种定义方式。

1. 词条描述

词条描述又称为数据项描述，它详细说明了数据和控制信息在系统内的传播途径。它分为数据流词条、数据元素词条、加工词条和存储文件词条等内容的定义。图 2-24 给出图 2-19 中有关的数据流词条、数据元素词条、加工词条和存储文件的定义示例。

数据流名：词、短语
说明：该信息是去掉自然语言中语气词、标点符号后的分词。
数据流来源：来自“自然语言预处理”部分
数据流趋向：该数据传递给“三元组成组处理”处理部分
数据流组成：[单字|词组]＋分隔符

(a)

数据元素名：词
类型：文字（char* 类型）
长度：任意长度
取值范围：1{名词|代词|动词|副词|形容词|数量词|介词|连词|助词}n
相关的数据元素：小词性
相关数据元素的数据结构：字符型（不能为空）

(b)

加工名：成组处理
加工编号：1.2
简要描述：把单个词、短语按照三元组语法，组织成自然语言所对应的三元组
输入数据流：词、短语
输出数据流：三元组
加工逻辑：按照三元组库数据库中的三元组模型，把输入的词、短语按照不同词性和类型，转换到相应位置

(c)

存储文件名：Agent库
简述：存放在常识数据
输入数据流：Agent名称
输出数据流：Agent的父结点、子结点、能力、信念、策略、OntoNet（推理表）
存储文件组成：Agent名称、Father、Son、Capability、Believe、Strategy、OntoNet
存储方式：顺序存储
主键：Agent名称
存储频率：低

(d)

图 2-24 词条定义示例

从图 2-24 的示例中可以看到，词条描述方法灵活可变，可以根据不同领域的词条特征来确定其需要定义的属性和描述逻辑。

2. 定义式

如果定义的数据或控制信息具有良好的数据结构，借助巴科斯-诺尔范式（Backus-Naur Form，BNF）来清晰、准确、无二义性地定义数据。表 2-2 给出在 DD 中使用定义式时的符号及其意义。图 2-25 给出银行储蓄系统中关于“存折”的定义式表示。

存折＝户名+账号+存取行
户名＝2 {字母} 24
账号＝“00000001”..“99999999”
存取行＝日期+存入+支出
日期＝年+月+日
年＝“1900”..“9999”
月＝“01”..“12”
日＝“01”..“31”
存入＝“0000000.01”..“9999999.99”
支出＝“0000000.01”..“9999999.99”

图 2-25 “存折”的定义式表示

表 2-2 数据词典定义式中的符号意义

<table>
<tr><th>符号</th><th>含　义</th><th>解　释</th></tr>
<tr><td>=</td><td>被定义为</td><td></td></tr>
<tr><td>+</td><td>与</td><td>例如，x=a+b，表示 x 由 a 和 b 组成</td></tr>
<tr><td>[...,...]</td><td>或</td><td>例如，x=[a,b]，x=[a|b]，表示 x 由 a 或由 b 组成</td></tr>
<tr><td>[...|...]</td><td>或</td><td></td></tr>
<tr><td>{ ... }</td><td>重复</td><td>例如，x={a}，表示 x 由 0 个或多个 a 组成</td></tr>
<tr><td>m{...}n</td><td>重复</td><td>例如，x=3{a}8，表示 x 中至少出现 3 次 a，至多出现 8 次 a，也可表示为$\{...\}_n^m$</td></tr>
<tr><td>(...)</td><td>可选</td><td>例如，x=(a)，表示 a 可在 x 中出现，也可不出现</td></tr>
<tr><td>“...”</td><td>基本数据元素</td><td>例如，x=“a”，表示 x 为取值为 a 的数据元素</td></tr>
<tr><td>..</td><td>连接符</td><td>例如，x=1..9，表示 x 可取 1～9 的任一值</td></tr>
</table>

3. 数据表

数据表是以二维表的形式来表示数据信息，它可以与 E-R 图中的数据对象和属性相对应。一个数据对象是一张数据表，属性是表中的记录集。表示图 2-10 中数据对象“用户”的数据表如表 2-3 所示。

表 2-3 用数据表表示数据对象

数据编号	属　性	英文名称	备　注
USER001	姓名	Name	
USER002	所属部门编号	DepartmentID	
USER003	参加工作时间	StartDate	
AUTHORITY	权限	Authority	对应“授权”数据对象
USER004	专业	Major	
USER005	特长	Skill	
RESUME	简历	Resume	对应“简历”数据对象

2.7 案例——简历自动获取和查询系统的需求建模

本节以 1.6 节中“简历自动获取和查询系统”（RAAR）为例，对结构化需求分析和建模过程进行完整分析，力求让读者对这一方法有一个全面、清晰的认识，了解和掌握这一方法在实践中的应用。

2.7.1 数据建模——E-R 图描述

面向数据建模的要点是分析系统中的实体、实体属性和实体间关系。从 RAAR 的问题陈述中分析出实体，并通过筛选后得到如下实体和实体属性。

简历：编号*、姓名*、性别*、年龄*、专业*、手机号码、特长。

用户：工号*、姓名*、所属部门编号*、权限*、参加工作时间*、专业*、特长、

简历。

部门：编号*、名称*、职责*、隶属*、管理。

其中，标有“*”号的属性不能为空，也就是指在简历的自动获取中，这些属性必须有对应值。

这些实体间的初步 E-R 图如图 2-26 所示。

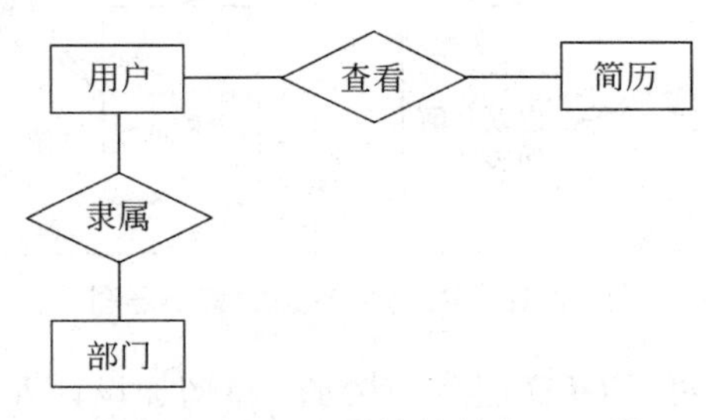

图 2-26 RAAR 系统的初步 E-R 图

2.7.2 功能建模——数据流图

按照 2.4.3 节中面向数据流建模的过程，对 RAAR 系统进行建模。

1. 确定系统的用户、数据源或与外部系统的接口

在 RAAR 系统中，没有外部系统接口，其他信息分析如下：

- 数据源：企业各部门用户。
- 数据终点：企业各部门用户（简历查询结果的显示）。
- 主要数据流：简历、查询信息。
- 主要支持文件：原始简历库、简历库。
- 主要处理过程：简历的自动获取、简历查询。

2. 画出顶层图（0 层）

RAAR 系统的顶层图反映了系统的使用者和数据源，如图 2-27 所示。

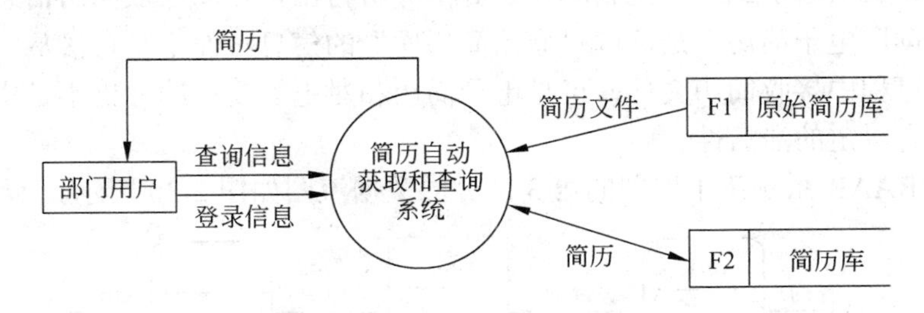

图 2-27 RAAR 系统的顶层图

3. 第一步求精：划分系统的子系统

第一步求精得到第1层图，它是对顶层图的分解，以确定系统的主要组成部分。RAAR 系统的第 1 层图如图 2-28 所示。

4. 逐步求精：对各子系统进一步精化

逐步求精是将 RAAR 系统的第 2 部分和第 3 部分的数据流图进一步细化，得到第 2 层图，以求更进一步表示系统数据的加工。细化的过程以准确、完整描述用户需求为准，

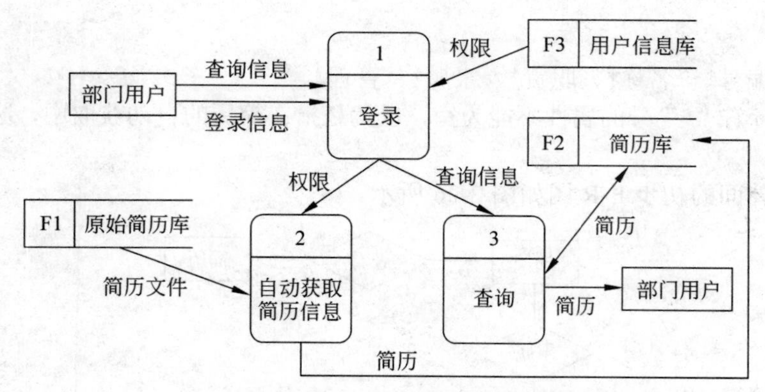

图 2-28 RAAR 系统的第 1 层图

但又不必分解过细，否则随着 DFD 层次的增加，将增加设计人员对系统理解的难度和系统的复杂度。

细化的 RAAR 系统第 1 层图的第 2 部分的数据流图如图 2-29 所示。

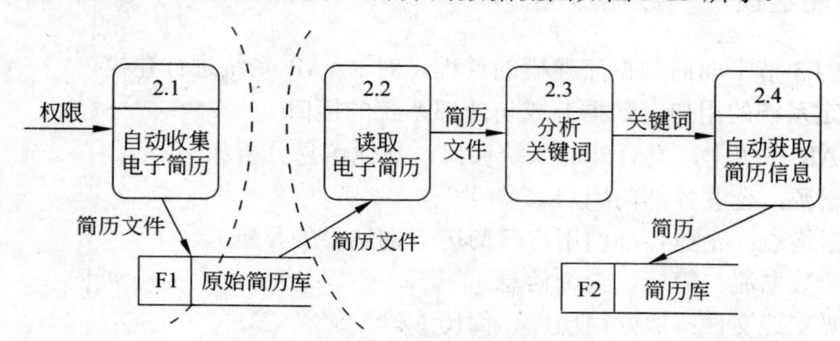

图 2-29 对 RAAR 系统第 1 层图中第 2 部分的细化

图 2-29 中的虚线是自动化边界。自动化边界是 DFD 中的虚拟边界，它说明分析员对 DFD 的理解。从图 2-29 中的自动化边界上分析得出，自动获取简历信息是批处理过程。因为“读取电子简历”是读取“原始简历库”的信息，而不是直接从“自动收集电子简历”的过程中接收简历文件，可见电子简历和对电子简历的分析不是实时过程，对简历的分析有一定的滞后性。

细化的 RAAR 系统第 1 层图的第 3 部分的数据流图如图 2-30 所示。

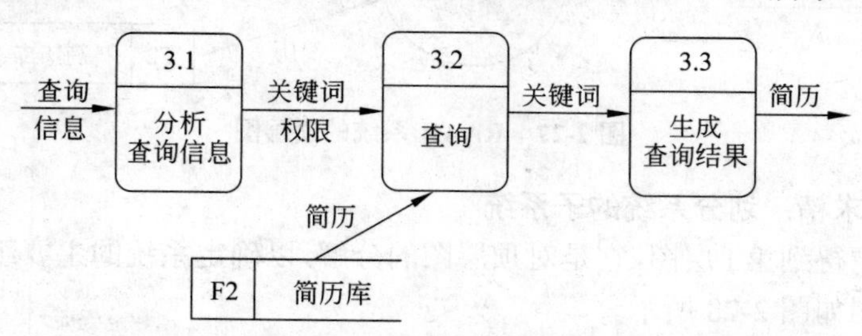

图 2-30 对 RAAR 系统第 1 层图中第 3 部分的细化

2.7.3 行为建模——状态转换图

图 2-31 描述了 RAAR 系统中“简历查询”的状态图，展示了“简历数据”查询的过程。

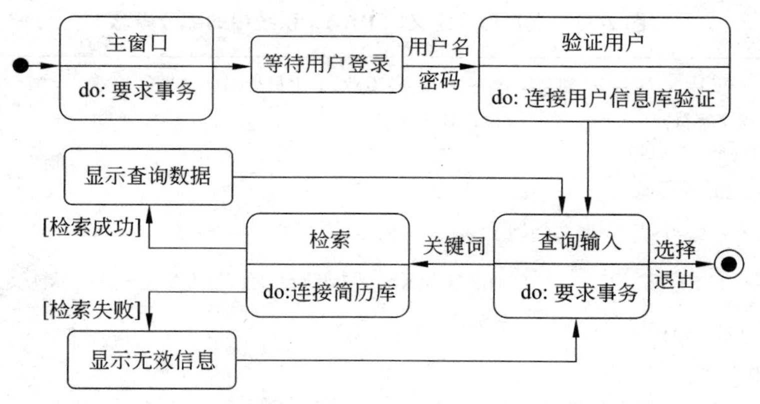

图 2-31 RAAR 系统中“简历查询”的状态图

2.7.4 加工逻辑——PDL 语言的描述

图 2-32 显示了用 PDL 语言描述的图 2-31 关于“简历自动获取”的过程。

```
procedure 简历自动获取( )
{
    打开“原始简历库”(文件F1);
    while (原始简历库不为空)
    {
        读取下一个电子简历文件Fi;
        用类自然语言文法分析Fi中的关键词;
        获取候选简历信息语句集;
        while (候选简历信息语句集不为空)
        {
            读取下一条简历信息语句Sj;
            根据文法描述获取语句Sj中的简历信息Info;
            if (Info符合数据要求)
            {
                将Info存入数据文件;
            }
        }
    }
}
```

图 2-32 用 PDL 语言描述的“简历自动获取”的过程

2.7.5 数据字典

在数据字典中，对 RAAR 系统的数据建模和数据流建模中定义的概念、术语、属性和逻辑过程进行详细定义和解释。图 2-33 用卡片形式定义 DFD 中的部分概念。

图 2-34 采用定义式形式定义图 2-28 中“部门用户”的数据对象。

名字：原始简历库 别名：简历文件数据库 描述：保存原始的电子简历文件 定义：电子文件格式=PDF + DOC + WPS + TXT + HTML	名字：简历库 别名：简历信息数据库 描述：保存从原始简历文件中提取的信息 定义：简历= 编号+姓名 + 性别 + 年龄 + 专业 + 手机号码 + 特长

图 2-33　卡片形式定义的 RAAR 系统中的部分概念

部门用户 = 工号 + 姓名 + 部门编号 + 权限 + 专业 + 手机号码 + 特长

姓名 = 2{汉字字符}8　　注：姓名最多有 8 个汉字

性别 = [男|女]

年龄 = 18..120

专业 = 2{汉字字符}20

手机号码 = 1[3|5|8] $\{数字\}_9^9$　　注：手机号码以 1 开始，第二位为 3 或 5 或 8，最后是 9 位数字

特长 = 2{字符}1024

权限 = [0|1|2]

工号 = [1|2|3|4|5|6|7|8|9] $\{数字\}_7^7$　　注：工号必须以非 0 开始的 8 位数字

部门编号 = 3{数字}3

图 2-34　用定义式定义 RAAR 系统中的"部门用户"数据对象

图2-35表示了用E-R模型描述图2-30中"分析关键词"所涉及的数据对象与关系。

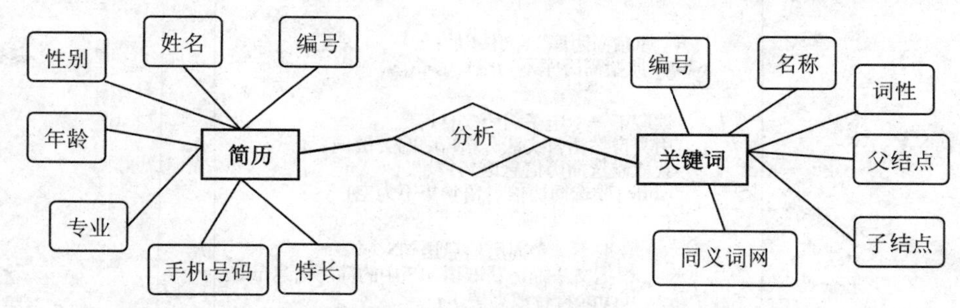

图 2-35　用 E-R 模型描述"分析关键词"所涉及的数据对象与关系

表 2-4 表示了用数据表的形式描述图 2-35 中"关键词"数据对象。

表 2-4　用数据表表示"关键词"数据对象

数据编号	属　　性	英文名称	备　　注
KEY001	编号	ID	
KEY002	名称	KeyName	
KEY003	词性	PartOfSpeech	
KEY004	父结点	KeyFatherSet	
KEY005	子结点	KeySonSet	
SYNONYMNET	同义词网	SynonymNet	对应"同义词网"数据对象

2.8 需 求 评 审

在需求工程完成之前，必须编写软件需求规格说明和数据规格说明，形成初步的用户手册，并按照评审标准对软件需求过程和规格说明进行评审，目的是为了发现并消除其中存在的遗漏、错误和不足，使得规格说明符合标注及规范的要求。通过了评审的软件需求规格说明和数据规格说明将成为基线配置项，并纳入需求管理过程。

2.8.1 软件需求规格说明

文献[11]主要对软件的开发过程和管理过程应编制的主要文档及其编制的内容、格式规定了基本要求，其中包括可行性分析报告、软件开发计划、软件需求规格说明、软件数据需求说明等与需求工程相关的文档。本节介绍的软件需求规格说明和软件数据需求说明的内容框架都取自于文献[11]。

1. 软件需求规格说明

软件需求规格说明（Software Requirement Specification, SRS）描述用户的功能需求、性能需求、领域需求，以及对软件环境、硬件环境等约束，明确定义系统安全性、可靠性、可操作性的性能指标，确保用户需求描述的完整性、一致性、可验证性和可追踪性等特性。

SRS 是经过分析员分析后形成的软件文档，它具有以下作用：

（1）便于用户和分析人员进行理解和交流。分析员将用户对系统的目标和期望编写在 SRS 中，保证了用户需求在后续阶段的正确实施。用户通过 SRS 反映了自己的问题结构。

（2）便于分析人员和设计人员的沟通，并作为设计的基础，得出系统软件结构。

（3）支持最终目标系统的确认。软件系统是否满足用户需求，符合用户操作习惯，SRS 提供了测试标准。

（4）便于软件开发的管理，有效控制需求变更。对于用户提出新需求，为是否能够在 SRS 中追加新需求，如何追加新需求等提供了保障。如果新需求得到确认，则必须对新需求重新进行需求分析，加入 SRS 中，再完成软件设计的工作。

SRS 的内容和格式，需要根据项目的具体情况有所变化，没有统一标准，目的就是体现用户需求，特别是性能需求、领域需求等方面的约束。

SRS 的基本框架如下：

1．范围。

1.1 标识。包含软件标识的标识号、标题、缩略词语、版本号和发行号。

1.2 系统概述。描述系统与软件的一般特性；概述系统开发、运行和维护的历史；标识项目的投资方、需方、用户、开发方和支持机构；标识当前和计划的运行现场；并列出其他相关文档。

1.3 文档概述。主要包括文档用途与内容，并与保密或私密有关的要求。

1.4 基线。说明编写本系统设计说明书所依据的设计基线。

2．引用文件。本文档中所有引用的文件的编号、标题、修订版本和日期等相关信息。

3．需求。

3.1 所需的状态和方式。状态和方式包括：空闲、准备就绪、活动、事后分析、培训、降级、紧急情况和后备等。

3.2 需求概述。

3.2.1 目标。

a．本系统的开发意图、应用目标及作用范围。

b．本系统的主要功能、处理流程、数据流程及简要说明。

c．标识外部接口和数据流的系统高层次图。

3.2.2 运行环境。

3.2.3 用户的特点。

3.2.4 关键点。

3.3 需求规格。

3.3.1 软件系统总体功能/对象结构。

3.3.2 软件子系统功能/对象结构。

3.3.3 描述约定。

3.4 软件配置项能力需求。

3.4.x（软件配置项能力）。描述每一个软件配置项能力，并详细说明与该能力有关的需求。

a．说明。达到此功能的目标、方法和技术，以及功能意图的由来和背景。

b．输入。

c．处理。定义对输入数据、中间参数进行处理以获得预期输出结果的全部操作。

d．输出。

3.5 软件配置项的外部接口需求。包括用户接口、硬件接口、软件接口和通信接口的需求。

3.5.1 接口标识和接口图。

3.5.x 接口的项目唯一标识符。

a．软件配置项必须分配给接口的优先级别。

b．要实现的接口类型的需求。

c．软件配置项必须提供、存储、发送、访问、接收的单个数据元素的特性。

d．软件配置项必须提供、存储、发送、访问、接收的数据元素集合体的特性。

e．软件配置项必须为接口使用通信方法的特性。

f．软件配置项必须为接口使用协议的特性。

g．其他所需的特性。

3.6 软件配置项内部接口需求。

3.7 软件配置项内部数据需求。

3.8 适应性需求。

3.9 保密性需求。

3.10 保密性和私密性需求。

3.11 软件配置项的环境需求。

3.12 计算机资源需求。

3.12.1　计算机硬件需求。

3.12.2　计算机硬件资源利用需求。

3.12.3　计算机软件需求。

3.12.4　计算机通信需求。

3.13　软件质量因素。主要包括功能性（实现全部所需功能的能力）、可靠性（产生正确、一致结果的能力）、可维护性（易于更正的能力）、可用性（需要时进行访问的操作的能力）、可重用性（可被多个应用使用的能力）、可测试性（易于充分测试的能力）、易用性（易于学习和使用的能力）以及其他属性的定量需求。

3.14　设计和实现的约束。

3.15　数据。包括系统的输入、输出数据及数据管理能力方面的要求（处理量、数据量）。

3.16　操作。说明系统在常规操作、特殊操作以及初始化操作、恢复操作等方面的需求。

3.17　故障处理。主要包括数据软件系统的问题、各处发生错误时错误信息，以及说明发生错误时可能采取的补救措施。

3.18　算法说明。用于实施系统计算功能的共识和算法的描述。

3.19　有关人员的需求。包括人员数量、技能等级、责任期、培训需求、其他的信息。

3.20　有关培训的需求。

3.21　有关后勤的需求。

3.22　其他需求。

3.23　包装需求。

3.24　需求的优先次序和关键程度。

4．合格性规定。包括演示、测试、分析、审查和特殊的合格性方法。

5. 需求可追踪性。

6. 尚未解决的问题。

7. 注解。主要包含有助于理解文本档的一般信息（如背景信息、词汇表、原理）。

附录。附录提供可用来提供那些便于文档维护而单独出版的信息。

2. 数据需求说明

数据需求说明（Data Requirement Description，DRD）描述在软件生命周期内所处理的数据，包括数据采集、数据存储、数据结构等的技术信息。

DRD 的基本框架如下。

1. 引言。

1.1　标识。包括对软件的标识号、标题、缩略词语、版本号和发行号。

1.2　系统概述。描述系统与软件的一般性质；概述系统开发、运行和维护的历史；标识项目的投资方、需方、用户、开发方和支持机构；标识当前和计划的运行现场；并列出其他相关文档。

1.3　文档概述。主要包括文档用途与内容，并与保密或私密有关的要求。

2. 引用文件。本文档中所有引用的文件的编号、标题、修订版本和日期等。

3. 数据的逻辑描述。对数据的描述主要分为在系统运行中不变的静态数据和在系统运行中发生变化的动态数据。

3.1 静态数据。

3.2 动态输入数据。

3.3 动态输出数据。

3.4 内部生成数据。

3.5 数据约定。

4. 数据的采集。

4.1 要求和范围。按数据元的逻辑分组来说明数据采集的要求和范围，指明数据的采集方法，说明数据采集工作的承担者是用户还是开发者，具体内容包括：

a. 输入数据的来源。

b. 数据输入所用的媒体和硬设备。

c. 接收者。

d. 输出数据的形式和设备。

e. 数据值的范围。

f. 量纲。给出数字的度量单位、增量的步长、零点的定标等。

g. 更新和处理的频度。

4.2 输入的承担值。说明预订的对数据输入工作的承担者。

4.3 预处理。对数据的采集和预处理过程提出专门的规定。

4.4 影响。说明这些数据要求对于设备、软件、用户、开发方所可能产生的影响。

5. 注解。包含有助于理解 DRD 的一般信息。

附录。附录提供可用来提供那些便于文档维护而单独出版的信息。

2.8.2 需求评审标准及需求验证

软件需求规格（SRS/DRD）通过需求评审后才能最终确认，并作为后续软件设计的重要文档。软件需求规格评审通过需求验证的分析，发现 SRS/DRD 中存在的遗漏、错误和不足，并及时对 SRS/DRD 进行修改，重新进行需求分析和建模，再进行评审，如此反复迭代，直至评审确认后的 SRS/DRD 满足正确性、完整性、无二义性、一致性、可理解性、可验证性、可修改性和可追踪性。

需求验证是分析 SRS/DRD 的上述特性，检验所描述的内容是否真实、客观地反映用户需求，从而确定能否进入设计阶段的过程。通过对 SRS/DRD 的需求验证，将极大减少软件项目后续阶段的错误，避免错误放大效应。如果在软件设计甚至到软件实现阶段才发现需求文档中的错误，将会导致灾难性的后果。因此，需求验证要对需求分析文档执行多种类型的验证。

1. 正确性

SRS/DRD 中表述的功能、性能、定义、规定等内容都真实反映了用户的意图，是用户对软件产品的期望。因此，正确性验证主要包括三方面内容：

（1）验证 SRS/DRD 是否将用户需求充分、全面、正确地进行表述，并进行全面、认真的技术审查与管理复审。

（2）验证每项需求，确认其能满足用户需求、解决用户问题。

（3）验证需求管理过程及软件配置项，确保软件质量。

2．完整性

SRS/DRD 中包含用户要求的所有功能需求与约束，没有遗漏任何必要信息。完整的需求文档应该对所有可能的系统状态、状态变迁、加工逻辑、系统约束等进行完整、正确地描述。完整性验证主要包括四方面内容：

（1）验证需求是否覆盖用户的所有要求，是否考虑需求的优先级。

（2）验证在需求建模过程中所用术语是否在数据字典中有对应的解释。

（3）验证是否进行必要的风险分析。

（4）验证对需求分析的核心功能、主要性能、异常以及系统运行的外部环境等有相应的处理机制。

3．一致性

SRS/DRD 中各部分需求内容和相应的规范、标准之间不能相互矛盾，对同一个需求不应出现不同的描述或矛盾的约束。由于 SRS/DRD 中有关于软件背景、环境、任务、功能、性能、接口等部分的说明，因此必须保证同一问题在不同部分进行分析时，所用术语的一致性，所描述时序的前后一致性。一致性验证主要包括三方面内容：

（1）验证需求之间是否一致。

（2）验证需求描述拟采用的技术与方法是否与用户要求的技术与方法相一致。

（3）验证需求描述中的软件与硬件接口是否有兼容性。

4．可行性

SRS/DRD 中的需求内容和规范，在现有的软硬件技术、方法、预算、进度安排、风险、管理等条件下都是可行的，同时也具有可操作性。可行性验证主要包括两方面内容：

（1）验证 SRS/DRD 在技术可行性、操作可行性、经济可行性和法律可行性等内容。

（2）验证对需求分析的核心功能、主要性能、异常响应以及系统运行的外部环境等的处理机制是否合适，能否在给定的约束条件下实现。

5．可理解性

SRS/DRD 面对的是用户、项目管理者和软件工程师，确保每个角色对文档都有正确、一致的理解。可理解性验证主要包括四方面内容：

（1）验证是否对需求分析中的方案和技术进行完整、正确、详细的描述。

（2）验证用户是否正确理解对每项需求的描述。

（3）验证软件工程师是否正确理解需求分析中的方案和技术。

（4）验证项目经理是否能够将 SRS/DRD 作为用户与软件工程之间的桥梁。

6．可验证性

对 SRS/DRD 中的所有需求，都能通过技术手段或成本/效益方法来进行验证，以确定完成的软件系统是否满足用户需求。可验证性验证主要包括三方面内容：

（1）验证需求能否通过技术手段表明需求能够实现，也即通过软件测试、系统演示、结合系统结果分析等方法，确认系统是否符合对应的需求。

（2）验证需求描述是否清晰，并能够量化，以便于使用成本/效益方法。

（3）验证每项需求（至少是主要需求）有相应的验证方法进行验证。

7. 可修改性

由于用户需求的稳定性差，因此 SRS/DRD 的修改、增加和删除不能给系统带来较大的影响，并要具有灵活性。可修改性验证主要包括三方面内容：

（1）验证需求描述、需求建模、需求结构是否有利于需求变更时的修改。

（2）验证需求变更时如何保证修改的一致性。

（3）验证 SRS/DRD 是否具有需求变更管理对应的规则，并对其进行相应的维护。

8. 可追踪性

SRS/DRD 中每项需求的来源和使用都是清晰的，为后续生成的文档和开发引用这些需求提供了方便。可追踪性验证主要包括三方面内容：

（1）验证每项需求（或主要需求）被唯一标识，以便后续设计文档引用。

（2）验证每项需求（或主要需求）相关的性能、约束是否被注明。

（3）验证每项需求（或主要需求）都能索引或回溯。

2.8.3 需求变更管理

在现代项目管理的发展中，软件需求变更已成为软件项目的突出特点。对软件工程生命周期的每个过程，都希望过程计划是稳定的。但在实际项目的实施过程中，各阶段计划的变更是却经常出现，特别是需求阶段的内容变更，将给项目后续阶段造成极大影响。为了将项目需求变更的影响程度降到最小，就需要实施严格的软件需求变更管理，最大限度地约束需求变更内容，控制需求变更带来的不利影响，从而保证项目的稳定性、可控性和延续性。

对软件需求变更的管理过程，主要包括以下四个阶段。

1. 确定需求基线

需求基线是需求是否确定的分界线。需求文档的内容一经确定，并经过需求评审与技术审查之后，就形成一个需求基线。此后如需进行任何的需求变更，都需要对变更内容进行需求评审，重新确定新的基线。

2. 需求变更影响分析

对于每项需求的变更，应明确它所涉及的范围以及影响的程度。只有经过全面的变更分析，才能评估需求变更带来的影响，并由系统做出相应的调整和部署。

3. 需求变更维护记录

需求变更一经确定，就需要记录这一变更所对应的文档版本号、日期、变更描述、变更过程、变更结果等，并重新确定需求基线。

4. 需求变更的稳定性、可控性和延续性

通过需求变更记录，进行需求变更信息的分析与管理，如需求变更的频次、变更类型、变更涉及系统的位置等。及时分析和统计这些信息，才能对控制需求变更有更好的把握。

2.9 本 章 小 结

本章介绍了软件需求工程的基本概念、任务和原则。软件需求的基本任务是准确地回答“系统必须做什么”的问题。这一阶段必须给出对目标系统完整、准确、一致的要求。

软件需求分析的主要内容包括功能需求、性能需求、领域需求和其他需求。

可行性分析是需求工程最初的计划阶段，它力求用最小的代价、在尽可能短的时间内确定问题是否能够解决。

需求工程提供现实系统需求和软件能力之间的桥梁。需求工程的活动包括需求获取、需求分析与建模以及需求评审等过程。

需求管理贯穿整个需求工程的全过程。在需求工程管理过程中存在两大难题：一是需求确认困难；二是需求不断变更。

结构化需求分析和建模的主要目的是为了减少分析时的错误，通过自顶向下建立系统逻辑模型，降低系统设计时的复杂性，提高系统的可维护性。

结构化需求分析的核心是数据。数据包括在分析、设计和实现中涉及的概念、术语、属性等所有内容，并把这些内容定义在数据字典中。围绕数据字典，结构化建模完成功能模型、数据模型和行为模型的建模过程。

实体关系模型（E-R）主要描述实体的静态特征，是数据建模。它包括实体的属性和关系。实体通过数据对象的描述工具，为后续阶段数据结构、数据库和类对象的分析和设计提供基础信息。

数据流图（DFD）完成对功能、操作流程的分解和抽象，进行功能建模。通过对复杂问题自顶向下逐层分解，把操作流程由物理过程抽象为逻辑过程，完成对问题的逐级抽象和分解。

状态转换图（STD）是对系统的行为建模，通过描述系统对外部事件的响应来采取相应操作。

数据字典（DD）以结构化方式定义在数据建模、功能建模和行为建模过程中涉及的所有数据信息、控制信息，它使得与系统相关的所有人员对信息有共同的、一致的理解。

需求工程的最后阶段是编写软件需求规格说明和数据规格说明，形成初步的用户手册，并按照评审标准和需求验证，对软件需求过程和说明书进行评审，目的是发现并消除其中存在的遗漏、错误和不足，使得规格说明符合标准及规范的要求。通过了评审的软件需求规格说明和数据规格说明成为基线配置项，纳入需求管理的过程。

完成需求评审，并通过需求规格说明和数据规格说明后，就可以进入软件设计阶段。

习 题

1. 名词解释：可行性分析、需求获取、数据流图、状态转换图、数据字典、E-R 模型。
2. 简述需求分析的任务和内容。

3. 需求工程过程中有哪些活动？有哪些人员参与？他们各自的职责是什么？

4. 什么是结构化需求分析？为什么要进行结构化需求分析？

5. 顶层数据流图有什么作用？在分解数据流图时，有哪些注意事项？

6. 请分析图 2-36 中的父子图平衡问题。

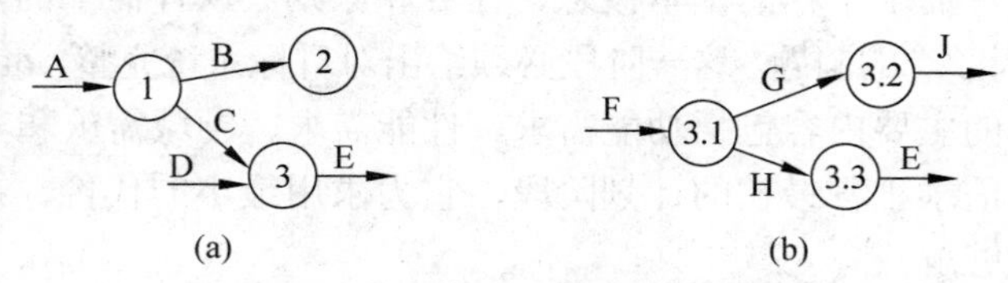

图 2-36　父子图平衡问题

7. 为什么要进行数据建模？不定义数据字典，对整个软件系统开发有什么影响？

8. 一本教材由多章构成，每章有多个小节、一个小结和习题构成，每个小节又有多个要点。请按照以上描述，给出 E-R 模型的定义。

9. 某用户拟开发一个“在线视频会议系统”，该系统提供在线语音、在线视频等交互功能。公司根据上述用户初步的问题描述，将安排你组织一次获取用户需求的会议。请给出将要通知的人员类型、准备采用的需求获取方法及相关内容。

10. 下面一段内容是某个在线票务销售系统的部分需求描述，请找出其中的需求描述不一致的内容、遗漏的内容，以及你认为还需补充的内容。

在线票务销售系统能够通过公司网站出售各类演出门票。用户选择所需的演出门票、信用卡、身份证后，就能自动出票，费用自动从信用卡上扣除。当用户选择“开始购票”，系统关于票务的基本信息就显示在页面上，同时让用户选择相关的信息。一旦用户确定购票，系统提示用户输入信用卡。系统验证信用卡的有效性，再提示用户输入身份证号。当验证信用卡有效后，系统自动出票，扣款成功。

11. 有一个简化的高考录取统分系统，其主要功能包括计算标准分和计算录取线分。计算标准分是根据所输入的考生原始分来计算，将该标准分保存在考生分数文件中，并通知考生。计算录取线分是根据标准分、招生计划文件中的招生人数来计算，并将录取线保存在录取线文件中。请根据上述描述，画出该系统的数据流图（至少包含两层数据流图）。

12. 银行取款过程如下：储户用存折取款，首先填写取款单，根据“账户”中储户信息检验取款单与存折。如有问题，将检验问题反馈给储户；否则，登录“储户存款数据库”，修改存款数据，并更新“账户”；与此同时，发出付款通知给出纳，出纳向储户付款。

根据以上描述，回答下面问题：

（1）给出问题分析过程，识别数据和变换过程；

（2）画出至少包含两层的数据流图。

13. 请用 PDL 语言描述图 2-30 的过程。

14. 对于“人员”类型包括以下信息：姓名、性别、国籍、民族、专业、学历。请用适合的方式定义数据字典。此外，系统要求“人员”中的国籍、民族等数据在系统运行期间可发生变更。“人员”的属性也可发生变更，例如，可能会增加“毕业学校”等属性。

15. 图书馆图书自动循环系统的需求描述如下：每本书都有一个以数字开头的条形码。每位读者有一张借书卡，卡上有以字母开头的条形码。当读者借图书时，图书管理员扫描该书条形码和借书卡条形码，并在系统上输入 C。当读者归还图书时，图书管理员扫描图书条形码和借书卡条形码，并输入 R。读者可以通过系统查书。当读者输入 A 之后，再输入作者姓名进行查询；或输入 T 之后，再输入书名进行查询；或输入 S 之后，再输入图书类别进行查询。最后，如果读者所借的图书已被借出，则图书管理员输入 H 之后，再扫描图书条形码作为标记。

请根据以上需求描述，给出该系统的定义式表示形式。

16. 根据 1.6.2 节的“试卷自动生成系统”的问题陈述，请用结构化分析和建模过程来分析该系统。分析过程要求完成数据建模、功能建模和行为建模。

17. 仔细阅读软件需求规格说明，并结合你的设计经验，补充你认为重要而在软件需求规格说明中又没有提到的内容。

第3章 软件设计基础

软件设计是软件工程的重要阶段，它将软件的编码往后推迟了一个阶段，体现了软件工程“推迟实现”的原则。当需求工程完成以后，系统已明确描述了“软件必须做什么”这一问题。接下来需要在设计阶段回答“软件怎么实现”的问题。

软件设计也曾被认为是“编程”，而缺乏对软件设计工程化的指导，缺乏对软件设计过程的管理，缺乏对软件设计质量的评估。随着软件工程不断发展，以及对软件工程认识的加深，逐步出现一些实用的软件设计方法，这些方法包括软件设计的原理、过程和工具，可以提高软件质量。

3.1 软件设计概述

软件设计的基本概念从20世纪60年代末被陆续提出。作为软件开发阶段的开始，它为软件“大厦”规划施工“蓝图”，提供“如何实现软件需求”的决策。这些决策对如何划分系统、如何组织功能、如何体现性能、如何存储数据、如何分离功能与数据、如何有效统一完成任务、如何定义设计质量标准等一系列问题做出回答。

软件设计的目标就是要构造一个高内聚、高可靠性、高可维护性和高效的软件模型，为提高软件质量打下坚实基础。

3.1.1 软件设计与软件需求

软件设计是需求工程的后续阶段，它根据所描述的信息域需求（包括功能需求、性能需求、领域需求、数据需求等）的定义，进行数据设计、体系结构设计、界面设计和过程设计，并通过这4个层面的设计，将现实世界的具体问题（需求），转换为信息设计的逻辑问题（设计方案）。

软件设计的依据是需求规格说明和数据规格说明，并将它们映射为软件设计的各部分内容。图3-1描述了两者间的映射关系。

数据设计侧重于对数据文件、数据结构、数据对象等实体的设计。体系结构设计把握软件系统的整体架构，从宏观的角度设计软件各主要组成部分间的关系，不拘泥于具体实现细节，它是设计的核心部分。界面设计是对系统外部交互接口的定义，包括人机交互、软件与外部系统的数据交换，也是控制系统运行的工具。过程设计是将软件需求的描述性信息转换为信息领域中结构化、半结构化的过程性描述。

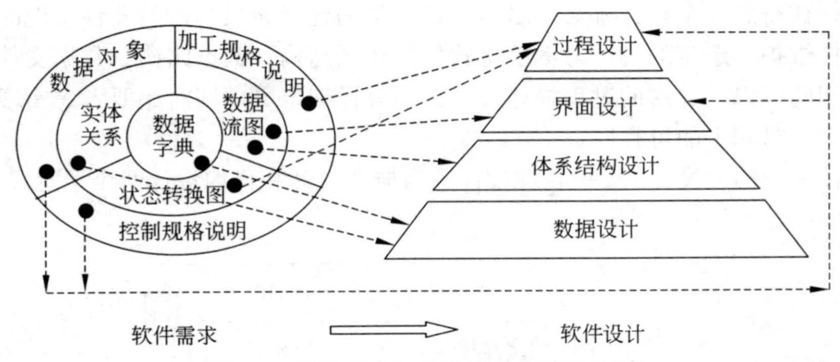

图 3-1　软件需求与软件设计的映射关系

图 3-1 所示的映射关系，说明了实现软件设计各部分的内容，与需求分析各部分间相关联的要点：

（1）围绕数据字典。数据字典是需求分析的核心，数据设计是软件设计的基础。依据数据字典结构化定义，完成数据库、数据文件及数据结构的设计。

（2）研究、分析数据流图。面向数据流的设计将数据流图映射为软件结构图。软件结构的映射有两种方式：变换型和事务型。最终通过启发式规则改进软件结构图，直至得到优化的软件逻辑结构。

（3）数据流在不同变换模块中转换，提供了模块接口设计、人机交互界面设计的数据结构或控制信息，进一步提高模块的独立性。

（4）依据控制规格说明和状态转换图、加工规格说明，进行过程设计，描述模块内部的具体算法流程。

软件设计是软件开发阶段的起始过程，关系到整个软件开发阶段的质量。图 3-2 的开发阶段信息流描述了软件设计从软件需求到软件编码，起到承上启下的作用。

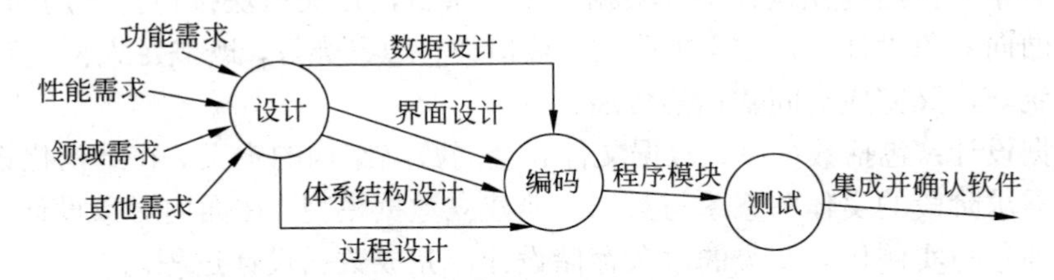

图 3-2　软件开发阶段的信息流

图 3-2 回答了“软件设计不是编码”这一困扰人们的问题。编码只是设计的具体实现过程，代码把设计人员的思路物理地表现出来。只有良好的软件设计，才是代码实现并优化的基础和根本，否则编码就是“浮沙地上盖高楼”，不仅稳定性差，难以维护，严重时会导致系统的失败。

3.1.2　软件设计的任务

软件设计主要回答软件“如何做”的问题。通过软件需求规格说明，建立软件设计模型，并通过设计模型来确定是否满足需求，是否达到设计质量标准。通过对软件需求的设计，往往得到多个设计方案。这些设计方案的选择会最终影响软件实现的成败，也会影响软件维护。选定的设计方案要将软件的体系结构、数据结构、数据文件、系统内部和外部间的接口、算法的过程描述等相关部分详细定义，同时还要考虑实现时在技术上、空间上、时间上的可行性。

从软件工程的角度，一般把软件设计分为概要设计和详细设计两个子阶段，如图3-3所示。

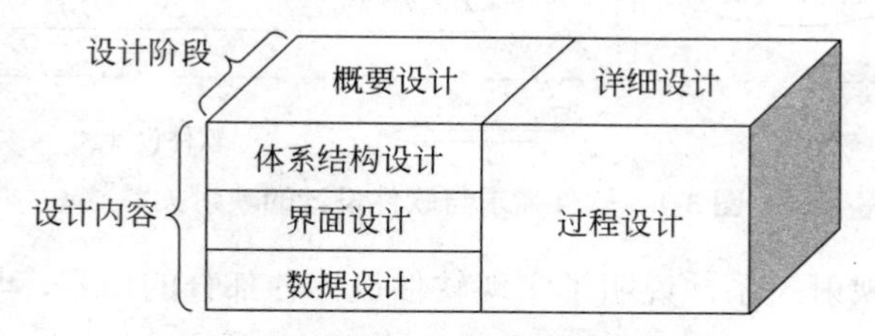

图3-3　软件设计阶段的划分及任务

由此可以看到，软件设计的任务是完成概要设计和详细设计子阶段的任务，包括体系结构设计、界面设计、数据设计和过程设计。

1. 概要设计

概要设计也称总体设计，主要任务是基于数据流图和数据字典，确定系统的整体软件结构，划分软件体系结构的各子系统或模块，确定它们之间的关系。确切地说，概要设计是要完成体系结构设计、界面设计和数据设计。

- 体系结构设计：确定各子系统模块间的数据传递与调用关系。在结构化设计中，体现为模块划分，并通过数据流图和数据字典进行转换。在面向对象设计中，体现为主题划分，主要确定类及类间关系。
- 界面设计：包括与系统交互的人机界面设计，以及模块间、系统与外部系统的接口关系。在结构化设计中，根据数据流条目，定义模块接口与全局的数据结构。在面向对象设计中，定义关联类、接口类、边界类等，既满足人机交互界面数据的统一，又完成类间数据的传递。
- 数据设计：包括数据库、数据文件和全局数据结构的定义。在结构化设计中，通过需求阶段的实体关系图与数据字典建立数据模型。在面向对象设计中，通过类的抽象与实例化以及类的永久存储设计，完成数据设计过程。

2. 详细设计

详细设计的任务是在概要设计的基础上，具体实现各部分的细节，直至系统的所有内容都有足够详细的过程描述，使得编码的任务就是将详细设计的内容“翻译”成程序设计语言。确切地说，详细设计的任务是完成过程设计。

过程设计包括确定软件各模块内部的具体实现过程与局部数据结构。在结构化设计中，模块独立性约束了数据结构与算法相分离的情况，使得两者在设计时务必有局部性，减少外部对两者的影响。在面向对象设计中，类的封装性较好地体现了算法和数据结构的内部性。类的继承性提供了多个类（类家族）共同实现过程设计的机制。

根据软件项目的规模和复杂度，概要设计和详细设计既可以合并为软件设计阶段，

又可以反复迭代，直至完全实现软件需求内容。图 3-4 给出了软件设计的工作流。

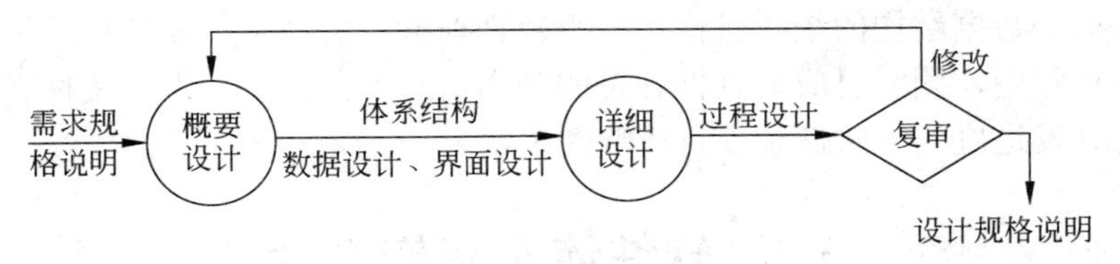

图 3-4 软件设计的工作流

3.1.3 软件设计的原则

随着软件技术的不断进步，一些良好的设计原则不断地被提出，并指导着软件设计过程，提高软件质量。

1．分而治之

分而治之是用于解决大型、复杂程度高的问题时所采用的策略。把大问题划分成若干个小问题，把对一个大问题的求解转换为对若干个小问题的解答，这样就极大地降低了问题的复杂度。模块化是在软件设计上实现分而治之思想的技术手段。在结构化设计中，模块可以是函数、过程甚至是代码片段。在面向对象设计中，类是模块的主要形式。

2．重用设计模式

重用是指同一事物不做修改或稍作改动就能多次使用的机制。由于概要设计完成的是系统软件结构，因而重用的内容是软件设计模式。软件设计模式针对的是一类软件设计的过程和模型，而不是某一次具体的软件设计。通过重用设计模式，不仅使得软件设计质量得到保证，而且把资源集中于软件设计的新流程、新方法中，并在设计时更进一步考虑新流程、新方法在将来的重用。

3．可跟踪性

软件设计的任务之一就是确定软件各部分间的关系。设计系统结构，就是要确定系统各部分、各模块间的相互调用或控制关系，以便在需要修改模块时，能掌握与修改模块有关的其他部分，并正确追溯问题根源。

4．灵活性

设计的灵活性是指设计具有易修改性。修改包括对已有设计的增加、删除、改动等活动。会发生修改是因为，一是用户需求发生变更；二是设计存在缺陷；三是设计需要进行优化；四是设计利用重用。软件设计灵活性主要通过系统描述问题的抽象来体现。抽象是对事物相同属性或操作的统一描述，具有广泛性。因此，系统设计和设计模式的抽象程度越高，覆盖的范围就越大。如“鸟”对“麻雀”的抽象，既能体现麻雀能飞的特性，也覆盖了其他鸟类的说明。但抽象是一把双刃剑，过度的抽象反而会引起理解和设计上的困难。如用“生物”去抽象“麻雀”实体，则作为鸟的很多特征将难以在“生物”中定义。

5．一致性

一致性在软件设计方法和过程中都得到体现。在软件设计中，界面视图的一致性保证了用户体验和对系统的忠诚度，如 Windows 操作系统的界面，虽然历经多个版本的变更，但用户操作方式基本没有改变。用统一的规则和约束来规范模块接口定义，确保编码阶段对接口和数据结构的统一操作，减少数据理解上的歧义，使软件质量得到保证。在软件设计过程中，团队已成为软件开发的基本组织形式。不同人员集体完成同一软件项目，保持开发进度的一致性是项目成败的关键之一。

3.2 软件体系结构设计

当提及体系结构时，容易与建筑物的物理结构做比较。在修建建筑物时，要兼顾考虑外观与内部的统一。建筑物外观除了自身设计外，还要考虑与功能相结合，与周围环境相融合，并能充分利用建筑物内部空间。因此，这样的设计理念和过程不仅指导当前的建筑设计，而且会能为将来的建筑设计所共享。那么，软件体系结构设计是否也具有这样的特征呢？

3.2.1 体系结构设计概述

软件体系结构为软件系统设计提供了一套关于数据、行为、结构的指导性框架，该框架提供了描述系统数据、数据间关系的静态特征，还对数据的操作、系统控制和通信等活动提供具有动态特征的描述过程。系统静态特征体现了系统的组织结构，系统动态特征则体现系统操作流程的拓扑过程，两者共同构成设计决策的基本指导方针。良好设计的体系结构具有普适性，能满足不同的软件需求。

体系结构设计是软件设计的早期活动，其作用主要集中在如下两点：

（1）提供软件设计师能预期的体系结构描述。例如，提起浏览器/服务器（B/S）模式，多层架构、数据库存储、客户端、逻辑服务器等一系列描述就展现在设计师的脑海里。

（2）数据结构、文件组织、文件结构体现了软件设计的早期抉择，这些抉择将极大地影响着后续的软件开发人员，决定着软件产品的最后成功。

下面介绍几种常见的、被广泛使用的软件体系结构模型。

3.2.2 以数据为中心的数据仓库模型

数据仓库模型是一种集中式模型。早期的数据是应用级的数据库或数据文件。随着应用的不断扩展，数据规模越来越大，数据形式也越来越多样和复杂。如何有效地组织这些数据，这些数据如何高效地提供信息，成为软件设计时首先关注的问题。数据仓库模型就是在这些应用发展背景下提出的。图3-5是集中式数据仓库模型的一个抽象。

数据仓库模型是能独立提供数据服务的封闭式数据环境。它不是单独集成到某一应用系统中，而是为具体的应用系统提供服务。这些服务既有通用的公共服务，也有专门设计的领域服务。例如，公共搜索引擎提供的检索服务，既有基于关键词的通用检索，也有为企业服务的垂直检索。无论何种服务，数据仓库模型后端都是统一的集中式数据管理。

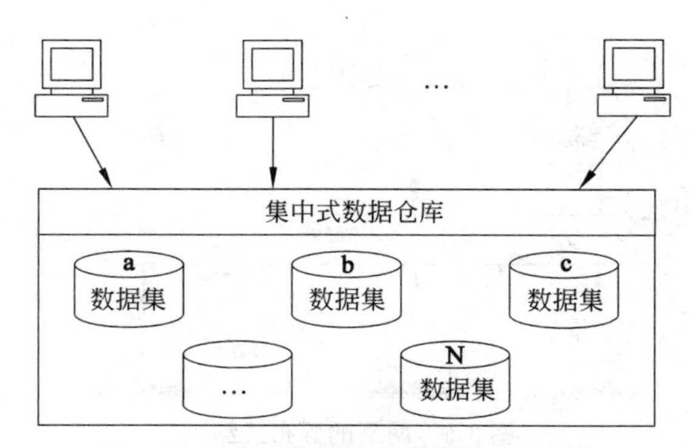

图 3-5 集中式数据仓库模型的一个抽象

数据仓库模型有着如下一些明显的优点：

（1）数据统一存储和管理，确保了数据的实时性。

（2）数据仓库对数据复杂性的统一封装，有利于数据共享。

（3）采用黑板模型，与某类数据有关的应用系统能及时获取数据。

（4）采用数据订阅推送模型，应用系统在有数据更新时，能主动获得数据，而不用采取询问方式，这就提高了数据管理效率。

（5）各应用系统间仅通过数据仓库完成数据交换，在功能上没有关联，增加、删除应用系统及其部分功能，不会影响其他应用系统的正确运行。

但集中式数据仓库也存在着如下一些不足：

（1）为了对数据仓库数据进行操作，不同应用系统的数据视图必须统一，否则难以达到数据共享的目的，但这不可避免地会降低各应用系统的效率。因为统一的数据视图需要通过各应用系统进行转换。同样，面对不同的数据提供统一的访问接口，也增加了数据仓库设计的复杂性，降低数据传递的效率。

（2）如果应用系统的数据结构发生改变，就需要单独设计数据适配器，以实现新的结构与数据仓库在数据上的匹配。这不仅增加应用系统设计的复杂度，而且有时甚至是难以完成这样的数据匹配。

（3）随着网络技术的发展，数据共享带来的访问控制的复杂性、安全性、效率、备份、存储、恢复策略等一系列问题，影响了仓库模型的有效利用。

3.2.3 客户端/服务器模式的分布式结构

集中式数据仓库模型在带来数据一致性访问优势的同时，也具有在网络环境下难以分布应用的缺陷。

“网络就是计算机”“网络就是共享”。但随着中心服务器运算压力不断增大，维护、更新和升级都带来极大困难和成本的增加，而发出请求的客户端（现在还包括智能终端）运算能力和资源却闲置，造成极大浪费。因此，挖掘网络计算能力，共享计算的云计算等新的分布式计算模型被提出。

分布式结构模型是充分利用、整合网络中计算机各自的计算能力，从而提高整个网络系统运行的能力和效率。早期分布式模型采用两层的分布式结构，如图 3-6 所示。

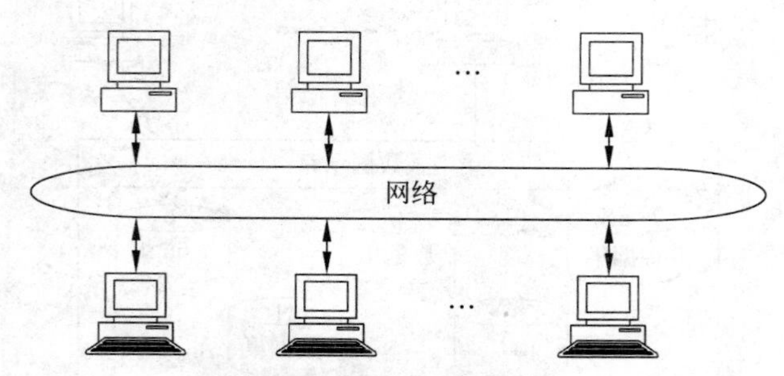

图 3-6　两层的分布式结构

两层结构由两个典型的应用组成：客户端实现用户界面视图，服务器端完成系统逻辑功能和数据访问。系统的运行过程通过“请求-响应-结果”模式来实现，这实质上是一种远程调用方式。这种设计模式通过网络的屏蔽，允许客户端与服务器端的软硬件配置不同，体现了分布式模型的灵活性。然而对应用系统来说，却隐含多层的逻辑划分：应用系统交互、系统逻辑功能和数据访问等。

以目前应用较多的三层网络设计模式为例，用两层分布式设计模式映射三层逻辑，产生如图 3-7 所示的不同方法。

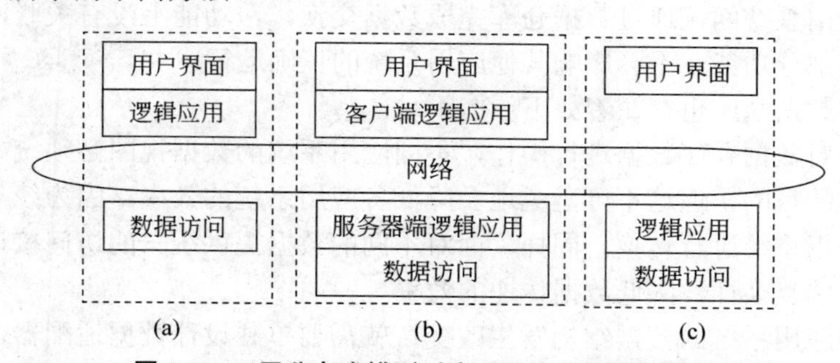

图 3-7　二层分布式模型对应三层应用逻辑的映射

图 3-7（a）被称为“胖客户端”模型，即应用系统逻辑全部在客户端，服务器只提供数据访问。这种设计模型降低了服务器的计算压力，减轻了网络带宽的拥塞。但系统更新繁琐，需通知各客户端自行更新。

图 3-7（c）被称为“瘦客户端”模型，即应用系统逻辑全部在服务器，客户端只提供用户界面进行访问。这种设计模型可实现更新的一致性而不影响客户端访问。但这会增加服务器的计算压力，同时还会增加网络带宽的负载。

图 3-7（b）是图 3-7（a）和图 3-7（c）的折衷，与客户端计算有关的逻辑放在客户端完成，需要频繁访问数据的逻辑部署则在服务器端，这样不仅减轻服务器的计算压力，也有效节约网络带宽资源。但对于客户端和服务器共同完成任务的操作，增加了系统部署和控制的复杂性。

目前，针对多层逻辑应用，提出了多层分布式设计模型，如图 3-8 所示。

三层客户端/服务器模型，体现了系统网络的开放性、灵活性。同时在服务器端，把中间逻辑部分通过网络映射成多层分布式设计模型，以此减轻 Web 服务的访问压力。

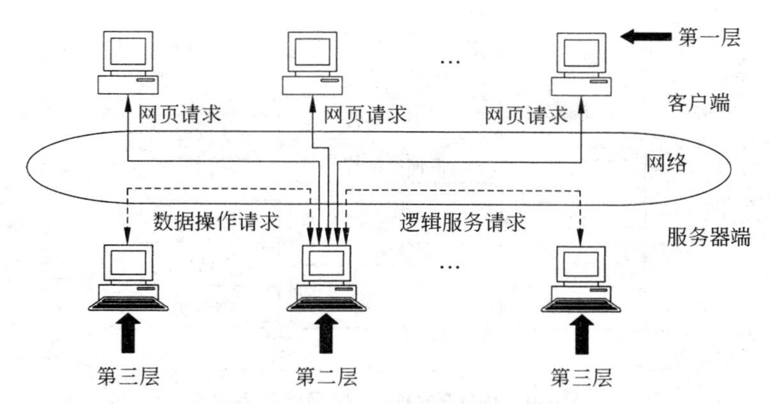

图 3-8　多层客户端/服务器模型

总的来说，分布式结构设计具有以下特点：

（1）共享：实现了数据共享，云计算的提出还能进一步实现计算共享。

（2）异构性：客户端/服务器允许软硬件配置不同。

（3）开放性：只要符合互联网协议，任何计算机、局域网、智能设备和物品等都可接入互联网。

（4）易修改性：由于用户界面、系统逻辑和数据访问分布的不同，各部分具有较强独立性，易于系统的修改和维护。

（5）透明性：在分布式结构中，只需要知道服务器的服务位置，而对后端的逻辑实现、数据存储、数据访问等不必清楚其架构和访问方式。

当然，分布式结构也存在一些不足。

（1）复杂性：显然，集中式的数据仓库模型共享虽然带来一些问题，但其控制结构相对简单。分布式管理则要复杂得多，它面对网络通信、服务器端分层等问题的管理，都充满了风险和挑战。

（2）安全性：身份验证困难。客户端的访问是问答模式，对客户端的响应由服务器提供服务，因而难以验证客户端真实身份。这给病毒、流氓插件等不良软件带来可乘之机。

（3）运行状态难以确定。特别是网络通信出现故障时，提交的信息是否有效，是否得到正确响应，都困扰着分布式模型的发展和应用。

3.2.4　层次模型

客户端/服务器模型是一种松散的模型，即客户端向服务器发送请求，服务器响应请求。目前，由于网络的异构性，允许客户端和服务器是对等的，即服务器也可以作为客户端发送请求。客户端也能成为服务器，响应其他客户端的请求。

与客户端/服务器不同的是，层次模型将系统划分为若干层次，每个层次提供单向服务，如底层向顶层提供服务。这种设计模式适合增量式开发。系统由底层开始，逐步向上层完成实现，进而完成整个系统。典型的层次模型是国际标准化组织（ISO）的开放式系统接口（OSI）七层网络参考模型，如图 3-9 所示。

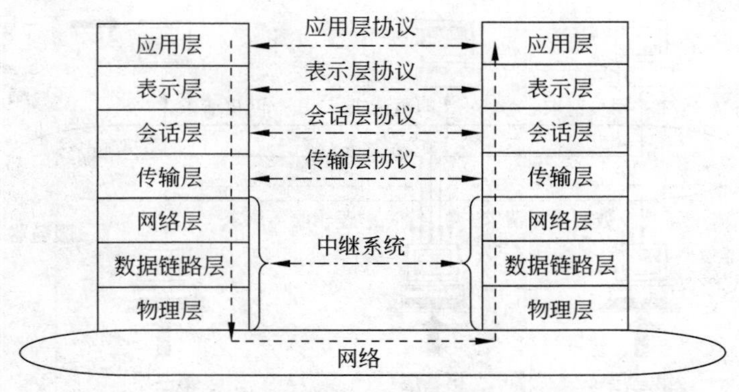

图 3-9　ISO 的 OSI 七层网络参考模型

当网络中的两端要进行网络会话时，不是从左端的应用层直接发送到右端的应用层，而是从左端应用层开始，逐层向下传递，利用下层提供的服务对数据进行逐层封装，直到物理层。之后，通过网络传输到右端的物理层。由于网络协议由系统自动完成连接和通信，因而对上层的应用来说感受不到上述层次的传递过程，因此也可直观地认为七层网络各层间是直接对应关系。

在 2.4.3 节中提到的“儿童自然语言对话系统”也是一种层次模型，它通过底层向上层提供统一的数据访问接口，以及建立在数据库信息之上的推理过程，体现了系统自顶向下对数据的分解，以及自底向上对数据的生成过程。如图 3-10 描述了儿童对话系统的层次模型。

人机自然语言界面		
黑板模型	情绪分析、语气模型	
	对话分析、谈话分析	
	常识分析、参数分析	
数据库数据接口		
Agent库	Ontonet	三元组库

图 3-10　儿童自然语言理解系统的层次分解

3.2.5　MVC 模型

MVC 是 Model-View-Controller 的缩写，意思是“模型-视图-控制器”。它是一种软件设计模式，其作用是把软件系统划分到模型、视图和控制器等三个子框架中去，使得软件逻辑部件可以有效划分，程序设计变得容易；其目的是为了将软件系统各部件间的耦合度降至最低，以利于系统的测试和维护。MVC 模式原本是为了将传统软件设计划分的输入、处理和输出部分，映射到 Web 方式的交互模型中来，目前已逐渐被多层模式的设计模型所采纳。

在 MVC 模式中，一个应用系统被划分为三个部分：模型、视图和控制器。

模型是系统的主体部分，使用系统处理数据的数据规则和使用控制逻辑的业务规则。当控制器需要提交系统任务时，会调用相应模型来实现。当模型得到结果后，控制器会将结果传递给视图，由视图完成对结果的展示。

控制器定义了应用程序的行为，它负责对用户的请求进行解析。对于Web访问方式，客户端发送POST或GET请求，控制器接收这个请求，并解析出用户数据，然后调用模型，请求模型返回请求对应的运算结果。控制器调用对应的视图来展示模型结果。

视图完成对数据的展示，包括数据接收、数据布局、维度分析、信息展示等一系列步骤，但视图不包含应用系统的任何数据规则和业务逻辑。

MVC的工作模式如图3-11所示。

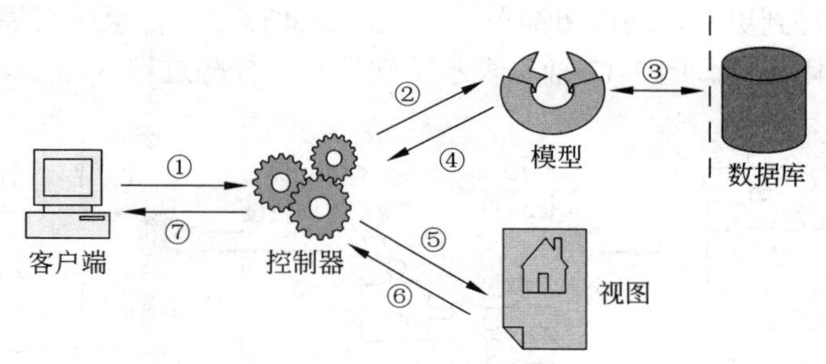

图3-11 MVC的工作模式

MVC得到了广泛应用，其优势主要在于：

（1）一个模型对应多个不同的视图。用户的需求不断变化，视图常常会随之发生改变，但支持用户功能需求的数据是相对稳定的。因而，视图的变化不会引起数据的改变，同时还能适应用户需求的变更，减轻设计的工作，提高模型的可重用性，也易于维护。

（2）模型的自包含性。模型包括系统所有的数据和逻辑操作，对数据和功能的修改，都在模型内部完成，不涉及视图的变化、控制器的判断，且模型内部的数据都是系统内部数据结构，没有任何格式信息，利于数据的传递和共享。

（3）控制层把一个模型和多个不同视图组合在一起，能够完成多种类型的请求。

（4）MVC分层模式，使得只需修改其中某层，就能满足用户新的需求，使系统达到不同的效果，更易于系统的更新、升级。

（5）MVC 有利于软件工程的工程化管理。由于不同的层次，其作用不同且范围明晰，有利于设计在不同层次的细化，并体现工程化的“各司其职、各谋其政”的任务分隔。

当然，MVC也存在一些明显的不足：

（1）增加系统的复杂性。原本系统紧密结合的逻辑、数据和显示，被分成三个层次，增加结构的复杂性，降低系统运行效率，还会产生过多的操作。

（2）导致修改的连锁反应。对于每项修改，都应该遵循 MVC 设计分层。因此，对每层的修改，也会涉及其他层次的变更。

（3）数据访问效率低。由于显示信息的视图不能直接访问数据，而是需要模型的数据返回，以及需要控制器对返回结果对应的展示视图的调用，因而会降低系统性能。

3.3 模块化设计

模块是程序语句的集合，它拥有独立的命名，以及明确的输入、输出和范围。程序设计中的函数、过程、类、库等都可作为模块。模块用矩形框表示，并用模块名称来命名。

3.3.1 软件模块化与分解

对于整个软件系统来说，设计人员不是把它作为一个问题来整体解决，而是把它的全部功能，按照一定的原则划分成若干个模块。如果某个模块仍难以理解或实现，则把它进一步划分，得到更小、功能更简单的模块。如此往复，直至所有模块可解，这个过程就是软件模块化设计。图 3-12 抽象表示了软件模块分解过程。

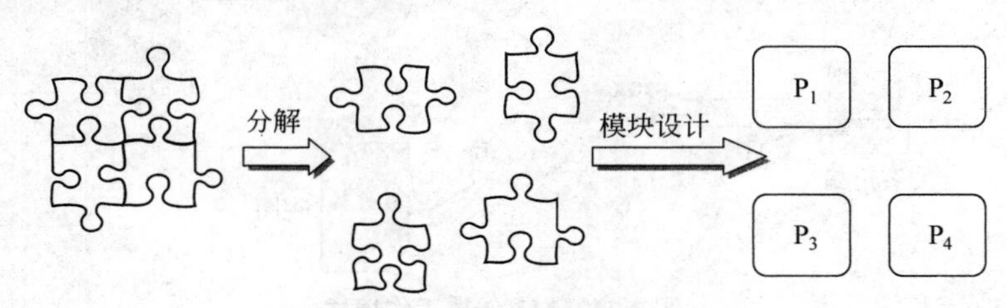

图 3-12 软件模块分解示意

从图 3-12 中可以看到，通过分解，系统被分解成各模块，易于"各个击破"，同时降低问题的复杂性，使得软件结构清晰，便于阅读和理解，提高软件的可理解性和可维护性。

假设 C(X)为问题 X 的复杂度，E(X)为解决问题 X 的工作量。若存在问题 P_1 和 P_2，且 $C(P_1)>C(P_2)$，显然 $E(P_1)>E(P_2)$。由经验有：$C(P_1+P_2)\geqslant C(P_1)+C(P_2)$，则：$E(P_1+P_2)\geqslant E(P_1)+E(P_2)$。说明将问题$(P_1+P_2)$分解为两个子问题 P_1 和 P_2，则问题的工作量和复杂度将降低。

通常情况下，问题总的复杂度会随着模块分解而趋于减小，工作量也同时减少。但如果模块分解过程无限进行下去，不仅问题的复杂度不会减少，相反还会增加。图 3-13 表现了这一关系。

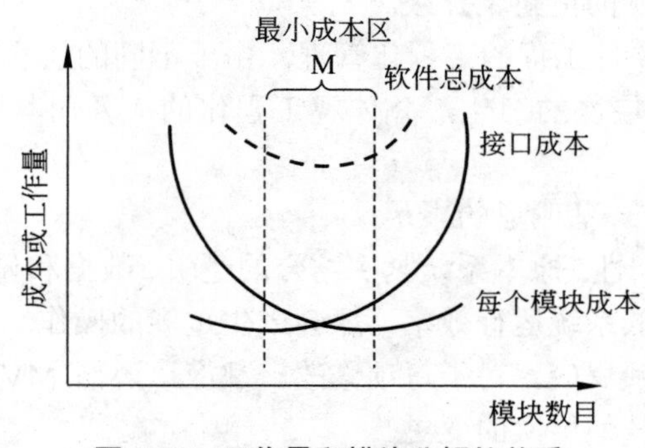

图 3-13 工作量和模块分解的关系

出现这样情形的原因，是因为随着模块数目的增加，模块间接口的复杂度也会增加。

这样就会增加处理接口定义和它们间调用关系的设计和实现的工作量。图 3-13 所示的 M 区间是一个合适的模块分解范围，它同时兼顾了对问题的分解和模块间设计与实现的工作量。

3.3.2 抽象

抽象是指对软件设计不同层次的理解，它与分解是解决问题的两个不同方面。分解是对问题细节的表述，抽象则忽略问题的细节，抓住问题的本质。抽象根据对象类型的不同，分为对实体对象抽象、接口抽象和设计模式抽象。

1．实体抽象

实体抽象称为数据抽象，它是对需求陈述中的实体的归纳。归纳包括两种形式，一种是对陈述中实体的抽象，如在“简历自动获取和查询系统”中，有 pdf、doc、txt 等不同格式的文件，这时抽象出“简历文件”来统一对简历文本的描述。另一种形式是分析总结出陈述中的新实体。如当从简历文件中获取信息后，可以设计出“数据操作”对象完成对简历信息的有效性检查，并存入数据库文件中。这里设计的数据操作对象，并未直接出现在需求陈述中。

2．接口抽象

接口抽象的目的是通过统一的接口，设计不同的实现过程。这样不仅易于理解和使用，也利于系统功能的扩展。当然，这里需要注意的是，接口抽象带来理解和使用简化的同时，会增加程序设计的复杂性。典型的接口抽象是开放式数据库连接（ODBC），它通过定义一组统一接口，实现不同数据库文件对增加、删除、修改、查询等的统一操作，简化业务逻辑与数据库的接口，目的是让软件设计人员能将更多的精力投入到实现系统的业务逻辑中。

3．设计模式抽象

设计模式抽象即是设计模型，它是对有相同数据组织、行为、结构的系统的指导性框架。设计模式为不同模型、不同业务逻辑提供统一的软件组织结构成为可能。例如，提到客户端/服务器模式，无论是什么样的应用系统，都有数据服务器提供数据服务，由 Web 服务器提供网络服务，客户端提供系统所需的外部信息。

3.3.3 信息隐藏

信息隐藏是把数据结构与实现过程放在一起，使得相关内容彼此靠近，对外提供相对完整、独立的功能，对隐藏信息的访问只能通过接口进行操作。信息隐藏提高了软件的可修改性和重用性，因为修改涉及的是模块内部，避免与外部的交互，这样使得修改的影响面局限于一个较小的范围之内。

【例 3.1】 下面用 C 语言与 C++语言编写的关于栈的定义（省略具体的算法过程）的代码片段，对比结构化程序设计与面向对象设计在信息隐藏上的不同。

C 语言编写的栈的定义：

```
typedef struct tagStack                // 栈结构定义
```

```
{
    int *pBase;
    int *pTop;
    unsigned int m_StackSize;          // 栈中元素个数
}Stack;
void InitStack(Stack *pS);             // 栈的初始化
bool IsStackEmpty(Stack *pS);          // 判断栈是否为空
bool Push(Stack *pS, int element);     // 入栈
int* Pop(Stack *pS);                   // 出栈
int* Top(Stack *pS);                   // 得到栈顶元素，但不移动栈顶指针
```

C++语言编写的栈的定义：

```
class Stack                            // 定义类"栈"
{
private:
    int *pBase;
    int *pTop;
    unsigned int m_StackSize;
public:
    Stack();                           // 构造函数，初始化栈
    bool IsStackEmpty();               // 判断栈是否为空
    bool Push(int element);            // 入栈
    int* Pop();                        // 出栈
    int* Top();                        // 得到栈顶元素，但不移动栈顶指针
};
```

在C语言编写的代码中，栈的数据结构和操作实际上是分离的，因为定义的操作并没有把栈封装到其实现中。事实上，任何一个函数都可以访问并修改栈中的成员数据，这将导致两类严重问题：一是数据结构的开放性，对于栈结构，有可能被系统的其他操作修改而引起对栈的错误操作；二是如果栈的数据结构发生改变，则涉及此结构的所有操作都要做相应修改，涉及面广，且易出错。

在C++语言编写的代码中，栈的数据结构和算法被同时封装在类中。由于栈的数据结构定义在私有部分，避免了从类的外部直接修改数据结构而引发的问题。此外，将数据结构定义在类的私有部分，从而涉及栈结构的所有修改只能在类的内部完成，系统的其他部分无法修改，实现更高程度的信息隐藏。

3.3.4 模块独立性

模块独立性由模块化、分解与抽象、信息隐藏等要素共同构成。模块独立性是指软件系统中划分的模块完成一个相对独立的功能，而与其他模块的关联尽量只发生在接口上。因此，独立性是良好设计的关键，是衡量软件质量的重要指标之一。

模块独立性由内聚性和耦合度两个指标来评价，它们分别描述模块内部和模块间的紧密程度。模块内关联度越高，模块间相关性越低，模块独立性就越强。

1. 内聚性

内聚性是指模块内数据与操作之间的紧密程度。内聚性越强，模块内部元素间关系越紧密，模块独立性就越强。

内聚性共分七类，如图 3-14 所示。

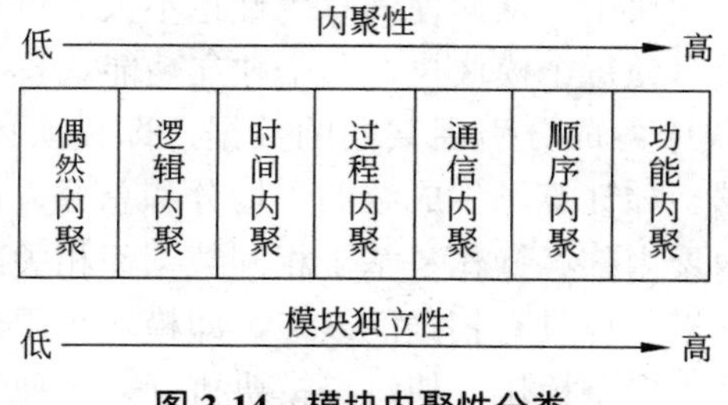

图 3-14 模块内聚性分类

（1）偶然内聚：顾名思义，偶然内聚是指模块内的功能因为一些偶然的因素聚集在一起，它们之间没有必然的联系。这些偶然因素诸如为了解决内存、模块间便于相互调用而组合成一个模块。偶然内聚导致两个主要问题：一是偶然内聚的模块可重用性较差。模块不可重用是一个严重的缺点。由于软件生产成本很大，从软件工程角度上看，应尽可能重用软件模块。二是偶然内聚导致模块的不易理解、不易修改和维护。

显然，解决偶然内聚的方法是拆分。它们是由于偶然因素聚集在一起的，因而可将模块分成更小的模块，每个模块执行一个更单一的功能。但这又会导致工作量增大，模块间关系复杂度提高。因此，这也是需要软件设计人员综合考虑的问题。

（2）逻辑内聚：将逻辑上相关的功能放在同一模块内，由模块参数来决定执行哪一个功能。例如，C 语言的 printf()函数，通过参数指定的输出类型格式，例如“%d”“%s”等，来区别不同类型的输出变量。在 C++语言的标准类模板中定义的迭代器 iterator 类，通过其构造函数的参数指定为 true 或 false，将迭代器的初始化位置指定在线性结构的第一个元素或最后一个元素。

逻辑内聚的优点在于，一是将逻辑上具有类似功能的模块内聚在一个模块内，减少模块数量。如 printf 函数就是输出变量值，iterator 类就是用于指定线性结构的当前元素；二是便于用户记忆逻辑内聚模块——因为在逻辑上，这些功能具有相似性。但逻辑内聚也带来一些问题：一是接口参数复杂，参数之间彼此关联，难以理解；二是由于模块内部的执行由外部接口参数决定，给软件测试带来一定困难，因为模块内部执行路径不仅与代码的控制结构相关，而且还与模块参数的取值相关。

（3）时间内聚：各个任务间彼此并无联系，但由于需要在同一时间运行而聚集在一起。典型情况是系统的初始化操作。当系统在最初运行时，界面布局、数据库连接、系统内部成员数据等的初始化都全部存放在初始化函数中，以完成系统各部分成员数据的初始化操作。类的构造函数和析构函数也是典型时间内聚模块。它们分别在初始化对象和释放对象这两个时间点上被执行。

（4）过程内聚：模块内部必须按照过程描述，在同一模块内自上而下地组织各任务。如“文件”的“打开/预读”操作在同一过程内完成，保证打开文件的同时，就将初步信息预读到指定位置；"保存/关闭"操作也在同一过程内完成，保证数据保存后自动关闭数据文件。

显然，过程内聚比时间内聚要好，至少过程内聚之间的部分有过程上的关联。而时间内聚仅是因为在同一时间上执行，但各部分之间并无关联关系。但也应看到，过程内聚把多个执行合并到一个模块中，从而使其重用性也不大。可行的解决方案仍是把过程内聚模块拆分为多个模块，使每个模块执行一个独立功能。

（5）通信内聚：模块中各成分引用共同的数据，即模块内的功能使用同一输入数据，或共同输出同一数据。如计算学生成绩的平均分和总分，都需要"学生成绩"这一相同的输入数据。通信内聚内部各操作是基于相同数据而相关联，所以它比过程内聚更好。但它与前面所述的内聚一样具有相同的缺点，即模块重用性较差。可行的解决方案仍是把通信内聚模块拆分为多个模块，使每个模块执行一个独立功能。

（6）顺序内聚：在模块的各部分中，前一部分的输出是下一部分的输入，它们彼此具有较高的依赖性。显然，顺序内聚不针对相同数据，而且对数据的处理具有逻辑上的先后顺序，因此它比通信内聚更好。特别是，当对数据既有逻辑上又有时间上的先后顺序来处理同一数据时，顺序内聚更具有优势。这时，不要把模块可重用性放到重要位置——因为一般情况下，这种顺内聚也不大可能被重用。

（7）功能内聚：模块内各部分共同完成一个具体的功能，它们之间紧密联系，不可分割，具有最高的内聚性。由于功能内聚是为了达到一个单一目标，因而它的可重用性最好，也具有跨系统的重用价值。一个有良好设计、文档完备、完整测试的内聚模块在技术上、经济上能体现其最大价值，这也使得基于组件编程模式的大规模应用，提高了软件系统的可靠性、可维护性。

2. 耦合度

耦合度是指模块间的紧密程度。耦合度越低，模块间的紧密程度越松散，模块独立性就越强。耦合度共分六类，如图3-15所示。

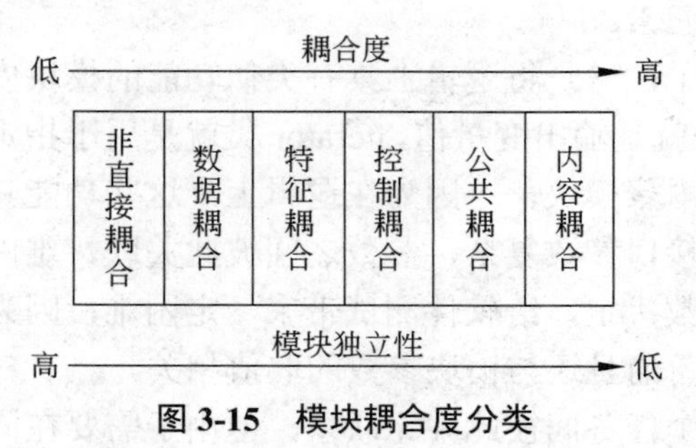

图3-15　模块耦合度分类

（1）非直接耦合：模块间没有直接的相互调用关系，是最松散的耦合关系。

（2）数据耦合：模块间相互调用时，传递的是基本数据类型，而非复合数据结构。基本数据结构是指程序设计语言提供的整型、浮点型以及数组等数据类型，而结构体、类、指针、引用等类型则属于复合数据结构。数据耦合是理想的耦合形式，因为对一个模块的修改几乎不会影响其他模块。这将更有利于模块的维护。

（3）特征耦合：模块间相互调用时，传递的是复合数据结构而非基本数据类型。符合数据结构带来的问题是，运行时间和内存的消耗。因为复合数据是多种数据类型的组合，且在进行值传递时，实质上是完成内存复制，导致内存消耗过大（考虑传递一张高清图片）。在面向对象技术中，提供了指针、引用等技术来避免内存复制而导致的低效率问题。

（4）控制耦合：模块间传递的数据不是普通的值信息，而是控制变量。逻辑内聚就是典型的通过控制耦合来执行的模块。一方面，要求外部调用模块需了解被调模块的内部结构，这就增大了模块间相互依赖关系；另一方面，降低了相互依赖的模块的可重用性。

（5）公共耦合：多个模块访问全局变量、结构、文件等公共信息都称为公共耦合。公共耦合各模块间不是通过模块接口来进行数据传递。它虽然在技术上对访问数据提供了方便，但也导致如下一些问题。

- 与结构化编程相矛盾，难以预测模块运行结果。例如，全局变量在多个模块中被使用，任意一个模块对变量的修改，都会直接影响到其他模块的计算结果。
- 公共数据的一致性。公共数据的数据结构一旦发生修改，就会影响到与之相关的模块，涉及面较广，容易出现不一致的矛盾。
- 可维护性较差，不利于系统的纠错、移植等。
- 与信息隐藏相矛盾。公共数据作为公共耦合的需要，就会暴露出更多的数据。一个良好的模块化设计，不允许访问自身所需数据之外的其他数据，并严格区分与控制对数据的读写操作。
- 公共数据的并发性。要求系统设计较为复杂的并发机制来控制对公共数据的读写操作。

（6）内容耦合：内容耦合是指一个模块直接访问另一个模块内部中的数据，或一个模块有多个入口，或一个模块非法进入另一个模块内部。例如，通过模块返回的指针变量间接访问模块内部数据，通过友元函数、友元类等技术形成类之间的依赖关系。内容耦合不仅破坏结构化设计，而且不利于对系统的理解、修改和维护。内容耦合是最强的耦合形式。

考虑模块耦合度时，应遵循“尽量使用数据耦合，少用控制耦合，限制公共耦合范围，坚决避免使用内容耦合”的原则。

3.3.5 启发式规则

没有良好的设计，就没有高质量的软件。软件设计要始终注意，设计满足用户需求、适应用户变更、提供用户功能和性能的高质量软件。因此，模块化设计的指导思想是分解、抽象、求精，以及信息隐藏和模块独立性。模块独立性确定原则除了设计高内聚、低耦合的模块结构外，高质量的软件设计还需要进行优化。

“不仅要使系统正确运行起来，还要使其快起来。”设计人员根据长期的实践经验，提出一些软件模块化设计的启发式规则。在大多数情况下，启发式规则能给软件设计有用的启示，帮助改进软件设计，提高软件质量。

1. 改进软件结构，提高模块独立性

通过对软件整体结构模块划分后，进行分解和合并的优化，尽量降低耦合度，提高模块内聚性。但同时也要防止模块划分过细，模块功能过于简单，而造成模块数量过多的情况。图 3-13 显示了模块数量和工作量的变换关系。分解是模块化设计的重要手段之一，图 3-16 描述了对已分解模块，采用抽取和合并方式进行结构优化。

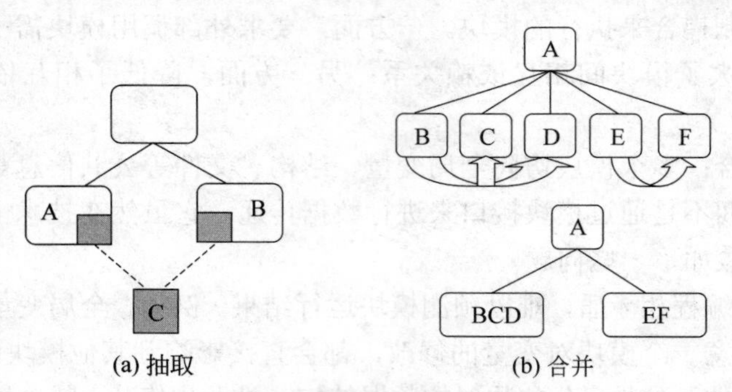

图 3-16 模块的抽取与合并

在图 3-16（a）中，模块 A 和模块 B 的公共部分，被抽取并单独设计为模块 C。如果原有的模块 A 和模块 B 的公共部分发生变更，在经过优化后仅需修改模块 C 即可，而将不再涉及对模块 A 和模块 B 的修改。例如，模块 A 是获取身份证号码中的出生日期，模块 B 是获取 URL 中的顶层域名，它们都需要完成从字符串中获取字串的操作，则模块作为它们的公共模块提供了字符串的操作。

在图 3-16（b）中，模块 A 控制的模块数过多。通过各模块间的合并后，仅涉及两个模块，减小了模块 A 的控制复杂度。当然，合并时应充分考虑模块 B、模块 C、模块 D 以及模块 E 与模块 F 之间的逻辑内聚特性。

2. 模块规模适中

模块数目不宜太多，否则会提高模块间数据传递和相互调用的复杂度。特别是当模块仅调用一两个模块时，可以合并这些模块，这样既能最大程度地保证模块独立性，又降低了模块数量。另外，单个模块的规模也不宜太大，否则应考虑是否是模块还未分解完全。

3. 软件结构的宽度、深度、扇出度和扇入度都应适中

宽度是指软件结构中同一层次上模块数目的最大值。宽度越大，软件复杂度就越高。

深度是指软件结构中同一模块能控制的最深的层数。深度越大，模块分解也就越细，软件复杂度就越高。

扇出度是指软件结构中同一模块能直接调用的其他模块数目。模块的扇出度越大，说明该模块的控制结构就越复杂。

扇入度是指软件结构中模块被直接调用的模块数目。模块的扇入度越大，说明该模块被共享的次数越多，则该模块的独立性也较强。

在图 3-17 中，通过一个“校园教学管理系统”的软件结构图来说明上述概念。

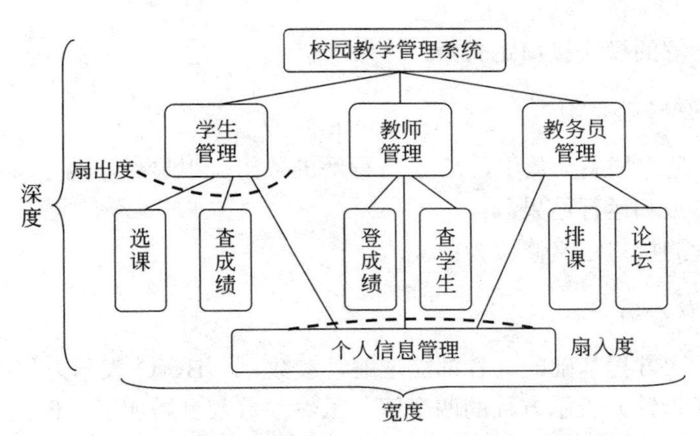

图 3-17　软件结构的宽度、深度、扇出度和扇入度

4. 模块的作用域应在模块控制域之内

模块的作用域是指模块内定义的所有元素（如数据、变量等）的各自有效的使用范围。模块的控制域是指模块所能操作和调用的所有元素（如其他模块等）的集合。图 3-18（a）显示的是没有满足“模块的作用域应在模块控制域之内”条件的软件结构，图 3-18（b）是经修改后满足条件的。

图 3-18（b）对图 3-18（a）的修改，仅是一个粗略的改动。因为在图 3-18（a）中，模块 D 对模块 B 的判断效果要通过模块 C 和模块 A 传递。因而当把模块 B 移到图 3-18（b）中的位置时，实际上会涉及模块 A 和模块 C 的改动。这正好说明为什么需要“模块的作用域应在模块控制域之内”这一启发式规则。

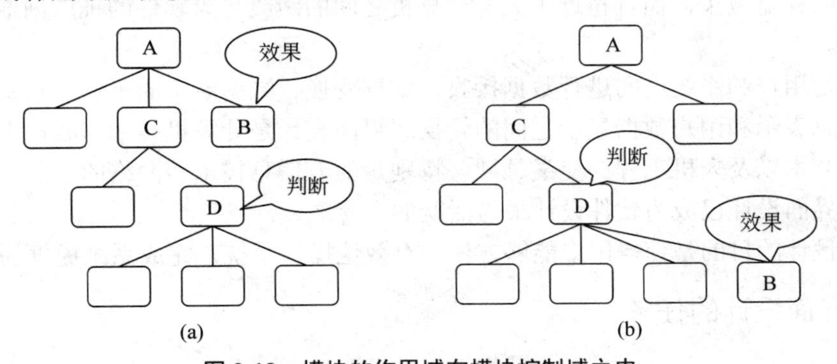

图 3-18　模块的作用域在模块控制域之内

5. 设计单入口、单出口的模块，并力争降低模块接口的复杂度

对于模块出入口的设计，最易理解和维护的方式是，模块的开始处是入口，模块的末尾是出口。而在实际设计中，由于有异常、错误处理等判断，存在模块出入口位置发生改变的情况，但仍可以将这一规则作为设计优化的指导原则。

模块接口的复杂度是通过模块名称和参数来判断的。好的模块命名，能正确反映模块功能，减轻调用者的记忆、理解和调用负担。反之，不仅不利于记忆和理解，甚至会带来错误的使用。模块的参数则直接关系模块调用的易理解性和易用性。通常，模块接口的参数越少，理解和使用就越简单。但在实际设计中，仍要灵活掌握这一原则。例如，求一元二次方程解的模块接口定义为：

```
QUAT_ROOT(ARGUS, X)
```

其中，ARGUS 是方程系数数组，X 是方程解的数组。很显然，两个参数都需要通过数组或指针传递参数和运行结果。

如果把方程的接口定义修改为：

```
QUAT_ROOT(A, B, C, X1, X2)
```

则只要有一元二次方程基础的读者都能理解，参数 A、B、C 表示方程的三个系数，X1（指针）和 X2（指针）表示方程的两个解。虽然参数数目增加了，但由于参数结构是基本的数据类型，反而更易于理解和使用。

6. 模块功能可以预测

模块功能可以预测，也就是说在任何环境和情况下，只要输入模块的数据不变，模块的预期结果就不会改变。这就要求模块设计尽量避免控制耦合和通信内聚，这也是软件测试和维护的要求。

3.4 界 面 设 计

软件设计中的系统结构设计、数据设计和过程设计是关于系统内部的任务，而界面设计是人与系统、系统与外部之间的交互媒介。一个友好、美观的界面不仅给用户带去赏心悦目的视觉效果，而且拉近了人与计算机之间的距离，为软件的推广创造了更好的用户体验。

界面是用户和系统之间进行数据接收、数据变换、数据展示的平台，它实现的是系统内部信息表示和用户数据显示之间的转换。界面设计是计算机技术与心理学、认知科学、设计艺术以及人机工程的交叉领域。特别是随着信息技术和网络的发展，基于互联网的人机界面设计已成为软件设计最为活跃的内容之一。

界面设计的目的是使得用户能够方便、有效地操作系统，完成系统提供的功能。

3.4.1 界面设计的任务

界面设计应该与软件需求同步，因为界面设计涉及需求分析中的数据源、用户操作习惯、信息反馈等问题。界面设计的任务主要包括用户特性研究、用户工作分析、界面任务分析、界面类型确定和界面原型评估。图 3-19 描述了界面设计任务的主要流程。

1. 用户特性分析

用户特性分析是为了能够详细了解用户对计算机的认识和应用程度，以便预测用户对不同的软件设计的接受度。因此，确定用户类型是首要任务。用户类型通常分为外行型、初学型、熟练型和专家型等。用户特性分析面对的不仅是一个用户，而是涉及一类用户的使用特性。

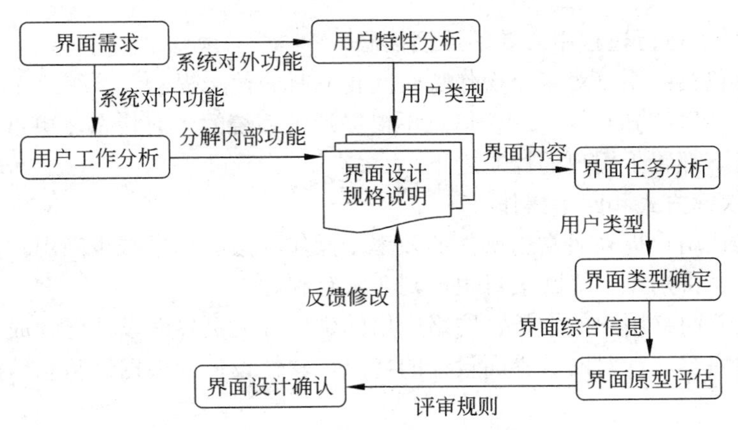

图 3-19 界面设计任务的主要流程

2. 用户工作分析

用户工作分析主要是对系统内部功能自顶向下的分解。但与前面介绍的功能分解略有不同的是，它所分解的任务是与人、外部系统、数据文件相关的活动，设计的内容包括数据的变换和传递。

3. 界面任务分析

界面任务分析是根据用户工作分析的数据操作，设计用户界面以完成用户对系统的控制，以及数据的接收、转换和显示，具体包括软件封面设计、软件界面框架设计、按钮设计、菜单设计、图标设计、滚动条设计、状态栏设计、鼠标和键盘按键设计、软件安装向导设计、包装及商品化设计等。

4. 界面类型确定

用户类型的不同，使界面类型存在差异。界面类型选择时，应考虑界面操作的难易程度、界面学习的难易程度、界面开发的难易程度、界面对系统的控制能力、界面对系统反馈的及时程度等综合因素。

5. 界面原型评估

对于界面原型设计的功效、可用性、用户体验等进行评估、修改和确认，使得界面设计在外观上、功能上、操作习惯上、操作反馈上、数据处理过程展示等各方面都符合用户要求、符合市场需求。

3.4.2 界面设计的原则

软件界面设计既要从外观上进行创意，以达到美学的效果，同时还要使界面具有应用领域的本质特征；既要满足用户的操作特性，还要给人以使用的轻松氛围。用户界面设计的总原则就是：以人为本，以用户体验为标准，达到美学和功能的统一。

1. 系统所有界面操作的统一

系统操作界面的统一能减轻用户记忆负担，减少用户操作上的失误和错误，提高用户对系统质量的满意度。

2．提供系统运行过程中必要的反馈信息

反馈信息包括：系统对某个操作长时间相应时的信息提示、系统对 I/O 操作、系统提示错误信息、系统异常等。这些信息不仅提示了系统的当前状态，更重要的是使得系统在任何情况下都置于用户的控制之下。

3．提供快捷方式和回滚操作

快捷方式让用户提高对常用操作的效率，操作回滚能尽量减少因用户操作的失误带来的不良后果，特别是多级回滚对用户则非常有利。

目前，随着网络用户的增长、网络应用的延伸，网页界面设计已经成为网络应用不可缺少的重要内容。针对网页界面设计的特点，软件设计师根据经验总结出了如下一些基本原则。

（1）提供网页导向。网页信息内容丰富、多样，很容易使用户陷入信息海洋中。在网页界面上设计内容导向非常重要，让用户能快速、准确地定位到所需资源和信息，提高用户的访问能力。

（2）KISS 原则。KISS 原则就是 Keep It Simple and Stupid，即设计简洁、易于操作的页面，毕竟，功能和性能才是用户最为关心的内容。同时，由于网络带宽的限制，网页的快速下载、解析并显示是用户能有耐心访问网页的最重要的前提，过多的声音、图片、多媒体信息不仅会淡化网页的主题，而且会让用户失去访问网页的耐性。

（3）页面设计的个性化。页面设计的个性化不仅能让用户在众多的网页中记住它，而且还能在相同应用领域中牢牢吸引用户。但要切记的是，个性化是要建立在满足用户操作、流程、习惯等要求的前提下来完成的。

Theo Mandel 提出了著名的界面设计黄金三原则：

（1）置用户于控制之下。

（2）减少用户的记忆负担。

（3）保持界面一致。

3.4.3 界面设计的特性

一个良好的界面设计具有友好的界面风格、简单的操作方式，能提升用户使用的效率。因此，界面设计的特性要体现以下几点：

（1）简易性：界面设计简洁、易用，便于了解、掌握错误，减少发生错误的可能性。

（2）帮助性：对于重要操作和数据的输入，能提供帮助，使用户能得到及时指导。

（3）容错性：由于用户特点、能力、知识水平、对系统掌握程度等的不同，允许用户在使用时出错，并及时提供详细的错误信息提示，避免出现更大的错误或引发系统崩溃。

（4）灵活性：系统能提供更多的互动多重性，而不仅仅局限于单一的工具。

（5）个性化：高效及用户满意度是个性化的体现，用户应能够自定义操作的方式和习惯。

3.5 软件设计评审

在软件设计完成之前，必须编写软件设计规格说明、数据设计说明和接口设计说明，确定软件界面设计方案，并按照评审标准对软件设计过程和说明书进行评审，目的是发现并消除其中存在的遗漏、错误和不足，使得这些说明书符合标注及规范的要求。通过了评审的软件设计规格说明、数据设计说明、接口设计和界面设计方案，就成为基线配置项，纳入项目管理的过程。

3.5.1 软件设计规格说明

文献[12]主要对软件的开发过程和管理过程应编制的主要文档及其编制的内容、格式规定了基本要求，其中包括系统/子系统设计（结构设计）说明、软件结构设计说明、数据库设计说明和接口设计说明等与软件设计阶段相关的文档。本节介绍的软件结构设计说明、数据库设计说明和接口设计说明的内容框架都取自于文献[12]。

1. 软件结构设计说明

软件结构设计说明（Structure Design Description，SDD）描述了计算机软件配置项的设计。它描述了软件配置项级的设计决策、软件配置项的体系结构设计（概要设计）和实现该软件所需的详细设计。向用户提供设计的可视性，为软件支持提供了所需要的信息。

SDD 的基本框架如下。

1. 引言。
    1.1 标识。包含需求与设计过程中适用的软件系统和软件的完整标识。
    1.2 系统概述。简述文档适用的系统和软件用途；概述系统开发、运行和维护的历史；标识项目的投资方、需方、用户、开发方和支持机构；标识当前和计划的运行现场；列出其他有关文档。
    1.3 文档概述。概述本文档的用途与内容，并描述与其适用有关的保密性和私密性要求。
2. 引用文件。概述本文档中引用的所有文档的编号、标题、修订版本和日期等相关信息。
3. 软件配置项级的设计和决策。根据需要分条给出软件配置项级的设计决策，即软件配置项行为的设计决策和其他影响组成该软件配置项的选择与设计的决策。
4. 软件配置项体系结构设计。分条描述软件配置项的体系结构设计。
    4.1 体系结构。
        4.1.1 程序（模块）划分。列出每个模块和子程序的名称、标识符、功能等信息。
        4.1.2 程序（模块）层次结构关系。列出每个模块和子程序之间的层次结构与调用关系。
    4.2 全局数据结构说明。包括系统中适用的全局数据常量、变量和数据结构。
        4.2.1 常量。包括数据文件名称及其所在目录、功能说明、具体常量说明等。
        4.2.2 变量。包括数据文件名称及其所在目录、功能说明、具体变量说明等。
        4.2.3 数据结构。包括数据结构名称、功能说明、具体数据结构说明（定义、注释……）等。
    4.3 软件配置项部件。

a．标识构成该软件配置项的所有软件配置项。应赋予每个软件配置项一个项目唯一标识符。

b．给出软件配置项的静态关系。

c．陈述每个软件配置项用途，并标识分配给它的软件配置项需求与软件配置项级的设计决策。

d．标识每个软件配置项的开发状态/类型。

e．描述软件配置项计划适用的计算机硬件资源。

f．指出实现每个软件配置项的软件放置在哪个程序库中。

4.4　执行概念。描述软件配置项间的执行概念。

4.5　接口设计。分条描述软件配置项的接口特性，既包括软件配置项之间的接口，也包括与外部实体，如系统、配置项及用户之间的接口。

4.5.1　接口标识与接口图。赋予每个接口的项目唯一标识符，并用名字、编号、版本和文档引用等来标识接口实体（软件配置项、系统、配置项、用户等）。

4.5.x　接口的项目唯一标识符。用项目唯一标识符来标识接口，简要标识接口实体，并且根据需要划分为几条描述接口实体的单方或双方的接口特性。

a．由接口实体分配给接口的优先级。

b．要实现的接口类型。

c．接口实体将提供、存储、发送、访问、接收的单个数据元素的特性。

d．接口实体将提供、存储、发送、访问、接收的数据元素集合体。

e．接口实体为该接口使用通信方法的特性。

f．接口实体为该接口使用协议的特性。

g．其他特性，如接口实体的物理兼容性。

5. 软件配置项的详细设计。分条描述软件配置项的每个软件配置项。

a．配置项的设计决策，如要使用的算法等。

b．软件配置项设计中的约束、限制或非常规特征。

c．如果要使用的编程语言不同于该软件配置项指定的语言，则应该说明理由。

d．如果软件配置项由过程式命令组成或包含过程式命令，则应有过程命令列表和解释。

e．如果软件配置项包含、接收或输出数据，应有对其输入、输出和其他数据元素以及数据元素集合体的说明。

f．如果软件配置项包含逻辑，给出齐要使用的逻辑。

6. 需求的可追踪性。包括每个软件配置项到分配给它的软件配置项需求的可追踪性；从每个软件配置项到它被分配给的软件配置项的可追踪性。

7. 注解。有助于理解 SDD 的一般信息。

附录。附录提供可用来提供那些便于文档维护而单独发布的信息。

2. 数据库设计说明

数据库设计说明（Database Design Description，DBDD）描述了数据库的设计以及存取或操纵数据所使用的软件配置项，它实现数据库及相关软件配置项的基础。它向用户提供了设计的可视性，为软件支持提供了所需要的信息。

DBDD 的基本框架如下：

1. 引言。

   1.1. 标识。包含文档适用的数据库的完整标识。

   1.2 数据库概述。简述 DBDD 文档适用的数据库的用途。它应描述数据库的一般性质；概括它的开发、使用和维护的历史；标识项目的投资方、需方、用户、开发方和支持机构；标识当前和计划的运行现场；列出其他有关文档。

   1.3 文档概述。概括 DBDD 的用途与内容，并描述与其使用有关的保密性或私密性要求。

2. 引用文件。列出 DBDD 中引用的所有文档的编号、标题、修订版本和日期等相关信息。

3. 数据库级的设计决策。根据需要分条给出数据库级设计决策，即数据库行为设计决策和其他影响高数据库进一步设计的决策。

   a. 关于该数据库应接收的查询或其他应产生的输出的设计决策。

   b. 有关响应每次输入或查询的数据库行为的设计决策。

   c. 有关数据库/数据文件如何呈现给用户的设计决策。

   d. 有关要使用什么数据库管理系统的设计决策和为适应需求的变化而引入到数据库内部的灵活性类型的设计决策。

   e. 有关数据库要提供的可用性、保密性、私密性和运行连续性的层次与类型的设计决策。

   f. 有关数据库的分布、主数据库文件更新与维护的设计决策等。

   g. 有关备份与恢复的设计决策，包括数据与处理分布策略、备份与恢复与恢复期间所允许的动作。

   h. 有关重组、排序、索引、同步与一致性的设计策略。

4. 数据库详细设计。根据需要分条描述数据库的详细设计。数据库设计级别包括：概念设计、内部设计、逻辑设计和物理设计。

   4.x 数据库设计级别的名称。标识一个数据库设计级别，并用所选择的设计方法的术语描述数据库的数据元素和数据元素集合体。

   a. 数据库设计中的单个数据元素特性。

   b. 数据库设计中的数据元素集合体的特性。

5. 用于数据库访问或操纵的软件配置项的详细设计。应分条描述用于数据库访问或操纵的每个软件配置项。

   5.x 软件配置项的项目唯一标识符或软件配置项组的指定符。用项目唯一标识符来标识软件配置项并描述它。

   a. 配置项设计决策，如要使用的算法。

   b. 软件配置项设计中的约束、限制或非常规特征。

   c. 如果要使用的编程语言不同与该软件配置项指定的语言，则指出使用它的理由。

   d. 如果软件配置项由过程式命令组成或包含过程式命令，应有过程式命令列表和解释。

   e. 如果软件配置项包含、接收或输出数据，应有对其输入、输出和其他数据元素以及数据元素集合体的说明。

   f. 如果软件配置项包含逻辑，给出其要使用的逻辑。

6. 需求的可追踪性。所涉及的所有数据库配置项的可追踪性。
7. 注释。有助于理解 DBDD 的一般信息。
附录。附录提供可用来提供那些便于文档维护而单独发布的信息。

3. 接口设计说明

接口设计说明（Interface Design Description，IDD）描述了一个或多个系统或子系统、硬件配置项、计算机软件配置项、手工操作或其他系统部件的接口特性。IDD 可以说明任何数据量的接口。

IDD 的基本框架如下。

1. 引言
   1.1 标识。包含 IDD 使用的系统、接口实体和接口的完成标识。
   1.2 系统概述。描述系统与软件的一般性质；概述系统开发、运行和维护的历史；标识项目的投资方、需方、用户、开发方和支持机构；标识当前和计划的运行现场；列出其他有关文档。
   1.3 文档概述。概括 IDD 的用途与内容，并描述与其使用有关的保密性或私密性要求。
   1.4 基线。说明系统设计说明书所依据的设计基线。
2. 引用文件。列出 IDD 中引用的所有文档的编号、标题、修订版本和日期等相关信息。
3. 接口设计。主要描述系统、子系统、配置项、手工操作和其他系统部件的接口特性。
   3.1 接口标识和接口图。对于 1.1 中所标识的每个接口，都应陈述赋予该接口的项目唯一标识符，并用名字、编号、版本和文档引用等标识接口实体（如系统、配置项、用户等）。
   3.x （接口的项目唯一标识符）。通过项目唯一标识符接口，应简要标识接口实体，并且应根据需要划分为几条描述接口实体的单方或双方的接口特性。
      a. 接口实体分配给接口的优先级别。
      b. 要实现的接口的类型（如实时数据传送、数据的存储和检索）。
      c. 接口实体必须提供、存储、发送、访问、接收的单个数据元素的特性。
      d. 接口实体必须提供、存储、发送、访问和接收的数据元素集合体（记录、消息、文件、显示和报表等）的特性。
      e. 接口实体必须为接口使用通信方法的特性。
      f. 接口实体必须为接口使用协议的特性。
      g. 其他所需的特性。
4. 需求的可追踪性。包括每个接口实体到该实体的接口所涉及的系统或软件配置项需求的可追踪性；从影响 IDD 所覆盖的接口的每个系统或软件配置项需求到涉及它的接口实体的可追踪性。
5. 注解。有助于理解 IDD 的一般信息。
附录。附录提供可用来提供那些便于文档维护而单独发布的信息。

3.5.2 软件设计评审标准

成功的软件系统依赖于恰当的方案选择、良好的软件设计。进行软件设计评审，保证用户需求在软件设计中得到正确、完整的体现，实质上也就保证了软件设计规格说明文档的质量。

软件设计评审主要是针对设计规格说明（SDD、DBDD、IDD）的评审。评审既要反映对软件设计阶段各项活动的内容审查，也要与软件需求规格说明相结合，审查软件设计与软件需求的契合度。因此，软件评审从以下三方面来进行。

1. 与软件需求规格说明的契合度

软件设计就是要给出软件需求规格说明的可行的软件结构和具体实施的方案和过程。因此，软件需求在软件设计规格说明中，都必须有对应的设计和实现步骤。

（1）对功能点的覆盖程度。在对软件项目的度量中，功能点的计算包括用户输入的次数、系统输出显示的次数、用户查询数和系统涉及的文件数目（具体概念和计算方式见第 11 章）。通过计算软件设计规格说明和软件需求规格说明中的功能点，可以得到前者对后者的功能点覆盖程度，以此评价软件设计对软件需求的契合程度。

（2）对于增量式开发的软件设计来说，可以采用优先功能点或重要功能点覆盖程度来度量它们之间的契合程度。

2. 对软件设计规格说明文档评审的标准

对于软件设计规格说明自身的评价，要注意以下几项标准。

（1）软件体系结构设计、数据设计、界面设计和过程设计是否有明确、清晰的定义，系统与用户、系统与外部系统间的数据接口是否符合领域规范，数据设计是否包含了所有需处理的数据。

（2）数据结构定义是否正确。特别是涉及全局的公共变量和上下文内容，是否被正确地串行化，以保证数据能安全地进行并行操作。

（3）异常与错误处理。对于重要的错误处理是否被列出，是否都有对应的错误处理函数来完成对异常、错误的处理。

（4）模块独立性。模块独立性可衡量软件结构分解、抽象、合并等一系列过程质量的优劣，依据的属性包括信息隐藏、模块间的耦合度、模块内部功能的内聚性，以及对象的访问控制、类间继承、组合、依赖等关系描述。

（5）可维护性。是否是模块化设计，是否符合模块独立性标准，是否论证了过程性能的数据和参数，这些都将决定系统的可维护性。

（6）可验证性。对 SDD、DBDD、IDD 中的所有设计或主要的设计项，都要通过技术手段来验证。这些技术手段包括，通过设置测试的检查点（Check Point），对软件测试、驱动模块、测试用例集、测试结果等来检验所有的逻辑过程。

（7）可追踪性。SDD、DBDD、IDD 中的任何设计，都是针对软件设计规格说明定义的各项内容，检测所有逻辑，使得设计的来源和使用都是清晰的，为后续生成的文档和开发引用设计方案提供方便。

3. 对整个软件设计合理性的评审标准

软件设计合理性要求软件设计的系统结构、数据设计、界面设计和过程设计不一定是最优的，但它应是最合理的。在成本、资源、时间进度安排上，具有稳定性、可操作性，并有利于管理和软件质量的保证。从概要设计和详细设计方面来看，主要有如下几点。

（1）对设计方案要求稳定、清晰、合理。

（2）对非功能性需求要求安全、可扩展和可靠运行。

（3）软件系统的活动、行为描述清晰。

（4）实体关系描述中，实体标识清楚，关系理解正确，状态合理。

3.5.3 软件设计验证

软件设计是软件工程的重要阶段，也是决定软件产品质量的关键阶段，它提供对实现软件需求的决策支持。由于软件设计在构建系统、组织功能、体现性能、存储数据、分离功能与数据、完成系统任务等方面，给出具有全局性的方案。因此，应根据软件设计评审标准和设计质量标准，验证 SDD、DBDD、IDD 等文档中所描述的内容，以确保根据设计方案开发出高质量的软件系统。

软件设计验证的主要内容有以下四个方面。

1. 验证软件设计承上启下的作用

由于软件设计处于承上启下的阶段，因此需要验证以下两个方面：

（1）验证 SDD、DBDD、IDD 等文档与 SRS/DRD 之间的衔接与描述是否准确。

（2）验证在软件设计的两个子阶段（概要设计和详细设计）之间，对结构设计、数据设计、界面设计、过程设计等方面起衔接和指导作用。

2. 验证软件设计与需求规格说明的对应

由于软件设计是根据 SRS/DRD 确定的设计方案和技术，因此需要验证以下四个方面。

（1）验证 SDD、DBDD、IDD 等文档与 SRS/DRD 中功能性需求的对应关系。

（2）验证 SDD、DBDD、IDD 等文档与 SRS/DRD 中非功能性需求的对应关系，包括性能需求、领域需求、其他需求等。

（3）验证 SDD、DBDD、IDD 等文档与 SRS/DRD 中变更需求的对应关系。

（4）验证设计方案是否满足需求规格说明中提出的软硬件的运行环境要求。

3. 验证模块设计的适用性

模块设计是软件体系结构和实现的基石，因此需要验证以下三个方面。

（1）验证模块的独立性（高内聚、低耦合），以便于系统的协同开发和修改。

（2）验证模块的接口，包括软件接口、硬件接口、通信接口等，以及它们的可测性。

（3）验证模块内的控制流、模块间的数据流是否与需求的功能建模相一致。

4. 验证数据设计的合理性

数据设计是软件设计的重点，良好的数据结构、数据存储是提升系统性能的重要保障。因此需要验证数据设计以下三个方面的内容。

（1）验证数据结构的定义是否适合模块的封装性，还要考虑数据类型、数据操作等内容。

（2）验证数据文件对软件设计 I/O 操作的影响程度。

（3）验证数据存储对需求性能的影响程度。

3.6 本 章 小 结

本章介绍了软件设计的基本概念、任务和原则。软件设计的任务是回答“软件怎么实现”的问题，并设计“如何实现软件需求”的方案，提供“如何实现软件需求”的决策。这些方案和决策对如何划分系统、如何组织功能、如何实现性能、如何存储数据、如何分离功能与数据、如何有效统一完成任务、如何定义设计质量标准等一系列问题做出回答。

软件设计的目标就是要构造一个高内聚、低耦合，且具有高可靠性、高可维护性、高可理解性和高效的软件模型，为提高软件实现的质量提供坚实的基础。

软件设计的任务是完成概要设计和详细设计子阶段的任务，包括体系结构设计、界面设计、数据设计和过程设计。

软件设计原则用于指导软件设计过程，确保软件质量。

软件体系结构为软件系统设计提供了一套关于数据、行为、结构的指导性框架，该框架提供了系统数据、数据间关系、对数据的操作，以及系统的控制和通信的全过程。系统数据和数据间的行为体现了系统的组织结构，系统结构体现了系统操作流程的拓扑过程，形成设计决策的基本指导方针。

本章介绍了目前三类主流的不同架构的设计模型。这些模型各有优缺点，在具体实践过程中，可以有选择地、相融合地灵活应用。

模块化设计是软件设计的重要工作。作为一个软件系统的整体，不可能提出其具体的实现方案和过程。将软件系统划分成更小的部分，既降低系统复杂度，又减轻了人们理解和设计的难度。分解、抽象、信息隐藏是模块化设计的指导思想，衡量模块划分的标准是模块独立性，其中耦合度和内聚性是两个最重要的指标。

一个友好、美观的界面不仅给用户带来赏心悦目的视觉效果，而且拉近了人与计算机之间的距离，为软件的推广创造更好的用户体验。特别是随着信息技术和网络的发展，基于互联网的人机界面设计已成为软件设计最为活跃的内容之一。特别是 MVC 模式，它针对互联网应用的分层设计，使得设计人员从纷繁复杂的网络结构中脱离出来，而专注于用户逻辑功能的设计。

成功的软件系统依赖于恰当的方案选择、良好的软件设计。进行软件设计评审，测试人员的参与，保证用户需求在软件设计中得到正确、完整的体现，实质上也就保证了软件设计规格说明的质量。

软件设计评审主要针对设计规格说明（SDD、DBDD、IDD）的评审。评审既要反映对软件设计阶段各项活动的内容审查，也要与软件需求规格说明相结合，审查软件设计与软件需求的契合度。因此，根据软件设计评审标准和设计质量标准，验证 SDD、DBDD、IDD 等文档中所描述的内容，以确保根据设计方案开发出高质量的软件系统。

习 题

1. 名词解释：体系结构、抽象、分解、信息隐藏、模块化、模块独立性、耦合度、内聚性、模块作用域、模块控制域、界面设计黄金三原则。

2. “软件设计就是编写程序。”请你谈谈对这句话的理解。

3. 软件设计包括哪些内容？

4. 软件系统为什么要划分模块？模块是不是划分得越细，设计就越简单，也就越好？

5. 结构化设计和面向对象设计对信息隐藏的体现有何异同？

6. 在图3-18(a)中，能否将模块D上移到模块A中，以完成对模块B的控制域约束？请说明你的理由。

7. 集中式设计模型和分布式设计模型各有什么优缺点？在软件设计中，它们能彼此借鉴吗？为什么？

8. 对多个搜索引擎的检索结果（元搜索引擎）建立相关的数据集，并进行集中式管理。请查阅相关资料，说明如何建立该数据仓库以利于信息共享。

9. 选择一个熟知网络电子商务网站，分析它的体系结构设计方案，并结合自己的理解进行评价。

10. 选择两个门户网站，结合自己的理解，比较它们在界面设计上各自的优缺点，深入分析它们是如何对网站内容进行组织的，并给出网站结构的上下层关系。

11. 学生基本信息数据库中有两张数据表，分别是学生基本信息表info(SID，SName，Gender，Age，Memo)和学生选课信息表course(CID，CName，SID)。请设计不同的读取数据库表的操作接口（至少两种设计方案），实现查询学生信息、查询课程信息、查询学生选课信息的功能。比较你所设计的两种方案各自的优缺点。

12. 银行自动柜员机（ATM）的操作界，根据不同用户有不同的操作界面。仔细观察使用银行柜员机的不同用户，以及不同用户所使用的不同操作界面。根据你的观察，请采用MVC模式，为某家银行设计银行柜员机的用户界面，以及所对应功能之间的关系。

13. 针对一个仅实现加、减、乘、除四则运算的简易计算器，请用模块化方法设计该计算器。在设计方案确定之后，如果增加求对数、开方等运算，将如何修改设计方案？最后，总结模块独立性、信息隐藏、高内聚和低耦合等特性在设计方案中的体现与意义。

14. 仔细阅读软件设计规格说明，并结合你的设计经验，补充你认为重要、而在软件设计规格说明中又没有提到的内容。

15. 结合图3-11，根据MVC模式的设计思想，用自己熟悉的面向对象程序设计语言实现一个简易计算器，并与没有用MVC模式设计和实现的代码进行比较，从而理解用MVC模式指导实践的利弊。

第4章 结构化设计方法

结构化设计（Structure Design，SD）的基础是模块。结构化设计的基本思想是：基于模块独立性和信息隐藏原则，自顶向下，逐步求精，分解与抽象相结合，并应用结构化程序设计技术而进行的软件设计。

根据DFD、数据字典和软件需求描述的数据结构，结构化设计前一阶段完成对软件系统结构设计，从而得到系统软件结构图。根据系统软件结构图描述的模块及模块间功能和关系，利用各类详细设计工具实现对软件系统后一阶段的详细设计。

4.1 结构化设计方法概述

结构化设计以数据流图为基础，根据对数据流图理解的不同，以及对数据流图自动化边界划分的不同，分为变换分析法、事务分析法和混合分析法。

1. 变换分析法

在数据流图中（特别是顶层数据流图），基本的系统数据流经过输入、系统变换、输出，完成对数据的分析处理。图4-1抽象描述了这一变换过程。

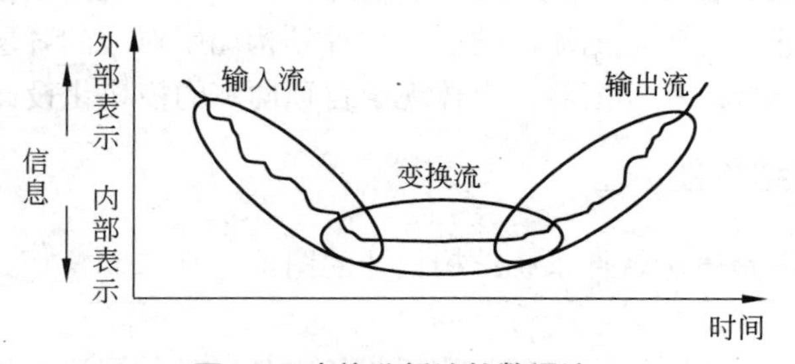

图4-1 变换分析法的数据流

在图4-1中，由于数据的输入流和输出流（外部表示）结构与变换流（内部表示）结构之间存在差异，因而输入流不仅可以是指用户直接输入的数据，也可以是对输入数据进行变换处理后得到的、系统能真正处理的数据格式。同样，输出流也是将变换流的结果转换为符合用户需求的数据格式。所以，变换分析法是一个迭代的分析过程。

2. 事务分析法

从原则上说，任何软件系统均可用变换分析法来设计，因为任何软件系统都可看作是将输入数据通过系统映射而得到预期的输出结果。

事务分析法是特殊的变换分析法，其典型特征是在数据流图中有一个“事务中心”，它处理从多条变换输出路径中选择一条活动路径，如图 4-2 所示。具有这种选择处理能力的加工逻辑（模块）就称为事务中心。基于数据流图分析出数据流的事务中心，并以此为基础进行软件体系结构设计的方法就是事务分析法。

3. 混合分析法

在大型系统的数据流图中，变换流和事务流会同时出现。按照结构化设计中分解的思想，上层数据流图整体反映一个主题：即变换流或事务中心。在对数据流图分解的下层图或各条路径活动中，再确定变换流或事务中心。如此往复迭代，形成混合分析法。图 4-3 描述了上述过程。

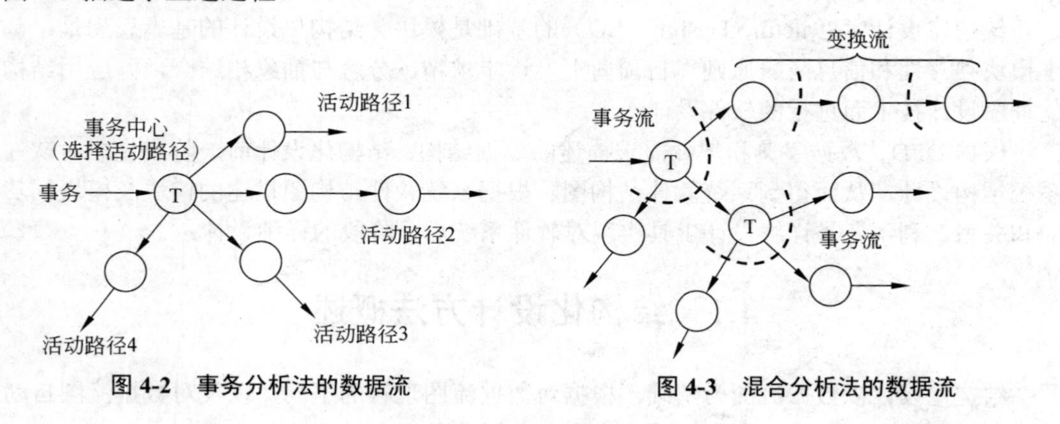

图 4-2　事务分析法的数据流　　　**图 4-3　混合分析法的数据流**

4.2　面向数据流的设计方法

面向数据流的设计（Data-Oriented Flow Design，DOFD）是基于数据流图自顶向下、逐层分解的过程，它将各级数据流图映射为软件结构图中对应的各层次模块，体现了结构化设计与结构化分析的相互衔接，也体现了自顶向下的模块化设计思想。

4.2.1　层次图和结构图

层次图和结构图是表示软件系统结构设计的图形工具。

1. 层次图

层次图（Hierarchy Diagram，HD）用于描绘软件系统的层次结构。前面章节中已不加说明地使用了层次图。层次图中的方框代表一个模块（单一功能或子系统），方框间的连线表示调用关系。图 4-4 是有编号的层次图示例。

层次图中的编号，清楚地反映了上下层间的调用隶属关系，这与数据流图的分层编号一致。值得注意的是，层次图只反映上下层间的调用关系，不反映系统的组成关系，也不反映系统执行过程。正如图 4-4 所示，给模块编号并不说明它们之间的顺序关系，更不能反映这些模块何时会被调用。

2. 结构图

结构图（Structure Chart，SC）是 Yourdon（UML 的创建者之一）提出的、进行软件系统结构设计的另一种图形工具。它与层次图类似，也是以方框表示模块，方框间的连

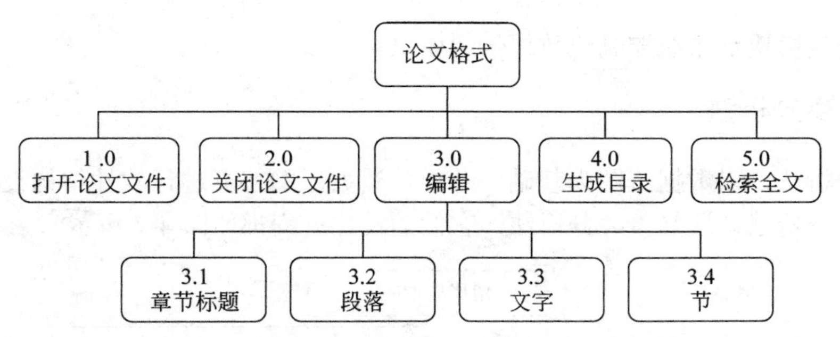

图 4-4　带编号的论文格式编辑系统层次图

线表示调用关系。与层次图不同的是，它增加了对连线的数据流描述。基本的结构图图例如图 4-5 所示。

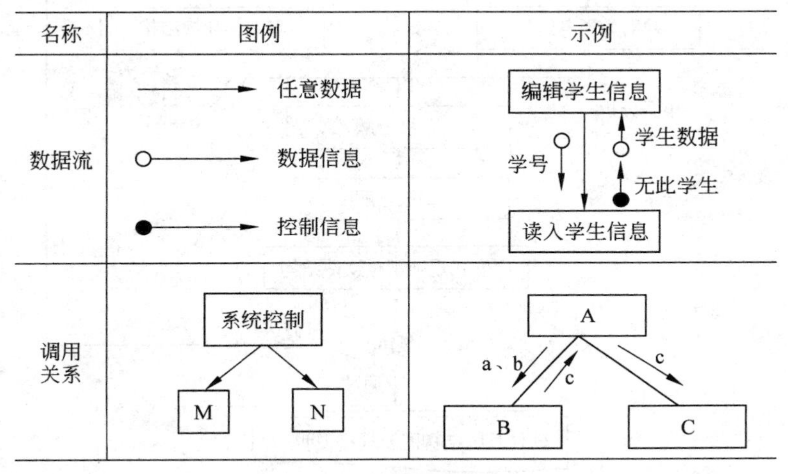

图 4-5　结构图图例

其中，调用连线上的 a、b、c 是模块间传递的数据或控制信号。系统控制模块可以细分为传入模块、传出模块、变换模块和协调模块，图 4-6 给出在结构图中不同模块的图例。

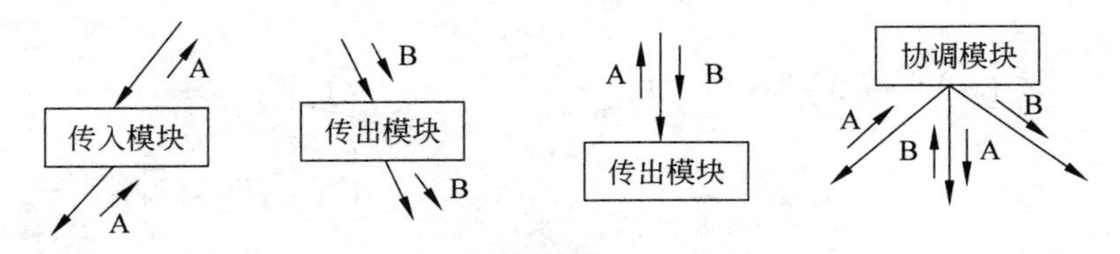

图 4-6　结构图中的不同模块

（1）传入模块接收系统的输入数据，它也能表示系统内部有先后顺序的模块间的数据传递。

（2）传出模块传递系统的输出数据，它也能表示系统内部有先后顺序的模块间的数据传递。

（3）变换模块是系统的功能模块，实现数据的改变。

（4）协调模块是系统控制或数据传递模块。

4.2.2 变换分析法

变换分析法是以数据流图为基础，并根据数据流的特征进行软件结构设计的方法。无论是变换分析法，还是事务分析法，它们的设计过程都如图 4-7 所示。

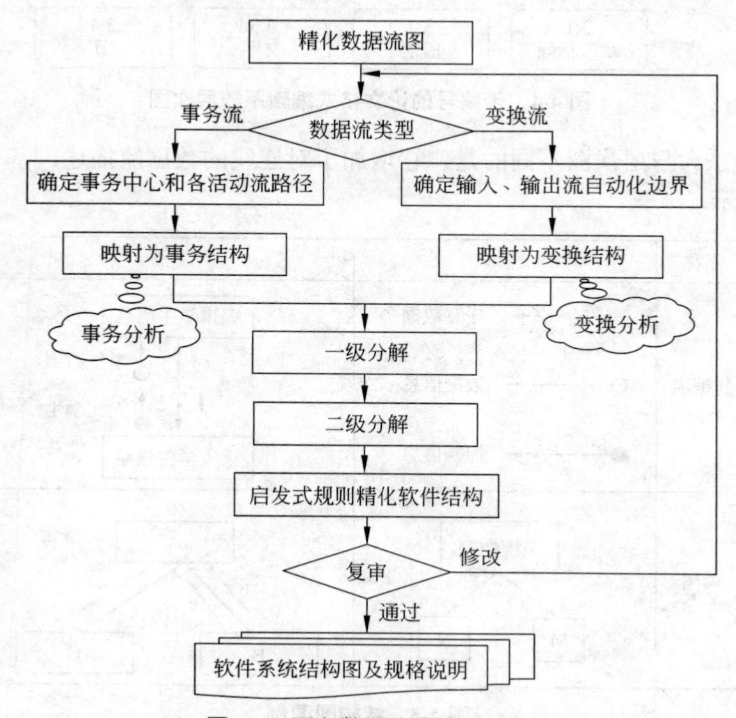

图 4-7 面向数据流的设计过程

下面，以图 4-8 所示的示意性数据流图为例，介绍变换分析法的各个步骤。具体的设计案例见 4.3 节。

【例 4.1】 图 4-8 是示意性数据流图，以它作为介绍变换分析法各个步骤的示例。

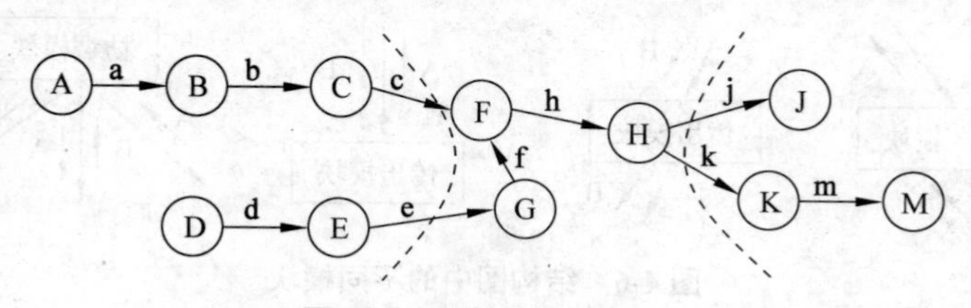

图 4-8 示意性数据流图

第一步：复审并精化数据流图。

复审的目的是再次强调数据流图中以下各注意事项：

（1）命名时尽量使用有明确含义的词、短语、术语和领域词汇，减少出现数据流图的歧义。

（2）上下层图（父子图）在输入、输出以及文件访问数据流之间的平衡。

（3）上下层图（父子图）的层次编号要一致，正确反映数据流图的分解过程。

（4）对于每层数据流的分解，可以用逻辑运算符*（与）、+（或）和⊕（异或）增加数据流图中各变换部分间的语义。

（5）精化数据流图使其能正确、完整地描述用户需求，因为这将决定软件结构图的逻辑框架正确与否。

（6）第一步工作依赖于软件需求规格说明。

第二步：划分自动化边界，确定数据流特征，判断数据流是变换流还是事务流。

不同的数据流映射出不同的软件体系结构。变换流的特征是数据有明显输入、处理和输出过程，在处理部分没有过多的控制和判断。需要注意的是，这里提到的“输入”和“输出”是指对应子系统或模块的输入、输出部分，并非一定对应系统外部的直接输入和输出。在数据流图的某层上，可以自左向右逐步确定系统输入部分。系统输入部分不仅仅是数据或控制信息的传入，还可以是对数据进行的简单变换，变换目的是要适应后续功能的操作。系统的输出部分可以从数据流图自右向左逐步确定。输出部分不仅仅是系统的变换结果，还可以是为了显示需要而对数据进行的简单变换。

由图 4-8 中可以看到，通过从数据流图自左向右和自右向左逐步划分自动化边界，确定数据变换部分，分析数据流图各条活动路径。由于没有明显的控制或判断中心，故而确定是变换流。

第三步：划分数据输入输出边界，分离出处理部分。

输入、输出边界不同于自动化边界。自动化边界的划分体现的是分析员对软件体系结构的处理方式。而数据、输出边界划分与软件结构的处理无关，仅表示系统与外部数据的交换。数据输入和输出边界通常是自动化边界的子图（子集）。在图 4-8 中，输入输出边界和自动化边界一致。

第四步：执行一级分解。

所谓一级分解，是指导出软件逻辑结构的最上两层关系，顶层为系统主控模块，第二层根据自动化边界的划分，分为如下三个模块（子系统）：

（1）输入模块（子系统），包括所有输入部分，以及经过简单变换的数据和信息。

（2）输出模块（子系统），包括所有输出部分，以及经过简单变换的数据和信息。

（3）控制模块（子系统），除输入、输出部分以外的变换操作。

对图 4-8 的一级分解过程，如图 4-9 所示。

（1）MC：主控模块，主控模块完成对整个系统的调度、数据传递、I/O 操作等功能。

（2）MI：输入流模块，接收并初步转换所有输入数据。

（3）MO：输出流模块，产生符合用户需求的输出数据。

（4）MT：变换流控制模块，对软件内部形式的数据进行加工和处理。

图 4-9 是一棵三叉树的软件结构。对于复杂的数据流图，转换结构在第二层可以有多个模块分别对应 MI、MO 和 MT。但一级分解的总原则是抽象，在能明确表示软件总体框架和各部分逻辑子系统的前提下，模块数应尽量少。

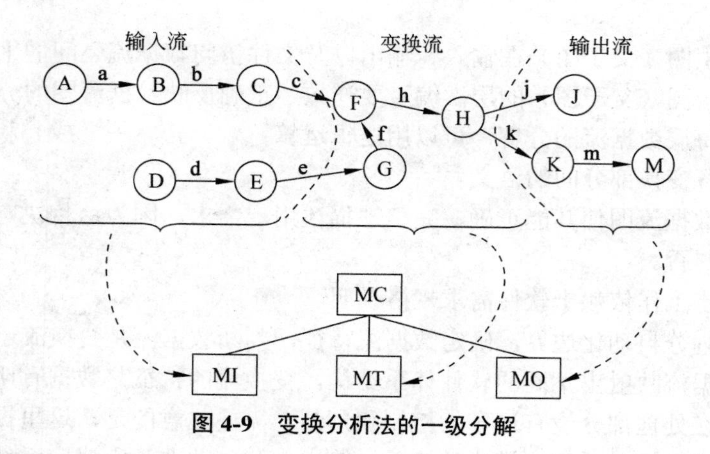

图 4-9　变换分析法的一级分解

第五步：执行二级分解。

二级分解的任务是把一层分级而得到的各子系统模块按照各层数据流图逐层细分，得到系统结构图的原型。原则上，各层数据流图中的加工模块都能在结构图中找到对应位置，因为这反映了系统对数据的处理层次和过程。

图 4-10、图 4-11 和图 4-12 是对图 4-9 的输入、输出和控制模块三部分的二级分解过程，以及与数据流图各层的映射关系。为了突出转换的对应关系，以及在不影响理解的前提下，图 4-10 和图 4-11 省略了结构图中数据流的箭头方向。

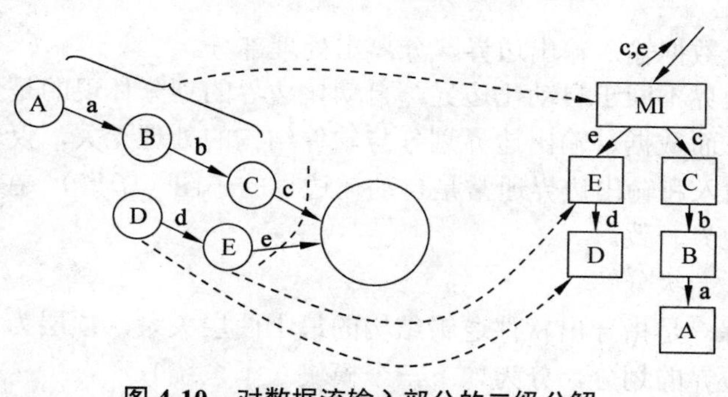

图 4-10　对数据流输入部分的二级分解

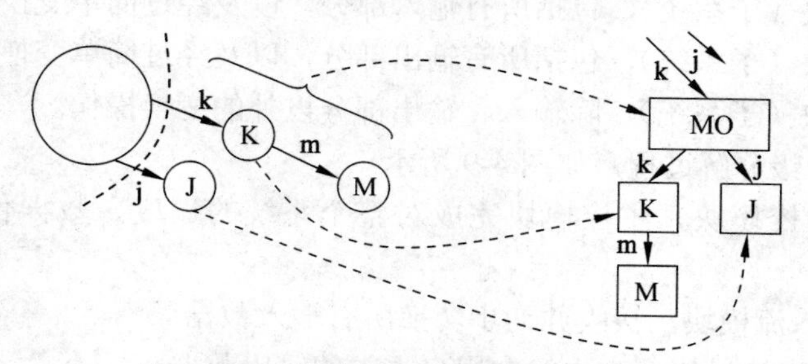

图 4-11　对数据流输出部分的二级分解

综合以上各图，得到如图 4-13 所示的软件结构图雏形。

在实际绘图中，为了明确说明各模块间的调用关系，形成接口设计说明书的部分内容，有必要为每个模块编写一个简要说明，其主要内容包括：

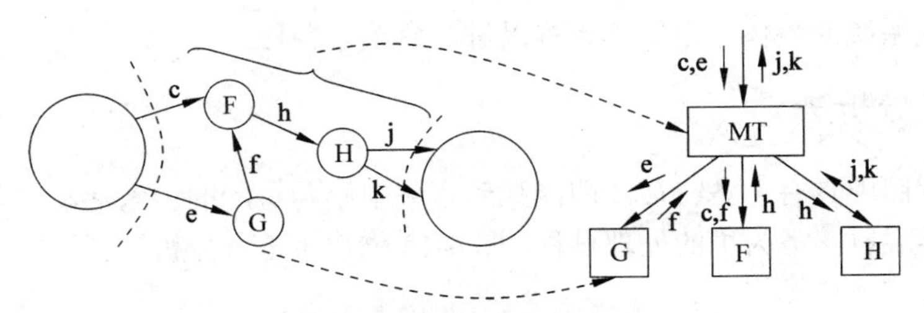

图 4-12 对数据流控制部分的二级分解

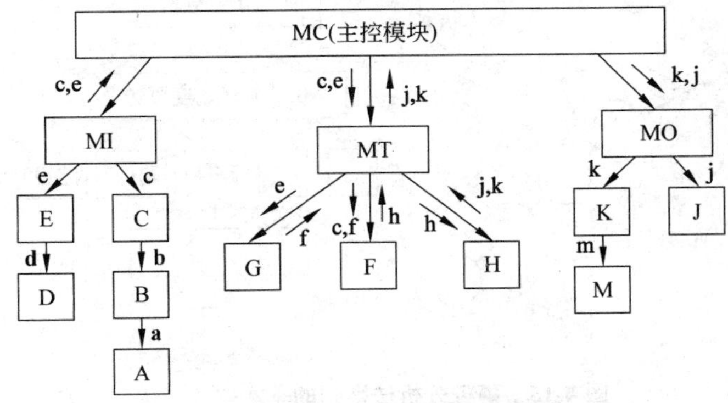

图 4-13 二级分解完成后得到的软件结构图雏形

（1）模块的输入、输出数据接口定义。

（2）模块内部结构信息。

（3）模块功能的主要流程描述，特别是主要的判断、异常处理等。

（4）对模块调用时的相关约束，以及特别的说明（如 I/O 操作，共享约束等）。

第六步：采用启发式规则，精化所得到的初步软件结构，以模块独立性为原则，合并、分解、抽取各模块，得到一个高内聚、低耦合、易实现、易测试、易维护的软件结构图。

以图 4-12 为例，考虑到数据 f 是由模块 G 产生，并传递给模块 F。数据 f 是一个中间数据，并不需要上层控制模块 MT 来协调。因此，为了减少数据 f 的传递和对它的控制，将图 4-12 优化为图 4-14 所示的结构。

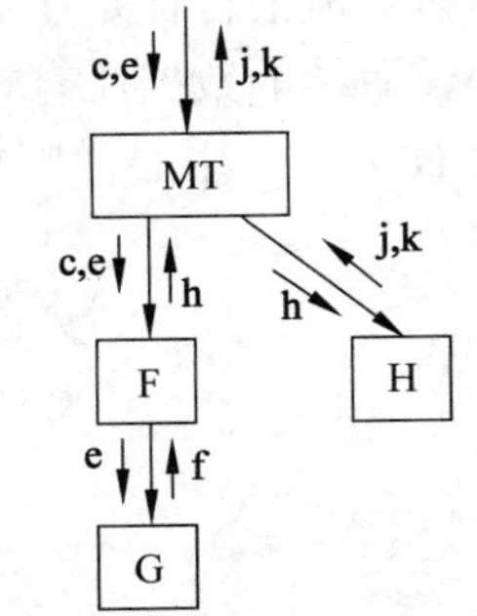

图 4-14 优化后的软件结构

在图 4-14 中，中间数据 f 对于控制模块 MT 是透明的，且模块 F 的输入由数据 c 和 f 换成了 c 和 e，从数据量上来说并未增加模块 F 的结构复杂度，对于模块 G 则完全无变化，仅是它的调用者发生了变化。对于模块 MT 来说，它的调度复杂性降低了，它只需协调模块 F 和模块 H 即可，而不用理会模块 G。

通过上述六个步骤得到软件结构图，并描述了图中数据的传递和转换。这样，设计人员可以从整体上把握软件结构，定义模块间接口，并为单元测试、集成测试提供依据。从基于数据流图的设计过程与编码过程可知，如果源代码是软件唯一的表示形式，则设

计人员很难从系统的整体上把握，更难以进行修改和精化。

4.2.3 事务分析法

当数据例图中具有事务特征，即能找到事务中心和对应的多条活动路径，则用事务分析法更能体现以事务为主的处理过程。图 4-15 描述了事务分析法得到基本软件结构的大致情况。

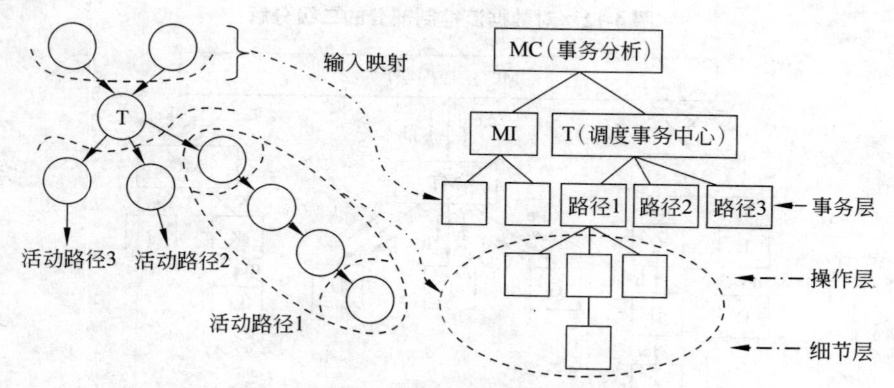

图 4-15 事务分析法得到的基本软件结构

事务中心又被称为调度模块或散转模块。事务层是各事务的控制中心，操作层是对各事务进行分解的事务输入模块、事务输出模块和事务变换模块。细节层中各事务模块按照数据流图进行功能细化。

事务分析法和变换分析法的设计过程基本相同，主要差别是在第二步骤和第三步骤。下面仍以图 4-8 为例，说明事务分析法的设计过程和步骤。

第一步：复审并精化数据流图。这一步骤与变换分析法一致。

第二步：确定数据流图特征，判断是变换流还是事务流。

事务流的特征是在数据的输出、处理和输出过程中，处理部分有明显的控制或判断中心，后续的数据流有较多活动路径。由于图 4-8 没有明确的语义信息，因此可以确定模块 H 为事务中心，则重新理解图 4-8 得到图 4-16 所示的事务中心划分边界。

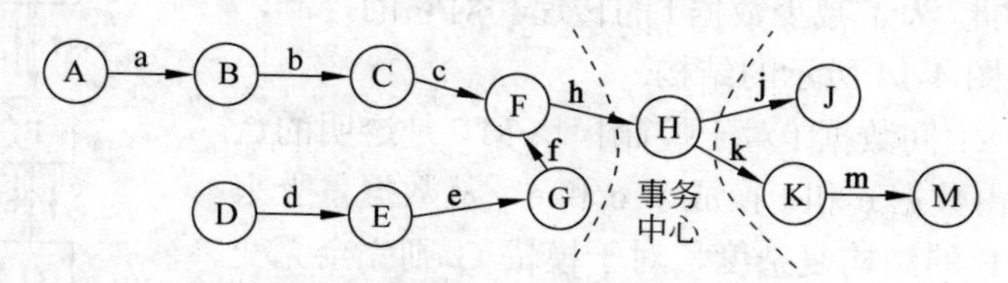

图 4-16 事务流的自动化边界划分

第三步：设定自动化边界，分离出事务中心和事务路径。

自动化边界分离出事务的输入部分和各条活动路径，独立出事务中心。

第四步：执行一级分解。

事务分析法整体结构是两层模式。顶层是系统主控模块，第二层分别是输入模块和事务调度模块。调度模块是事务中心，它的各条活动路径是调用的各事务，如图 4-17 所示。

第五步：执行二级分解。

图 4-18 描述了分解后的结构。在不影响理解的前提下，省略了模块调用箭头和数据传递箭头。

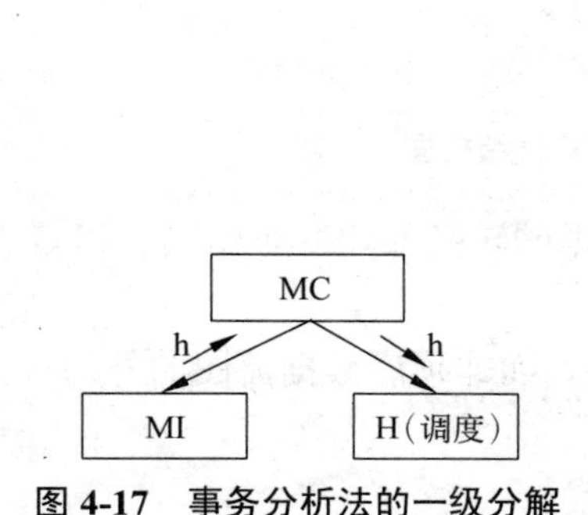

图 4-17 事务分析法的一级分解

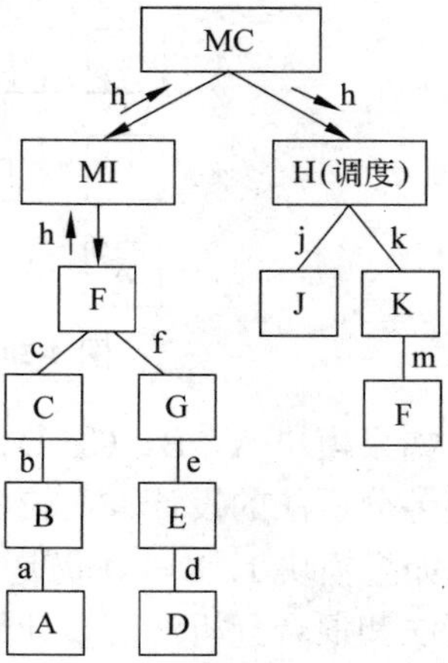

图 4-18 事务分析法的二级分解

第六步：采用启发式规则，精化所得到的初步软件结构。这一步骤与变换分析法相同。

4.2.4 混合分析法

在大规模和复杂系统的数据流图中，常常需要将变换分析法和事务分析法结合使用，共同构建软件系统结构图。仍以图 4-8 为例，用混合分析法来进行设计。设计过程与变换分析法相同，只是在第二步骤时，需确定数据流图中变换的自动化边界或确定事务中心。其他步骤在此略去，仅给出对数据流图自动化边界的划分及最后的软件结构图，分别如图 4-19 和图 4-20 所示。

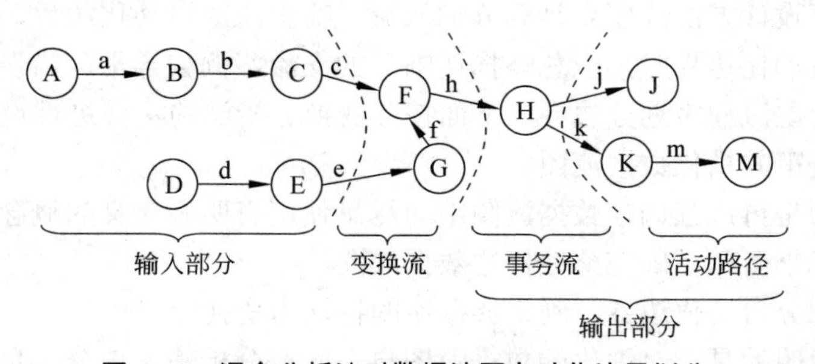

图 4-19 混合分析法对数据流图自动化边界划分

综合上述三种分析法，分别得到三种不同的软件结构。要确定哪种方案最适合进行后续设计和实现，需要结合具体应用领域和数据流图来分析。

（1）如果模块 A、B、C、D、E 是顶层数据流图的外部数据交换部分，则变换分析法的设计方案较好。

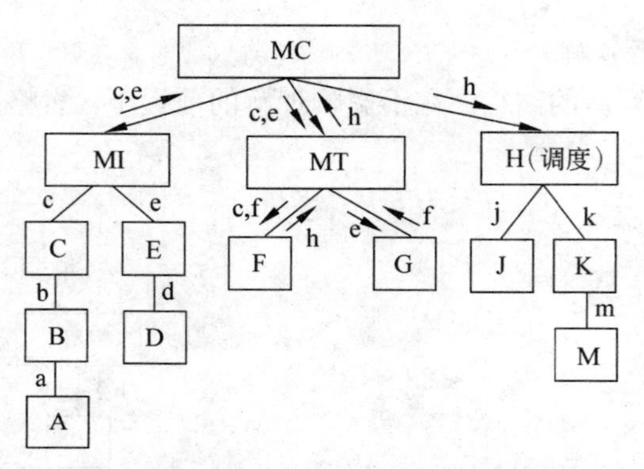

图 4-20　混合分析法得到的软件结构图

（2）如果模块 A、B、C、D、E 是系统内部数据的转换部分，与模块 F 和 G 耦合度高，则事务分析法的设计方案较好。

（3）如果模块 J、K、M 仍是系统内部转换模块，而非顶层数据流图的外部接口，则事务分析法和混合分析法的设计方案较好。

4.3　案例——简历自动获取和查询系统的数据流设计方法

本节以 1.6 节中的“简历自动获取和查询系统”（RAAR）为例，并基于 2.5 节的 RAAR 系统的数据流图，用面向数据流的结构化设计方法进行完整分析，力求让读者对这一方法有一个全面、清晰的认识，并了解和掌握这一方法在实践中的应用。

本节分为变换分析法和事务分析法两个过程进行介绍。

4.3.1　用变换分析法进行设计

面向变换流设计方法的要点是划分输入流、输出流的自动化边界，剩余部分就是控制流。在划分自动化边界时，应忽略描述细节的支流，例如异常、错误处理等，主要以用户操作流程为主流程来划分边界。下面按照变换分析法的步骤进行设计。

第一步：复审并精化数据流图。

复审的目的是再次强调在数据流图中应尽量使用有明确含义的概念、上下层图（父子图）的数据流平衡、正确完整地描述数据流图。

第二步：划分自动化边界，确定数据流的特征为变换流。

需要再次说明的是，对细化的数据流图自左向右分析输入部分，自右向左分析输出部分，逐步确定各部分的自动化边界。输入和输出部分同样可以包括对数据结构标准化的预处理。

第三步：划分数据输入、输出边界，分离出处理部分。

图 4-21 就是对 RAAR 系统的数据流图的自动化边界。为了突出自动化边界的划分，简化数据流图为仅保留编号的数据加工图，且各数据流上的数据由对应字母定义。

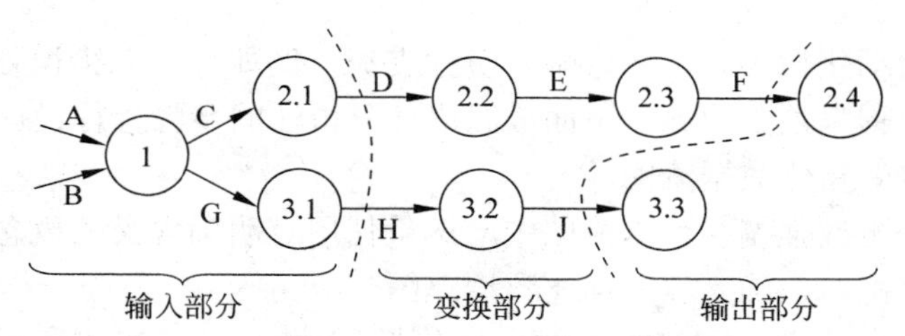

A—查询信息；B—登录信息；C—权限；D—简历文件；E—简历文件；
F—关键词；G—查询信息；H—关键词、权限；J—简历

图 4-21 对 RAAR 系统数据流图划分的自动化边界

第四步：执行一级分解。

一级分解重点描述系统高层的组织结构和高层模块间的数据流向。图 4-22 是对 RAAR 系统的一级分解图。

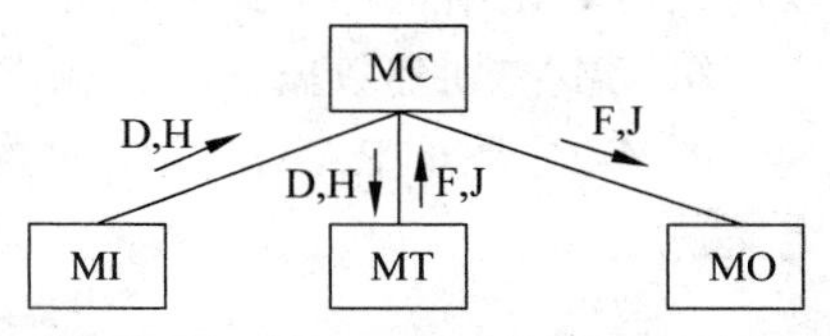

图 4-22 对 RAAR 系统的一级分解

第五步：执行二级分解。

二级分解细化了一级分解的组织结构。图 4-23 是对 RAAR 系统的二级分解图。

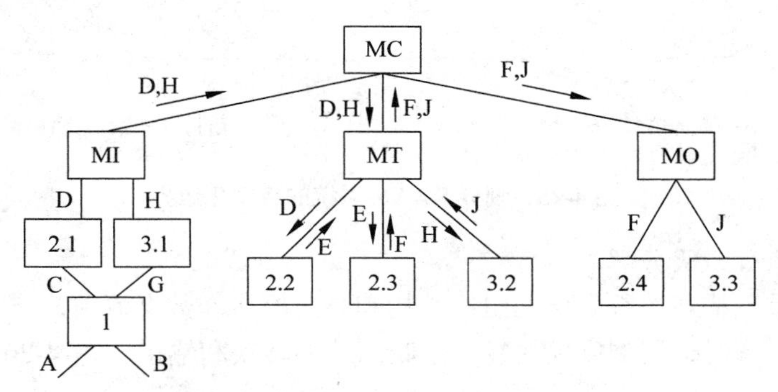

图 4-23 对 RAAR 系统的二级分解

第六步：以模块独立性为原则，采用启发式规则，精化所得到的初步软件结构。

在 RAAR 系统的二级分解图中，对变换部分的处理，由于模块 2.2 和模块 2.3 之间有较强的数据耦合，且传递的中间数据“简历文件”仅在它们两者之间传递，模块 3.2 并不需要。因而没必要通过控制模块 MC 来传递这一数据流，同时还能减轻模块 MC 的控制复杂度。因此，把变换部分的优化结果单列在图 4-24 中说明。

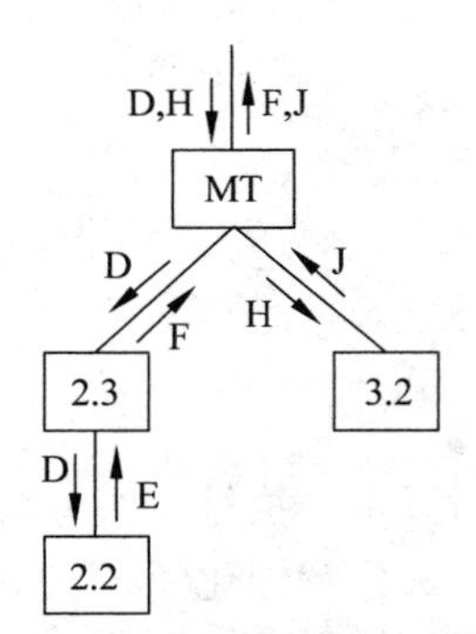

图 4-24 对控制逻辑部分的优化

4.3.2 用事务分析法进行设计

面向事务流设计方法的要点是确定事务中心，划分输入流、输出流的自动化边界。事务中心是系统重要的控制部分，通过事务中心的处理，系统有多条活动路径来完成数

据转换。在划分自动化边界时，应忽略细节性支流，例如异常、错误处理等，主要以用户操作流程为主流程来划分边界。下面按照事务分析法的步骤进行设计。

第一步：复审并精化数据流图。

复审的目的是再次强调在数据流图中应尽量使用有明确含义的概念、上下层图（父子图）的数据流平衡、正确完整地描述数据流图。

第二步：划分自动化边界，确定数据流的特征为事务流。

需要再次说明的是，对细化的数据流图先确定事务中心，再依次自左向右分析输入部分，自右向左分析输出部分，逐步确定各部分的自动化边界。输入和输出部分同样可以包括对数据结构标准化的预处理。

第三步：划分数据输入、输出边界，分离出事务中心。

图 4-25 是对 RAAR 系统的数据流图的自动化边界，各数据流上的数据由对应字母定义。

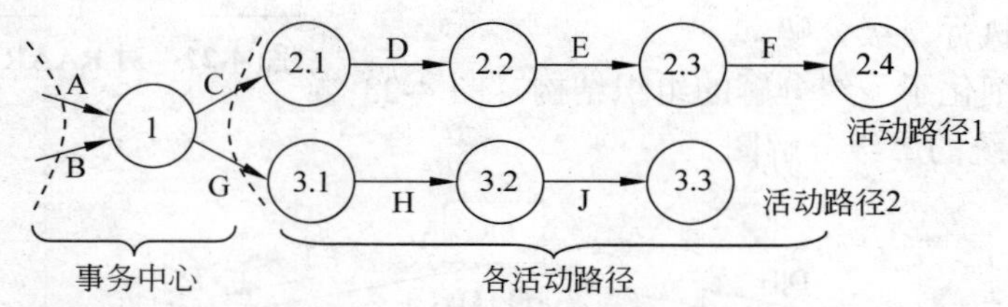

A—查询信息；B—登录信息；C—权限；D—简历文件；E—简历文件；
F—关键词；G—查询信息；H—关键词、权限；J—简历

图 4-25 划分 RAAR 系统的自动化边界

第四步：执行一级分解。

一级分解重点描述系统高层的组织结构和高层模块间数据流向，一般情况下，在进行事务型一级分解时，用调度模块统一反映系统的转换和输出。图 4-26 是 RAAR 系统的一级分解图。

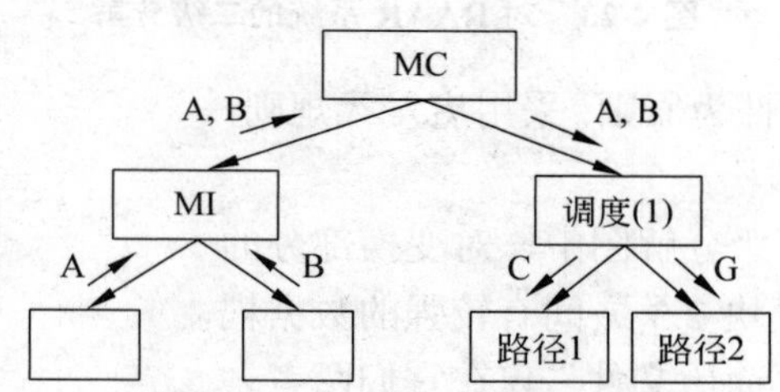

图 4-26 对 RAAR 系统的一级分解

第五步：执行二级分解。

二级分解细化了一级分解的组织结构。图 4-27 是对 RAAR 系统事务中心的二级分解图。

第六步：以模块独立性为原则，采用启发式规则，精化所得到的初步的软件结构。具体过程省略。

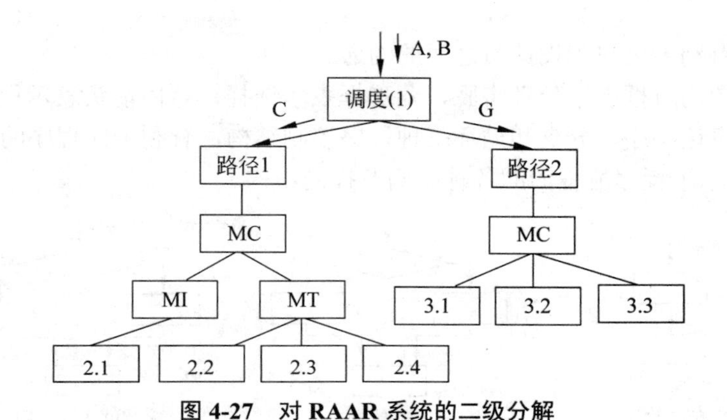

图 4-27 对 RAAR 系统的二级分解

4.3.3 两种方法的比较

面向数据流的设计方法得到软件结构图，是概要设计（总体设计）的重要结果。对比上述通过变换分析法得到的图 4-23 和通过事务分析法得到的图 4-27，可以看到，面对相同的用户需求，不同的设计方法得到软件结构各不相同，它们各有特点。

（1）从结构组织上分析，图 4-23 符合一般意义上对软件的理解，即有输入、输出和变换。图 4-27 符合系统用户的操作过程，由用户操作选项（事务中心）决定各活动路径。

（2）从模块独立性，特别是耦合度上分析，图 4-23 的控制模块将第二部分和第三部分的模块都混合在控制模块中（通过加工图的编号可知），而图 4-27 中，不同的活动路径通过事务中心后各自独立，没有耦合关系，更符合模块独立性原则。

（3）从符合用户需求的角度上分析，更接近于用户需求的描述。图 4-27 的活动路径和需求的流程图有较好的对应关系。

因此，建议选择图 4-27 作为设计的软件系统结构图。

4.4 结构化详细设计的工具

基于数据流和基于数据的结构化设计方法完成概要设计阶段的主要任务，得到软件结构，它从总体上反映了系统功能间彼此的合作关系。

结构化设计的详细设计阶段，主要完成系统各模块功能的过程描述。详细设计提供了图形、表格和语言等三类不同工具。无论何种图形工具，都提供结构化程序设计对应的控制流程，以及功能的处理、数据的组织、数据结构的描述，以利于从详细设计到程序的实现。

结构化设计的思想，是提供一种自顶向下、逐步求精，单入口单出口的程序设计。结构化设计工具提供实现这一思想的手段。

4.4.1 程序流程图

程序流程图是迄今为止使用得最广泛、最频繁、最出色的详细设计工具。它易懂、易学、易画，不仅提供给设计员模块功能的具体流程，而且让用户毫无困难地理解设计人员的思路，有利于用户和设计员之间的沟通。

程序流程图用方框表示处理步骤，菱形框表示选择，有向箭头表示程序的控制流。程序流程图能表达顺序、分支和循环三种程序控制结构，有利于向程序的转换。

图 4-28 表示了程序流程图的各种图例及控制结构。

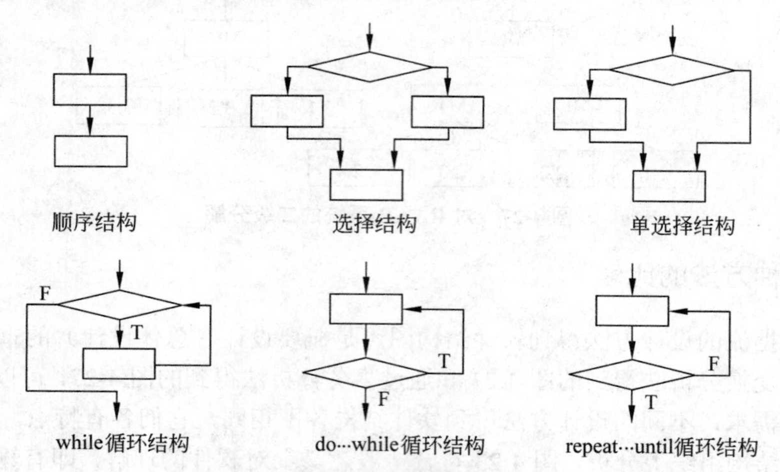

图 4-28　程序流程图图例和控制结构

【例 4.2】 输入一个班共 N 个学生的软件工程课程的成绩，求全班这门课程的平均分、最高分和最低分。

图 4-29 给出了程序流程图描述的过程设计。

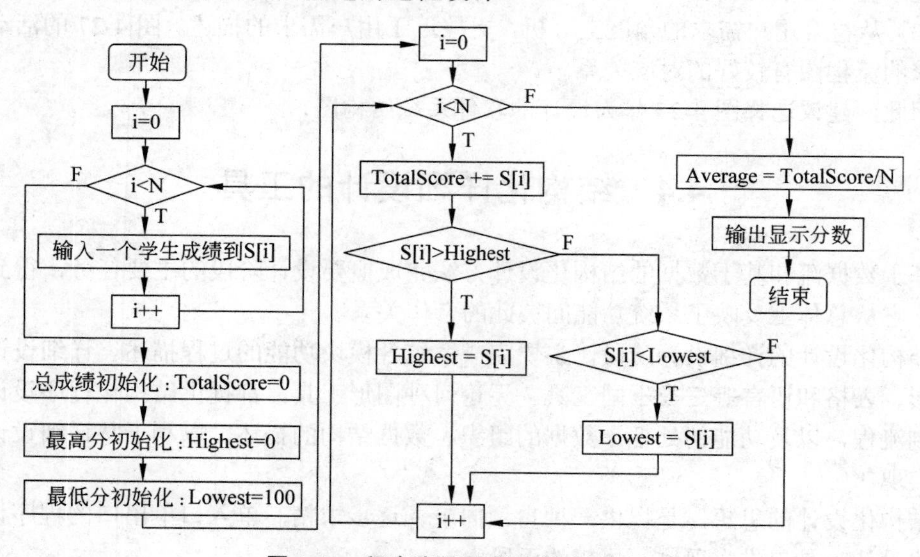

图 4-29　程序流程图描述的过程设计

程序流程图虽然得到大多数人的认可，但它仍存在如下一些严重不足：

（1）对程序流程图中的控制流（有向箭头），在设计时无法约束其转向，造成设计的随意性，并可能导致产生非结构化的过程设计。

（2）难以表达数据结构，如学生成绩数组 S[i]的定义难以明确说明其类型和结构。

4.4.2 盒图

显然，随意的控制流是结构化程序设计所要尽量避免的。20 世纪 70 年代，美国学者 I. Nassi 和 B. Shniederman 提出一种称之为“盒图”（NS 图）的图形工具，它同时也被称为框图或 NS 图。盒图没有控制流，而仅需通过方框和方框的嵌套调用，就能完全体现顺序、分支和循环的控制结构，实现结构化程序设计的过程。

由于盒图没有控制流，控制的跳转就不能随意转移，且方框的边界清晰，数据作用域很容易界定，因而得到广泛应用。

图 4-30 给出盒图的图形工具。

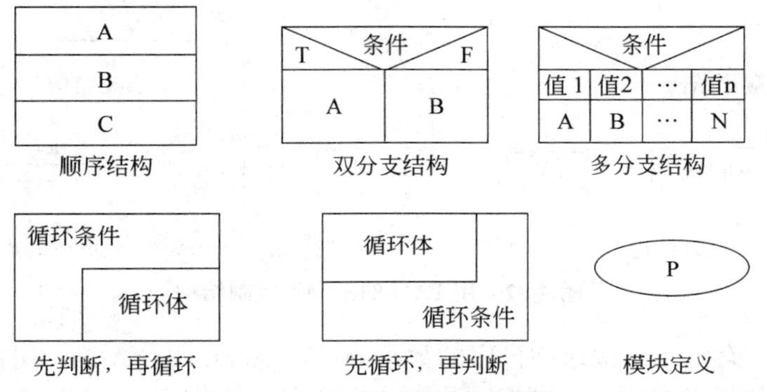

图 4-30 盒图的图例及控制结构

【例 4.3】 一个判断三角形类型的程序。读入三个正数，表示三角形的三条边长，判断并输出其类型是等边三角形、等腰三角形还是普通三角形。请用盒图设计这个程序流程。

图 4-31 给出用盒图表示的三角形类型判断的设计结果。

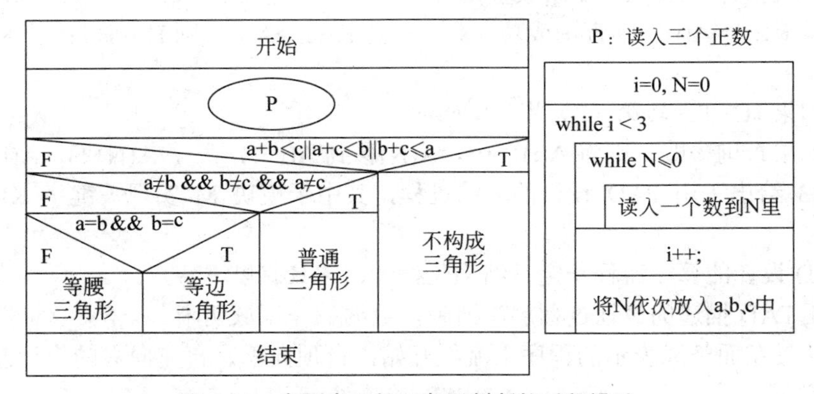

图 4-31 盒图表示的三角形判断的过程设计

用盒图设计的算法流程一定是结构化设计，它具有以下特点：

（1）控制域明晰，盒图上能直接分析出分支、循环的控制域范围。

（2）无控制流，避免了控制流程的随意性。

（3）盒图中方框的相互嵌套，准确地反映了过程设计时模块间的层次关系。

4.4.3 问题分析图

问题分析图（Problem Analysis Diagram，PAD）是20世纪70年代由日本日立公司发明并推广的一种过程设计图形工具。PAD体现了自顶向下、自左向右、逐步细化、逐层推进的设计过程，它同样能体现顺序、分支和循环的控制结构。同时，PAD也没有控制流，从而避免了设计过程中控制的随意性。图4-32给出PAD的图形元素和控制结构。

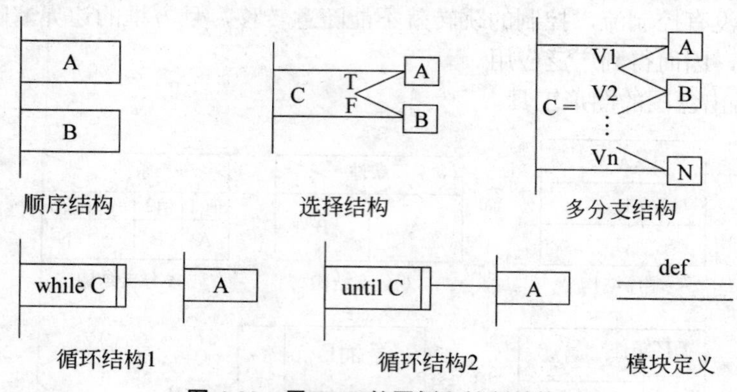

图4-32 用PAD的图例和控制结构

【例 4.4】 有一个已按递增排序的数组A(1)，A(2)，...，A(n)。用折半法查找给定关键词KEY。如果查找成功，则返回数组A的下标，否则将关键词KEY按递增顺序插入数组A中。

具体算法过程如下：

（1）初始化：H=1(数组第一个元素下标)，T=N(数组最后一个元素下标)。

（2）查找指针：i=[(H+T)/2](取整)。

（3）若KEY=A(i)，则查询成功，x = i；若KEY >A(i)，则H = i+1；若KEY <A(i)，则T = i−1。

（4）如果H≤T，转第（2）步。

（5）如果查询失败，则将A(i)，…，A(N)移到A(i+1)，…，A(N+1)，A(i) = KEY。

图4-33给出了用PAD设计的算法过程，其中子模块M实现关键字KEY的插入操作。

用PAD设计的算法流程一定是结构化设计，它具有以下特点：

（1）用PAD描述的设计过程层次清晰，数据的作用域明晰。

（2）从最左面竖线表示的程序主流程开始，自顶向下、自左向右的设计易于人们理解设计过程。

（3）无控制流，避免了控制流程的随意性。

（4）PAD不仅能用于过程设计，也能用于对复杂数据结构的表示。

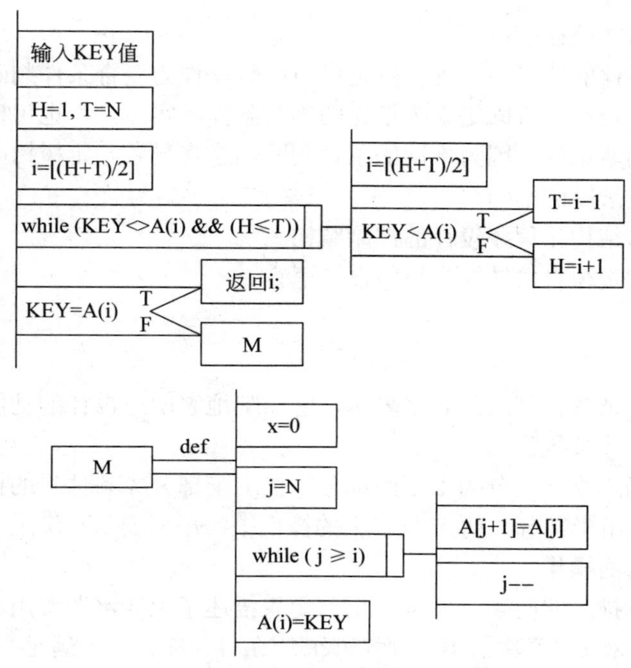

图 4-33 用 PAD 设计的算法过程

4.4.4 判定树

判定树是用于对复杂条件判断的图形工具。树具有层次结构，树的每个结点表示一个独立的关系表达。随着树结点层次的深入，各结点间的关系组合和理解逐渐复杂。从树根到叶子结点的路径，就反映了最终的条件判断组合。

同时，判定树是一棵多叉树，每棵子树就是当前树结点判断的分支路径。这是一种简洁、清晰的选择与行为的对应。

【例 4.5】 为了节约能源，制定如下两套水费收费方案。如果选择固定费率收费，每人每月用水量少于 3 吨的用户，水费为 3 元/吨；超出的用水量，按照费率表 A 的费率收费。如果选择可变费率收费，则每人每月用水量少于 5 吨的用户，按照费率表 A 的费率收费，超出的用水量按照费率表 B 的费率收费。

图 4-34 用判定树设计了上述水费费用的判断过程。

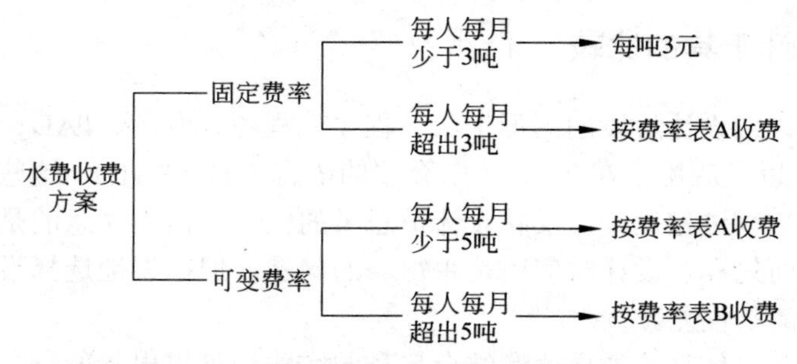

图 4-34 用判定树设计的水费费用的条件判断

判定树的不足之处在于：

（1）对复合条件的选择中，难以确定以何种顺序作为复合条件判断的顺序。如在上述示例中，是以“费率是否固定”为最先的判断条件。实际上，也可以以“每月用水吨数”作为最先的判断条件。因为不同的条件判断顺序将导致判定树树叶数目的变化，从而导致程序设计复杂度的不同。

（2）难以表示结构化程序设计的控制结构。

（3）难以将判定树直接转换为程序设计语言。

4.4.5　判定表

判定表是对复杂条件判断的表格表示，它清晰地表明所设计的功能只有在满足何种条件组合的前提下才被执行。

判定表是一张二维表，分为上下两部分，在上半部分“条件”的描述中，每行表示一个条件判断，在下半部分“动作/操作”的操作中，每列表示在满足了哪些条件的前提下，系统将会采用的操作。

对于例 4.5 所描述的问题，表 4-1 用判定表描述了上述水费费用的条件判断。例如在第 4 列中，如果采用“费率表 B”，则在表的“条件”部分必须满足“可变费率”和“超出 5 吨”两个条件同时成立。

表 4-1　用判定表描述的水费费用的条件判断

情况		1	2	3	4
条件	固定费率	T	T	F	F
	少于 3 吨	T	F	—	—
	少于 5 吨	—	—	T	F
动作	3 元/吨	√			
	费率表 A		√	√	
	费率表 B				√

判定表清晰地表示了条件组合和动作间关系，但它也存在一些不足：

（1）难以表示结构化程序设计的控制结构。

（2）难以将判定表直接转换为程序设计语言。

4.4.6　详细设计工具的比较

本节介绍了详细设计阶段的图形工具（程序流程图、盒图、PAD、判定树）和表格工具（判定表），以及应用了在 2.4.6 节中介绍的语言工具（PDL）。这些设计工具能辅助设计人员更好地进行过程设计，反映设计员思考的结果。值得注意的是，这些图形工具没有优劣之分，而只存在设计时应用是否得当的问题。但错误地选择设计工具，会增加设计的困难，理解的偏差。

纵观已有的符号体系，如果读者结合自身的实践经验提出新的符号工具，一般都应具有以下的广泛性特征：

（1）面向代码。既然是面向设计，特别是详细设计的工具，应该具有较好的“面向代码”的能力，即从设计到编码是一个自然转换的过程，使得通过符号工具能顺利生成代码，而无须过多的“翻译”。

（2）控制逻辑。既然与编码有天然联系，则符号工具应具有顺序、分支和循环的表示逻辑，与编码的控制结构相对应。

（3）模块化设计。无论是以函数、过程为单位，还是以类与对象为单位，都要支持模块化设计的准则，提高模块独立性，提供定义模块、描述模块实现过程的机制。

（4）对结构化设计的支持。模块化设计的思想要求所提出的符号体系，有助于对结构化设计的支持，有助于结构化设计更好地应用于实践。

（5）数据表示。对文件结构、全局数据结构、局部数据的隐藏等的描述和作用域，需要在符号工具中能体现出来。最好的描述应与程序设计对应起来。

（6）易测试、易维护。符号工具是为了更好地体现设计思想和过程，从而保证软件质量。因此，它应易测试、易维护。

（7）易于代码的机器自动生成。随着硬件系统的发展，软件编译能力的提高，基于符号系统的代码机器自动生成，不仅仅是对工作任务的减轻，而且还极大提高软件的可靠性。最重要的一点是，符号工具不仅是人与人交流的工具，也是人与机器之间沟通的桥梁。

到此，读者或许仍会提问：到底哪种符号工具是最优的？这是一个仁者见仁、智者见智的问题。图形工具提供了简洁易懂的控制流，表格工具提供了清晰的条件与活动对应关系，PDL 则详细给出了模块过程的描述。在软件系统的详细设计中，难以规范用何种工具为优。易于与用户交流，使用程序流程图；严格的结构化系统设计，使用盒图与 PAD；易于模块接口、数据结构的表示，PDL 语言则具有详细叙述的能力。因此，要求在设计时，需要考虑综合应用各类符号工具，以全面完成设计任务。

总之，对符号工具的选择，不是取决于技术，而是取决于使用这些工具的人。

4.5 本章小结

面向数据流的设计（DOFD）是结构化的设计方法，它体现了数据流图自顶向下、逐层分解的过程，并将各级数据流图映射为软件结构图对应的各层模块，体现了结构化设计与结构化分析的相互衔接，也体现了自顶向下的模块化设计思想。DOFD 主要包括变换分析法和事务分析法。

变换分析法是以数据流图为基础，并根据数据流的特征进行软件结构的设计。

当数据流图中具有事务特征，即能找到事务中心和事务的多个执行路径时，则用事务分析法更能体现以事务为主的处理过程。

基于数据流的结构化设计方法完成概要设计（总体设计），得到软件结构，它从总体上反映了系统功能间彼此的合作关系。

结构化的详细设计，是要完成适应程序设计功能的过程描述。本章介绍了详细设计的图形和表格设计工具。程序流程图、盒图、问题分析图、判定树、判定表等图形工具各有优劣。在具体应用时，应根据应用领域、系统结构、技术支持等因素综合考虑来选用和综合应用。

习　题

1. 名词解释：变换分析法、事务、事务分析法。

2. 什么是结构化设计？它包括哪些设计方法？

3. 面向数据流的设计方法有什么特点？它设计得到的结果是什么？

4. 如果将图 4-9 的一级分解图，画成如图 4-35 所示（省略结构图中的数据流向），比较这两种不同的软件结构的优缺点，以及它们各自对软件设计的影响。

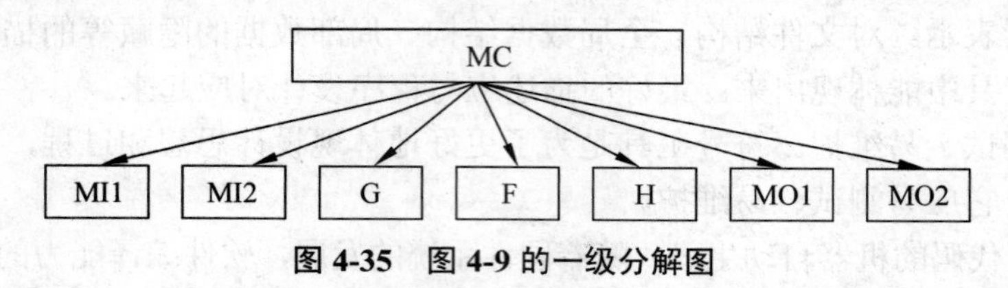

图 4-35　图 4-9 的一级分解图

5. 用事务分析法构建第 2 章 2.5.3 节中图 2-17、图 2-18 和图 2-19 的软件系统结构。

6. 图 4-27 的软件结构图能优化吗？如何优化？

7. 请用变换分析法与事务分析法，将图 4-36 所示的数据流图简略图转换为软件结构图，并说明这两种分析法所得出的软件结构图的特点和不足。提示：图中给出了建议的自动化边界。

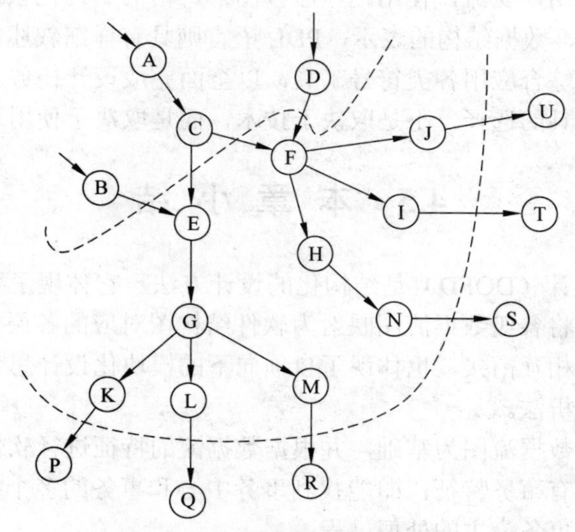

图 4-36　数据流图的简略图

8. 学校期末根据学生总成绩情况，给家长寄发成绩通知书。如果总成绩大于等于 500 分的，发放合格通知书，但是单科成绩中有不及格的，要发重修通知书。如果总成绩小于 500 分，不发合格通知书，但单科成绩有满分的，发放单科免修通知；单科有不及格的，发放留级通知书。

请用判定表和判定树给出以上陈述内容的条件判断。

9. 请将图 4-37 的程序流程图转换为对应的盒图与 PAD。

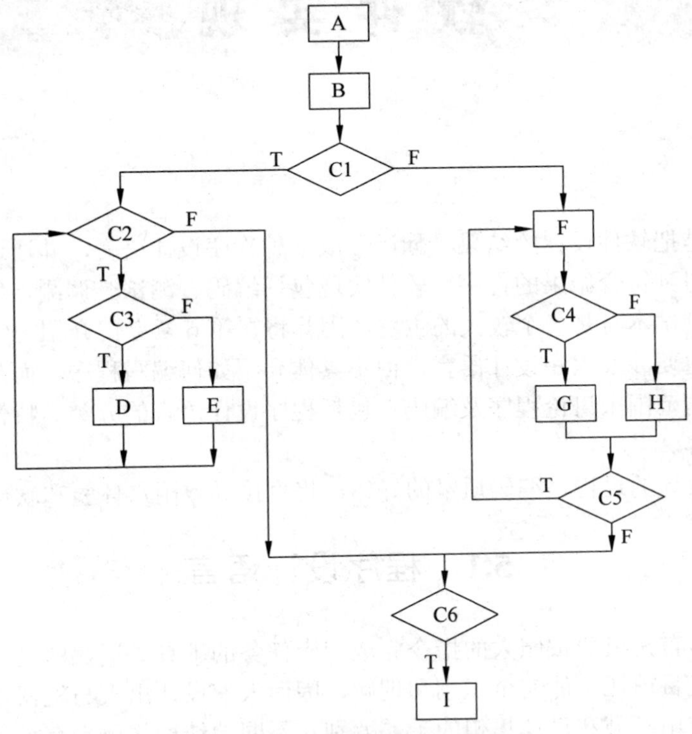

图 4-37 待转换的程序流程图

第5章 软件实现

软件实现是把软件设计的结果“翻译”成某种程序设计语言，并通过软件测试后，能正确运行且得到符合结果的程序。软件实现包括编码、测试、调测、优化等一系列工作。鉴于软件测试本身是一个较大的主题，因此将在第6章专门介绍。

本章内容主要涉及程序设计语言，但不具体介绍如何编写程序，而是从软件工程的角度在更广泛的范围来讨论程序及编码，包括程序设计语言的分类、特性、准则及程序编写规范等内容。

编码实现设计的过程，编码质量的好坏，将直接导致用户体验和软件维护。

5.1 程序设计语言

程序设计语言是机器按照人的指令完成相应任务的工具。遗憾的是，人类使用的自然语言，计算机目前还不能完全识别和理解，因而人们设计出人与机器都能理解的结构化语言。由于应用领域和设计思想的千差万别，不同的结构化语言有很大差别，因而不同的结构化语言在体现人的设计过程和实现的方式上各有千秋，对代码的编写、测试、修改、维护等都产生了深远的影响。

5.1.1 程序设计语言的分类

从程序设计语言出现、发展至今，出现了数百种不同的程序设计语言。特别是20世纪60年代以后，程序设计语言随着软件工程思想的不断发展，经历了从低级到高级、从简单到复杂、从非结构化到结构化程序设计再到面向对象程序设计的发展过程。因此，从软件工程角度来看，同时结合程序设计语言的发展历史，可以将程序设计语言大致分为如下四个阶段。

1. 第一代计算机语言——机器语言

自从有了计算机，就有了计算机语言。不过最早的语言与机器的硬件系统有着紧密联系。由机器指令组成的代码不能随意在不同机器上执行。因为这些机器指令都用二进制编写，指令地址是以绝对地址（物理地址）的形式出现的。此外，二进制的编码方式不仅将绝大多数人挡在计算机程序设计的门外，而且即使是计算机专家（当时也是数学家、逻辑学家）编写的二进制指令也经常出错，且难以改正。

2. 第二代计算机语言——汇编语言

汇编语言也是与系统硬件直接交互的机器语言，但它已经有了一定的符号指令。符

号指令增加了对编码的理解，增强了对编码的记忆和使用，降低了程序的出错率，可以提高对程序的修改效率，从而增加程序的可靠性。

第一、二代语言不利于计算机应用的推广，更不具备软件工程中提出的设计、维护等过程，它们已逐渐退出历史舞台。但它们无须计算机对程序语言作更多的“理解”（即无须编译过程），就能执行，且消耗资源少，运算效率高。更重要的是，它们具有现代高级程序设计语言不具备或难以完成的系统操作，因而在一些有特殊要求的领域还有一定的应用。

3. 第三代计算机语言——高级语言

从20世纪60年代后期开始，随着计算机应用从科学计算逐步转向商业应用，直至现在的家庭、个人娱乐、工作和学习，高级程序设计语言逐步得到发展，并走上计算机研发的大舞台。

早期的高级程序设计语言，如ALGOL、FORTRAN、BASIC等，现在看上去它们对应用领域的支持还较弱，但它们已具备高级程序设计语言的基本特征：结构化设计、数据结构的定义和表示、控制逻辑的支持以及与机器硬件的无关性等。

从20世纪80年代开始，面向对象程序设计语言开始崭露头角，C++、Java、VB、C#等高级程序设计语言相继出现，定义类、对象、封装性、继承性、多态性、消息机制等面向对象程序设计技术也不断涌现。它们具有良好的可扩展性、可移植性、可维护性等，为软件质量的提高提供了可靠的工程技术支持。

与这些较为通用的高级程序设计语言相对应的，还有一些专用于某个领域的程序语言。如Lisp和Prolog语言主要应用于人工智能领域的符号推理，Mathlap用于数学工程运算等。专用语言因为有较强的应用针对性，因而有简洁的语法和高效的运算特性，但它们的可移植性、可维护性等较差。

4. 第四代计算机语言——4GL

第四代语言（Fourth Generation Language，4GL）是过程描述语言。相比第三代语言详细定义数据结构和实现过程，4GL只需要数据结构的定义和将要实现的功能，而实现的过程被隐藏起来。最典型的4GL应用是数据库的结构化查询语言（Structure Query Language，SQL）。对数据库的操作只需提供计划要完成的任务命令，而无须考虑实现过程。

目前4GL得到了一些商业方面的发展，如报表生成、多窗口生成、菜单、工具条等的生成，都无须考虑编码。此外，用形式化定义的结构化需求描述、设计方案等都能通过4GL生成相应代码，并经过人工修改后，得到实际应用。

5.1.2 程序设计语言的特性

不同程序设计语言的特性会影响到整个软件系统的效率和质量。由于不同程序设计语言在语法上和技术上都有一些限制，会影响到设计描述和处理活动，因而要考虑程序设计语言特性对系统实现所带来的影响。

（1）一致性。程序设计语言的一致性是指语言中所用符号的兼容程度，以及对语言用法规定的限制程度。如在FORTRAN语言中，括号可以用作下标标记、表达式优先级、子程序的参数表分隔符等。这样“一个符号，多种用途”的表示方法容易出错。但在面向对象程序设计中，由于引入了重载的概念，使运算符可以有其他含义。这是为了使自定义类与原有数据类型保持操作上的一致，让使用者在调用函数时有记忆的一致性。

（2）二义性。程序设计语言的二义性是指符合语言语法定义的语句，却出现了多种理解方式，而计算机只能用机械方式理解其中的一类，因而出现二义性。如对语句Y=X++与Y = ++ X，人们理解上就会产生错误。在面向对象程序中，由于提供了运算符重载机制，因而也会有符号的多重理解。但这不会造成理解上的混乱，因为重载是需要用户自定义才能实现的。用户自己定义的部分，对其理解不会出现二义性。

（3）局部性。局部性是指程序设计语言对模块化支持的程度。在程序设计语言中，对模块的定义提供了语法，如函数定义，以及用大括号“{ }”或“begin…end”描述语句的一个片段。通过这些符号，支持结构化编程，支持各类数据结构在有效范围内使用，体现了信息隐藏特征。

（4）易编码性。程序设计语言是要将设计方案转换为代码。采用的设计方案应支持对复杂数据结构表示、文件操作的便利、类对象的定义以及对常用算法、常用数学计算能力等的操作，便于将设计转换为代码，更好地体现设计者的思路。

（5）可移植性。随着软件工程的发展，技术的更新及网络的日益普及，软件系统全球开发已成为现实，并将成为软件研发的趋势。因此，对源代码跨平台的支持，逐渐成为优先考虑的问题。国际标准化组织（ISO）、美国国家标准协会（ANSI）和国际电子电气工程师协会（IEEE）不断修订代码标准，以促进代码的可移植性。但由于种种原因，如技术要求、企业知识产权保护、商业考虑等，各软件公司的编译器在支持代码的可移植性上都存在着不足。

（6）可维护性。没有不需要维护的软件系统。无论软件过程管理如何及时、有效，最终都要定位在代码的修改和完善上。因此，代码在变量命名（支持长字符串）、自动缩进排版等要求上，都要支持可维护性特征。

（7）配套的开发工具。优秀的开发支撑环境，不仅便于良好的代码编写，而且为语法纠错、测试、调试、多文件组合、代码库建设、代码的逆向工程等提供强大功能。

5.1.3 选择程序设计语言

程序设计语言的选择不是在编码时才选择。早在软件设计前就必须确定选择何种语言。从技术上说，只有提前确定程序语言，才能更好地支持设计的思路，才能更好地展现设计方案。从经济和法律上说，功能越强大的开发平台，其成本也较大。因而应选用与当前设计相符的软件开发工具，并避免由此发生的法律风险。

不同的程序语言机制，对设计的支持不尽相同，目前被广泛采用的是结构化程序设计语言和面向对象语言。

1. 结构化程序设计语言机制

结构化程序设计语言的机制基本上有如下几项：

（1）数据结构（变量和常量）的显示表示。不同数据结构的定义，会导致算法过程效率的不同。如链表与数组，在对元素的排序、插入、删除和查询的操作就完全不同。

结构化语言支持复杂数据结构的定义，并能提供语法纠错。但有的语言，如BASIC，就支持不定义数据类型而直接使用变量，容易造成编码在理解和使用上的混乱。

（2）模块化编程。结构化语言支持模块独立编译。模块包括自身数据结构和算法，数据的输入和输出。它通常具备以下三个部分：

- 接口定义：模块所需数据的输入、输出。
- 模块实现：包括自身数据结构和算法过程。
- 调用方式：以何种方式运行模块。

（3）控制结构。几乎所有的高级程序设计语言都支持顺序、分支（选择）和循环结构。有时为了提高运行效率或技术上的需要，有的语言提供goto语句，以及用if…goto…构成循环结构。对于模块间调用控制，提供模块间相互调用和模块自身的递归调用。递归调用运行效率低，且容易陷入“死循环”调用而无法结束调用过程，但递归调用算法实现简洁。

2. 面向对象程序设计语言机制

面向对象设计语言除了结构化语言所支持的机制之外，还增加了面向对象特征和机制。

（1）类。局部化设计原则是将数据结构与操作数据结构的行为集中在一起。类就很好地支持了这一原则，并且类的内部结构还提供外部访问类内部的权限（public、protected和private）。类的封装性很好地体现了模块化的信息隐藏原则。

（2）继承性。继承性是使得类自动具有其他类的属性（数据结构）和方法（功能）的机制。通过继承，使得现有系统在原有代码基础上，不加修改或稍作修改，就能实现新的需求。这不仅提高了开发效率，更保证了软件质量。

（3）多态性。多态性是指相同的模块接口定义，却有完全不同的实现过程。这样，使得具有相同语义而算法不同的模块可以共享相同的接口定义，减少调用模块时的理解和记忆负担。如鸟和兽都有“吃”这一行为，但显然它们“吃的方式”不同，因而可以各自定义如下接口：Bird_Eat()与 Beast_Eat()。这样定义的结果导致将来扩展有关生物“吃”的操作时，需要不断增加关于“吃”的新的接口定义。这不仅不利于系统的扩展和维护，而且也给设计和使用带来困难。借助多态性机制，可以把所有关于“吃”的行为统一定义为：Eat()，并借助继承性来实现不同的操作过程，这样就自然地反映了不同生物的“吃”在行为上的差异。

（4）消息机制。消息是实现多态性的重要机制之一。如前所述，鸟与兽关于“吃”都用Eat()来统一定义，如何区别调用两类不同的Eat()呢？关键在于对象。消息（如“吃”）是由对象发送的。如定义“鸟”的对象“麻雀”，则“麻雀”发送出“吃”的请求，显然应该调用“鸟”类中定义的“吃”的行为，而不会错误的调用“兽”类中定义的“吃”的行为。由此可以得出，消息由对象、方法、参数共同构成。此外，更广义的消息结构还包括消息的发送者、接收者和消息编号等。

3. 选择程序语言的准则

了解程序语言各自不同的机制，结合软件设计方案的要求，综合考虑可测性、维护性，程序语言开发环境的支撑，以及开发过程的管理和成本等问题，使得理想的程序语言选择标准有时是困难的。因此，结合实际的可操作性及实用性，应考虑以下程序设计程序语言选择的准则：

（1）工程项目规模。程序语言是用于实现工程的。工程规模的大小，需要程序语言结构的灵活性支持。因为项目规模越大，其不可预测性的因素也越多，因而需要程序语言在修改性、适应性、灵活性等方面给予更大支持。

（2）用户需求。一是用户需求的易变性；二是软件维护中用户的参与性。如果用户参与到开发、维护过程中，则应听取用户对程序语言选择的意见。

（3）开发和维护成本。这与程序语言及程序语言开发环境都密切相关。程序语言开发环境自身也是软件系统，也需要维护和技术支持。这些都将构成项目成本。

（4）编程人员对程序语言的熟悉程度。选择编程人员熟悉的程序语言，不仅开发效率高，而且也能保证软件质量。

（5）项目的领域背景。有一些应用领域（如工程计算），有本领域专用程序设计语言。这样，使得所选语言不仅有针对性，还能提高开发效率。即使采用通用程序语言，也要与应用领域相结合，并进一步考虑该领域将来的发展情形。

5.2 程序设计风格

根据软件工程观点，在选定程序语言，完成设计方案后，程序设计的风格在很大程度上影响程序的可理解性、可测试性和可维护性。程序设计风格是指在程序设计过程中，设计人员所表现出来的编程习惯、编程特点和逻辑思维。

从软件工程发展中人们认识到，程序的阅读过程是软件实现、测试和维护过程中一个重要组成部分。因此，一个良好的程序设计风格，是在不影响程序功能、性能前提下，系统地、有效地组织程序，增强代码的易读性、易理解性。

5.2.1 程序编排和组织的准则

源代码按照一定准则编排，使得逻辑清晰、易读易懂，这已成为良好程序设计的标准。程序的编排和组织，将按照源程序文件、数据说明、语句结构和输入输出来综合体现。

1. 源程序文件

源程序文件中包含了标识符命名、注释以及排版格式。

（1）标识符命名。标识符包括常量、变量、函数名称、宏定义。这些符号命名除了遵循语言自身规定的语法外，还应尽量做到：

- 以具有实际意义的词或短语命名，使读者能望文生义。如求和用 Sum，表示是否有效用 isValid。函数的命名最好能体现函数功能，如从 XML 文件中获得记录，可以命名为 GetRecordFromXML(string strXMLFileName)。这比用 Record()、GetRecord()语义更明确，并能增加代码的可读性。
- 命名方式在整个程序文件中做到统一规范。一是统一用英文或汉语拼音命名；二是分类命名。如与文件操作有关的函数，可加上 file 作为前缀标识符；与字符串操作有关的标识符，可以加上 string 或 str 作为前缀标识符；三是尽量使用领域词汇或用户的习惯用语。

（2）代码中的注释。注释不是程序代码，但却起着正确、有效理解代码的关键作用。注释允许用自然语言来编写，书写内容要言简意赅，无须冗长。对于代码中的注释，主要包括：

- 程序文件整体的叙述，简述本文件所定义的内容。
- 程序主要的数据结构、常量、静态量、枚举量的定义说明。
- 函数接口说明，包括函数参数、返回类型、简要功能描述及代码编写者、编写日期。

【例 5.1】 下面是一个用 C#语言编写的函数接口说明的实例，“///”是 C#语言注释的 XML 表示。

```
/// <summary>
/// 根据给定的键（关键字）查找对应的权值
/// </summary>
/// <param name="strKey">键（关键词）</param>
/// <param name="Value">值（权重）</param>
/// <returns>true：正确查找到键，并给出对应的值；false：键不存在</returns>
public bool TryGetValue(string strKey, out double Value)
{
    for (int i = 0; i < m_iCount; i++)
    {
        if (strKey == m_KeyWeightSet[i].m_strKey)    // 查找成功
        {
            Value = m_KeyWeightSet[i].m_dWeight;
            return true;
        }
    }
    Value = 0;
    return false;          // 查找失败
}
```

（3）编排格式。代码的编排是在不影响程序功能和性能的前提下，加入换行、空行、空格等内容，使得源代码富有层次感，更易阅读和理解。下面是用 C#语言编写的不同排版风格的相同代码，读者自能体会其优劣。

【例 5.2】 不同编排风格的相同代码，对程序可理解性的影响。

代码一：没有层次感的代码

```
/// <summary>
/// 将 a 中整数数组按照从小到大的顺序排序
/// </summary>
/// <param name="a[]">输入将要进行排序的数组</param>
/// <param name="size">数组大小</param>
void BubbleSort(int a[], int size)
```

```
{
for (i=size-1; i>=1; i--)
{
for (j=0; j<i; j++)
if (a[j] > a[j+1])
{
t = a[j];
a[j] = a[j+1];
a[j+1]= t;
break;}}}
```

代码二：有层次感的代码

```
/// <summary>
/// 将 a 中整数数组按照从小到大的顺序排序
/// </summary>
/// <param name="a[]">输入将要进行排序的数组</param>
/// <param name="size">数组大小</param>
void BubbleSort(int a[], int size)
{
    for (i=size-1; i>=1; i--)
    {
        for (j=0; j<i; j++)
            if (a[j] > a[j+1])
            {
                t = a[j];
                a[j] = a[j+1];
                a[j+1]= t;
                break;
            }
    }
}
```

2. 数据说明

作为加深对程序代码理解的重要手段之一，数据说明是首要工作，尤其对必要数据的说明显得更为重要。

（1）变量和常量的命名应遵循匈牙利命名法。即在阅读代码过程中通过变量名称，不仅知道变量的含义，还能知道变量类型。如标识符 m_iStackSize，该变量表示栈的容量大小（整型），以及它是类的成员变量。简单地说，匈牙利命名法就是将标识符的命名规范为："数据类型＋标识符"。在数据类型中，各种前缀及含义如下：i 表示整型，f 表示单精度浮点型，d 表示双精度浮点型，b 表示布尔型，p 表示指针，const 表示常量，ch 表示字符型，str 表示字符串。struct 表示结构型，C 表示类类型。

（2）对于复杂的数据结构，以及模块中操作的文件类型，首先对数据结构的整体进行说明，再对复杂结构中的各数据进行说明，做到整体结构、主要数据都应有注释。

【例 5.3】 用类模板实现保存不同数据类型元素的数组，并内嵌迭代器访问数组元素。下面的代码给出了该类模板的接口定义以及注释。

```
//定义数组类模板，实现保存不同数据类型元素，并内嵌迭代器来访问数组元素
template <class T>
class Array {
public:
      Array( unsigned sz );  // 类模板的构造函数，并设定能保存的数组元素个数
     ~Array();
     T& operator[ ]( unsigned i );
      Array<T>& operator=(const Array<T>&);
      friend ostream& operator<<(ostream& os, const Array<T>& arr);
      class iterator;     // 向前引用申明
      friend iterator; // 友元类申明，用于类中成员函数对外部类私有数据的直接访问
      // iterator 是一个嵌套类，用于指向 Array<T>类中的一个元素
      class iterator
      {
      public:
         // 构造函数,参数 isEnd 确定迭代器的起始位置是数组的首个还是最后一个元素
         iterator(Array<T>& arr, bool isEnd = false);
         T* operator++(int);                 // 迭代器指向下一个元素
         bool operator<(const iterator& it);  // 比较数组元素位置
         T& operator*();                     // 获取迭代器指向的当前数组元素
       private:
            T* p;                            // 指向当前数组元素的指针
       };
       iterator Begin();                     // 获取当前数组元素的起始位置
       iterator End();                       // 获取数组最后一个元素的位置
private:
       T * values;                           // 数组元素列表
       unsigned size;                        // 数组容量
};
```

（3）变量定义尽可能与变量的使用物理地组织在一起，便于查阅和增强理解，正如例 5.3 所示，将类及相关接口、结构放在一起定义。

3. 语句结构的处理

程序语句的组织，以行为单位。语句的结构除了特殊性能要求之外，应该力求表达简单、直接。可能产生歧义的语句都应重写或拆分成多条语句，以使其语义明晰。

（1）每行语句只表达一个语义信息，如赋值、运算、函数调用、判断等。不要同时具有多个表达式。如下代码：

```
a=0;
push(stack, a++);
```

由于编译器在函数参数入栈、表达式求值的顺序上会略有不同。因此，对于上述的 push

语句，入栈时参数是自左向右还是自右向左，会造成 a 的值是 0 还是 1 的混乱。这样，对于不同编译器的不同“翻译”，不仅带来理解上的歧义，也给软件测试和维护带来困扰。

（2）现阶段对编码的标准，已是可理解性第一、效率第二。随着硬件存储空间的不断扩大，运算速度越来越快，而硬件成本却又在不断下降，因此，牺牲较少的效率或通过提升硬件性能换来代码可理解性的增加是值得的。看下面代码：

```
void swap(int x, int y)
{
    x = x + y;
    y = x - y;
    x = x - y;
}
```

这段代码所实现的功能难以理解（实现两个整数互换），甚至还需要纸和笔进行演算才能帮助理解。同样的功能，换成如下形式的代码：

```
void swap(int x, int y)
{
    int t = x;
    x = y;
    y = t;
}
```

上述代码仅增加一个整型的临时变量，但对两个整数交换的过程一目了然。

（3）尽量使用开发环境提供的各种类库、函数库、中间件等，以减少出错。

4. 输入输出设计准则

输入输出的信息和操作直接面对用户。它不仅给出数据运算的结果，还给出系统在运行过程中的一些有用提示，甚至需要与用户交互才能完成任务。因而对输入输出的设计应该做到：

（1）输入输出的格式在整个系统中应该统一。

（2）对用户的输入要进行必要的限制和检查，使整个系统能得到有效控制。

（3）对输入数据应该有必要的缺省值。

（4）给用户输出的反馈信息要及时、准确。

（5）对输出的信息要有解释、说明。

（6）异常引发的系统问题，需要有数据恢复机制和用户选择操作。

5.2.2 程序设计的效率

首先需要说明的是，强调程序编码的编排是为了增加可阅读性和理解性，甚至可以牺牲部分效率。但这并不意味着不考虑算法效率问题。

1. 设计逻辑结构清晰、高效的算法是提高程序设计效率的关键。

下面通过对已排序的数组进行关键词检索，来看算法效率对程序设计效率的影响。

算法一：顺序检索关键词

```
/// <summary>
///从已排序的整数数组中检索关键词
/// </summary>
/// <param name="a[]">输入将要进行排序的数组</param>
/// <param name="Size">数组大小</param>
/// <param name="Key">待检索的关键词</param>
/// <returns>如果检索成功，则返回关键词对应的位置，否则返回－1 </return>
int OrderRetrievd(int a[], int Size, int Key)
{
    for (int i = 0; i < Size; i++)
    {
        if (a[i] == Key) return i;    // 检索成功
    }
    return -1;                        // 检索失败
}
```

算法二：折半法检索关键词

```
/// <summary>
/// 从已排序的整数数组中检索关键词
/// </summary>
/// <param name="a[]">输入将要进行排序的数组</param>
/// <param name="Size">数组大小</param>
/// <param name="Key">待检索的关键词</param>
/// <returns>如果检索成功，则返回关键词对应的位置，否则返回－1 </return>
int DichotomyRetrievd(int a[], int Size, int Key)
{
    int low = 0, high = Size- 1; mid;
    while (low <= high)
    {
        mid = (low+high)/2;
        if (a[mid] == key) return mid;    // 检索成功
        if (a[mid] > key)
            high = mid - 1;
        else
            low = mid + 1;
    }
    return -1;                            // 检索失败
}
```

直观上看，算法一比算法二要简单、易懂。但很容易得出它们的算法效率却大不同。算法一是线性检索，因此它的时间复杂度为O(Size)，算法二是用折半法检索，因此它的时间复杂度是$O(\log_2 Size)$，效率明显提高，特别是当Size特别大时，算法效率更为明显。

假设Size＝100 000，由于Size是$2^{16}< 100\ 000 < 2^{17}$，用折半法查找，最多查找17

次，就能确定检索关键词是否在数组a中。而算法一中只有数组前17个元素的检索次数少于17次。由此可见算法效率对程序设计效率的影响。

2. 存储效率对提高程序设计效率的影响

在目前计算机系统中，存储容量不再是影响设计效率考虑的因素。由于处理器采用分页、分段的调度算法，且采用对内存空间的虚拟存储，因此在对文件处理时，合理分页，使得文件一次分析和处理的数据量是系统定义的页的整数倍，以减少页面调度，减少内外存交换，特别是减少对外存的访问次数，提高存储效率。同样，对代码文件的导入导出也遵循同样的原理。源文件中对模块的划分，也兼顾考虑页的大小，对模块调用的效率也会产生影响。

3. 输入输出效率的影响

输入输出是系统与外界交互的桥梁，是系统运行必不可少的过程。提供完整的信息，为系统运行提供及时的反馈，也是提高程序设计效率的有效途径。

系统输入输出的数据可以来源于人的操作，也可以来自于外部系统的信息交换。因而对输入输出设计应尽可能做到：

（1）对于大数据量的传递，应设计适当的数据缓冲区。如搜索引擎对高频或热点关键词检索结果的保存，就采用查询页面缓存技术。

（2）对外部数据只存取必要信息。数据库视图的设计和投影选择操作，只分析有用的信息字段，无需要的信息都隐藏起来，减少I/O操作的数据量。

（3）对数据的存取还应与系统页面调度算法相配合，以页为单位分配数据传递的单位。

5.3 代码重用

软件重用是提高软件开发效率和提高软件质量的重要方法，也是软件工程发展的必然之路。软件重用包括代码重用、设计模式重用、软件开发过程重用等抽象级别。本节只讨论抽象程度最低、最直接的重用——代码重用，设计模式的重用见9.6节。

代码重用是利用已有的代码来构造或编写新的软件系统，代码的形式主要有二进制的目标代码（库文件）和源代码。

代码重用使得代码不仅编写简单、工作量减少，而且由于重用的代码已经经过测试和应用，能更大程度地保证软件质量。

随着程序设计技术的不断发展，代码重用的方式和程度也发生了根本性的变化。

1. 源代码形式的重用

这是最简单的代码重用形式。把源代码直接加入到新代码中，再根据新系统的需求进行修改，这无疑是最理想、最直接的重用方式。进行源代码重用时，需要注意几点：

（1）源代码重用要求被复制重用的代码和新系统的开发代码是同一种语言，或是能兼容的程序语言，如C++语言对C语言的兼容。

（2）利用中间语言实现跨语言的重用。如Microsoft的Visual Studio开发平台，可以把满足Framework标准的各种程序设计语言编译成中间语言（MSIL），在中间语言层面上实现跨语言重用。

（3）泛型编程提供了一定抽象层面的源代码重用，并提供了一组标准容器类。容器可实现算法的过程，但不提供具体的数据结构。这样，在重用容器类时，具有更广泛、更灵活的重用空间。同样，模板编程（类模板、函数模板）等技术也提供了不同的软件重用机制。

（4）源代码形式的重用会出现代码兼容的问题。虽然各种开发平台提供了大量代码重用的方式，但即使是同一种编程语言，也会出现兼容性问题，因为它们可能采用不同的编译器，对语言语法的支持也不尽相同。因此，对于程序设计语言的选择，应该采用由 ISO 批准的语言标准语法来实现。

2. 库文件形式的重用

目前，大多数高级程序设计的开发支撑环境都提供各类库文件，以此提供对通用功能的支持，如输入输出操作、文件操作、字符串操作以及各类通用数据结构和算法等。

对于库文件的重用，通常都采用链接方式实现与新系统的融合。库文件重用是针对目标代码的应用（或二进制应用），程序员不用、也不能知道库文件中各功能的实现细节，只需通过模块接口来调用，从而避免重复开发能重用的程序代码。

库文件重用能减少程序出错的可能性，但它不能进行任何修改，只能机械调用。当出现不能满足新系统中用户需求时，哪怕是很小的不同，也必须自己重写该功能，因而重用灵活性较差。此外，一些库文件的使用，还需要设计软件开发环境的系统参数，而这些参数往往和新系统有矛盾，这样也降低了库文件的重用程度。

3. 面向对象机制下的重用

目前，面向对象成为程序开发的主流技术之一。面向对象机制中的类、继承性和多态性都为代码重用提供了更广阔的技术空间。

类的封装性确保了类中公开访问的接口和隐藏定义的数据结构。这样，在代码直接重用过程中，极大地避免了代码标识符命名冲突、代码兼容的问题。

大多数面向对象程序设计语言都支持 public（公有部分）、protected（受保护部分）和 private（私有部分）等不同级别的访问权限，确保在继承过程中派生类对象访问父类和派生类的权限。

统一接口定义，设计不同实现过程，多态性不仅通过继承实现子类对父类代码的重用，而且还可以修改父类中的代码（接口不变），以体现新系统的需求。

类间关系除了继承，还有重要的聚合关系。类的聚合关系是主要通过在类中定义其他类的对象（成为子对象）来实现。类的聚合体现了代码重用的特征，类中子对象能够提供所在类的公共部分方法，增强类的功能。如果类中子对象定义在 private 部分，则在类的外部认为是该类而非其他类提供了此功能，从而起到完善类的功能，又避免暴露实现细节的矛盾。

5.4 代码评审

从代码编写开始到最终软件功能的全部实现，都需要进行代码评审。代码评审的目的是查找代码错误、系统设计缺陷、保证软件总体质量、体现软件开发者水平的重要技术手段。

代码评审，又称为代码复查，是指在软件开发过程中，通过阅读源代码和相关设计文件，对源代码编码风格、编码标准以及代码质量等活动进行系统性检查的过程。

代码评审主要分为正式评审和轻量级评审。

（1）正式评审：正式评审是针对代码编写完成之后召开的评审会议。评审会议由评审小组组织完成，成员包括组长、评审员、质量过程管理员和程序员。评审内容主要包括：

- 按照软件需求要求设计代码输入输出的文档。
- 代码功能描述和性能描述。
- 代码编写标准、接口定义规范。
- 源代码。

IBM 公司提出的范根检查法（Fagan inspection）[20]就是一种正式的、结构化的软件评审方式。它评审的内容涵盖了软件生命周期中的用户需求、软件设计、测试设计和程序代码等一系列文档。

（2）轻量级的代码评审。主要采取非正式的代码走查方式，不需要组织正式会议，因此它成本小、灵活性高。轻量级代码评审的主要方式有：

- 程序员向评审者提供需评审的代码。
- 程序员可以借助代码自动评审工具，如 CodeViewer、FindBugs 等。
- 程序员可以与评审员同步进行软件设计和开发。
- 定期召开小型的评审会，共同探讨代码编写过程中遇见的各类问题。

除了代码评审的组织方式之外，需要具体地从哪些方面完成代码审查内容呢？

针对结构化程序设计语言和面向对象程序设计语言的各自特点，表 5-1 和表 5-2 分别以 C 语言和 C++语言为代表，给出代码评审要点，读者可以根据具体选择的程序设计语言类型，并根据自身编程的经验，再逐步补充和完善表 5-1 和表 5-2 的内容。

表 5-1　结构化程序设计的代码评审要点（以 C 语言为例）

审查项	审查内容	重要性
注释风格	注释是否充分	重要
	注释是否必要	
	复杂逻辑表达式是否已被注释	
	距离较远的“}”是否已被注释	重要
	主要的数据结构是否已被注释	重要
	函数参数、返回类型、主要功能是否已被注释	重要
命名风格	标识符是否采用有意义的单词或拼音	重要
	不同作用域的标识符是否同名	
	标识符是否采用“最短长度最多信息”的原则来命名	
	函数名称是否和其所定义的功能相符	

续表

审查项	审查内容	重要性
排版	每行是否只有一条语句	
	每行是否只有一个变量定义	
	是否正确缩进	重要
	是否合理使用空格、空行，使得程序更加清晰	重要
表达式规则	宏定义是否规范	
	++和－－运算符使用是否得当	
	使用布尔类型时，是否定义了布尔型还是使用其他数据类型替代	
	只有一条语句的 if…else…和 while 语句是否也使用“{ }”	
	数组的数据下标的访问是否安全	重要
	指针使用前是否初始化	重要
	用“= =”判断浮点数相等是否满足精度需求	
	关系表达式中是否出现“变量=常量”的判断语句	重要
	函数返回对象时是否判断是否为 NULL	
其他规则	抛出的异常是否都有 try…catch…捕捉和处理	重要
	数据结构是在定义时被初始化，还是统一到初始化函数中初始化	
	复杂数据结构在使用前是否保证它的有效性	重要
	动态建立的对象是否被正确释放	重要
	是否遗漏取地址符“&”	重要
	函数间的调用关系是否在在执行上有潜在的顺序	

表 5-2　面向对象程序设计的代码评审要点（以 C++语言为例）

审查项	审查内容	重要性
注释信息	注释是否充分	重要
	注释是否必要	
	复杂逻辑表达式是否已被注释	
	距离较远的“}”是否已被注释	重要
	主要的数据结构是否已被注释	重要
	函数参数、返回类型、主要功能是否已被注释	重要
	类的整体描述、类的主要成员属性是否已被注释	重要
命名规则	标识符是否采用有意义的单词或拼音	重要
	不同作用域的标识符是否同名	
	标识符是否采用“最短长度最多信息”的原则来命名	
	函数名称是否和其所定义的功能相符	
	类的名称是否和其所定义的功能相符	
	类所在的文件名和类名是否有关联	

续表

审查项	审查内容	重要性
排版风格	每行是否只有一条语句	
	每行是否只有一个变量定义	
	是否正确缩进	重要
	是否合理使用空格、空行，使得程序更加清晰	重要
	所有的类的 public、protected、private 等关键词顺序是否一致	重要
	是否将类中成员方法的声明和定义分离	
表达式规则	只有一条语句的 if…else…和 while 语句是否也使用“{ }”	
	数组的数据下标的访问是否安全	重要
	指针使用前是否初始化	重要
	用“==”判断浮点数相等是否满足精度需求	重要
	是否用 const 定义常量	
	类的所有抽象接口是否都用 virtual 关键词定义	
	函数返回对象时是否判断是否为 NULL	
其他规则	抛出的异常是否都有 try…catch…捕捉和处理	重要
	函数参数中有类对象，是否将这一参数定义为指针或引用类型	
	函数内部定义的对象，在函数结束时是否能正确被释放	重要
	类的成员属性是在定义时初始化，还是统一到构造函数中初始化	
	是否正确编写派生类的构造函数和析构函数	重要
	是否考虑需要拷贝构造函数的定义	重要
	类的成员属性是否都定义在 private	
	类中公有的成员属性是否是通过对应的成员函数设置或获取值	
	类的成员函数的 public、protected 和 private 定义是否合理	
	类对象在使用前是否保证成员属性值的有效性	重要
	类的成员函数返回指针时，是否破坏类的封装性原则	重要
	类对象之间的赋值，是否重载赋值运算符	重要
	动态建立的对象是否被正确释放	重要
	类的成员函数之间在执行上是否有潜在的顺序	
	应尽可能通过构造函数的初始化列表来初始化成员和基类	

IBM 公司于 2011 年 5 月发布了使用轻量级代码评审技术。通过收集来自超过 100 家公司 6000 多名程序员的“实践经验”，并对代码评审进行了最大规模的研究工作，其中涉及包含了 2500 个代码评审案例，Cisco 系统上 320 万行的代码，得出 11 个高效的同行代码评审最佳实践，主要包括评审时的代码量、代码的规范、评审时间、缺陷确认、代码评审工具支持等核心内容，进一步为代码评审在软件质量管理、方法上提供了实践性标准和方法。

5.5 本 章 小 结

软件实现就是将软件设计的结果用程序设计语言实现，它包括编码、测试、调测、优化等一系列工作。

本章内容主要涉及上述过程中的程序设计语言，并从软件工程这个更广泛的范围来讨论程序及编码，包括程序设计语言的分类、特性、准则及程序编写规范等内容。编码实现设计的过程，编码质量的好坏，将直接导致用户体验和软件维护。

程序设计语言随着软件工程思想的不断发展，经历了从低级到高级、从简单到复杂、从非结构化到结构化程序设计再到面向对象程序设计的过程。因此，从软件工程角度，结合程序设计语言的发展历史，将程序设计语言大致分为机器语言、汇编语言、高级程序设计语言和第四代程序设计语言共四个阶段。

不同程序设计语言的不同特性会影响到整个软件系统的效率和质量。由于不同程序设计语言在语法上和技术上都有一些限制，会影响对设计描述和处理活动，因而要考虑程序设计语言特性对系统实现所带来的影响。

程序设计语言不是在编码时才选定。因为从技术上说，只有事先确定所采用的程序设计语言，才能更好地支持设计的思路、展现设计方案。从经济和法律上说，功能越强大的开发平台，其成本也较大，因而应选用与当前设计相符的软件开发工具。不同的程序语言机制对设计的支持不尽相同。目前被广泛采用的是结构化程序设计语言和面向对象程序设计语言。

根据软件工程观点，在选定语言，完成设计方案后，程序设计的风格在很大程度上影响程序的可理解性、可测试性和可维护性。从软件工程发展中人们认识到，程序的阅读过程是软件实现、测试和维护过程中一个重要组成部分。因此，一个良好的程序设计风格，是在不影响程序功能、性能前提下，系统地、有效地组织程序，增强代码的易读性、易理解性。

源代码按照一定准则编排，使得其逻辑清晰、易读易懂，已成为良好程序设计的标准。程序的编排和组织，将按照源程序文件，数据说明、语句结构和输入输出来综合体现。

从代码编写开始到最终软件功能的全部实现，都需要进行代码评审，其目的是查找代码错误、系统设计缺陷，保证软件总体质量，体现软件开发者水平的重要技术手段。

本章的最后以C语言和C++语言为例，给出了结构化程序设计和面向对象程序设计中代码复查的要点，希望能给读者带来一些启示。同时，读者也可以根据具体选择的程序设计语言类型，并结合自身的编程经验，再逐步补充和完善本章的内容。

习 题

1. 名词解释：代码重用、程序设计风格、代码评审。
2. 程序设计语言是如何分类的？

3. 程序设计语言的特性是什么？

4. 在选择程序设计语言时，结合自己的体会，想想是否还有哪些有益的提示？

5. 结合自己的设计经验，畅想一下 4GL 会给未来软件实现带来什么样的变化？

6. 良好的编程风格是如何影响软件质量的？

7. 什么是代码评审？不进行代码评审，会造成什么后果？

8. 对表 5-1 和表 5-2 的内容，还有什么需要补充的吗？请再给出一份你所使用的程序语言的代码审查要点。

9. 请把自己和团队其他人的代码互相审查，然后写一份代码审查表。

10. 对于 C++和 Java 语言中支持抽象数据类型的实现，有人认为是以放弃信息隐藏为代价的。请阐述你的观点。

11. 分别用 C 语言和 C++语言实现第 3 章 3.3.3 节中关于“栈”的定义，并总结软件设计对于结构化程序设计和面向对象程序设计各自的影响。

12. 对于上题中的实现，请从信息隐藏、抽象级别、耦合和内聚的角度，分别以结构化程序设计与面向对象程序设计的思想进行比较。

13. 下面的 C 语言程序实现对输入的 10 个整数按从小到大的顺序排序。请按照程序设计风格与表 5-1 的内容，完善该程序的编码风格及注释。

```
#include <stdio.h>
#define N 10
void main()
{int i,j,temp,a[N];
for(i=0;i<N;i++)
{
printf("a[%d]=",i);
scanf("%d",&a[i]);}
printf("\n");
for(i=0;i<N;i++)
printf("%5d",a[i]);
printf("\n");
for(i=0;i<N-1;i++)
{
for(j=i+1;j<N;j++)
if(a[i]>a[j])
{
temp=a[j];
a[j]=a[i];
a[i]=temp;
}
}
for(i=0;i<N;i++)
printf("%5d",a[i]);
}
```

14. 下面是用 C++语言编程实现的圆类（Circle）。圆的属性包括常量 PI、半径，并求解圆的周长和面积。请按照程序设计风格与表 5-2 的内容，完善该程序的编码风格及注释。

```
#include<iostream>
using namespace std;
class Circle
{
public:
        Circle(double r=0);
        Circle(const Circle & c);
        void Set(double r);
        void Print() const;
        const double PI;
        double radius, perimeter, area;
};
Circle::Circle(double r): PI(3.14159)
{
        radius = r;
        perimeter = 2*r*PI;
        area=r*r*PI;
}
Circle::Circle(const Circle & c): PI(3.14)
{
        radius = c.radius;
        perimeter = c.perimeter;
        area = c.area;
}
void Circle::Set(double r)
{
        radius = r;
        perimeter = 2*r*PI;
        area = r*r*PI;
}
void Circle::Print() const
{
        cout << radius <<", "<< perimeter <<", "<< area << endl;
}
```

15. 鸡兔同笼是我国古代有名的数学题。在 1500 年前的《孙子算经》中是这样描述的：“今有雉兔同笼，上有三十五头，下有九十四足，问雉兔各几何？”请用你所熟悉的面向对象程序设计语言解析该题。注意：设计方案不仅仅是为了解决本题，更应考虑解决一类问题。

第 6 章 软件测试

在软件开发过程中，尽管在系统分析、设计和实现各阶段采取了很多保证软件产品质量的手段和方法，但软件错误和缺陷仍旧难以不可避免。例如，对需求错误的理解、软件结构设计的缺陷（如数据访问接口和对数据的操作未分离）等问题，在各阶段评审和复审中出现遗漏或考虑不周，以及实现过程中的编码错误等。这些问题，轻则导致系统运行错误，重则造成资源巨大浪费，甚至是生命。早在 1967 年苏联“联盟一号”载人飞船，由于软件系统中一个小数点的错误，导致返航时降落伞打不开，从而进入大气层时摩擦太大而烧毁，造成机毁人亡的悲剧。

因此，软件系统的各类问题已迫使软件人员彻底认识到必须认真计划并坚决执行软件测试。

6.1 软件测试基础

软件测试是软件开发过程的最后一个阶段，它是在软件开发过程中保证软件质量、提高软件可靠性的最重要手段之一，它是软件系统在正式交付用户使用前，对系统分析、设计、代码等开发工作进行的最后检查和复审。

6.1.1 软件测试概念

20 世纪 60 年代各种高级程序设计语言相继出现，并随着计算机在运算能力、存储容量等物理特性的不断提升，价格的不断走低，给软件系统应用领域的拓展提供了坚实的物质基础。现在，随着软件技术的成熟和日趋完善，软件规模越来越大，复杂度也越来越高，软件质量和可靠性面临前所未有的危机，给软件测试带来更大的挑战，但软件测试也有了有效的测试理论和技术，并逐渐形成一套完整的测试方法和过程。

根据 IEEE（1983 年）标准，这里给出几个有关测试的重要概念的定义：

- 失败：当程序不能运行时称为失败。失败是系统执行过程中出现的一种情况，它源于编码错误。
- 错误：程序运行而得不到正确结果。
- 缺陷：缺陷是错误的表现，如叙述的不完整、数据流图的不平衡、程序流程图的非结构化设计、源代码编写错误等。
- 测试用例：测试用例是为了某种特定目标而设计的一组输入数据或执行条件，以及预期结果的集合。它是测试执行时的最小实体。

什么是软件测试？对这一概念的定义，有如下不同的描述：

- IEEE（1983）：软件测试是使用人工或自动运行测试系统的过程，其目的在于检验系统是否满足用户需求，或找出预期结果与实际运行结果间的差别，发现程序错误。
- Glen Myers：软件测试是为了发现错误而执行程序的过程。
- 从软件质量和可靠性角度理解，软件测试是为保证软件质量、提高软件可靠性的活动，它应用测试理论和技术，发现程序中的错误和缺陷而实施的过程。

总的来说，软件测试是在一定软件环境下，以最小的成本来验证系统能否按照需求正确运行，并尽可能多地发现存在的错误。同时，E. W. Dijkastra 指出：测试只能证明程序有错，而不能保证程序无错。

软件测试的目的是发现程序中的错误，它既不找出错误发生的位置，也不分析出错的原因。对此，Myers 还针对软件测试提出以下两点：

- 一个好的测试用例和过程可能发现一个尚未发现的错误。
- 一个成功的测试用例是发现了一个尚未发现的错误。

由于系统的复杂性，以及设计和实现人员主观上认识和实现的不足，都决定了在软件开发过程中，出现错误是不可避免的。越早发现错误，改正错误的代价就越小，也可减少给后续过程带来的麻烦，提高系统开发效率。

6.1.2　软件测试过程模型

软件测试过程主要包括测试对象和如何测试两部分内容。

测试对象通常为程序代码。现代软件工程中也包括对文档的测试。文档测试涉及对文档完整性、一致性、正确性、可追踪性、可理解性、可修改性等特性的测试。如何测试要求有测试配置（如测试方案、测试计划、测试用例等），测试环境配置，执行测试过程，最后进行测试结果与预期结果的对比及评价。

传统软件工程把测试作为独立阶段，直至代码结束才开始测试。但这时已经错过了发现软件系统结构、业务逻辑、数据设计中存在严重问题的时机，等到代码结束再去查找，将更难发现这些问题，对这些问题的修改将付出更高的代价。

因而，如何协调软件开发活动与软件测试的关系？是否在软件开发过程中就增加软件测试？什么时候增加软件测试？怎样才能既不影响软件开发进度，又能更好地把测试集成到软件工程各阶段活动中去？这不仅是软件测试阶段才需要考虑的问题，更重要的是把软件测试放置到软件工程中去全盘考虑的问题。因为只有这样，才能以最小的测试成本和代价，尽可能地避免或尽早地发现错误或设计的缺陷，减少重复劳动，最大限度地保证软件质量和可靠性。

1. 测试的 V 模型

传统上，软件测试与需求分析、设计、编码一样，是软件工程开发过程的一个阶段，面对的测试对象主要是源程序。20 世纪 80 年代 Paul Rook 提出对上述过程改进的 V 模型。1994 年 J. McDrmid 结合 V 模型，进一步说明了测试的重要性。

软件测试 V 模型如图 6-1 所示，它很形象地说明了 V 模型名称的来历。

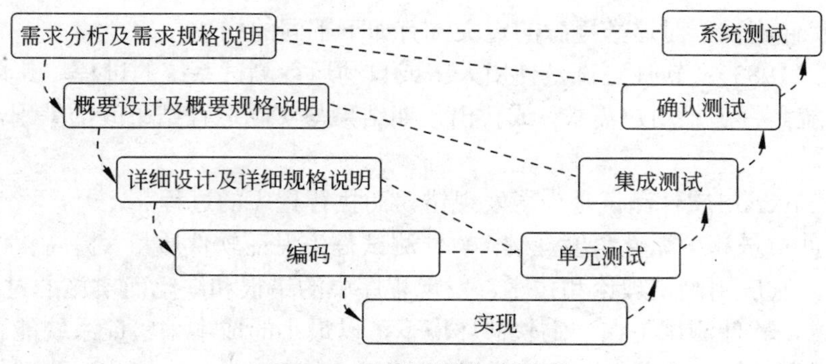

图 6-1 软件测试的 V 模型

V 模型的重要价值在于，它定义了软件测试如何与软件工程各阶段相融合，清楚地描述了各级别软件测试与软件开发各阶段的对应关系：

- 系统测试主要是验证用户需求，即系统的软件功能、性能、系统部署、硬件环境等在整体上是否能有效运行，是否能达到用户的预期。
- 确认测试主要在实验环境下（模拟用户环境），根据用户需求来验证和确认软件系统是否能可靠运行，是否能达到用户的预期。
- 集成测试验证各模块、软部件是否能按照软件系统结构进行集成，特别是验证和发现各模块间、接口间、软件间接口上、全局数据的操作上存在错误的可能。
- 单元测试主要验证单元内部的逻辑是否按照详细规格说明中的过程设计来完成的，单元外部的接口定义是否符合设计规范。

V 模型常被错误地认为软件开发每个阶段是有先后顺序的。实际上，它们是一种并行关系，通过设计与测试的并行进行，支持修改的迭代性、自发性，以及测试对各阶段工作变更的实时调整。

针对不同类型、不同规模的软件系统，并伴随着软件测试技术的不断发展，通过 V 模型演化出有各自特征的测试模型，它们对 V 模型进行了改进。

2. 测试的 W 模型

由于应用领域的复杂性，软件设计和实现的多样性，再加之开发人员的主观性，使得软件开发各阶段都有产生错误的可能。因此，理想的情况是能及时发现存在于各阶段中的错误或缺陷，坚持各阶段进行技术评审。图 6-2 所示的 W 模型，就形象地说明了软件测试与开发活动的同步。

W 模型的重要贡献在于，明确软件开发各阶段都要进行测试，而不仅仅是在编码结束后才开始。而且，测试的对象不仅是代码，还可以是文档（需求规格说明、设计规格说明等）。

例如，在需求分析中，检测数据流图中的每项数据流是否都在数据字典中定义（完整性），数据字典中定义的复合结构是否能在数据字典中查到（封闭性），设计结构中的各模块功能是否都覆盖了用户需求（完整性、一致性），详细设计方案中的每个数据都能知道其来龙去脉（可追溯性）等。

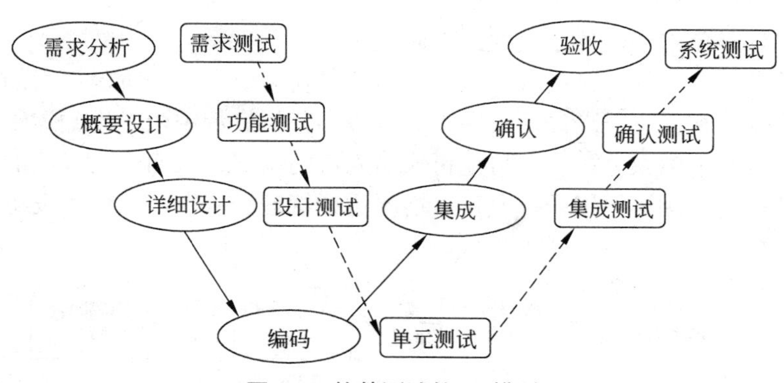

图 6-2　软件测试的 W 模型

3. 测试的 H 模型

软件测试的 H 模型是对 W 模型在更高层次上的线性抽象。它明确表示，在任何一个开发流程，只要有必要，即完成一个相对独立的软件配置项，并且测试配置已准备就绪，就能进行测试活动。图 6-3 描述的就是 H 模型。

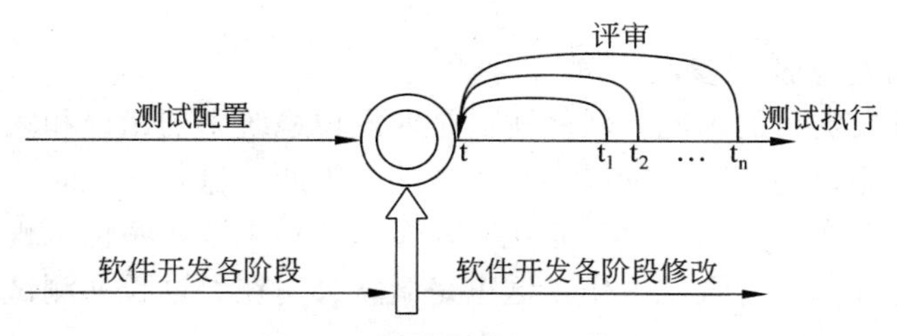

图 6-3　软件测试的 H 模型

W 模型和 H 模型对 V 模型的演化，目的是强调软件测试的尽早性，强调软件测试伴随着软件工程生命周期的各阶段。它们的主要特点是：

- 软件测试不再是一个独立阶段，而是贯穿整个开发过程，与各流程并发进行。
- 软件测试是分阶段、分层次、分对象，并按照开发过程先后顺序进行的活动，是一个迭代过程。
- 软件测试应早准备、早执行。
- 软件测试需要测试配置、测试方案、测试用例和预期测试结果，而不仅是测试的运行。

6.1.3　软件测试原则

测试是一项复杂的、创造性的、与经验相结合的挑战性工作。测试一个软件系统，需要测试人员考虑设计人员没有考虑到或没有考虑周全的问题。对相同测试对象，采用越少的测试用例去覆盖越广的系统功能、性能、操作、数据、条件、路径等方面，去发现存在的更多问题，就是理想的测试方案设计。软件测试原则是对测试的一些重要指导。

1. 应尽早地和不断地进行测试

测试模型已强调了这一原则。尽早地和不断地进行测试，就是要发现本阶段出现的错误，以及尽量避免出现软件错误的放大效应。

软件错误的放大效应，是指每一阶段产生的错误会引发下一阶段更大的错误。因为前一阶段的错误传递到下一阶段后，在下一阶段的分析过程中由于不知该错误的存在，将会对该错误进行更细致分析，并可能再次引入新的错误，从而造成错误的放大效应。同时，过程管理也要对这一错误按照正常情况进行管理和复审，从而引发更大的错误和混乱。图6-4演示了这一过程。

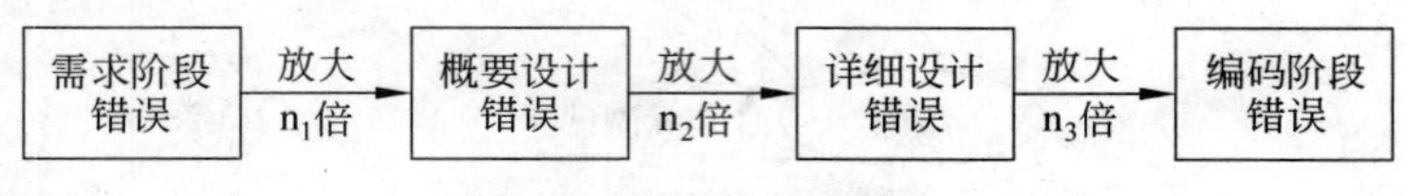

图6-4　错误的放大效应

对于错误的放大效应，IBM公司的研究表明，一般从概要设计到详细设计的错误放大系数约为1.5，而从详细设计到编码的错误放大系数是3。

正是因为错误的放大效应，H模型更加强调测试的实时性与持续性，即对需要进行测试的对象，如果满足测试活动的触发条件，则启动测试活动。这是一个反复迭代的连续过程。

2. 开发人员应尽量避免参加测试

软件测试与开发的目的不同，软件测试是要发现系统中的错误和缺陷。对同一个人来说，要发现自己完成的工作中的错误是困难的。因此，进行测试时，要尽量避免人为和主观因素的影响。在Windows XP系统中，微软公司采取让两位工程师交换检查各自工作的做法，以完成基本的测试工作。这也是微软公司在经过长期测试与控制软件质量相结合的研究中总结的方法。

3. 注重测试用例的设计和选择

测试用例由输入数据、设计条件和预期结果组成。对测试对象进行完全测试（穷尽测试）是困难的，甚至是不可能的，这主要表现在：

（1）不可能测试所有的输入数据。无论要求输入的是数字还是字符，都不可能穷尽所有的输入数据。假设一个整数以32位二进制表示，则可能的输入无符号整数测试用例有2^{32}个之多。

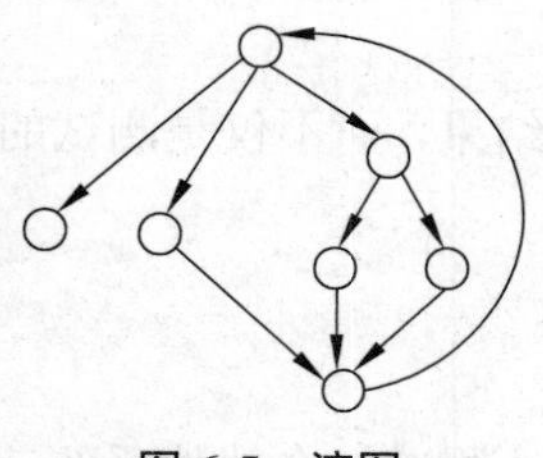

图6-5　流图

（2）不可预测用户输入行为。图形界面的操作在带来极大方便的同时，也难以预测用户下一步的输入行为是什么。是单击鼠标，还是敲击键盘，甚至直接关机？这些都难以完整给出测试用例。

（3）不可能测试所有路径。例如，图6-5是一个流图，假设循环体总共循环30次，则所有可能的测试路径有3^{30}条。假设1ms执行一条测试路径，则约需6528.76年。

由于无法通过穷尽所有的测试用例来完成测试，因而必须要精心设计，并选择具有代表性的测试用例。测试用例的质量由以下几项特性来描述：

- 有效性：能发现错误或缺陷。
- 高效性：能发现更多的错误或缺陷。

- 可行性：测试用例的配置要求、执行环境是可满足的。

4. 增量式测试

增量式测试是指被测试对象粒度由小到大，逐步增加测试内容。通常，以单元测试（或单元中某个程序片段）为最小的测试单元。只有这样，才能在调试阶段，准确定位错误。另外，从软件级别上看，也只有进行了单元测试，才能进行后续的集成测试、确认测试和系统测试。

5. 充分注意测试的群集现象

软件中的错误不是均匀分布在各部分中的，而是会出现“扎堆”的现象。Pareto 原则说明：测试发现的 80%的错误很可能集中在 20%的模块中。因此，当发现某部分存在错误时，就应该进一步测试是否还存在更多的错误。

6. 合理安排测试计划，严格执行测试计划

良好的开端是成功的一半。由于软件测试集成于软件开发的各个阶段，应针对测试对象，列出可用的测试资源，制定测试计划，设计和选择测试用例，周到细致地做好测试的准备工作，一定要注意避免测试的随意性。一旦测试计划启动，就要严格执行，不要半途而废，避重就轻，避繁就简。同时为防止测试过程中的意外情况，如人员调用、需求变更、资源变化等，应在制定测试计划时事先考虑这些因素，以降低测试风险。

7. 全面统计和分析测试结果

由于测试的需要（如显示数据在模块内变换处理的过程），测试的输出数据可能比正常需求时的输出数据多。因此，对于测试中输出的所有数据要进行全面、仔细的分析。因为许多错误的迹象和线索可能通过输出结果反映出来。如果忽略了其中某些信息，将会严重影响软件测试的质量和效率。

8. 保存测试文档，并及时更新

软件测试过程中涉及的测试计划、测试用例、测试结果、测试分析等文档，不仅是软件工程过程中的软件配置项，更是软件维护中重要的文档之一。回归测试就需要原有的测试用例对已修改的系统再次进行测试，避免在修改过程中引入新的错误。同时，由于测试不总是成功的，因而需要及时更新测试文档，避免反复测试等无效工作。

6.1.4　软件测试在软件开发各阶段的工作流程

在软件测试模型中，已提出在软件开发的需求分析、设计阶段和编码阶段分别对应系统测试、确认测试、集成测试和单元测试。软件测试已成为各阶段开发活动中的一个重要环节，随着软件规模扩大、复杂性的增加，以查找系统错误为目的的测试作用显得更为重要。

1. 需求阶段的测试活动

需求阶段是明确系统功能、性能、领域需求等内容。要求测试人员在这一阶段要了解用户软件需求、硬件支撑环境、系统部署、用户操作流程、系统外部接口等内容，生成系统测试计划，并形成文档。经过审查和复审，形成软件配置项。这时形成的系统测试文档，要随着用户需求变更而变化，并保证与用户需求的一致性。

图 6-6 描述了需求阶段的测试活动过程。

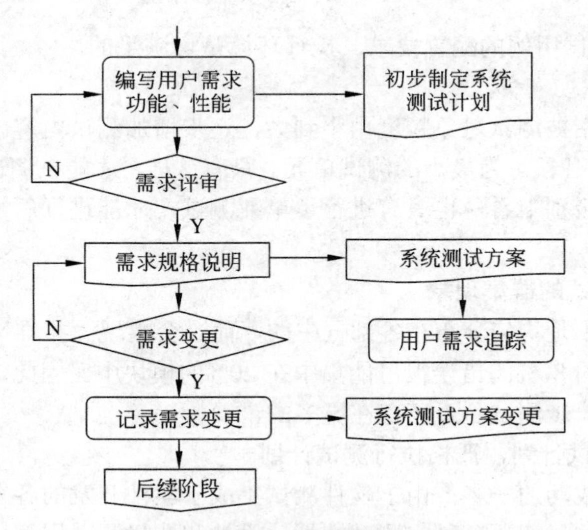

图 6-6　需求阶段的测试活动过程

2. 设计和编码阶段的测试活动

设计阶段可以细分为概要设计和详细设计两个子阶段。

概要设计主要完成软件系统结构、接口设计、全局数据设计。确认测试的方案保证软件系统整体的功能、性能符合需求。在集成各模块或软部件时，需按照软件体系结构完成。

详细设计给出了功能的过程描述和接口，单元测试方案既要完成内部流程测试，也要验证接口定义是否符合设计规范，并能正确传递数据或信息。

图 6-7 描述了设计和编码的测试活动。

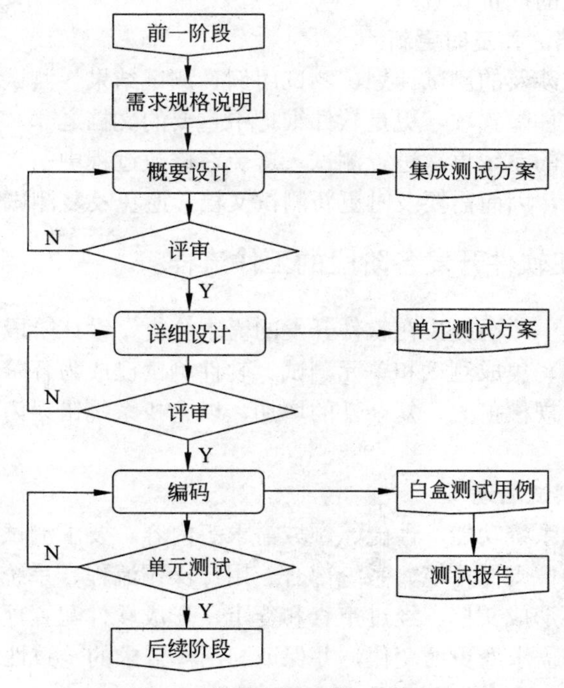

图 6-7　设计和编码的测试活动

6.1.5　软件测试信息流

软件测试信息流说明了从测试、结果分析、调试到排错的连续过程，反映了测试过程中所需的各类文档、数据及信息的转换过程。图 6-8 描述了测试信息流。

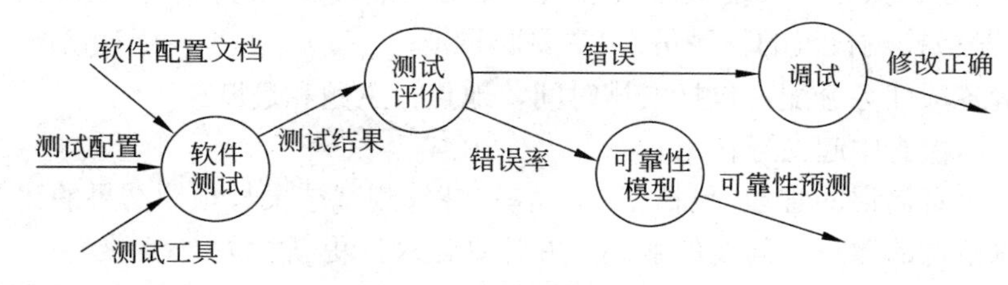

图 6-8　测试信息流

从图 6-8 中看到，测试过程需要输入三类信息：

（1）软件配置文档：包括软件需求规格说明、软件设计规格说明、源代码等。

（2）测试配置：包括测试计划、测试用例、预期结果、驱动程序。

（3）测试工具：测试工具提高了测试效率，支持测试数据自动生成、动态分析代码、测试结果对比与分析等测试信息流中的相关活动。

测试人员根据测试结果与预期结果的对比，如果出现偏差，意味着软件存在错误，之后开始调试过程。

如果通过测试发现严重错误，甚至涉及软件系统结构的修改，则软件质量和可靠性一定不高，需进一步进行测试。如果错误不严重，也易于修改，则考虑：一是软件质量和可靠性符合要求；二是测试用例尚不完备，还存在未发现的错误。具体的判断，需要根据测试用例和经验相结合来确定。

测试结果的积累，可用于软件可靠性模型的建立，以及错误分类标准和严重性的确定。

6.1.6　软件测试技术分类

站在不同角度，对软件测试技术就有不同分类标准。

1. 静态测试和动态测试

静态测试的测试对象包括源程序和文档。项目开发过程中产生大量的规格说明，对这些规格说明的技术审查和管理复审，以及对文档的测试数据都属于静态测试。

动态测试的测试对象为源程序。

就源程序来讲，静态测试是指不运行程序就找出程序中存在的错误，动态测试是通过运行程序而发现存在的错误和问题。

静态测试方法主要包括桌面检查、代码检查和代码走查。

（1）桌面检查。桌面检查是一种效率不高的静态检查，其原因一是检查不受任何约束和管理；二是程序员难以有效检查自己程序中存在错误和缺陷。但程序员了解自己所写程序的算法过程，对数据、代码非常熟悉，且桌面检查成本低，能随时进行，不受时间、地点、人员的限制。作为静态测试的早期测试，桌面检查仍不失为一种可行的方法。改进的桌面检查方法可以由2人构成，一人阅读，共同分析，共同记录。

（2）代码检查。代码检查是正式的静态测试方法。它是以小组为单位的组织结构，并通过一系列规范和错误检查技术来分析程序，发现可能存在的错误。

代码检查小组采用主负责人制来组织，即由一个负责人协调和指挥，他通常是技术人员（但不是被检测代码的程序员），主要职责是：

- 负责各项任务分配，包括安排时间、地点、主题和进度。
- 在代码检查中起主导作用。
- 负责所有错误的管理，包括记录、编写文档、测试结果与预期结果的比较与分析。
- 确保错误的改正、问题的解决，并认真记录，更新相关文档。

其余小组成员主要是根据静态测试的软件配置文档，仔细阅读程序，结合测试用例，查找程序中可能存在的错误和问题。主要职责是：

- 分析程序接口和内部的数据结构定义是否符合设计方案。
- 分析程序内部逻辑的执行过程，特别关注条件判断、循环等语句。
- 仔细对照已存在或修改的错误，记录可能的错误和缺陷。

代码检查小组内部分析、讨论时，要注意的是，代码检查的目的是发现错误，而不要纠缠在如何修改的技术细节上。

（3）代码走查。代码走查与代码检查类似，但它具有一定的动态特性，即把测试用例放入系统中，用人而非计算机去“运行”程序，并记录整个运行过程结果。这种方式有利于在程序中无过多注释，或不甚理解程序逻辑的基础上，通过人工运行程序过程而得到结果。

与计算机相比，人工执行程序的速度无效率可言。因此，代码走查主要针对一些简单的、有代表性的、测试用例较少的程序。实际上，代码走查更多的是确定程序逻辑是否正确的有效手段之一。

动态测试需要源程序真正运行在计算机中，并通过运行结果来分析判断错误和问题的技术。下面介绍的测试分类属于动态测试。

2. 白盒测试和黑盒测试

白盒测试是针对模块内部逻辑结构进行的测试。它面对程序内部的实现细节，分别对语句、条件、条件组合、循环等控制结构、异常、错误处理等特殊流程设计测试用例。

黑盒测试是把模块作为一个整体进行测试。它不关心程序逻辑实现的具体细节，而是关注模块的输入（接口）、输出（运行结果）。因而它主要测试模块功能是否符合设计，运行时是否能（被）正确调用。

白盒测试和黑盒测试的具体技术将在后文详细介绍。

3. 测试策略与过程划分

从测试策略和测试过程来分，软件测试分为单元测试、集成测试、确认测试和系统测试。

单元（函数、过程、类、软部件等）是构成软件“大厦”的基石，没有每个单元的正确性，就没有整个软件系统的正确性和可靠性。

集成测试检测将各单元是否能按软件系统结构进行组装。它主要涉及软件结构的设计。

确认测试检测软件系统的功能和性能是否满足用户需求。

系统测试检测软件系统与用户的实际使用环境、硬件系统、通信系统、系统部署等软件外部系统的适应性。

上述4部分测试将在本章的后续各节中予以详细介绍。

6.2　白盒测试

白盒测试又称为结构测试、逻辑驱动测试或基于程序的测试，是指用于测试代码是否按照设计正确运行的验证技术。它需要详细设计文档作为测试配置。

在软件测试中，测试用例的设计是关键，而输入数据又是测试用例设计的难点。测试方案就是要用最少的测试用例，尽可能多地发现错误或问题。不同的测试用例，发现程序错误或缺陷的能力差别较大。

白盒测试的测试用例设计，是根据程序内部控制结构来进行的。其设计原则是：

- 保证所有的判断分支至少执行一次。
- 保证所有循环体至少循环一次。
- 保证判断和循环的所有边界的可能取值都执行一次。
- 保证每条独立路径都执行一次。

在上述原则的基础上，白盒测试技术又分为逻辑覆盖、循环测试和路径测试。

6.2.1　逻辑覆盖

逻辑覆盖是指对程序设计中的逻辑判断条件进行的测试。由于软件质量标准的不同，对逻辑判断条件的测试力度也不同。因此，从覆盖程序语句和执行路径的程度不同，大致有以下几类覆盖标准。本节以图6-9所示的程序流程图为例，介绍不同逻辑覆盖标准的测试用例的设计方法。

【例6.1】　图6-9所示的是一个程序片段的程序流程图。其中，变量A、B、C是自然数，变量M的初值为1，即M＝1。语句1和语句3中的逻辑表达式的各子关系表达式用符号表示为：C_1表示A>C，C_2表示B>C，C_3表示B>M，C_4表示M= =1。语句1的逻辑表达式用T_1表示，语句3的逻辑表达式用T_2表示，T_i（i=1, 2）表示该逻辑表达式取值为true，$\overline{T_i}$（i=1，2）表示该逻辑表达式取值为false，C_i（1≤i≤4）表示子关系表达式值为true，$\overline{C_i}$（1≤i≤4）表示子关系表达式值为false。

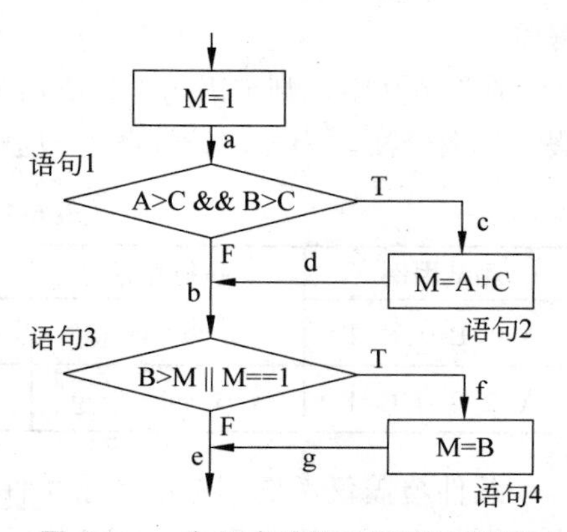

图6-9　一个程序片段的程序流程图

1. 语句覆盖

显然，程序中的每条语句都应该至少执行一次。如果某语句在所有测试用例下都未被执行，则说明要么测试用例的设计存在缺陷，导致语句被遗漏；要么该语句是多余的语句，应删除。

在图 6-9 中，执行路径 a—c—d—f—g 就能覆盖所有语句。为此，设计语句覆盖的测试用例如表 6-1 所示。

表 6-1　语句覆盖的测试用例

测试用例	执行路径	判定取值	子条件取值	覆盖分支
A=2, B=4, C=1	a—c—d—f—g	不予考虑	不予考虑	不予考虑

从表 6-1 中可以看出，由于不考虑条件取值及所覆盖的分支，因而语句覆盖是最弱的逻辑覆盖。

2. 判定覆盖

判定覆盖是指对程序中的所有判定，其各分支都至少执行一次的覆盖，因而也称为分支覆盖。

在图 6-9 中，语句 1 和语句 3 为判断，各分支是指 b 与 c、e 与 f。为此，设计判定覆盖的测试用例如表 6-2 所示。

判定覆盖仅考虑逻辑表达式的整体取值，没有考虑各子关系表达式的取值，因而无法发现各子条件中存在的错误。

表 6-2　判定覆盖的测试用例

测试用例	执行路径	判定取值	子条件取值	覆盖分支
A=2, B=1, C=1	a—b—f—g	$\overline{T}_1, T_2$	不予考虑	b, f
A=2, B=2, C=1	a—c—d—e	$T_1, \overline{T}_2$	不予考虑	c, e

3. 条件覆盖

条件覆盖是指在程序中，每个判定中的每个子关系表达式的取值至少各执行一次的覆盖。

在图 6-9 中，判定语句 1 和语句 3 中，每个子关系表达式 C_1、C_2、C_3 和 C_4 各自“真/假”值取一次。为此，设计条件覆盖的测试用例如表 6-3 所示。

表 6-3　条件覆盖的测试用例

测试用例	执行路径	判定取值	子条件取值	覆盖分支
A=1, B=1, C=1	a—b—f—g	不予考虑	$\overline{C}_1, \overline{C}_2, \overline{C}_3, C_4$	不予考虑
A=2, B=4, C=1	a—c—d—f—g	不予考虑	$C_1, C_2, C_3, \overline{C}_4$	不予考虑

条件覆盖仅考虑判定中各子条件的取值，而不考虑子条件的组合对整个判定取值的影响。从表 6-3 就能看到，两条执行路径均执行判定语句 3 为“真”时的路径，取值为“假”的路径未被测试，从而导致可能的错误未被发现。

4. 判定/条件覆盖

判定/条件覆盖是指程序中所有判定的各分支至少执行一次，判定中的每个子关系表达式的取值也至少各执行一次的覆盖。

在图 6-9 中，对于判定语句 1 和判定语句 3 的各分支，及各子关系表达式 C_1、C_2、C_3 和 C_4 的真/假值也各取一次。为此，设计判定/条件覆盖的判定用例如表 6-4 所示。

表 6-4 判定/条件覆盖的判定用例

测试用例	执行路径	判定取值	子条件取值	覆盖分支
A=2, B=2, C=1	a—c—d—e	$T_1, \overline{T}_2$	$C_1, C_2, \overline{C}_3, \overline{C}_4$	c, e
A=2, B=2, C=2	a—b—f—g	$\overline{T}_1, T_2$	$\overline{C}_1, \overline{C}_2, C_3, C_4$	b, f

判定/条件覆盖的不足是因为判定分支与各子表达式分支之间的取值没有关联起来。对于判定语句 1，当子条件 C_1（A>C）为假时，不用判断子条件 C_2（B>C）即可确定判定语句 1 取值为假，从而忽略对子条件 C_2 的测试，导致可能的错误未被发现。解决此问题的方法之一，可以将判定中的各子条件拆分成各自独立的判定条件来设计测试用例。

5. 条件组合覆盖

条件组合覆盖是指每个判定中的各子关系表达式的取值组合至少执行一次的覆盖。

在图 6-9 中，判定语句 1 和判定语句 3 的各子关系表达式的组合关系如下：

（1）A>C，B>C，记为 C_1C_2，则判定语句 1 取“真”值，覆盖分支为 c；

（2）A>C，B≤C，记为 $C_1\overline{C}_2$，则判定语句 1 取“假”值，覆盖分支为 b；

（3）A≤C，B>C，记为 $\overline{C}_1C_2$，则判定语句 1 取“假”值，覆盖分支为 b；

（4）A≤C，B≤C，记为 $\overline{C}_1\overline{C}_2$，则判定语句 1 取“假”值，覆盖分支为 b；

（5）B>M，M= =1，记为 C_3C_4，则判定语句 2 取“真”值，覆盖分支为 f；

（6）B>M，M≠1，记为 $C_3\overline{C}_4$，则判定语句 2 取“真”值，覆盖分支为 f；

（7）B≤M，M= =1，记为 $\overline{C}_3C_4$，则判定语句 2 取“真”值，覆盖分支为 f；

（8）B≤M，M≠1，记为 $\overline{C}_3\overline{C}_4$，则判定语句 2 取“假”值，覆盖分支为 e。

理论上，如果对每组判断都要进行测试，则至少需 8 组测试用例。但由于判定语句 1 和判定语句 3 之间的变量关联，因而设计条件组合覆盖的测试用例如表 6-5 所示。

表 6-5 条件组合覆盖的测试用例

测试用例	执行路径	判定取值	子条件取值	覆盖分支
A=2, B=4, C=1	a—c—d—f—g	不予考虑	$C_1, C_2, C_3, \overline{C}_4$	c, f
A=2, B=2, C=1	a—c—d—e	不予考虑	$C_1, C_2, \overline{C}_3, \overline{C}_4$	c, e
A=2, B=1, C=1	a—b—f—g	不予考虑	$C_1, \overline{C}_2, \overline{C}_3, C_4$	b, f
A=1 B=4, C=1	a—b—f—g	不予考虑	$\overline{C}_1, C_2, C_3, C_4$	b, f
A=1, B=1, C=1	a—b—f—g	不予考虑	$\overline{C}_1, \overline{C}_2, \overline{C}_3, C_4$	b, f

条件组合覆盖也存在不足，它并没有覆盖逻辑结构的所有路径，原因在于没有考虑前后多个判定语句间的组合关系，即未考虑判定语句1和语句3之间的判定组合关系。

6. 点覆盖

在图论中，有关点覆盖的概念是指：如果连通图G的子图G′是连通的，且包含G中所有的结点，则称图G′是图G的点覆盖。

流图是程序流程图的点覆盖。流图中的每个结点是程序流程图中的一条或多条语句的结合，它是一个有向图。

逻辑测试中的点覆盖是指流图中的每个结点至少执行一次的覆盖。由于流图中的结点是程序流程图中语句的简略表示，因而点覆盖和语句覆盖是相同的覆盖标准。

7. 边覆盖

在图论中，有关边覆盖的概念是指：如果连通图G的子图G′是连通的，且包含G中所有的边，则称图G′是图的边覆盖。

边覆盖是指对图G′中的每条边至少执行一次的覆盖。图G′中的边，就是程序流程图中的控制流（有向），因而边覆盖和判定覆盖是相同的覆盖标准。

6.2.2 循环测试

循环测试是指对程序逻辑结构中循环结构的测试，它专注于测试循环结构的有效性。在结构化的程序设计中，存在着三种不同形式的循环结构，即简单循环、顺序循环和嵌套循环，如图6-10所示。

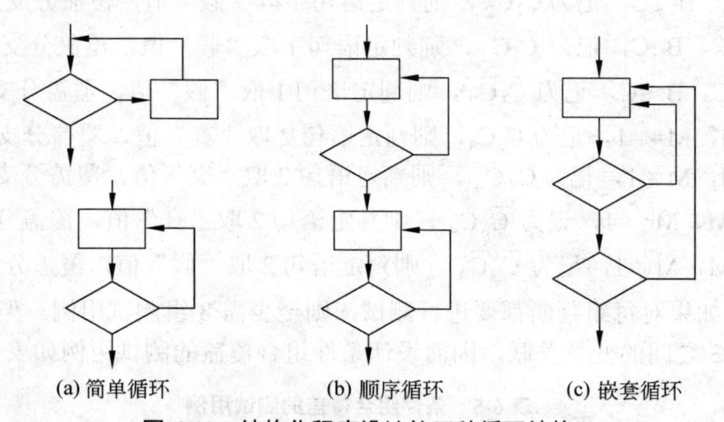

图6-10 结构化程序设计的三种循环结构

对于非结构化的循环测试，需要现将其转换为等价的结构化循环后，再进行循环测试。

1. 简单循环

简单循环是指在程序逻辑结构的上下文中仅有一个循环结构。对简单循环的测试，表面上是对循环次数的测试，实质上是对循环控制的逻辑表达式和循环体的测试。通常采用以下对简单循环的测试策略：

（1）不循环（循环0次）。

（2）仅循环一次。

（3）循环两次。

（4）循环 m 次，其中 m < n，n 是总的循环次数。

（5）循环 n–1 次、n 次、n+1 次。

对上述简单循环的测试策略可以看出，除了（4）以外，其余的测试实际上是围绕着循环次数的边界来进行。

2．顺序循环

顺序循环是指具有先后关系的循环结构。如果顺序循环间彼此独立，则可将顺序循环看作多个简单循环，分别进行循环测试。如果顺序循环间彼此关联，共享数据，则可将顺序循环按照如下步骤完成测试：

第一步：前一循环取某个测试值（如循环 0 次）进行测试。

第二步：后续循环按照简单循环进行测试。

第三步：依次迭代执行第一步和第二步，直至按照简单循环方式测试完前一循环。

如果测试循环的次数非常庞大，则在第一步时，先以简单循环的测试策略测试前一循环。然后，取前一循环的一个（如前一循环取循环一次时）或多个特殊值，后续循环再以简单循环的测试策略进行测试。

3．嵌套循环

嵌套循环是指在一个循环结构中又定义了一个新的循环结构，它们分别被称为外部循环和内部循环。由于内部循环次数受外部循环的控制，且控制次数会呈几何级数增长，B. Beizer 提出了减少嵌套循环的循环次数的方法：

第一步：从最内层循环开始测试，最内层循环按照简单循环方式测试，所有外层循环都取循环次数的最小值（通常是一次）。

第二步：以由内向外的顺序依次测试循环。当第一步完成后，内部已测试的循环取最小循环次数（通常是一次），外部循环也取循环次数的最小值（通常也是一次），中间待测的循环结构按照简单循环测试策略完成测试。

第三步：重复第一步和第二步，直至最外层循环测试完毕。

【例 6.2】 函数 MultiTable 打印输出 M×N 的矩阵，图 6-11 给出了对应的程序流程图。请设计循环测试的测试用例。

```
void MultiTable(int M, int N)
{
    for (int i = 1; i <= M; i++)
    {
        for (int j = 1; j <= N; j++)
        {
            cout << j << "*" << i << "=" << i * j << "  ";
        }
        cout << endl;
    }
}
```

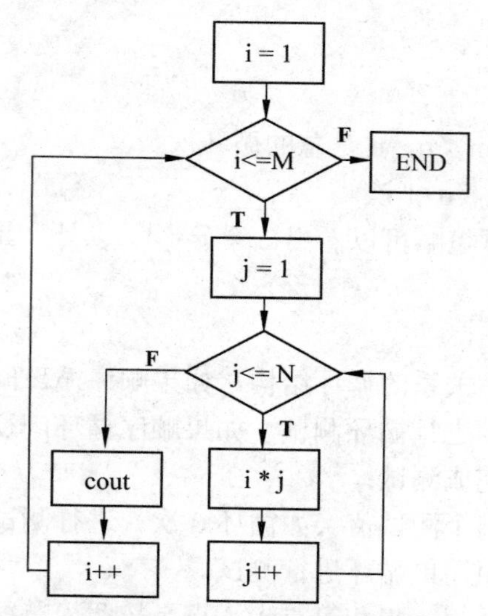

图 6-11　函数 MultiTable 的程序流程图

多重循环的测试用例如表 6-6 所示。

表 6-6　多重循环的测试用例

测试用例	外循环	内循环	预期结果
M=1, N=0	1 次	0 次	无输出
M=1, N=1	1 次	1 次	1×1 的矩阵
M=1, N=2	1 次	2 次	1×2 的矩阵
M=1, N=10（任意值）	1 次	10 次	1×10 的矩阵
M=0, N=1	0 次	1 次	无输出
M=1, N=1	1 次	1 次	1×1 的矩阵
M=2, N=1	2 次	1 次	2×1 的矩阵
M=10（任意值），N=1	10 次	1 次	10×1 的矩阵
M=20（任意值），N=30（任意值）	20 次	30 次	20×30 的矩阵

6.2.3　路径测试

路径测试是 Tom McCabe 提出的一种白盒测试技术。该技术通过计算程序流图的环形复杂度来确定需要进行测试的程序执行路径，之后根据测试路径设计测试用例。测试用例要保证测试路径在测试过程中至少被执行一次，并且每个判定分支都至少执行一次。

在介绍路径测试的测试用例设计方法之前，先介绍相关的图形工具——流图。

流图是对程序流程图的简化表示。程序流程图中的每个结点在流图中用一个圆圈表示，程序流程图中的控制流箭头及方向在流图中的表示不变。图 6-10 所描述的程序流程图对应的流图如图 6-12 所示。

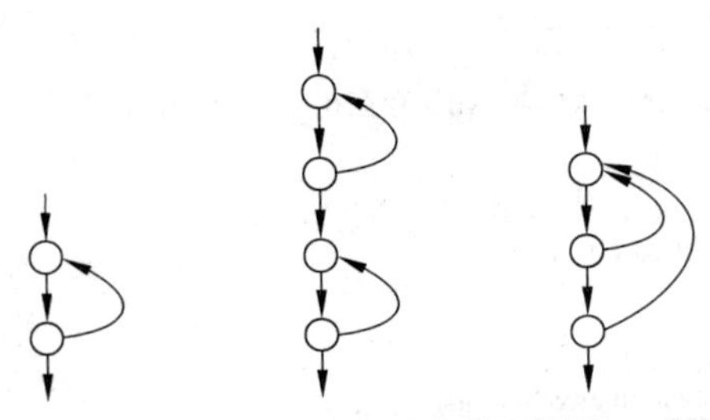

图 6-12 流图所对应的示例图

流图的目的是使测试关注于程序执行路径。

在将程序流程图转换为流图时，需要注意逻辑表达式中对“与”和“或”关系的拆分。

（1）在程序流程图中，当在逻辑表达式中出现“A and B”时，需将逻辑表达式拆分成如图 6-13 所示的流图形式。

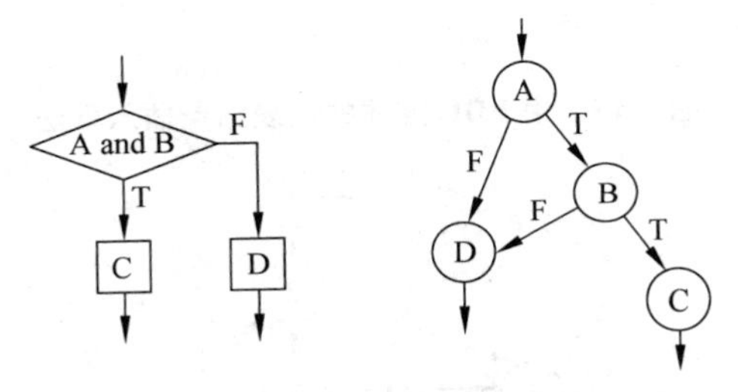

图 6-13 “与”关系的流图转换

（2）在程序流程图中，当在逻辑表达式中出现“A or B”时，需将逻辑表达式拆分成如图 6-14 所示的流图形式。

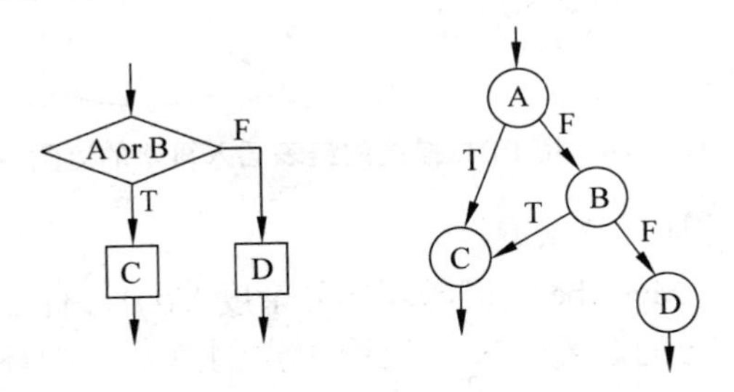

图 6-14 “或”关系的流图转换

下面以图 6-15 中用 PDL 描述的程序，结合流图的表示，说明路径测试的方法和步骤。

【例 6.3】 用路径测试法设计链表结点插入算法的测试用例。

第一步：根据过程设计结果得出相应流图。

根据用 PDL 描述的链表插入算法，画出对应流图，如图 6-16 所示。画流图时需要注意逻辑表达式中各子关系表达式的拆分。

```
/// <summary>
/// 将整数Item插入到链表L中，如果存在相同元素，则不插入
/// </summary>
/// <param name="L">链表L</param>
/// <param name="Item">将要插入的整数</param>
void InsertItem(List& L, int Item)
{
①←-int i=0;
  ←-bool isFind = false;
    while (i<L.length && !isFind)
              ②          ③
    {
        if (L. Items(i) == Item) // ④
            isFind = true; // ⑤
        else
            i++;  // ⑥
    } // ⑦
    if (!isFind) // ⑧
    {
⑨←---L.InflateSpace(1); //增加一个结点，并作为L的最后一个结点插入到L中
  ←---L.Items(i) = Item; //放入值到新增结点
    } // ⑩
}
```

图 6-15　用 PDL 描述的链表结点插入算法

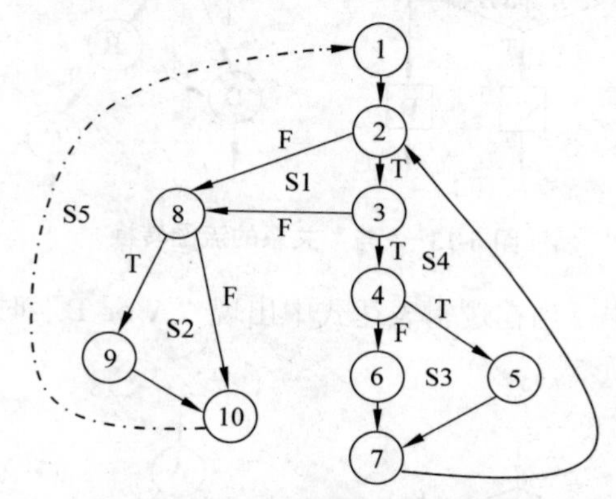

图 6-16　用 PDL 描述的链表插入算法的流图

第二步：计算流图的环形复杂度。

对于给定的流图，按 McCabe 定义的环形复杂度 V(G)，有三种不同的计算方法：

（1）设 E 为流图中边的总数，N 为流图中点的总数，则环形复杂度 V(G)计算公式为：

$$V(G) = E - N + 2$$

图 6-13 中，边 E 的总数为 13，结点 N 的总数为 10，则 V(G) = 13 − 10 + 2 = 5，即链表插入算法共有 5 条独立的测试路径。

（2）设 P 为流图中判定结点的个数，则环形复杂度 V(G)的计算公式为：

$$V(G) = P + 1$$

图 6-13 中，有②、③、④、⑧共 4 个判定结点，则 V(G) = 4 + 1 = 5，即链表插入算法共 5 条独立的测试路径。

（3）计算流图中封闭区域的个数。在图 6-15 中，共有 S1、S2、S3、S4 和 S5 共 5

个封闭区域。其中，封闭区域 S5 的边界可以认为在无穷远处，也可人为添加一条由程序结束结点到开始结点的“虚”控制流，如图 6-16 中的虚线所示。

第三步：确定线性独立路径集合。

线性独立路径是指每条路径至少引入一条程序的新语句。从流图上看，线性独立路径至少引入一条新的边。

流图的环形复杂度定义了程序独立路径的数量，也即是进行路径测试的测试用例数目。通过对流图 6-16 的分析，得出下面 5 条独立路径：

path1：1—2—8—9—10

path2：1—2—8—10

path3：1—2—3—8—9—10

path4：1—2—3—4—5—7—2……

path5：1—2—3—4—6—7—2……

路径 path4 和 path5 的后面加上省略号（……），表示在结点②的后续可以设计任意路径。此外，对于独立路径的确定，确定判定结点是关键。本例中，②、③、④、⑧是判定结点。

（4）设计能执行 5 条独立路径的测试用例。

测试用例的确定需要和判定结点相结合，设置正确的、满足判定的数据。

path1 的测试用例：

输入数据：空链表 L，结点数据值 Item。

输出数据：仅有一个元素的链表 L，并且该元素的值就是 Item。

path2 的测试用例：

输入数据：独立路径不能设置相应的测试数据。因为不存在空链表 L，而整数 Item 已经存在于该空链表 L 中。

输出数据：无预期输出结果。

path3 的测试用例：

输入数据：独立路径不能设置相应的测试数据。因为不存在这样的情况：整数 Item 不在链表 L 中查找，就直接插入链表 L 中。

输出数据：无预期输出结果。

path4 的测试用例：

输入数据：链表 L 是非空链表，整数 Item 等于链表 L 中第一个元素的值。

输出数据：链表 L，其各结点数目、值都不变。

path5 的测试用例：

输入数据：链表 L 是非空链表，整数 Item 不等于链表 L 中第一个元素的值。

输出数据：如果整数 Item 在 L 中，则链表 L 各结点数目、值都不变；如果整数 Item 不在链表 L 中，则将整数 Item 插入链表 L 的最后一个结点，并且链表 L 长度加 1。

最后要注意的是，某些独立路径（如 path2 和 path3）不能以独立的方式测试，也就是说，程序的正常流程不能形成独立执行该路径所需要的数据组合。

6.3 黑盒测试

黑盒测试又称为功能测试或行为测试，它主要根据设计说明中的功能设计来测试程序能否按预期实现。

黑盒测试的目的是尽量发现系统功能中的错误。常见的系统功能错误有以下几类：

（1）功能不正确或不完整。

（2）界面或接口错误。

（3）数据结构错误。

（4）访问外部数据库错误。

（5）性能不满足需求。

（6）初始化或终止系统时的错误。

完成黑盒测试的成员组成最好不涉及程序员，因为程序员很容易按照自己模块实现的思路来设计测试用例，从而难以达到发现错误的目的。在实际操作中，测试组按团队模式进行管理，由第三方测试人员来进行黑盒测试。

下面介绍几类黑盒测试技术。

6.3.1 等价类划分

穷尽黑盒测试所有的输入输出数据是不实现的，因此如何从无穷的测试数据中选择具有代表性的数据显得尤为重要。等价类划分就是选择代表一类数据特例的方法，使得选择一组测试用例就能发现一类错误。

等价类划分是指把所有可能的输入数据，按程序接口定义划分为若干子集，并从每个子集中选取具有代表性的有限数据作为测试用例。等价类即为划分的某个子集，等价类中每个元素具有完全相同的性质。因而等价类测试做如下假设：等价类中任何元素用于测试用例的设计并得到相应测试结果，就认为等价类中所有元素都进行了相同的测试，并得到相同的测试结果。

等价类划分有两种情形：有效等价类和无效等价类。有效等价类是指对被测程序来讲，是有意义的、合理的数据组合。例如，根据姓名查询相关信息，则只会输入字符，不会输入其他符号，如数字等。有效等价类从正面验证软件是否实现规格说明中定义的功能和性能。而无效等价类正好相反，试图通过无效的、无意义的数据，从反面说明软件功能和性能的可靠性。

用等价类划分设计测试用例时，必须同时考虑有效等价类和无效等价类。因为软件系统对数据的处理，不仅面对合理数据，更要处理非法数据，也即系统的异常处理功能。如计算某学生期末成绩的平均分，在计算各科成绩总分时，要求输入的每门课程成绩为0～100分，但无法阻止用户输入 −67 和 105 之类的数据。有时对功能进行等价类测试时，无效数据显得更为重要。

对于常见的数据分析，如特殊数值、区间值、布尔值等，结合各类经验，有以下原则辅助确定等价类：

（1）如果定义了输入数据的取值范围（如[a. b]），则可划分一个有效等价类（[a. b]间的数据集），两个无效等价类（$-\infty$, a）和（b, $+\infty$）。

（2）如果规定了输入数据的个数（如 N 个），则可以划分出一个有效等价类（1～N 之间），两个无效等价类（0 个）和（N+M 个数据）。

（3）如果规定输入数据是特殊值，则特殊值集合是有效等价类，其余取值构成一个无效等价类。

（4）如果输入数据是布尔量，则可划分出一个有效等价类和一个无效等价类。

（5）如果定义了输入数据的规则，则可划分出一个符合规则的有效等价类和一个违反规则的无效等价类。

（6）如果输入的数据是整型，则可划分出负数、零和正数等三个有效等价类。

（7）对于上述各自划分的有效等价类和无效等价类，可以根据不同角度、规则、程序处理方式等各方面入手，再细分为若干有效或无效的等价子类。

根据上述等价类划分原则，并结合软件系统领域特征，为每个输入数据设计测试用例。一个良好的测试用例应该覆盖较多的等价类。

下面用例 6.4 来介绍等价类划分法设计测试用例的方法和步骤。

【例 6.4】　在"简历自动获取和查询系统"中，对获取的连续数字字符是否是固定电话进行识别。固定电话的识别规则是：

（1）区号：以"0"开始的 3 位或 4 位数字。

（2）连接符：连接区号与本地号码的符号，用"－"表示。

（3）本地号码：本地号码是由 7 位或 8 位数字构成。

第一步：根据输入数据，划分待测问题的等价类，并对每个等价类进行编号。

电话号码的等价类划分根据问题定义规则完成，如表 6-7 所示。

表 6-7　电话号码的等价类划分

电话号码规则	有效等价类	无效等价类
区号	以"0"开头（1） 后续 2 位数字（2） 后续 3 位数字（3）	非"0"开头（7） 有非数字字符（8） 少于 3 位数字（9） 多于 4 位数字（10）
连接符	"－"　（4）	非"－"符号（11）
本地号码	7 位数字　（5） 8 位数字　（6）	有非数字字符（12） 少于 7 位数字（13） 多于 8 位数字（14）

第二步：优化等价类（合并或拆分），并对每个等价类设计对应的测试用例。

根据表 6-7 所划分的等价类，第（7）和第（12）个等价类是同一个等价类，可以合并。之后，设计每个等价类的测试用例及描述，如表 6-8 所示。

表 6-8 设计每个等价类的测试用例及描述

测试数据	覆盖的等价类	预期结果
010～1234567	（1）（2）（4）（5）	有效的固定电话号码
0851～87654321	（1）（3）（4）（6）	有效的固定电话号码
1a～1234567	（7）（8）（9）	无效的固定电话号码
10100a～12345678	（7）（8）（10）（12）	无效的固定电话号码
0101234567	（11）	无效的固定电话号码
010～12345a	（12）（13）	无效的固定电话号码
010～123456789	（14）	无效的固定电话号码

6.3.2 边界值分析

边界值分析是对等价类划分的有益补充。在划分等价类的过程中，有效等价类和无效等价类的边界，往往是测试的重点。编程经验也提醒我们，在判定条件的边界值上以及循环次数判定的边界上，往往隐藏着错误。

使用边界值分析法设计测试用例，首先要确定边界值，这需要依靠等价类划分、个人经验和技术能力。针对边界值分析的特点，下面是边界值分析的几项原则：

（1）如果输入数据给定了范围，则对于范围的边界，定义比边界值少 1、边界值、比边界值多 1 的数值来设计测试用例。例如[a, b]区域，则取 a–1、a、a+1、b–1、b、b+1 作为测试用例。

（2）如果规定了输入数据的个数 N，则设计 0 个数据、1 个数据、2 个数据、N－1 个数据、N 个数据和 N＋1 个数据等的测试用例。

（3）如果没有指定值区域，则应取计算机所能表达的最大值和最小值作为测试用例。

（4）对于浮点数，应取最大精度和最小精度的浮点数作为测试用例。

（5）如果输入数据是有序集，则取该集中第一、第二、倒数第二和最后一个元素作为测试用例。

例如，假定文件中的记录最多有 N 条，则用边界值分析法，设计 0 条、1 条、2 条、m 条（m<N）、N－1 条、N 条、N＋1 条记录的测试用例。

再如邮局邮寄包裹收费，规定 1～10kg 收费 N 元，且重量精度为百分之一，则边界值分析法设计包裹重量为 0.99kg、1kg、1.01kg、9.99kg、10kg、10.01kg 的测试用例。

6.3.3 错误推测法

等价类划分、边界值分析都属于有规律可循的技术性方法，从而使得发现的错误也易于暴露。但错误和问题的发生是多种多样的，有时难以用常规的技术发现。

错误推测法是根据测试人员的经验和直觉来推测程序中可能存在的各类错误，从而有针对性地设计测试用例。由于错误推测法在很大程度上凭借直觉和经验，因此难以有确定的步骤去发现错误和问题。这就要求测试人员平时总结一些在编写代码时容易出现

错误的原因，如除零错、打开文件时文件的状态、读写数据时保持数据的一致性等。

一个有效的途径是把错误推测法与人工代码检查结合起来。通过代码检查，分析模块间相互依赖关系和数据的可能组合来进一步设计测试用例。

6.3.4　因果图法

输入数据之间不是相互孤立的，它们相互依赖，共同为功能实现提供数据。因果图法适合测试程序输入数据间的组合情况。

因果图是一种通过逻辑网络表示的形式语言，它将输入数据作为“因”，把输出数据看作“果”。如黑盒测试就是把“因”映射为“果”的逻辑网络图。

因果图的逻辑网络基本符号如图6-17所示。

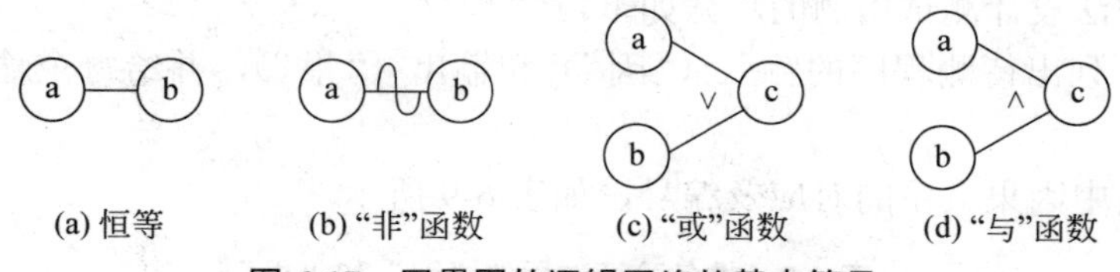

图6-17　因果图的逻辑网络的基本符号

图6-17中基本符号的含义如下：

（a）恒等：若a为1，则b为1，否则b为0。

（b）非：若a为1，则b为0，否则b为1。

（c）或：若a或b为1，则c为1，否则c为0。

（d）与：若a和b同为1，则c为1，否则c为0。

因果图的逻辑网络的限制符号如图6-18所示。

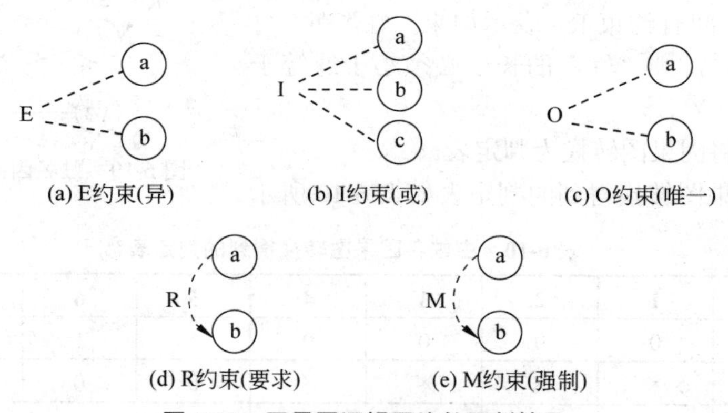

图6-18　因果图逻辑网络的限制符号

图6-18中限制符号的含义如下：

（a）E约束（异）：排斥关系，即a和b不能同时为1。

（b）I约束（或）：包容关系，即a、b、c不能同时为0。

（c）O约束（唯一）：选择关系，即a、b中仅有一个为1。

（d）R约束（要求）：需要关系，即a为1时，b必须为1。

（e）M 约束（强制）：屏蔽关系，即 a 为 1 时，b 强制为 1。

下面通过一个实例介绍因果图法设计测试用例的方法和步骤。

【例 6.5】 在“简历自动获取和查询系统”中，对于从简历中抽取的求职者姓名，有如下要求：

（1）姓名中的“姓”必须是“百家姓”中已定义的汉字。

（2）姓名中的“姓”的长度不能超过 2 个汉字。

（3）姓名中的“名”的长度不能超过 3 个汉字。

（4）如果同时满足（1）、（2）和（3）的条件，则将提取的姓名保存到数据库中。

（5）如果不满足条件（1），则输出信息 M1。

（6）如果不满足条件（2）或（3），则输出信息 M2。

用因果图法设计测试用例的步骤如下。

第一步：列出待测程序的输入（“因”）和输出（“果”），并给每个输入、输出进行编号。

对于姓名中因果关系的对应及编号，如表 6-9 所示。

表 6-9　姓名验证过程的“因”和“果”

编号	因（Y）	编号	果（J）
Y1	“姓”出现在“百家姓”字典中	J1	保存到数据库中
Y2	“姓”的长度不超过 2 个字符	J2	输出信息 M1
Y3	“名”的长度不超过 3 个字符	J3	输出信息 M2

第二步：画出因果图。

描述姓名因果关系的因果图如图 6-19 所示。其中 Y1 和 Y2 间有约束 R，表示如果“姓”在“百家姓”中（Y1），则“姓”的长度必须小于或等于 2（Y2）。

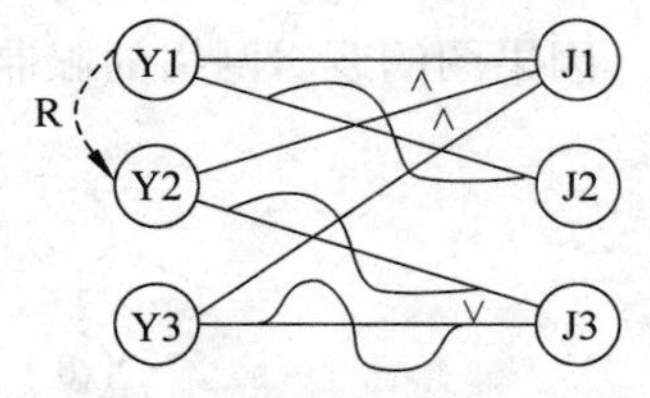

图 6-19　姓名因果关系的因果图

第三步：将因果图转换为判定表。

由姓名因果图转换得到的判定表如表 6-10 所示。

表 6-10　由姓名因果图转换得到的判定表

因	果	1	2	3	4	5	6	7	8
条件（因）	Y1	0	0	0	0	1	1	1	1
	Y2	×	×	×	×	0	0	1	1
	Y3	×	×	×	×	0	1	0	1
动作（果）	J1	0	0	0	0	0	0	0	1
	J2	1	1	1	1	0	0	0	0
	J3	0	0	0	0	1	1	1	0

第四步：给出判定表中每列的测试用例。

针对表 6-9 中的各列，给出对应的测试用例和预期结果：

第 1、2、3、4 列，由于 Y1 都为 0，即当前提取的候选姓中，“姓”没有出现在“百家姓”中，因此后续判断“姓”的长度和“名”的长度都无从进行，且后续判断也毫无意义。因此，对此 4 列只需设计 1 个测试用例，如“蒋宋”。预期输出信息 M1。

第 5、6 列，由于当“姓”的长度超过 2 时，已经不符合姓名提取的条件，因而无须再判断“名”的长度。因此，可以设计 1 个测试用例对这两列进行测试。

第 7 列的测试用例：张树之宝毅。虽然“张”作为姓，长度也符合要求，但名“树之宝毅”长度超过要求，预期输出信息 M2。

第 8 列的测试用例：张晓箐。符合要求，存入数据库，预期运行结果是在数据库中增加所获取的姓名。

6.4 白盒测试和黑盒测试的比较

白盒测试和黑盒测试都需要面对源程序，都是通过运行程序发现存在的问题和错误。但它们从不同位置（程序内部和外部）观测和分析程序，因而也具有各自不同的应用角度和特点。

6.4.1 应用角度的不同

1．测试技术不同

白盒测试是进入程序内部，面对的是详细的逻辑结构，它的测试方法和技术都需要与具体的程序设计风格、语言、语句和控制结构等相结合。因此，白盒测试更关心的是系统的局部而非全局。

黑盒测试将系统模块（函数、过程、类、软件部件等）看作一个整体，它测试的是模块功能和性能，并通过模块接口与模块交互，无须了解模块内部的实现细节。此外，黑盒测试不仅测试单个功能，还测试模块间相互依赖关系，软件系统结构是否符合设计方案。因此，黑盒测试更多的是关注系统的全局而非局部。

2．测试人员不同

由于白盒测试需要了解系统过程实现的细节，需要掌握被测程序的语言、实现工具，因而需要程序员和测试人员共同完成，以保证软件质量，造成用户、非技术人员、管理人员难以进行白盒测试。

黑盒测试无须了解过程的具体实施，通过设计文档掌握模块接口的数据结构和调用方式即可进行测试。因此，黑盒测试可以有较多的人参与，如用户、非技术人员等。当然，从管理和组织角度上看，有专门的测试小组完成测试，更能保证软件质量和可靠性。

3．文档配置不同

白盒测试的测试对象是源程序，需要设计文档，特别是详细设计文档的支持。

黑盒测试的测试对象包括源程序与文档，需要需求规格说明和概要设计说明。黑盒测试也用于测试系统结构是否符合概要设计，系统整体功能是否符合用户需求。

6.4.2 白盒测试的优点与不足

1．白盒测试的优点

（1）充分性度量手段，能够测试代码中的每条判定、分支和路径。

（2）发现代码中大部分的错误和问题。

（3）有较多的工具支持测试过程。

（4）部分测试用例能自动生成。

2．白盒测试的不足

（1）有相当的测试用例需要人工生成，难度大，易出错。

（2）阅读、理解代码工作量大，设计测试用例耗时长。

（3）对全局的数据结构和数据的测试，缺乏全面的了解和掌控。

（4）仅适用于单元测试。

（5）不能验证系统整体规格说明的正确性。

6.4.3 黑盒测试的优点与不足

1．黑盒测试的优点

（1）测试人员不需要了解实现细节，容易入手。

（2）容易生成测试用例。

（3）测试系统功能，效率高。

（4）用户、非技术人员也能参与到测试中来。

（5）适用于测试的各个阶段。

（6）能发现系统结构的问题。

2．黑盒测试的不足

（1）由于不了解模块内部实现过程，导致某些代码没有被测试。

（2）隐藏了未被测试代码的错误。

（3）不易进行充分性测试。

（4）由于有各类人员参与测试，容易造成测试的重复性。

6.5 软件测试策略

软件测试阶段完成的主要任务有两类：一类是局部模块的测试，是整个测试阶段的基石；另一类是软件系统全局结构的测试，是构成整个测试系统的大厦。软件测试是从局部到全局，是经过一系列测试过程转换而成的，包括单元测试、集成测试、确认测试和系统测试，每个测试过程都有各自不同的测试策略。

6.5.1 单元测试

单元是软件测试过程中最小的测试单位，它有两个基本属性：

（1）单元是可以独立编译的最小组件。

（2）单元是由个人开发的软件组件。

在编写完程序并经过编译器的语法检查后，就可以开始进行单元测试。通过详细设计规格的说明，重点测试分支、循环，以及独立路径的执行，发现更多单元内部错误。

如无特殊说明，本书中的单元和模块不加区分使用，它们具有完全相同的含义。

6.5.1.1　单元测试内容

单元测试的内容主要集中在以下 5 个方面。

1．模块接口

首先要对模块接口的数据流进行测试。

模块内部的实现，必定会用到模块接口传入的数据，如果接口的数据流错误，任何后续的测试都没有意义。同时，模块接口也会传出数据，如果传出的数据流错误，会影响外部调用模块的执行。

模块接口测试主要包括下列因素：

- 输入实参的数据类型、参数个数、参数顺序是否与形参完全匹配。
- 模块中调用其他模块的数据类型、参数个数、参数顺序是否与被调模块接口定义完全匹配。
- 是否修改了只读型的参数。
- 单元内部对全局数据结构的使用是否一致。
- 是否把某些约束作为参数传递，如常量、控制信号等。

如果单元内部有对文件的输入输出操作，还需要注意下列因素：

- 文件属性是否进行判断。
- 文件是否正确打开与关闭。
- 对文件打开、关闭的判断是否正确。
- 单元内部格式是否与文件内容格式一致，是否进行转换。
- 对文件的修改是否保持文件视图的一致性。
- 是否判断、处理了文件头、文件尾。
- 是否处理了文件输入/输出错误。

2．局部数据结构

局部数据结构是在单元内部定义和使用的，因而更适宜在单元测试中完成，并且它往往是错误的根源。对局部数据结构的测试是为了确保它的完整性，即对内部数据在内容、形式和相互关系上的测试。

局部数据结构的测试要注意下列因素：

- 与全局数据结构的冲突或覆盖。
- 不正确或不一致的说明和使用。
- 对内存操作的溢出（非法地址操作）。
- 数据结构在使用前的初始化，在使用结束后的释放。
- 数据结构是否有默认的初始值。

3．执行路径

模块过程的基本执行路径是单元测试的重要内容之一，在测试中需要注意下列因素：

- 运算符优先级的错误理解和误用。
- 精度问题。
- 不同数据类型间的转换和计算。
- 表达式书写错误。

在控制逻辑流程测试中，判定表达式还可能隐藏下列错误和问题：

- 不同类型数据间的比较。
- 不同精度数据间的比较。
- 不正确的循环结束。
- 循环不能结束。
- 循环体内不正确的修改循环变量。
- 条件边界值判断的错误。

4．边界条件

边界条件是指程序操作的边界取值，边界条件测试也是单元测试的重要内容之一。编程和测试的经验表明，边界值是最容易出错的地方。采用边界值分析技术，在边界值左右两侧设计测试用例，很有可能发现新的错误。

5．异常处理

程序处理过程中，经常会出现各类异常情况。但如果没有及时处理这些异常，就给系统造成严重错误，甚至使系统崩溃。此外，及时地判断异常并给出相应的提示信息，也使得用户能正确处理发生的问题。

对于异常处理的测试，应注意下列因素：

- 是否发现异常。
- 是否处理异常。
- 对异常处理是否会导致数据处理的错误。
- 是否对异常给出相应的提示信息。
- 给出的异常提示信息是否反而增加了对系统错误的理解。

6.5.1.2 单元测试策略

单元虽然能独立编写和编译，但它通常只是软件系统的一个部分而不能单独运行。因此，由于测试需要运行单元，就需要考虑设置辅助模块才能使之运行。

辅助模块主要有两类：一类是驱动模块（Driver），用来模拟主调模块，即调用被测模块的上级模块，它主要用于向被测模块传递数据，并接收被测模块的运行结果；另一类是桩模块（Stub），用来模拟被测模块调用的下级模块，它主要用于向被测模块传递所需的数据。图 6-20 显示了它们之间的关系。

通过驱动模块和桩模块，与被测模块一起构成一个可运行的“微系统”，能验证被测模块功能。一般来说，驱动模块数量有限，较为容易模拟实现。而桩模块数量较多，且接口复杂，桩模块间可能还有相互调用关系，因此，桩模块的编写更为复杂。

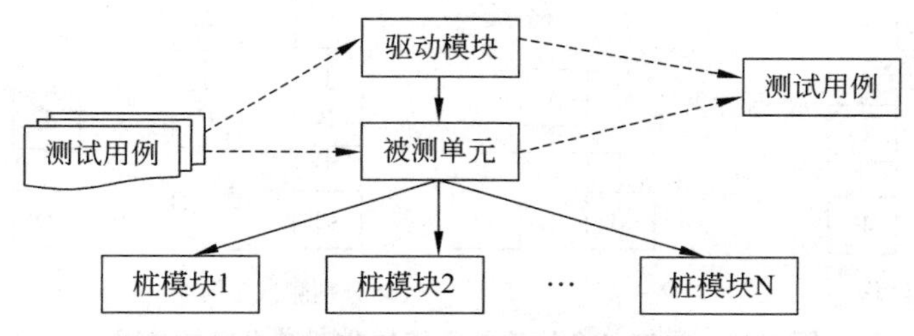

图 6-20 驱动模块、桩模块和被测模块间的相互关系

无论是驱动模块，还是桩模块，都是为了测试单元功能而编写的额外代码，用户不知道这些代码的存在，也不使用这些代码的功能，但它们却会给系统开发带来不小的成本。

6.5.2 集成测试

如果读者有过编程或测试的经验，通常都会遇见这样的情形：每个模块单独测试后都能正常运行，结果也正确。但将它们组装在一起完成更为复杂的功能时，却会出现各种错误和问题。这说明在模块组装过程中，为系统引入了新问题。这些新问题是由系统间相互调用时的数据传递、全局数据结构使用、公共数据处理等各因素造成的。这就需要集成测试来避免或能及时发现此类问题。

集成测试是指在完成单元测试后，将各单元模块依据设计的软件系统结构，按照一定的集成测试策略进行组装的过程。一般情况下，集成测试需要系统概要设计规格说明。

6.5.2.1 集成测试内容

集成测试在组装各模块时，应该注意下列内容：

- 各模块间的数据传递是否会丢失；
- 各模块间的数据传递是否按照期望进行传递；
- 各模块组装后，是否能实现所期望的更复杂的功能；
- 各模块组装后，是否出现对全局数据结构、公共数据操作的混乱，以及资源的竞争。
- 各模块组装后，集成的误差是否会被快速放大，直至难以接受。

6.5.2.2 集成测试策略

集成测试的重点，是将各模块按照软件系统结构的定义，将软件模块组装在一起。如何实施组装过程，使得系统既能快速集成，又能准确发现在组装过程中出现的错误和问题呢？这需要正确的集成测试方法。

1. 非渐增式集成

非渐增式集成是一次集成过程，即先按照各模块在系统结构中的位置，设计驱动模块或桩模块进行辅助测试，然后将测试合格的各模块按照系统结构一次性完成系统集成的过程。图 6-21 描述了具有 5 个模块的系统的非渐增式集成过程。

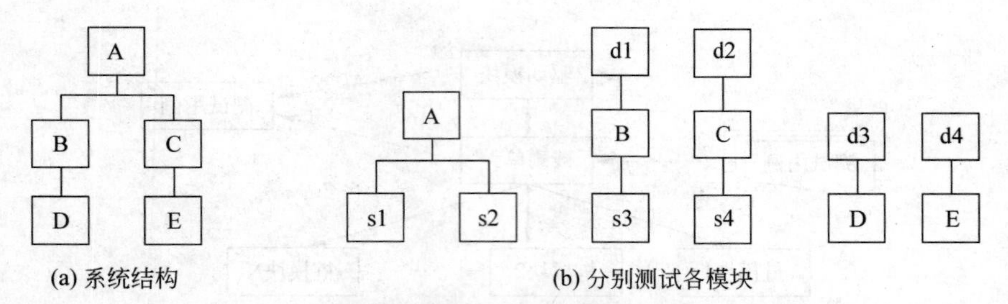

图 6-21　具有 5 个模块的系统的非渐增式集成过程

对图 6-21 做以下分析：

（1）模块 A 是系统的顶层模块，对其测试不需要驱动模块，因而编写桩模块 s1 和 s2。

（2）模块 B 既有调用模块，也有主调模块，因而编写驱动模块 d1 和桩模块 s3。

（3）模块 C 既有调用模块，也有主调模块，因而编写驱动模块 d2 和桩模块 s4。

（4）模块 D 没有调用模块，对其测试不需要桩模块，因而编写驱动模块 d3。

（5）模块 E 没有调用模块，对其测试不需要桩模块，因而编写驱动模块 d4。

非渐增式集成的优势在于：

- 测试方法简单，易于实施。
- 测试过程快速，同时集成，也利于并行调试各模块。
- 辅助测试模块数目少，工作量较小。

但非渐增式集成的不足也很明显：

- 由于各模块单独编写辅助模块而缺乏共同执行，因此对全局数据结构和公共数据测试不足。
- 一次性的集成，给错误的调试带来困难，难以确定错误的位置，并且错误修改后，可能引入的新错误，且也难以发现和修改。

2．渐增式集成

渐增式集成不同于非渐增式集成，它不是将模块一次性组装，而是按照系统结构逐渐将模块依次集成到系统中。从集成的过程来看，渐增式集成过程分为自底向上的集成和自顶向下的集成。

（1）自底向上的集成是指按照系统结构，将经过单元测试的模块按照从下而上的过程组装模块。组装过程如下：

① 从系统结构的最底层开始，为每个模块设计驱动模块。

② 具有同一个主调模块的底层模块集成，用主调模块替换各自的驱动模块。

③ 对该主调模块又设计驱动模块。

④ 重复步骤②和③，直至系统所有模块集成完毕。

根据图 6-21（a），图 6-22 描述了自底向上的集成过程。

（2）自顶向下的集成是指按照系统结构，将经过单元测试的模块按照自上而下的过程组装模块。组装过程如下：

① 从系统结构的最顶层开始，为每个模块设计桩模块。

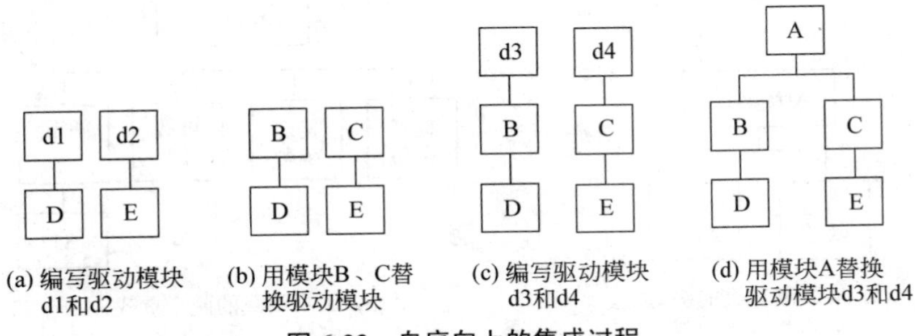

(a) 编写驱动模块d1和d2 (b) 用模块B、C替换驱动模块 (c) 编写驱动模块d3和d4 (d) 用模块A替换驱动模块d3和d4

图 6-22 自底向上的集成过程

② 将各主调模块的桩模块替换成各模块。

③ 对集成的各模块又设计桩模块。

④ 重复步骤②和③，直至系统所有模块集成完毕。

根据图 6-21（a），图 6-23 描述了自顶向下的深度优先集成过程。

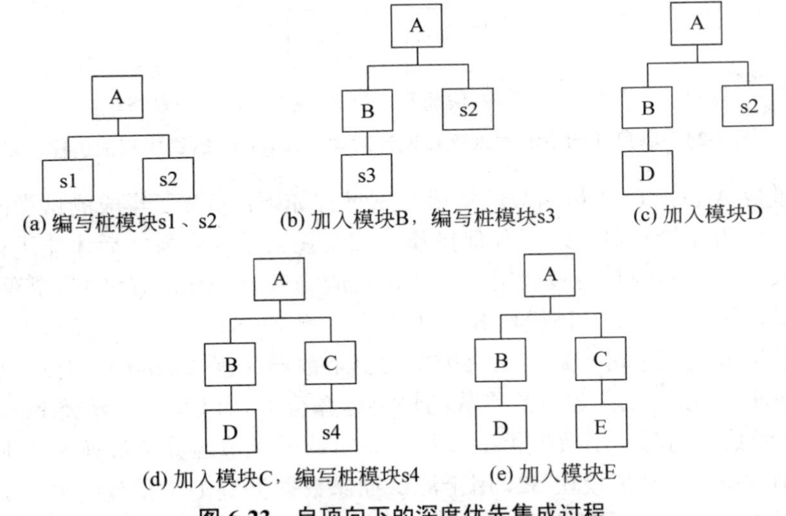

(a) 编写桩模块s1、s2 (b) 加入模块B，编写桩模块s3 (c) 加入模块D (d) 加入模块C，编写桩模块s4 (e) 加入模块E

图 6-23 自顶向下的深度优先集成过程

自顶向下的过程采用深度优先集成，是因为深度优先集成可以先形成局部子系统，测试一个较完整的功能，便于进一步测试、查错、纠错和排错。结合实际情况，也可以采用宽度优先集成的策略。

6.5.2.3 集成测试示例

1. 类方法的集成测试

例 5.3 用类模板实现保存不同数据类型元素的数组，同时通过内嵌迭代器方式访问数组元素，并给出了该类模板的接口定义以及注释。

【例 6.6】 根据例 5.3 所给出的数组模板类的接口定义及其相关描述，按照集成测试的过程，完成对该类的成员函数的集成测试。

这里采用自顶向下的集成策略来设计对类模板 Array<T>成员函数的测试过程，如图 6-24 所示。

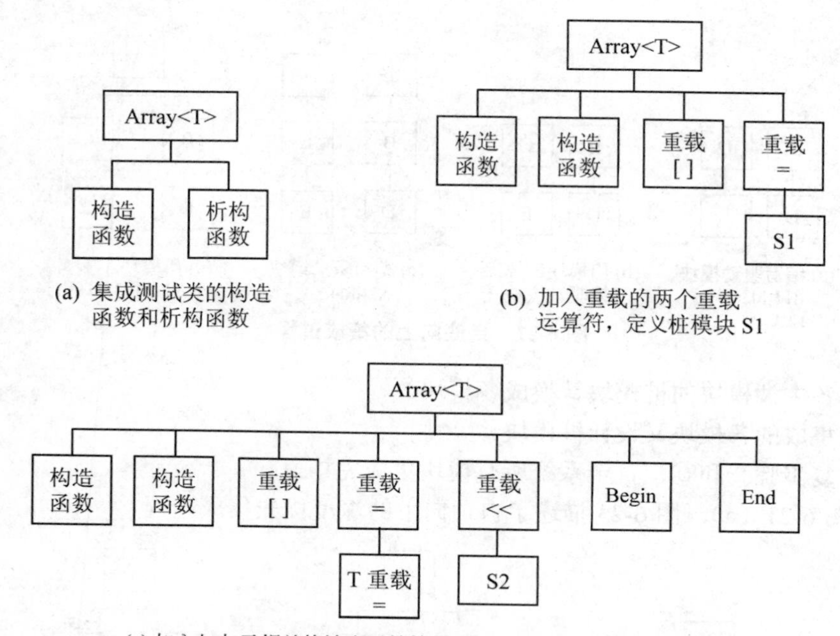

(c) 加入与友元相关的输出运算符<<和成员函数，定义桩模块S2

图 6-24　以自顶向下的测试策略设计对类 Array<T>的集成测试过程

设计类模板 Array<T>成员函数的集成测试过程如下：首先，集成测试类的构造函数和析构函数。因为无论对对象进行任何操作，都是在初始化对象之后才能进行。同时，当对象被释放时，析构函数将被调用。其次，集成测试类 Array<T>的两个重载运算符。对于重载的赋值运算符，定义桩模块 S1。为了简化测试，S1 中可以定义基本数据类型。但对于严格的集成测试来讲，需定义类类型的复杂数据（例如 student 类）。然后，集成测试类 Array<T>中以友元函数方式重载的输出运算符<<，以及与友元类 iterator 相关的 Begin 和 End 函数。同时，用数据类型参数 T 中重载的赋值运算符替换 S1。同样，对于重载的友元函数<<，定义桩模块 S2，用于测试抽象数据类型 T 中重载的输出运算符<<。最后，用数据类型参数 T 中重载的输出运算符替换 S2，完成对类模板 Array<T>的集成测试过程。

2．系统功能的集成测试

以 1.6.2 节的试卷自动生成系统中的问题陈述为例，对系统管理员登录系统和验证相关权限进行集成测试。用户登录系统由下面的几个主要功能模块共同协作完成。

- 登录模块 MyLogin：负责用户界面显示、登录信息的获取。
- 数据请求模块 PostGetWebRequest：负责推送模式的连接请求，以及超时响应。
- 数据库操作模块 MySQLDB：负责数据库状态维护、信息查询、用户授权。
- 信息异常模块 LoginError：负责统一处理和显示登录过程中的异常。

【例 6.7】　设计测试登录系统功能的测试用例，覆盖在验证普通用户、管理员登录过程中，所有登录情况的分支，包括正常登录、异常登录以及登录失败，据此设计表 6-11 所示的测试用例。

表 6-11 测试管理员登录过程的集成测试用例

用例编号	输入信息	预期结果	测试结果
101	（1）输入所需信息 （2）单击“登录”	成功读取权限	NG
102	（1）不输入任何信息 （2）单击“登录”	提示输入相关信息	OK
103	（1）输入所需信息 （2）单击“退出”	退出系统	NG
104	（1）输入所需信息 （2）断开网络 （3）单击“登录”	连接超时提示信息	NG
105	（1）输入所需信息 （2）选择“记住当前用户名”“记住当前密码” （3）单击“登录”	（1）保存当前用户名和密码 （2）成功读取权限	POK

表 6-11 中“测试结果”NG 表示未通过测试，POK 表示部分通过测试。

在上述测试用例中，测试失败用例的结果及分析如表 6-12 所示。

表 6-12 测试管理员登录过程的集成测试结果错误描述和分析

测试失败用例编号	错误描述和分析
101	数据库连接失败，系统显示的功能与预期的管理员权限不一致
103	退出系统后，系统界面消失，但系统进程并未结束
104	未见提示信息，无响应
105	保存用户名、密码后，导致系统自动登录

6.5.3 确认测试

1. 确认测试内容

通过集成测试后，软件系统按照设计规格建立起来，构成可运行的软件部分。这时软件在功能、接口上存在的错误和问题基本都已解决，可以进行确认测试。

确认测试也称为验收测试，它是指在模拟用户实际操作的环境下（或开发环境下），运用黑盒测试法验证软件有效性是否符合需求。

软件有效性是指软件的功能和性能满足用户需求规格说明的程度。软件需求规格说明明确定义了用户对系统的功能、性能等要素的期望，因而它是确认测试的软件文档配置项。

确认测试通常采用黑盒测试法，需要制定测试计划、确定测试步骤、设计测试用例。确认测试的测试用例应选用用户实际工作中的实际数据，并记录测试过程，分析结果，写出测试报告。

确认测试完成后，可能产生两种情形：

（1）软件系统功能、性能、领域等要素满足用户需求规格说明，软件是有效的。

（2）软件系统功能、性能、领域等要素存在不满足用户需求规格说明的某些方面，确认测试文档中给出了存在的错误或问题。

确认测试阶段发现的错误或问题，与需求分析密切相关，因而这类问题涉及面广、修改困难。这需要和用户再次深入需求分析过程，确认问题出现的原因，并共同制定修改方案。

2. 确认测试示例

【例 6.8】 根据 1.6.2 节的试卷自动生成系统中的问题陈述，对该系统软件进行确认测试。确认测试主要采用黑盒测试的方法，包括程序的各功能测试、界面友好性测试、安装/卸载测试、用户说明书测试、可靠性测试（如长时间运行）等。

具体设计的确认测试用例如表 6-13 所示。

表 6-13 确认测试用例（部分）

用例编号	功能描述	操　作	预期结果
201	安装	（1）默认方式下安装软件系统 （2）更改所有参数，再安装系统	（1）安装过程正确 （2）安装各步骤中的界面（图、动画、文字等均正确） （3）安装后能正常启动系统
202	卸载	（1）安装默认方式卸载软件系统 （2）按保留共享文件方式卸载软件系统	（1）正确卸载，未留下任何文件 （2）正确卸载并留下共享文件
203	卸载后重新安装	（1）在 202-（1）用例方式下，重新安装并重启系统 （2）在 202-（2）用例方式下，重新安装并重启系统	（1）重新正确安装系统 （2）重新正确安装系统，并能使用原有共享文件
204	启动	启动系统	正确启动系统并显示权限对应的功能
205	生成系统	（1）按默认方式生成试卷 （2）更改所有生成试卷参数，再生成试卷	（1）正确生成试卷 （2）按照生成试卷参数选项，生成试卷

6.5.4 系统测试

软件系统只是计算机系统的一个重要组成部分，软件系统开发完毕后，还需要与计算机硬件系统（外围设备）、数据收集部分、外部其他软件系统、各类服务器等结合起来，搭建给用户的服务系统。这样，整个系统的各个部分有机组合在一起，完成用户实际工作环境下的各项任务。

系统测试是指软件系统作为整个计算机系统的一部分，与计算机系统的硬件系统、数据、外部其他软件、文档等要素相结合，在用户实际运行环境中进行的确认测试。

1. 系统测试的范围

系统测试是测试阶段的最后一项测试过程，它几乎涵盖了前述测试的所有内容，并

且还测试与计算机系统相关的内容，主要包括：

（1）功能测试。测试在计算机系统下，软件系统是否符合需求规格说明。测试用例是用户实际工作中的实际数据，

（2）性能测试。性能是软件质量的重要保证。性能测试在测试的各阶段都能进行，但只有与计算机系统结合起来，才能真正体现软件系统的整体性能指标。在目前网络环境和应用的迅猛推动下，性能测试往往与压力测试结合起来进行。

（3）压力测试。压力测试也称为强度测试，是指系统在各种资源超负荷情况下对运行状况进行的测试。压力测试主要测试的对象包括内存、外部存储、网络负载、中断处理、缓冲区、事务队列、在线用户量等。因此，压力测试也是测试各项资源在使用峰值时的性能。

（4）容量测试。容量测试是面向数据的测试，是指在系统运行时超额处理大数据量时的能力。容量测试的内容有：单位时间内超额的数据测试、敏感数据测试、实时数据测试、任务队列数据测试等。

（5）安全测试。安全测试用于验证系统安全保护机制是否能在实际运行中，保护系统不受非法侵入。安全测试主要内容有：外部的非法侵入、内部操作的超越权限、出错时系统的反应速度、安全性能的花费时间等。

（6）文档测试。文档测试是对提交给用户的文档进行验证。提交给用户的文档主要是非技术性文档，它包括：可运行的系统程序、用户手册、系统安装手册、培训手册等，而系统开发文档、源程序文件通常并不提交给用户。由于提交的文档面对的是用户，因此在文档测试中需要测试人员和用户换位思考，要求测试人员站在客户角度考虑和评价被测系统。

（7）恢复性测试。恢复性测试是对系统出现异常时，系统能从错误中正确恢复的能力测试。借助于系统运行日志，恢复性测试可以通过系统自动恢复或人工恢复两种形式。恢复内容也主要包括两种形式：一种是恢复系统在出现异常之前的所有活动，即系统功能从开始运行到出现异常之前的所有操作重新执行一次。另一种是恢复系统正在处理的数据，这类恢复需要与系统的备份相关。

恢复性测试需要考虑以下主要问题：

- 系统恢复期间的安全性。
- 系统恢复时日志处理能力。
- 系统恢复后的运行性能是否下降。

（8）备份测试。备份测试主要针对在系统出现问题时备份数据和恢复数据的能力。在不出现异常时，所有的处理数据都需要备份和恢复，并根据数据重要程度和备份日志进行测试。备份测试内容有备份文件、数据存储过程、数据，以及备份数据的安全性、一致性和完整性。

2. α 测试和 β 测试

对于软件系统的测试，无论测试小组如何设计测试用例和执行管理测试过程，都无法完全模拟在系统使用过程中千差万别的操作和输入数据。因此，在确认测试和系统测试过程中，都强调用户参与测试的重要性和必要性。

α 测试是在开发环境下，由用户和软件开发人员、测试人员共同对系统进行的测试。测试的目的是尽可能模拟用户使用环境，同时反映系统功能、性能的运行能力，并评价FLURPS。FLURPS 是对以下测试内容的简称：

- Function Testing（功能测试）。
- Local Area Testing（局域化测试）。
- Usability Testing（可用性测试）。
- Reliability Testing（可靠性测试）。
- Performance Testing（性能测试）。
- Supportability Testing（可支持性测试）。

β 测试是在系统实际用户使用环境下进行的测试，并且整个测试过程都是用户独立进行，不受开发人员和测试人员的影响。β 测试是涉及面最广、测试用户最多、最能真实反映用户使用的测试，但其测试时间长、花费较大、测试过程难以控制。

由于应用软件系统开发还具有一定通用性，测试人员一对一地与用户进行测试的耗时长、费用大，甚至有时难以完成。α 测试和 β 测试提供这样一种方法：通过免费发放 α 测试和 β 测试的软件，用户使用后要将出现的问题和性能反馈给开发人员，以便更好地设计和开发。这样，既能节约调试成本，也能及时、广泛地收集各类不同的软件需求，以便更好地修改和提升系统。

6.6 调　试

软件测试的目的是发现错误，测试完成之后的软件调试目的是为了定位和修改错误，以保证软件运行的正确性和可靠性。

软件调试活动主要分为以下三部分内容：

（1）确定软件系统出现错误的准确位置，这需要一个过程，特别需要调试人员的经验和技巧。

（2）对发现错误的修改。修改错误也需要经验，如分析修改的程序是否涉及全局数据、是否涉及面向对象机制（如虚函数）、是否影响修改函数的主调函数结果的正确性等。

（3）对修改后的内容重新进行测试，特别是涉及全局数据结构、文件结构、系统结构等内容的修改，还必须进行确认测试和系统测试。

6.6.1 软件调试过程

软件调试虽然与经验和技巧密切相关，但仍有一定的调试过程，如图 6-25 所示。

图 6-25 反映了调试过程是一个反复迭代的过程，直至定位并修改所有的错误，且没有引入新错误为止。

调试结果无外乎两种：一是正确定位错误位置，并正确修改；二是难以确定错误位置，或错误难以纠正。软件调试与编程同为脑力劳动，而且调试过程是一个漫长而艰苦的过程，调试遇到的障碍有时甚至超过编程本身。

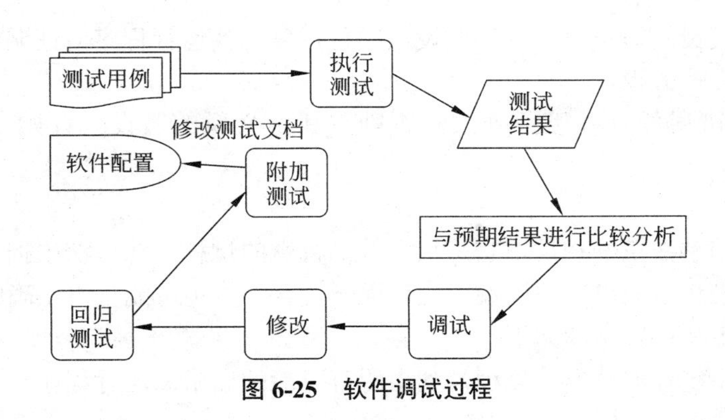

图 6-25　软件调试过程

如果单从技术角度出发，软件调试过程中存在的困难主要表现在：

（1）当修改一个错误时，会引入新的错误，因为整个软件系统自身就彼此关联。

（2）在软件逻辑控制中，有时错误发生的位置和修改错误的位置相差甚远。

（3）在并行运行环境中，由于数据、变量值变化的不确定性，错误定位更加困难。

（4）偶发性错误难以再次重现错误发生的过程。

（5）设计人员在调试过程中，心理、经验、技术、调试工具等的综合因素共同决定错误发现和修改的效率。

6.6.2　软件调试方法

调试过程中的错误发现和修改，有一些人为因素和偶然因素在里面，但也并不是没有方法可循。

1. 试探法

程序是脑力劳动的结果，是智力活动的产品，因而其错误的产生有很大的不确定性。因此很多情形下，是难以在调试之初就发现错误所在并正确修改的。

试探法就是在其他调试方法都无效的情况下，根据输出程序运行过程信息、数据的改变、引用的数据类型等大量现场信息，以及调试工具提供的调试手段和功能进行综合分析，得到错误可能发生的位置及可能的修改。试探法具有很大的盲目性，但在不能确定错误时，仍不失为最后有效的方法。

2. 归纳法

归纳法是从特殊到一般的逻辑推理方法，即从有限的测试用例和所定位的错误入手，分析、总结出可能的错误，找出错误规律和错误之间的关系，以便找出更多的错误。

归纳法的主要调试步骤如下。

（1）收集数据和错误。数据用于功能实现，因而通过在数据流的变换中就隐含对数据的错误处理，记录下数据和错误发生时的表现。

（2）分析数据和错误，从而找出系统处理和错误间关系。

（3）提出假设。通过分析数据和错误间关系，提出错误可能产生的原因，以及可行的修改方案。通常会有多种假设，需要一一进行排除和验证。

（4）证明假设。对提出的多种假设，进行反复迭代运行程序，证明假设的合理和正确性，否则放弃该假设。

（5）找出错误位置并进行修改，否则重新定义新的假设，开始上述步骤的迭代过程。

3. 演绎法

演绎法与归纳法正好相反，它是从一般到特殊的过程。演绎法根据设计文档和操作的数据特征，设想可能出现的错误，之后逐一排查，将不可能与不正确因素排除。

演绎法的主要调试步骤如下。

（1）根据系统处理数据的流程，列出所有可能的出错。运行程序，获得根据测试用例得到的所有错误或问题。

（2）分析系统处理的数据及其过程，删除、修改错误列表中不是错误的条目。

（3）根据查找的错误，分析错误出现的规律和原因，修改错误，并进行回归测试。

（4）重复第（2）和第（3）步，直至所有错误排修改，且并未引入新错误为止。

4. 回溯法

回溯法是指从发现错误的位置开始，沿着程序运行的控制流往回追踪，直至发现错误实际位置为止。回溯法借助开发工具提供的程序运行的“栈”，实现对程序控制流的追踪过程。

回溯法适合中小型系统，或大型系统局部错误的发现过程。回溯的目的是缩小查找错误发生位置的范围。随着回溯深度的不断增加，程序的控制流分支将会快速增长，使得回溯的目标逐渐模糊，最后可能失去回溯的目标。

6.7 软件测试报告

在软件测试各阶段完成之前，必须编写软件测试报告，并按照评审标准对软件测试报告进行评审。编写测试报告的目的是发现并消除其中存在的遗漏、错误和不足，使得测试用例、测试预期结果等内容符合标注及规范的要求。通过了评审的软件测试报告成为基线配置项，纳入项目管理的过程。

在文献[12]中，对软件测试和管理过程应编制的主要文档及其编制的内容、格式规定了基本要求，其中包括软件测试说明和软件测试报告两个部分。本节介绍的软件测试说明和软件测试报告的内容框架都取自于该文档。

6.7.1 软件测试说明

软件测试说明（Software Testing Description，STD）描述了执行计算机软件配置项、系统或子系统合格性测试所用到的测试准备、测试用例以及测试过程。通过 STD，用户能够评估所执行的合格性测试是否充分。

STD 的基本内容框架如下。

1. 引言。

   1.1　标识。包含文档使用的系统和软件的完整标识。

   1.2　系统概述。简述文档适用的系统和软件的用途。

   1.3　文档概述。简述文档的用途与内容，并描述与其使用有关的保密性与私密性要求。

2. 引用文件。列出文档引用的所有文档的编号、标题、修订版本和日期。

3. 测试准备。

   3.x　（测试的项目唯一标识符）。用项目唯一标识符标识一个测试并提供简要说明。

   3.x.1　硬件准备。描述为进行测试工作需要做的硬件准备过程。

   3.x.2　软件准备。描述为测试准备被测项和其他有关软件，包括用户测试的数据的必要过程。

   3.x.3　其他测试准备。描述进行测试前所需的其他人员活动、准备或过程。

4. 测试说明。

   4.x　（测试的项目唯一标识符）。用项目唯一标识符标识一个测试并分为以下几条。

   4.x.y　（测试用例的项目唯一标识符）用项目唯一标识符标识一个测试用例，说明其目的并提供简要描述。

   4.x.y.1　涉及的需求。标识测试用例所涉及的软件配置项需求或系统需求。

   4.x.y.2　先决条件。标识执行测试用例前必须简历的先决条件。

   4.x.y.3　测试输入。描述测试用例所需的测试输入，并提供以下内容：

   a．测试输入的名称、用途和说明。

   b．测试输入的来源与用于选择测试输入的方法。

   c．测试输入是真实还是模拟的。

   d．测试输入的时间或事件序列。

   e．控制输入数据。

   4.x.y.4　预期测试结果。

   4.x.y.5　评价结果的准则。标识用于评价测试用例的中间和最终测试结果的准则。对每个测试结果提供以下信息：

   a．输出可能变化但仍能接收的范围或准确度。

   b．构成可接受的测试结果的输入和输出条件的最少组合或选择。

   c．用时间或事件数表示的最大/最小允许的测试持续时间。

   d．可能发生的中断、停机或其他系统故障的最大数目。

   e．允许的处理错误的严重程度。

   f．当测试结果不明确时执行重测试的条件。

   g．把输出解释为“指出在输入测试数据、测试数据库/数据文件或测试过程中的不规则性”的条件。

   h．允许表达测试的控制、状态和结果的指示方式，以及表明下一个测试用例准备就绪的指示表示。

   i．以上未提及的其他准则。

   4.x.y.6　测试过程。测试过程应定义为以执行步骤顺序排列的、一系列单独编号的步骤。每一测试过程应提供：

   a．每一步骤所需的测试操作员的动作和设备操作。

   b．对每一步骤的预期结果与评价准则。

c．如果测试用例涉及多个需求，需标识出哪一个测试过程步骤涉及哪些需求。

d．程序停止或指示的错误发生后要采取的动作。

e．归纳和分析测试结果所采用的过程。

4.x.y.7 假设约束。标识所做的任何假设，以及在描述测试用例中，由于系统或测试条件而引入的约束或限制。

5. 需求的可追踪性。主要包括：

a．从文本中的每个测试用例到它所涉及的系统或软件配置项需求的可追踪性。如果测试用例涉及多个需求，应包含从每一组测试过程步骤到所涉及的需求的可追踪性。

b．从本文所提及的每个系统或软件配置项需求到涉及它们的测试用例的可追踪性。

6. 注释。包含有助于理解文档的一般信息。

附录。

6.7.2 软件测试报告

软件测试报告（Software Testing Report，STR）是对计算机软件配置项、软件系统或子系统，以及与软件相关内容执行合格性测试的记录。

通过STR，用户能够评估所执行的合格性测试及其测试结果。

STR的基本内容框架如下。

1. 引言。

1.1 标识。包含文档适用的系统和软件的完整标识。

1.2 系统概述。简述文档适用的系统和软件的用途。

1.3 文档概述。描述文档的用途和内容，并描述与其使用有关的保密性和私密性要求。

2. 引用文件。列出文档引用的所有文档编号、标题、修订版本和日期。

3. 测试结果概述。

3.1 对被测试软件的总体评估。

a．根据本报告中所展示的测试结果，提供对该软件的总体评估。

b．标识在测试中检测到的任何遗留的缺陷、限制或约束。

c．对每一遗留缺陷、限制或约束。

3.2 测试环境的影响。对测试环境与操作环境的差异做评估，并分析这种差异对测试结果的影响。

3.3 改进建议。对被测软件的设计、操作或测试提供改进建议。

4. 详细的测试结果。

4.x （测试的项目唯一标识符）。由项目唯一标识符标识一个测试。

4.x.1 测试结果小结。综述该项测试的结果。应尽可能以表格的形式给出与该测试相关联的每个测试用例的完成状态。

4.x.2 遇到的问题。应分条标识遇见一个或多个问题的每个测试用例。

4.x.3 与测试用例/过程的偏差。分条标识与测试用例/测试过程出现偏差的每个测试用例。

4.x.3.y （测试用例的项目唯一标识符）。应使用项目唯一标识符标识出现一个或多个

偏差的测试用例。

5. 测试用例。尽可能以图标或附录形式给出一个本报告所覆盖的测试事件的按年月顺序排列的记录。

6. 评价。包括能力、缺陷和限制、建议、结论。

7. 测试活动总结。总结主要的测试活动和事件，总结资源消耗，如人力消耗、物质资源消耗。

8. 注释。包含有助于理解文档的一般信息。

附录。

6.8 本章小结

软件测试是软件开发过程的最后一个阶段，它是在软件开发过程中保证软件质量、提高软件可靠性的最重要的手段之一，它是在软件系统在交付用户使用前，对系统分析、设计、代码等开发工作最后的检查和复审。

传统软件工程把测试作为独立阶段，直至代码结束才进行测试过程，使得难以在需求分析、设计阶段消除出现的错误和问题，对此进行的修改将付出更高代价。因此，随着软件测试的发展，提出了测试模型——V模型、W模型和H模型。

软件测试过程主要包括测试对象和如何测试两部分内容。

软件测试按照不同角度分为：静态测试和动态测试；白盒测试和黑盒测试。

静态测试分为桌面检查、代码检查和代码走查。

白盒测试是指用于测试代码是否按照设计运行的验证技术，需要详细设计文档作为测试的配置。本章介绍了几种基本的白盒测试技术：逻辑覆盖、循环测试和路径测试。

黑盒测试主要根据设计说明中的功能设计来测试程序能否按预期实现。黑盒测试主要介绍了等价类划分、边界值分析、错误推测法和因果图法等技术。

通过介绍软件测试策略，说明了软件开发生命周期各阶段和软件测试过程的融合，即单元测试、集成测试、确认测试和系统测试。

测试的目的是为了发现错误，错误的定位和处理需要通过调试过程完成。

测试各阶段的结果是认真记录、编写软件测试报告。

习 题

1. 名词解释：测试、测试V模型、代码检查、动态测试、白盒测试、黑盒测试、α测试、β测试。

2. 软件测试过程包括哪些阶段？各自完成什么任务？

3. 在系统交付给用户之前，做到“程序没有任何缺陷”是没有必要的。请说明为什么？

4. 如果程序员为了确保是否能够满足功能需求而测试一个类，这属于白盒测试还是黑盒测试？

5. 图6-16所示的流图中，路径1—2—3—8—10为什么不作为一条独立的测试路径？

6. 有如图 6-26 所示的程序，请用路径测试法设计测试用例。

```
0. void Sort(int iRecordNum, int iType)
1. {
2.    int x=0;
3.    int y=0;
4.    while (iRecordNum --> 0)
5.    {
6.          if (0 == iType)
7.          {
8.                x = y + 2;
9.                break;
10.         }
11.         else
12.         {
13.               if (1 == iType)
14.                     x= y + 10;
15.               else
16.                     x = y + 20;
17.         }
18. }
19.}
```

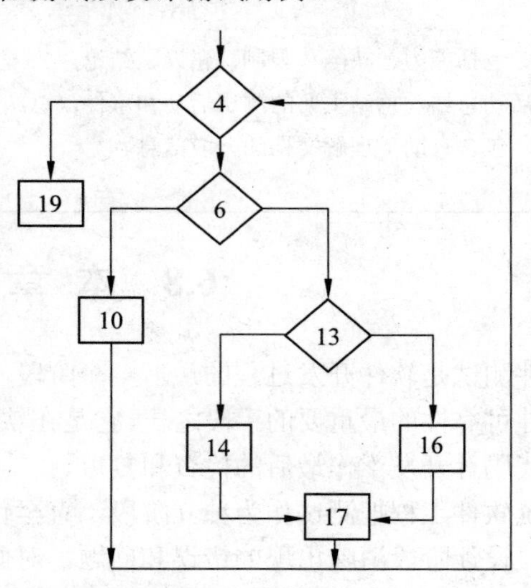

图 6-26　用 C 语言描述的程序及其流图

7. 目前我国的汽车车牌号可以在规定的范围内自由选定。规定范围条件是：

（1）车牌上共有 8 个字符。

（2）车牌第 1 个字符为各省简称的汉字字符。

（3）车牌第 2 个字符为大写字母（A~Z）。

（4）车牌第 3 个字符为圆点“●”。

（5）车牌第 4～7 个字符为任意数字组合，或为一个大写字母和任意数字的组合，或为两个大写字母和任意数字的组合。

请根据以上规定，采用等价类划分方法设计测试用例。

8．对于例 6.4 所述的功能及表 6-7 所给的测试用例，如果要求更严格的测试用例设计，能否设计其他有意义的有效等价类和无效等价类的测试用例？

9. 下面的程序实现输出一个倒三角形。请用边界值分析法给出测试用例。

```
#include <iostream.h>
void main()
{
    for (int i=0; i<10; i++)
    {
        for (int j=i+1; j<=10; j++)
            cout << "*";
        cout << endl;
    }
}
```

10. 某系统对文件名的命名有如下规定：文件名第一个字符必须为 A 或 B，第二个

字符必须为数字。修改文件名称时，如果满足上述条件则修改文件名称成功；否则，如果第一字符不正确，则发出信息 X12，如果第二个字符不正确，则发出信息 X13。请用因果图法给出测试用例。

11. 根据图 6-24 以及例 5.3 对 Array<T>类和 iterator 类的定义，请给出友元类 iterator 的集成测试过程。

12. 根据表 6-11 中给出的预期结果和测试结果的对比，请分析登录系统中可能的错误，以及定位错误（即错误可能出现在哪些功能模块中）。

13. 请补充表 6-13 中未给出的确认测试用例。提示：从功能、性能、可靠性、用户说明书、界面有效性等考虑。

14. 在某项目的实现过程中，有两位程序员同时修改了 3 个不同的组件。当进行系统集成时，可能会出现什么问题？如何解决这些问题？

第 7 章 统一建模语言 UML

传统的软件工程给软件过程、软件产品和软件技术的发展带来了巨大的进步，有效地缓解了软件危机引发的一系列问题，在 20 世纪六七十年代成就了结构化程序发展的鼎盛时期。但随着软件系统在大型化、复杂性、灵活性等方面的要求越来越高，传统软件工程对软件开发过程的推进却越来越难以进行。

在 20 世纪 60 年代后期，Simula-67 语言中首次提出了类和对象的概念，建立了面向对象的雏形，但直到 20 世纪 80 年代中期，随着对软件需求的不断发展，才重新引起人们对面向对象的关注，逐渐形成面向对象方法学，并将之引入软件工程开发过程中。UML 就是体现面向对象思想、完成面向对象建模过程的统一建模语言。

7.1 UML 的发展

统一建模语言（Unified Modeling Language，UML）是通过图形化的表示机制进行面向对象分析和设计，并提供统一的、标准化的视图、图、模型元素和通用机制来刻画面向对象方法。

7.1.1 UML 的产生

从“统一”（Unified）这个概念就能感受到，在如何表示面向对象建模过程这一问题上，曾经有过的“混乱”局面。从 20 世纪 80 年代中期开始，随着面向对象方法逐步成为软件工程过程的主流方法，传统软件过程中提供的方法和工具已难以驾驭新的软件需求，众多的软件研究和开发人员开始提出和设计不同的过程和工具，力图一致、完整地描述面向对象的分析和设计工作，并逐渐形成以 Coad 和 Yourdon 提出的 5 层模型方法、Booch 提出的静态模型和动态模型方法、对象建模技术（OMT）和面向对象软件工程（OOSE）为代表的各类方法。这些方法不仅在不同的关键软件项目中得到实际应用，并且为项目的成功做出很大贡献，为大规模、复杂软件系统的成功开发提供了有力的实施过程、工具和经验。

鉴于 Booch 方法和 OMT 方法各自独立成功的发展，并逐渐成为主要的面向对象开发方法，1995 年 Jim Rumbaugh 和 Grady Booch 将他们的工作统一起来，形成了 UML 0.8。随后 Ivar Jacobson 将他提出的“用例”方法加入进来，1996 年形成了 UML 0.9，1997 年 1 月将 UML 1.0 正式提交给对象管理组（Object Management Group，OMG），并于 1997 年 9 月再次提交 UML 1.1，随后被 OMG 采纳为基于面向对象技术的标准建模语言。

UML的形成直至UML 2.2的发展历程如图7-1所示。

UML在其发展和完善过程中，众采百家之长，吸收不同的面向对象分析和设计方法与工具的优点，同时将它们融入UML中，使得UML成为统一的、通用的、稳定的、表达能力强的面向对象建模语言。

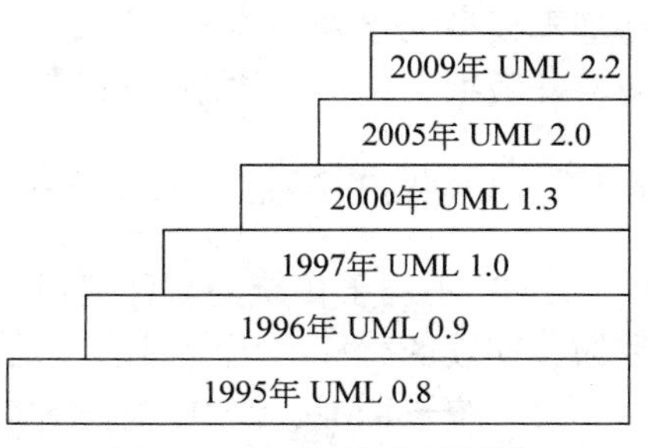

图7-1　UML的发展历程

7.1.2　UML的构成

UML通过统一的、标准化的图形符号、元素语法和语义，为面向对象建模过程提供了标准。这些图形符号和相关文字表达了应用级的分析和设计模型。总体来看，UML结构由以下4个部分构成。

1．视图

一个软件系统需要从不同角度进行分析和描述，从某个视角观察到的系统称为视图。例如，在电梯系统中，从用户视角关注的是如何操作电梯，使其能上行、下行、开门、关门等功能。而从设计人员的视角是，电梯在初始状态下（如一层静止），由什么事件并满足何种条件触发电梯的状态发生改变，如由静止状态转换到上行状态。因此，视图表达的是系统的一个侧面，反映了系统的部分特征，是UML图和建模元素的子集。视图从不同角度来描述系统，因而视图不是图，它是在某个层面上、用一个或多个图对系统的抽象描述。

在建立软件系统模型时，需要定义多个不同类型的视图，每个类型的视图反映了系统的一个侧面，综合多个视图，才能对系统做出完整的、准确的描述。

2．图

视图由图组成，图描述了一个视图的内容，是构成视图的图形元素。UML定义了9类基本的图，综合应用这些图，并加入模型元素来设计和描述系统结构和功能。

UML的9类图包括用例图、类图（对象图）、包图、状态图、活动图、顺序图、协作图、构件图以及部署图。

3．模型元素

模型元素表示面向对象中的概念，如类、对象、接口、消息和组件等，是构成图的基本元素。模型元素可以同时在多个不同的UML图中使用，但同一个模型元素在任何图中都具有相同的含义和符号表示。模型元素所能表示的内容不仅包括面向对象的概念，还包括概念间的彼此连接关系，如关联关系、依赖关系、泛化关系和实现关系等。这样，模型元素不仅具有自身的特点和数据，还同时把模型元素间关系连接在一起，形成更有意义的结构模型。

4．通用机制

通用机制用于描述系统的其他信息，例如注释、通用模型的语义扩展等。另外，为了满足不同用户、不同领域的需求，及时、灵活地反映需求的动态变化，尽量降低需求变更带来的影响，通用机制还提供了允许对UML进行扩展（在语法不变的前提下）的机制。例如，对模型元素提供额外的注释、信息、扩充语义等。这样，通过通用机制弥补基本模型元素表示能力的不足，扩展UML应用领域的广度和深度，使得UML也能适应特殊数据、过程和控制逻辑。

7.1.3 UML的特点

UML不同于传统的软件建模方法，它提供了从问题定义、需求分析到系统设计的一致的、连续的、标准化的图形、元素和通用机制的描述，具有如下显著特点。

（1）统一标准。UML统一了Coad与Yourdon、Booch、OMT和OOSE等方法的基本概念，并借鉴和吸收了各类方法的长处，摒弃了引起混乱、误解的图形符号，补充了新的图形符号，定义符号语义系统。统一标准的UML已得到业界和OMG的支持，成为面向对象分析和设计的标准。

（2）实现和过程的独立性。UML不是为某个过程、某类程序设计语言而专门设计的，它适用于任何软件过程和编程语言的开发平台。

（3）可视化。UML提供9类不同的图形、建模元素以及相关语义信息。这些图形易于掌握和使用，表达能力强，更重要的是支持从面向对象分析、面向对象设计到面向对象实现的、全过程的可视化建模。

（4）易学易用性。UML建模语言概念清晰，在了解和掌握了UML的视图、图、模型元素和通用机制的构成和彼此关系后，并结合自身的实践就能完全掌握和使用

（5）面向对象特征。UML全面支持面向对象的概念、方法和机制，提供简明的图形和元素描述面向对象的封装性、继承性、多态性、消息等特征，充分描述关联、依赖、泛化和实现等各元素间关系。

（6）可编程性。目前，很多软件工程工具、程序开发平台都支持从面向对象设计到面向对象编程的自动转换。同时，还支持从面向对象源码中分析得到面向对象设计中类及类间的关系图，为软件系统自动化设计和实现类间的自动转换打下良好基础。

7.2 面向对象的基本概念

UML实现对面向对象的全面支持，因此有必要先了解与面向对象有关的基本概念。

1. 对象

对象（Object）又称为实例（Instance），它用于描述在客观世界中存在的实体，如汽车、书籍、空气等。在信息领域中，与要解决问题有关的任何事物都可以作为对象，如人、网页数据、控制信号等。对象既可以是真实反映客观问题域中的实体，也可以是对问题域实体抽象或分解得出的新实体，这些新实体也是对问题域的客观反映。

例如，在图书馆管理过程中涉及“借书”和“还书”两个行为，这两个行为之间是有关联关系的，因为在缺书登记中，只有读者先“还书”，其他读者才能“借书”。因此，考虑定义“书”对象来协调和管理“借书”“还书”和“缺书”三者之间的关系。

在基于面向对象的软件工程中，对象是一个基本而重要的概念。信息域中的对象，有着与客观世界对象不同的特点：

- 逻辑性。客观世界的对象主要用于描述现实世界的客体，是一个物理或实体概念。而信息领域的对象，是在对客观世界认识的基础上，转化为信息世界的表示，是对客观实体的逻辑描述，是对问题域进行处理的逻辑主体。
- 数据是基础。对象都是以数据为基础进行各种操作。数据包括问题域的各类表格、文字等基本数据信息，图片、声音、视频等媒体信息，以及控制信号等。
- 对数据的封装。数据是一个有机整体，在谈及数据时，实际上还包括对数据操作、数据变换、数据与外部的信息交换等动态行为。它们共同构成完整的“对象包”，形成一个整体，并与其他对象协同实现系统各项功能。

2. 类

对象的数量和类型很多。以书为例，书的种类和数量都很庞大，不同的人对不同类型的书感兴趣。如读者现正在看的是一本软件专业的书。而当闲暇时，看的是爱情小说、散文或哲学类书。这些书虽各有特点，但仍能用一组相关特征来描述它们的共同之处。例如，它们都有书名、作者、页码、出版社、价格、主题等。无论涉及任何书的内容，这一组属性总是有用的。因此，可以定义一种新的数据类型“书”来刻画具有相同属性的所有实体书的对象。

“书”类型还包括了与它有关的行为。例如“借出”，无论是个人藏书还是公共图书馆藏书，都能将书借出。同时，“借出”这一行为需要书名、作者等属性的支持。因此，将书的上述属性和与之相关的行为组织在一起，完整地刻画了“书”类型，这样，“书”就构成一种新的类类型。

类是指具有相同属性和方法的对象的集合，又称为抽象数据类型。当类中的属性对应一组值时，类就被实例化为一个对象，类中的方法体现了该对象的具体行为。图 7-2 说明了类与对象间的关系。

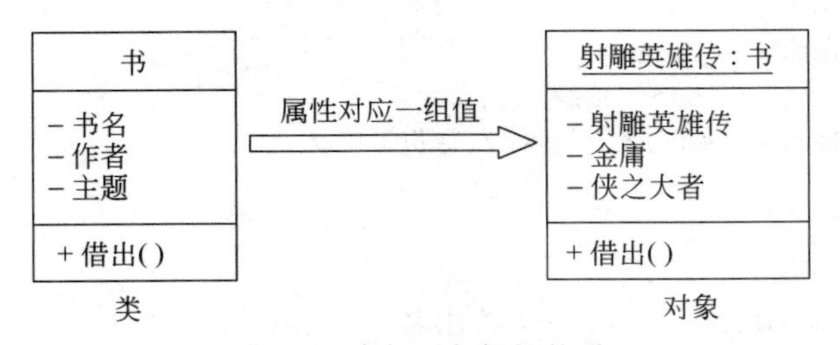

图 7-2　类与对象间的关系

图 7-2 表明，对象是类的实例。当通过类定义对象时，得到的是抽象对象。当对象属性值被指定时，抽象对象完成实例化，同时类定义的抽象方法转变为对象的具体行为。

实际上，对于结构化程序设计来说，也能用面向对象思想加以分析。以读者最熟悉的整形数据类型 int（以 C 语言为例）来说明。这里，可以将 int 类型看作是一个类类型，则语句：

```
int x, y;
```

这条语句不仅定义了对象（即变量）x 和 y 所能存放的数据（即整数），更重要的还定义了对象 x 和 y 所具有的方法，如：

```
int z = x + y
```

对象 x 和 y 之所以能够相加，是因为 int 类中定义了加法“+” 操作，并将该方法的结果保存在一个整型变量 z 中。而语句

```
int z = x + "software";
```

将会引发错误，就因为在 int 类型中没有提供关于整数与字符串相加的方法。在 C++语言中，可以通过自定义整数类型并重载加法“+”运算符的方法，实现整数与字符串相加。

3. 属性

属性是类中定义的一组数据特征的集合，它是对客观世界实体所具有的性质的抽象描述，反映的是类与对象的静态特性。

图 7-2 中的“书”类所定义的书名、作者、主题等特征就是其属性。属性是类中方法的数据基础，方法的具体实现过程需要属性提供数据支持。

属性分为基本属性和复合属性。基本属性是对类的特征的直接描述。复合属性既可以是基本属性的集合（如结构体），也可以是其他类类型定义的子对象，该子对象作为当前类的属性。

【例 7.1】 下面的代码片段反映了“书”类不同形式的属性。

```
class People{
private:
    string Name;                // 姓名
    string ID;                  // 身份证号
    bool Gender;                // 性别
public:
    bool IDCertified();         // 身份证确认
};
class Book{
private:
    string BookName;            // 书名
    string Theme;               // 主题
    People Author;              // 作者
    struct TelephoneNumber
    {
        string Telephone;       // 固定电话
        string Mobile;          // 移动电话
        string Fax;             // 传真
    } Telephone;
public:
    bool Lend(string strBookName);
};
```

在 Book 类中，Theme 是基本属性，Telephone 和 Author 是复合属性，它们反映出属性更详细的内容。

4. 方法

方法是类提供的一组操作，也称为服务，它体现的是类的动态特性。方法可以看作是传统软件设计中的模块，是最小的设计单元。但在面向对象软件设计中，类才是最基本的设计单元，而方法只是其中的一个组成部分。

方法体现了类的两方面特点：

（1）类内部功能。一方面方法提供了类和外部系统的交互过程，用尽可能简洁的方式提供对象访问；另一方面方法能保护对类内部数据访问的安全性，以确保类中其他方法过程的正确性。例如，在上述代码片段中，People 类的 IDCertified 方法能够监控身份证号码的长度，以及身份证号码各部分的有效值范围，以免出现不合法的身份证编号而影响类的运行结果。

（2）类外部关系。类间动态关系是通过类中方法来体现的。一方面方法通过提供外部对象与内部属性的交互来共同完成任务，体现系统功能；另一方面通过继承方式，实现派生类对象对基类方法的调用，以完成相同基类、不同派生类之间对基类方法的不同实现过程。

5. 封装性

封装性是指通过类的定义，将与类有关的属性和方法集中在一起，并统一通过类提供的外部接口来访问类的机制。

封装性将类体现为一个黑盒，内部的属性和方法的实现过程是不可见的，只能通过黑盒的外部“按钮”（公有方法接口）来操作黑盒，体现黑盒的功能。

例如，前面提到的语句：

```
int z = x + y
```

实现两个整数相加，并将方法的结果保存在一个整型变量 z 中。但是，变量 x 是不能和字符串进行操作的，如：

```
string s;
s = x + "software";
```

这样的操作是非法的。因为在 int 类中，没有封装与字符串实现加法操作的方法。因此，封装性体现了类的整体性，即类不仅定义了与对象有关的数据，还定义了对象所能提供的方法。

目前，大多数面向对象程序设计语言都提供了类的定义，都能通过定义以下访问权限实现封装性特性：

- 私有部分（private）。私有部分用于定义类的属性和内部方法，它不能为类的外部访问，也不能被继承的派生类所访问，这样确保类中属性的安全性和操作的一致性。
- 公有部分（public）。公有部分定义外部（通常是对象）访问类内部的开放接口，它提供了类对外的所有方法，以体现类的功能。

- 受保护部分（protected）。受保护部分用于继承的环境中，它的访问权限介于私有部分和公有部分之间。在继承环境中，派生类的成员函数能够直接访问基类的受保护部分，而基类对象和派生类对象不能访问受保护部分，从而保护基类信息既能向下传递，又不破坏类的封装性。

关于上述三种访问权限更具体的描述，参见7.5.2节。

6. 继承性

继承性是指一个类自动具有其他类的属性和方法的机制。继承把单个类按照层次结构组织成一个类家族，称为类库。

继承性是面向对象方法中的重要特性之一，这些特性体现在：

（1）软件的重用性。继承性很好地支持了对已有类的重用。通过继承，派生类不仅具有基类的属性和方法，还可以通过自身类的定义，扩充基类的属性和方法，实现软件的可扩展性。继承性也易于系统维护，使得对软件的更改尽可能地限制在一定范围内，保证了软件质量。

（2）类间的组织关系。类的继承方式分为单继承和多继承。

- 单继承：是指一个类只有一个基类的继承方式。单继承确保类的继承关系形成树结构，不仅易于对类的分类和管理，而且单继承的线性结构不会产生二义性，减少出错的可能。
- 多继承：是指一个类有两个或多个基类的继承方式。多继承使得派生类能以一种简单方式快速得到多个类的属性和方法，从而快速扩展系统功能或性能。但由于派生类可能存在多个基类，而这些基类间的属性和方法可能会产生冲突而造成理解的二义性。因此，从可理解性和可维护性方面考虑，现在越来越多的程序设计语言逐步取消了对多继承的支持。

（3）面向对象的多项特征，如封装性中的类的受保护部分就需要继承的支持，多态性机制也必须存在于继承的环境中。

图7-3描述了继承性的基本原理。

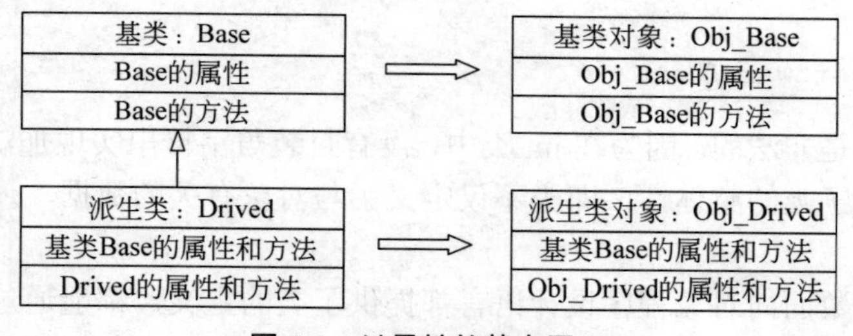

图7-3 继承性的基本原理

7. 多态性

多态性是指类的一个接口对应多种实现的机制，它通过在基类和派生类之间的虚方法（也称虚函数）来实现，因此它必须在类的继承性中得以体现。图7-4描述了一般继承性的类继承过程，类图采用简要描述。

在成员函数 Draw( )中，对于绘制不同的图形，必定有如图 7-5 所示的类似控制结构。这种方式直观、易懂。但给程序的扩展性带来较大不便。例如，要增加一种新的图形 Square，则必须为其定义新的模块并修改程序中的控制结构。这样，随着图形越来越多，并且图形间还要组合成更复杂的组合图形时，控制结构将变得复杂而难以驾驭。

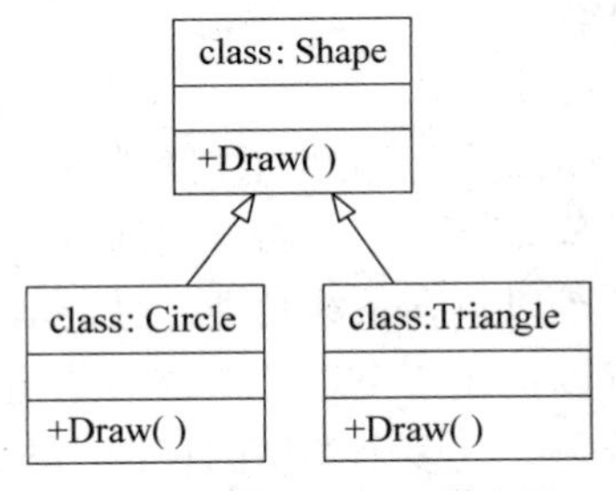

图 7-4　一般继承性的类继承

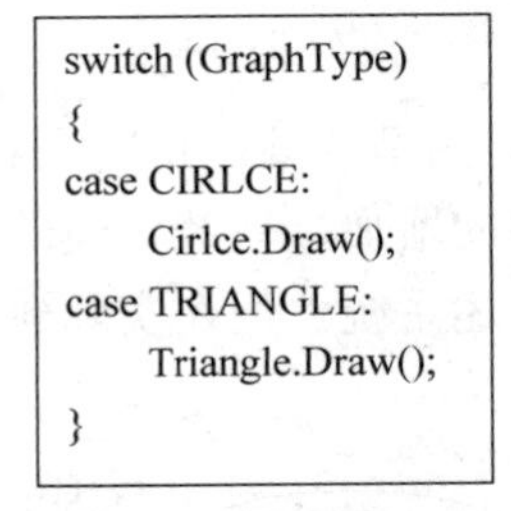

图 7-5　类继承的控制结构

采用面向对象的多态性机制，就能使得控制结构变得极为简单且不再进行修改。例如，在 C++语言中，定义基类 Shape 中的 Draw()为虚函数。程序的控制结构也相应修改为：

```
bool Draw(Shape& G) { G.Draw(); }
```

对于将来扩展的图形及其绘制方式，只需使扩展的图形类继承自 Shape 类，并重载虚函数 Draw()，就能通过多态性机制实现对 Shape 类绘图的扩展。这样降低了类间的耦合度，增强各类的独立性。

8. 重载

重载是指对于同名的方法，通过它们接口定义的不同，分别有不同的实现过程。重载通过对具有不同实现过程的方法，定义相同的方法名称。这样减少了方法名称在记忆上的负担，增加了程序的可理解性。在 C 语言中，如果定义：“分别求两个和三个整数的最大值”的函数，接口应这样定义：

```
int max2(int ,a ,int b);          int max3(int a, int b, int c)
```

而通过重载机制，可以把函数名称统一为 max（用 C++语言描述）：

```
int max(int a, int b);          int max(int a, int b, int c)
```

重载机制定义了相同的方法名称，而方法接口参数不同。重载机制进一步提高了面向对象系统的灵活性和可读性。

9. 消息

消息是指对象执行某个类中所定义的方法时所传递的数据规格说明。消息通常包括消息名称、发送消息的对象、接收消息的对象、消息参数等部分。

在如前面所述语句：bool Draw(Shape& G) { G.Draw(); }中，Draw 是消息名称，G 是消息发送者，也是消息接收者。这样，当 G 中保存的是 Circle 对象时，G.Draw( )消息发送给自身，即 Circle 类，由 Circle 类绘画图形 G。同样，当 G 中保存的是 Triangle 的对象时，G.Draw( )消息发送给自身，即 Triangle 类，由 Triangle 类绘画图形 G。

通过对面向对象基本概念的描述，得出用Coad和Yourdon公式定义的面向对象定义：

$$面向对象 = 对象＋类＋继承＋消息$$

7.3 UML 视图

UML 视图是从某个角度来看待系统，它反映的是系统的不同侧面。随着软件系统规模和复杂性的增加，系统建模的过程也越来越复杂。理想情况下，希望仅通过单一视图就能准确描述系统。但在实际建模过程中，单一视图难以包含系统功能、性能等所有的需求信息，更难以描述整个软件系统的结构和流程。因此，软件系统需要从多个类型的视图出发，每个类型的视图表示系统的某个特殊的方面，或系统的某方面特征，多个类型视图共同建立一个完整的系统模型。图 7-6 简要描述了 UML 视图的不同类型。其中，用例视图是其他视图的基础，会影响到其他视图的建模过程和描述内容。

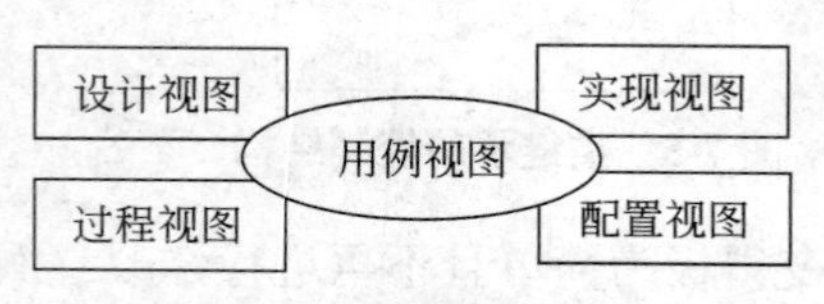

图 7-6 UML 视图的不同类型

1. 用例视图

用例视图描述系统的外部特征、系统功能和性能等需求，它从用户角度描述系统。用例视图建模主要包括以下几个方面：

（1）软件系统应具备的、与外部系统交互的功能，这是用例视图的基础。

（2）用例视图涉及与系统进行信息交换的外部系统。同时，在用例视图中应指明用户使用或参与的用例，以便于面向对象设计中交互类的分析和设计。

（3）用例视图通常对应系统的一个完整功能或子系统，所有与系统交互的功能都应在用例视图中进行描述。

（4）用例视图主要由用例图构成。

2. 设计视图

设计视图描述系统内部的静态结构和动态行为，包括系统结构模型和系统行为模型。设计视图是从系统内部角度描述如何实现系统功能。设计视图建模主要包括以下几个方面：

（1）用例视图描述系统具有的功能，设计视图描述如何从用例中分析功能，以及功能的实现过程。

（2）设计视图的静态结构主要描述类、类间关系。类既包括实体类，也包括在信息领域中抽象或分解出的逻辑类，如接口类、边界类、关联类等。

（3）设计视图的动态行为主要描述系统的工作流程和异常。工作流程通过类和类间关系的动态特征来实现。异常涉及系统的安全性、稳定性、可靠性等特征。

（4）设计视图通过类图（对象图）、包图来描述静态结构，通过状态图、顺序图、协作图和活动图来描述动态行为。

3. 实现视图

实现视图表示系统的组件结构，通常用独立的文件来描述，它表示系统的逻辑组成。实现视图建模主要包括以下几个方面：

（1）实现视图表示构成系统构件间的整体结构。

（2）实现视图描述系统构件间的组织结构和分布。

（3）实现视图描述系统各构件以及它们之间的依赖关系。

（4）实现视图通过构件图来表示。

4. 过程视图

过程视图表示系统内部的控制机制和并发特征，主要解决各种通信和同步问题。过程视图建模主要包括以下几个方面：

（1）过程视图描述系统内部的控制机制、异常的捕获、外部中断的及时响应和处理。

（2）过程视图要协调各线程之间的通信和同步。

（3）过程视图要考虑系统资源的有效利用，防止资源访问冲突。

（4）过程视图通过类图描述过程中功能与功能的组织结构，主要用状态图、协作图和活动图描述过程的实现和异常的处理。

5. 配置视图

配置视图描述系统软件系统和物理设备间的配置关系，它表示系统的物理组成。配置视图建模主要包括以下几个方面：

（1）配置视图展示系统在硬件环境下的具体部署，涉及软件系统和硬件系统的对应关系。

（2）配置视图描述每个物理设备上的软件系统部署和构成，也描述相同逻辑构件在不同物理设备上的部署。

（3）配置视图由配置图描述。

7.4　UML 的图和模型元素

UML 图用来具体地描述视图内容，它是构成视图的元素，不同的视图用不同的图的组合来刻画。UML 图描述包括系统静态结构和动态行为在内的系统功能、性能、结构和控制。

模型元素是构成图的基本元素，它不仅能表示面向对象中的类、对象、接口、消息和组件等概念，体现面向对象的封装性、继承性和多态性机制，还能表示这些概念间的彼此关系，如关联关系、依赖关系、泛化关系和实现关系等。这样，通过模型元素，UML 图就能将系统涉及的所有事物关系联系在一起，形成更具丰富语义的视图。

7.4.1　用例图

用例图（Use Case Diagram）是由参与者（Actor）、用例（Use Case）和它们之间的关系（Relationship）共同构成的、用于描述系统功能的图。它是用例建模的模型元素，描述用例模型中的关系。

用例图是从系统外部描述系统的功能及功能间关系，它主要用于子系统、包、类等的功能行为描述。用例图不负责描述功能实现的细节和性能的约束。

用例图的图形元素介绍如下。

1．参与者

参与者不仅是指系统的用户，它实际上是泛指软件系统外部的、所有与系统交互的角色。它在系统之外，通过系统边界与系统内部进行交互。参与者可以是人，可以是与系统进行信息交换的其他外部系统。相同的人或外部系统可以扮演不同角色而成为用例图的不同参与者。例如，在图 7-7 中，当以搜索引擎的管理员身份登录时，完成的是对搜索数据的整理、加工行为。当以领域用户身份登录时，就成为该搜索引擎的一个用户，完成对信息的检索行为。

2．用例

用例是对一组动作序列的抽象描述，系统执行这些动作序列，产生相应结果。这些结果要么反馈给参与者，要么作为其他用例的参数。因此，用例通常用于子系统、包、类的功能描述。

用例元素通常用椭圆表示，椭圆下方定义用例名称，通常用包含动词的短语来命名用例，如图 7-7 中所示。

用例有如下特点：

（1）用例是从参与者的角度出发来描述系统功能。

（2）用例粒度由需求分析人员确定，只要能清楚地表示用户功能即可。

（3）用例图不描述多个用例在操作上、时间上的执行顺序。

（4）用例不描述具体的实现细节或逻辑过程。

（5）一个用例对应用户一个具体的功能目标。

3．系统边界

系统边界划分了系统的内部功能和外部参与者。系统边界用矩形框表示，框内是用例，框外是参与者，并可以在矩形框内给出软件系统名称。在不会出现理解歧义的前提下，可以省略系统边界。

4．关系

关系用于描述用例图模型元素之间的关联。关系用有向箭头连接参与者与参与者、参与者与用例、用例与用例，并在箭头上定义关系的语义，图 7-7 中的有向箭头就描述了它们之间的关系。用例图的模型元素之间的常用关系有：

（1）<<uses>>：使用关系，表示参与者对用例的操作。如“普通用户”操作“查询信息”，在一般情况下可省略。

（2）<<include>>：包含关系，表示一个用例行为包括另一个用例的行为。前者称为基本用例，它描述了其他用例的公共行为，提供了用例必需的信息或过程。后者称为扩展用例，它为基本用例提供特殊服务。如“确定领域”功能需要“领域数据”提供领域信息，才能对相应用户提供专业领域服务。

（3）<<extend>>：扩展关系，表示扩展用例对基本用例的特殊服务。扩展用例一般是对基本用例的补充，但不影响基本用例的独立性，即没有扩展用例，基本用例也能独立实现功能。基本用例和扩展用例是低耦合的关系。而在包含关系中，基本用例需要其他用例的支持，它们间有较强的耦合性。

（4）泛化关系：表示不同参与者或不同用例间的继承关系。如“领域用户”是“用户”的派生，除了具有“用户”的基本属性和方法外，还具有自身的领域特征。

【例 7.2】　图 7-7 给出了搜索引擎的基本用例图表示，它综合描述了用例图各模型元素及关系。

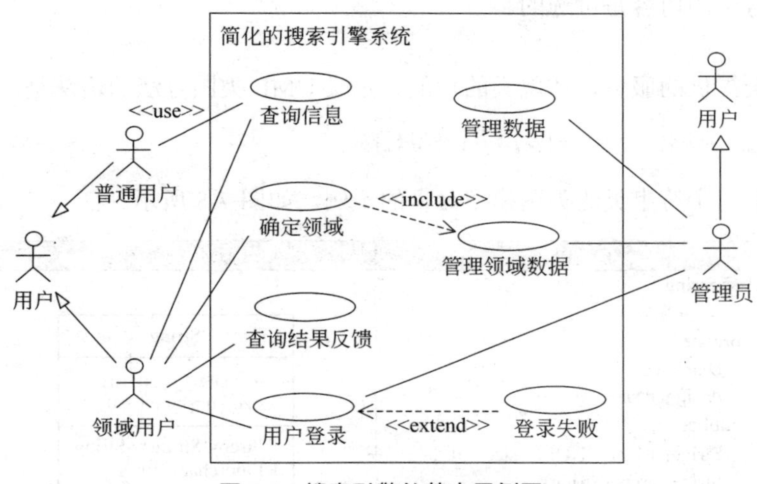

图 7-7　搜索引擎的基本用例图

由于<<use>>关系可以用<<include>>关系来表示，特别是表示参与者和用例间的<<use>>关系时，在不会产生歧义的前提下可以省略。

7.4.2　类图

类图用于描述类的属性、方法和类间关系。属性和方法是类的内部结构，关系是类间的关联，它们用于定义 UML 的静态模型。类间关系见 7.5 节的介绍，本小节只介绍类的内部结构。

类的内部结构涉及类名、类内部事物的属性、方法及其他们的可见性。

1.　类名

类名是对象集合的名称，命名的恰当与否将影响对系统静态模型的可理解性。在 UML 的通用机制中，规定了对类名进行修饰和增加语义的构造型方法，将更利于对类的理解和设计。例如用“<<abstract>>”说明当前类是一个抽象类。

2.　可见性

可见性定义了对象对类的属性和方法的访问权限。目前主流的面向对象程序设计语言都支持公有部分（public）、私有部分（private）和受保护部分（protected）三类不同的访问权限。

- 公有部分：定义了对象能访问的类的属性和方法，用“+”修饰。
- 私有部分：定义了对象不能访问的类的属性和方法，用“-”修饰。

- 受保护部分：对象不能访问类的属性和方法，但派生类方法可以访问，用“#”修饰。

3. 属性

属性是指能体现整体对象特征的集合。定义UML类图属性的语法是：

[可见性] 属性名 [:类型名] [=初值]

其中，方括号中的内容是可选的。

4. 方法

方法是类提供的服务，体现类的功能。定义UML类图方法的语法是：

[可见性] 方法名（[参数列表]）[:类型名]

【例 7.3】 字符串类的类图模型元素的示例，如图7-8所示。

C++语言	UML的类图

class String
{
private:
char* str;
unsigned size;
public:
String( ) { str = NULL; size = 0; }
String Strcpy(String);
int Find(char);
};
	String
	–str : char* = NULL
	–size : unsigned = 0
	+ Strcpy(String) : String
	+ Find(char) : int

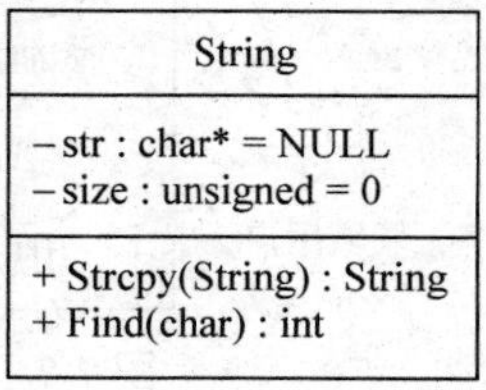

图 7-8 字符串类的类图模型元素的示例

7.4.3 包图

包图是对UML中用例图、类图、UML关系等模型元素的封装，它用于描述具有相似功能的模型元素的组合，或组织软件系统结构的层次，或展现整个系统的物理部署。通过包图，能对语义上相关的图形元素进行分组，简化系统结构描述，提高系统设计和实现的模块化程度，同时降低各子系统间的耦合度。

包图可以对应面向对象程序设计的语言成分，如C++中的namespace，Java的package等；也可以对应软件项目的组织结构，如项目文件夹。

包图包括包的名称和包。

（1）包用矩形框表示，它可以包含类、对象、其他包以及UML关系等模型元素。

（2）名称要准确描述包的语义，以增强包图的可理解性。

（3）包之间也具有UML关系。

【例 7.4】 包图模型元素及C++语言描述如图7-9所示。

包之间的关系主要有两类：

- 依赖关系：一个包中引入另一个包的输出信息。
- 泛化关系：定义包的继承关系，体现具有与类库相似的包的家族。

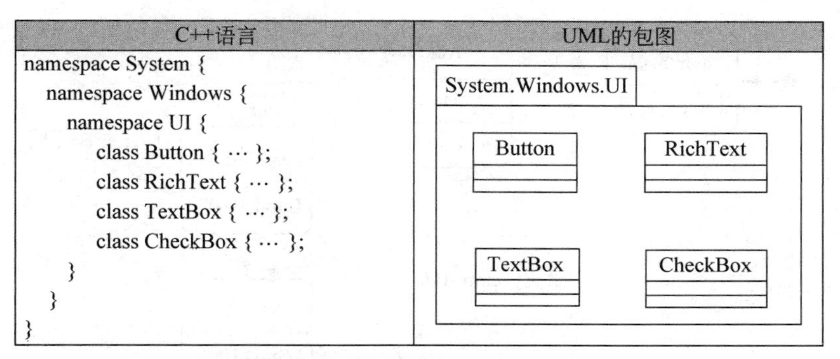

图 7-9　包图模型元素及 C++语言描述

【例 7.5】　通过对一般数据库管理系统的包图表示，简要说明包之间的关系，如图 7-10 所示。

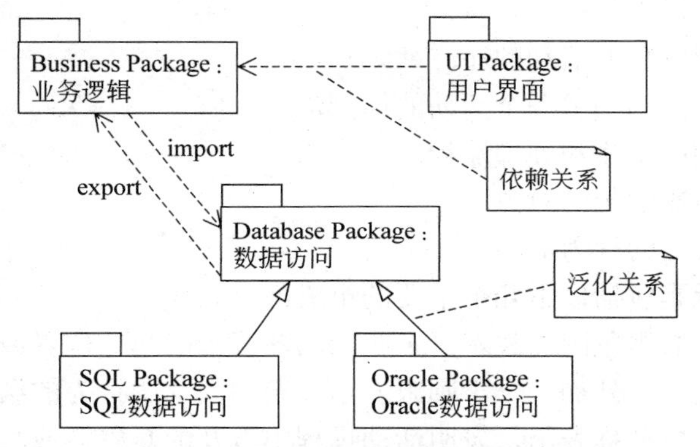

图 7-10　通用数据库管理系统的包之间的关系

7.4.4　状态图

状态图用于描述一个对象在生命周期内的所有可能的状态，以及引起状态改变的事件或条件。状态图的目的是通过描述某个对象的状态和引起状态转换的事件或条件，来描述对象的行为。状态图由一系列状态、事件、条件和状态间转换共同构成。有关状态图的详细描述在 2.4.4 节已进行介绍，这里仅给出用 UML 表示的状态图。

【例 7.6】　描述烧开水过程：假定在标准大气压下烧水，用 Temp 表示水温，用状态图描述日常生活中关于烧水的基本过程。该状态图是围绕对象“水”展开的，如图 7-11 所示。

7.4.5　活动图

活动图用于描述用例或场景的活动顺序，或描述从一个活动到另一个活动的控制流。活动图所描述的内容可以是类内部的处理流程，也可以是整个软件系统的操作流程。活动图反映在系统功能逻辑中参与的对象，以及每个对象各自的行为活动。

活动图本质上是一种流程图，能够与结构化系统开发方法中的数据流程图相对应。

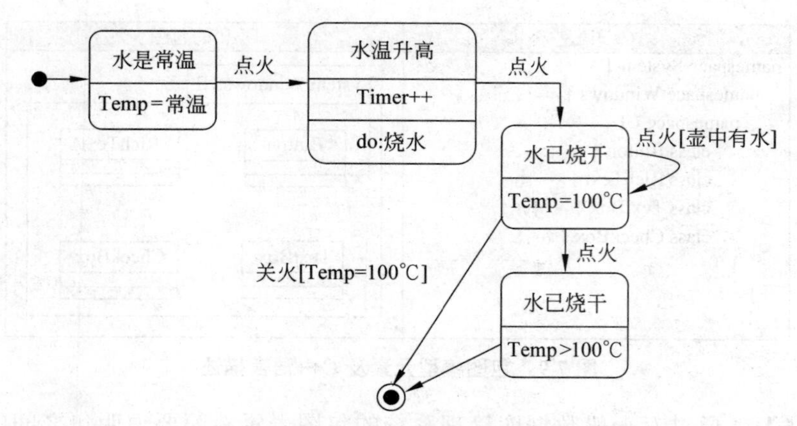

图 7-11　日常生活中烧开水过程的状态图

活动图主要用于以下目的。

（1）描述用例或场景的活动顺序。

（2）描述从一个活动到另一个活动的控制流。

（3）描述类内部的工作和处理流程。

（4）反映活动所影响到的对象。

（5）每个对象各自的行为活动。

活动图的图形元素包括以下几个主要的组成部分。

（1）起点：用实心黑色圆点表示，表明活动图行为的起始位置或状态。

（2）终点：在起点上外加一个小圆来表示，表明活动图行为的结束位置或状态。

（3）对象：用对象名称表示，表明活动过程中涉及的对象，或触发活动的对象。

（4）活动约束：通过设置活动的前置条件和后置条件来约束活动。前置条件是指进入活动前需要满足的先决条件。后置条件是指活动结束后满足后续操作所需的条件。

（5）控制流：活动图中各项活动间的转换控制，用带箭头的直线表示，箭头指向下一个将要转入的活动。

（6）分支：活动流分支的图形元素用菱形表示。由于活动后置条件的不同，导致不同的控制流程。

（7）并发：并发的图形元素用一条竖线和多条控制流共同描述。活动图在描述系统控制流时，会存在多个并发流程的情况。并发将控制流分为多个并行运行的分支，以达到共同完成事务活动的目的。

（8）异常处理：异常处理用一条有向折线表示，折线箭头指向处理异常的类、接口等模型元素。异常定义了当活动中发生特殊情况时涉及的对象及相关操作。

（9）泳道：泳道通过画虚线的方式，将活动划分为若干组，每组活动被指定给相关对象。通过划分泳道，明确了对象中包含哪些活动，或者相关的操作分配给哪个对象。每个泳道必定与系统的某个对象相关，每个活动只能属于一个泳道。

【例 7.7】 顾客购买多项货物时，需要填写购货清单。销售部门生成订单并确认后，提交给仓库进行配货，顾客同时付款。如果清单上的货物有缺货，则仓库补货。如果清单上的货物均有货，且顾客已付款，仓库根据顾客所留地址发货。如果地址错误，则重新确认顾客地址后再次发货。

图 7-12 给出了用活动图的模型元素描述的上述顾客购买货物的过程。

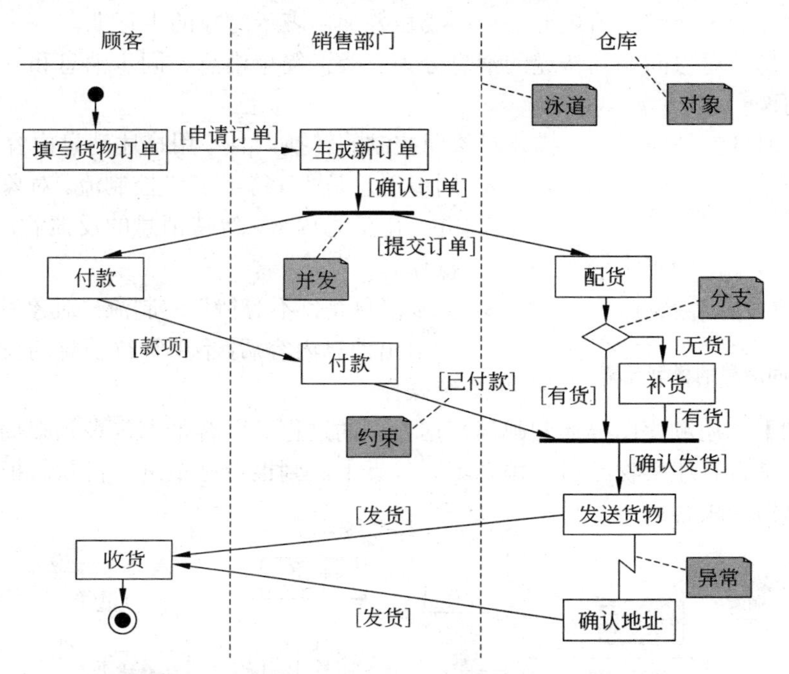

图 7-12　用活动图的模型元素描述的购买货物的过程

活动图是对系统（子系统）流程的描述，涉及问题域的事件、事物和对象，因而主要用于面向对象的分析阶段。

状态图和活动图是容易混淆的两类图。状态图描述的是某一对象的状态、状态转换及状态转换的触发事件或条件。通过状态图，能够知道对象在其生存期内与哪些事件（操作）相关。由于状态图面对的是对象，因此它是类图的有益补充。

活动图描述的是某个用例或场景的具体步骤，表现为对一组相关对象的一系列操作。活动图反映了系统的操作流程，体现了系统的功能。因此，活动图是对用例或场景的细化，帮助设计人员了解和掌握用户的业务领域流程。

例如，在“试卷自动生成系统”中，“试题”是一个对象，则“已录入”“未录入”“已被选”“未被选”等都是该对象的状态，这些状态之间的转换就需要用状态图描述。而“试题”录入、选题等操作，涉及试题、教师、试卷等多个对象，这些操作流程是系统的一个用例或场景，因而用活动图来描述。

7.4.6　顺序图

顺序图又称为序列图，它用于描述对象间的动态协作关系，并着重表现在时间先后顺序上，多个对象是如何进行交互的。顺序图的二维坐标含义是：横坐标表示不同对象；纵坐标表示时间，说明在某一时刻上对象是否还存在。

顺序图的图形元素包括以下几个主要的组成部分：

（1）参与者：包括用户、外部系统等。

（2）对象：对象用下画线修饰。

（3）对象的生命线：用矩形条和虚线相叠加，表示对象的生存期。

（4）消息：对象间相互传递的消息分为三类：简单消息、同步消息和异步消息，如图 7-13 所示。

- 简单消息就是控制流，描述对象间控制的转换，且不用描述消息内容。

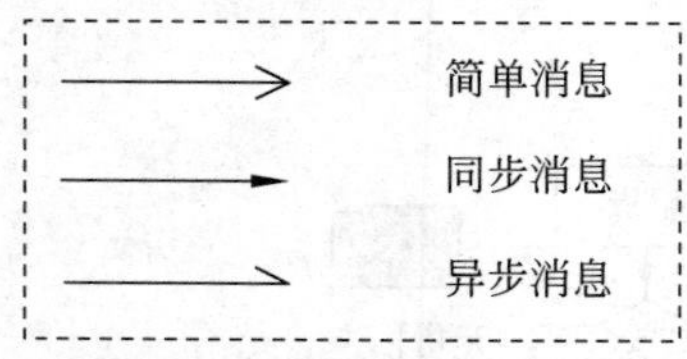

图 7-13 不同消息的模型元素

- 同步消息是“等待-继续”控制流。对象发送消息，并给出消息内容。等待消息的反馈后，再继续后续操作。
- 异步消息是“不等待”控制流。对象发送消息，并在给出消息内容后，不用等待消息的反馈而继续后续操作。

【例 7.8】 用顺序图描述到邮局寄送包裹的过程：顾客带上包裹到邮局，由工作员检查包裹中是否有违禁物品后，顾客填写包裹单，到柜台称重量，付款。柜台人员核实后，打印单据给顾客。

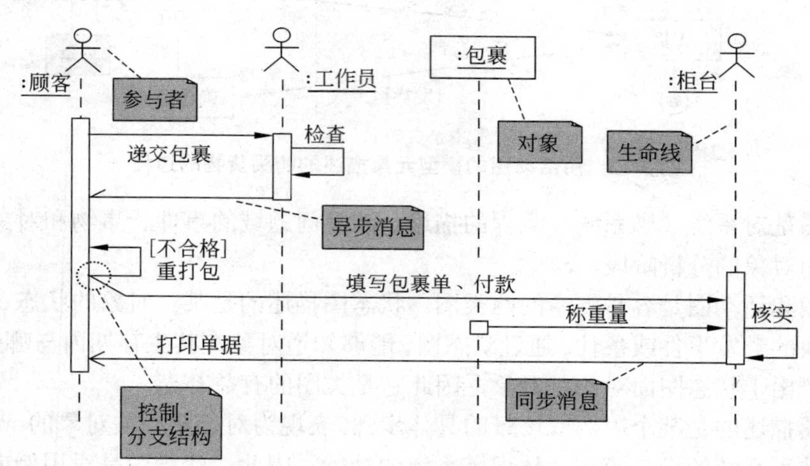

图 7-14 邮局寄送包裹过程的顺序图

顺序图不仅描述系统交互或操作过程，对于复杂的系统交互或操作过程，还可以增加结构化控制。

7.4.7 协作图

协作图用于描述类和类间关系，反映的是通过一组类的共同合作来完成系统功能，因而又称为合作图。由于需要了解类的属性、方法和类间关系，协作图主要用于面向对象的设计阶段。

协作图的图形元素包括以下几个主要的组成部分：

（1）对象：对象用下画线修饰。

（2）链接：用于表示对象间的关系，与类图中定义的类间关系一致，详见 7.5 节的介绍。

（3）消息：消息包括简单消息、同步消息和异步消息，并且按照操作顺序进行编号，其定义的语法为：

消息类型 消息编号：［返回值：=］ 消息名称 ［参数列表］

其中，消息类型用图 7-13 的模型元素表示，消息编号为：

① 顺序编号：按整数编号，如 1、2、3 等。

② 嵌套编号：顺序编号中带小数点，如 1.1、1.2、2.1、2.2 等。

③ 并行编号：嵌套编号中带字母，表示并发过程，如 1.1.1a、1.1.1b 等。

协作图与顺序图类似，也反映对象的动态关系。但它们的侧重点不同：协作图主要表现对象间的链接关系，而顺序图主要表现对象在时间上的交互顺序。图 7-15 就是由顺序图 7-14 转变而来的协作图。

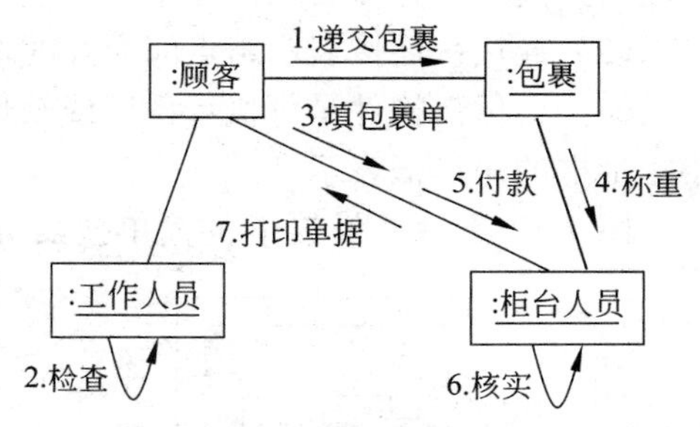

图 7-15　顺序图 7-14 转变而来的协作图

7.4.8　构件图

构件图用于描述软件系统代码的物理组织结构，该结构用代码组件表示，因而又称为组件图。代码组件可以是源代码、二进制文件、目标文件、动态链接库、COM 组件或可执行文件、数据和相关文档等。UML 提供了标准的构件扩展语义，用于标注不同的构件：

（1）<<file>>：表示包含源代码的文件。

（2）<<page>>：表示 Web 网页。

（3）<<document>>：表示文档，但不包括代码文件，不具可编译性。

构件图反映了软件组件间的依赖关系，显示了软件系统的逻辑组成结构。构件用带有两个小矩形框的矩形框表示，用一个连接着小圆圈的实线表示，通过接口使一个构件可以访问另一个构件中定义的操作。图 7-16 给出一个简单搜索引擎的构件图示例。

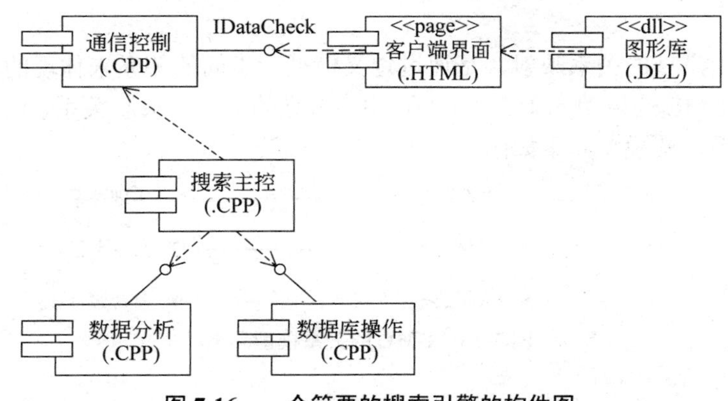

图 7-16　一个简要的搜索引擎的构件图

7.4.9 配置图

配置图用于描述软件系统在硬件系统中的部署，反映系统硬件的物理拓扑结构，以及部署在此结构上的软构件分布。因此，配置图又称为部署图。

配置图中的图形元素包括以下几个主要的组成部分：

（1）结点：结点代表一个物理设备，以及在此结点上运行的软件或软件构件。结点的图形元素用立方体表示，并定义结点名称。

（2）连接：连接表示结点间交互的通信链路和联系。

（3）构件：构件是可执行程序或软件的逻辑单元，它分布在结点中。它用带有两个小矩形框的矩形框表示。

图 7-17 显示了图 7-16 的简单搜索引擎的配置情况。

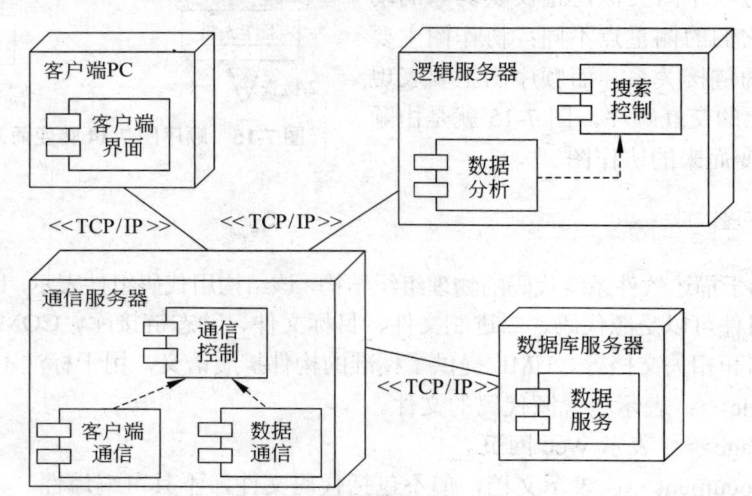

图 7-17　与图 7-16 搜索引擎构件图对应的配置图

7.5 UML 的关系

问题域到信息域的关系映射，是通过定义模型元素间的关系来体现的。模型元素间的关系仍然是 UML 的模型元素。在 UML 中，常见的关系有关联关系、泛化关系、依赖关系和实现关系，其模型元素如图 7-18 所示。

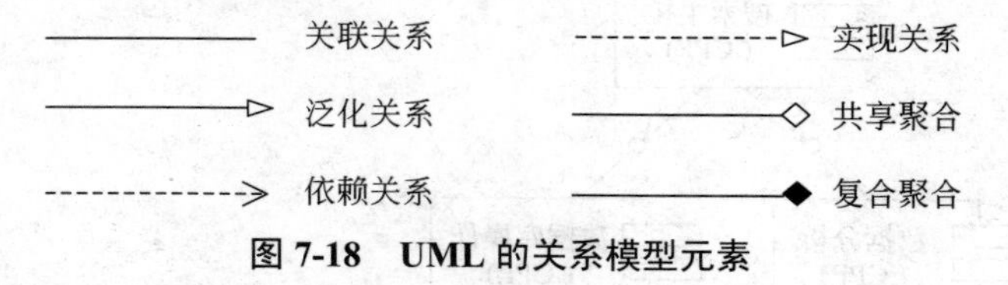

图 7-18　UML 的关系模型元素

7.5.1　关联关系

关联关系用于描述类与类之间的关系构成，是有关类之间的较抽象和宽泛的关系表示。对象是类的实例，对象与对象之间的关系称为链（Link），它是关联的实例。图 7-19 描述了关系和链的对应。

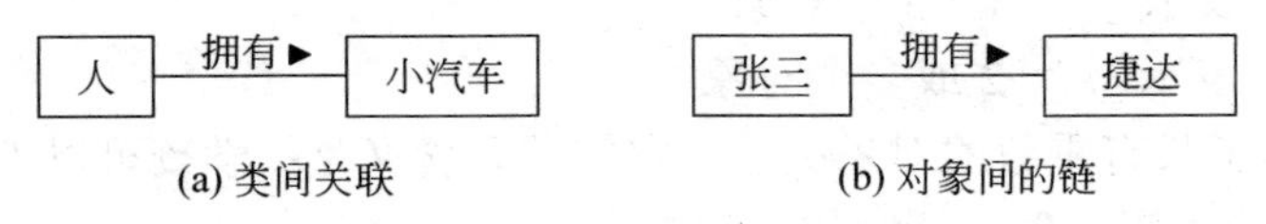

图 7-19　关系和链的对应关系

关联关系通常是双向的，关联的多个类之间彼此都能相互通信，即多个类之间，如果彼此能相互通信，则这些类之间就存在关联关系。

关联主要用来组织系统模型。对于建立复杂的系统模型，用关联关系分析从需求中得到的类及类间关系是很重要的。

关联关系主要分为普通关联、限定关联、关联类、递归关联和聚合关联。

1. 普通关联

普通关联是最常见的一种关联关系，只要类和类之间存在连接关系就能用普通关联来表示。普通关联又分为二元关系和多元关系。

二元关系描述两个类之间的关系，用直线连接两个类。如果关联是单向关系，则如图 7-19（a）所示，用黑色三角指向关联的方向，因而又称为导航关联。也可以将直线改为有向箭头，方向与黑色三角的指向相同，如图 7-20 所示。

C++语言	普通关联的单向二元关系

class Car { // … };
class People
{　private:　Car* car;
　　// …
};
	人 —拥有→ 小汽车

图 7-20　普通关联的单向二元关系

如果二元关系是双向关系，则表明两个类彼此都能调用对方公共部分的属性和方法。如图 7-21 所示的双向二元关系。

C++语言	普通关联的双向二元关系
class School {　private:　Teacher*　T; 　　// … }; class Teacher {　private:　School*　S; 　　// … };	学校 —有►／◄属于— 教师

图 7-21　普通关联的双向二元关系

关联关系还具有数量上的约束，即关联两端的类之间在对象上的数量对应关系，称为重数。重数表明关联一端的类有多少个对象可以与另一端类的一个对象关联。重数的描述方式是：

1	表示	1个对象
0..* 或 *	表示	0或多个对象
1..3	表示	1～3个对象
2+ 或 2..*	表示	2或多个对象

图7-22给出了具有重数的对象关系，它的关联含义是：学校可以“有”一位到多位教师，而教师只能“属于”一所学校。

图7-22　具有重数的对象关系

2. 限定关联

限定关联用于描述一对多或多对多的关联关系。通过限定关联，可以将多对多的关系转换为多个一对多的关系，将一对多的关系转换为多个一对一的关系。在类图中，将限定词放在进行限制的类旁，并用矩形框表示；也可以用“{ }”括起来，作为对类的约束。图7-23给出了限定关联的不同表示方式。

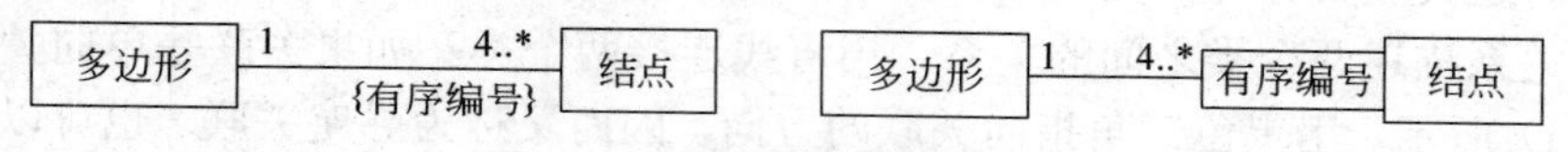

图7-23　限定关联的不同表示

3. 关联类

在关联关系比较简单的情况下，关联关系能通过类间彼此定义对方的子对象，或通过类的成员方法的参数产生关联，如图7-20和图7-21所示。但如果关联关系较为复杂，必须详细描述关联的属性以及关联的行为，为此需要建立关联类来描述关联的属性及方法。在UML模型元素中，关联类通过虚线与关联相连接，并与关联的类的一个实例相联系。图7-24定义了“教学”关联类来描述教师和学生之间“教与学”的关系。

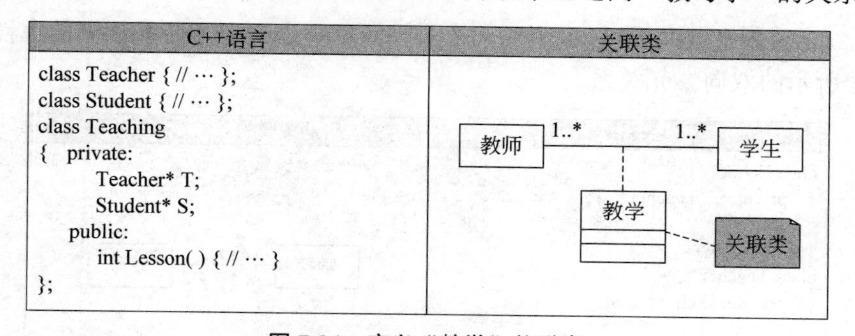

图7-24　定义“教学”关联类

4. 递归关联

递归关联是指类间关系发生在单个类自身上，即类与它自身有关联关系。

递归关联的语义是同类对象之间产生关联，如图 7-25 所示。

显然，图 7-25 所示的是一个一对多的关联，实现上可以用线性结构，也可以通过成员方法对多个不同对象的操作来实现。

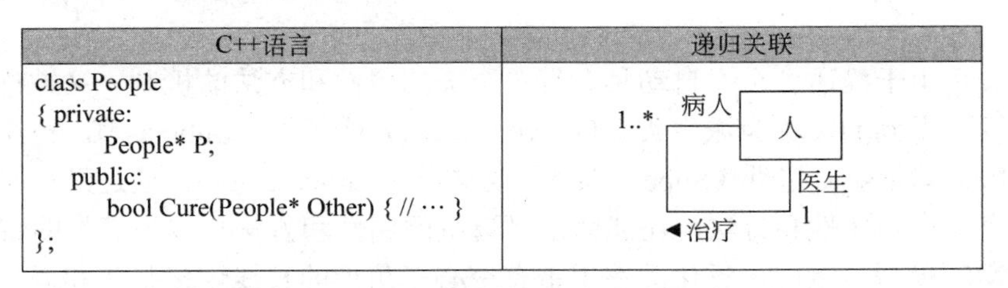

图 7-25　递归关联描述的类的自身关联关系

5. 聚合关联

聚合也称为聚集，它是特殊的关联关系，其特殊在于它描述的多个类之间是整体和部分的关联关系，如大楼由一个个房间构成，学校由教师、学生和机关人员组成。识别聚合关系的直接方法，就是在需求描述中找寻有“包含”“由……构成”“是……的一部分”等词或短语的语句，这些词或短语直接反映了类之间的“整体-部分”关系。

聚合的 UML 模型元素表示，是在关联关系的直线末端加上一个空心菱形，空心菱形放在靠近整体类的一端。

聚合主要有两类关联方式：共享聚合和复合聚合。

共享聚合是指“整体-部分”关系中的“部分”类的对象同时成为多个“整体”类的对象。共享聚合反映了“整体-部分”的多对多关系。如图 7-26 所示，球队由球员组成，但一个球员不只属于一个球队，可以注册多家俱乐部，反映了球员的“共享”特性。

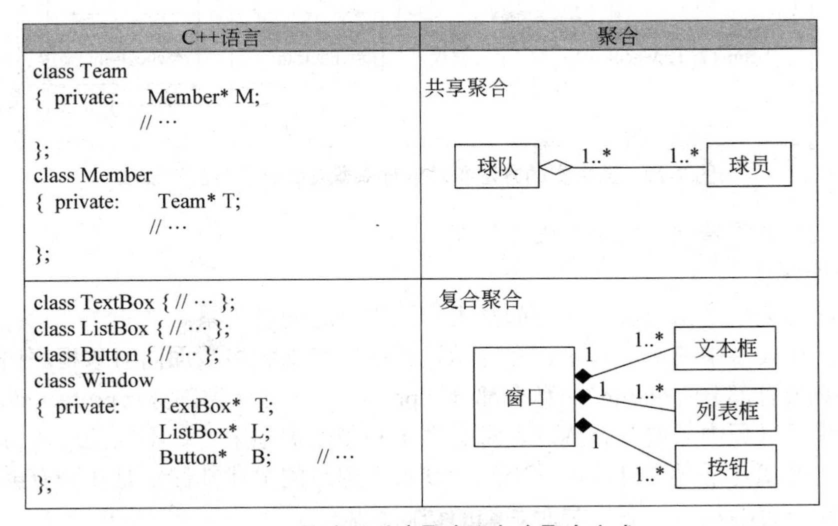

图 7-26　聚合的共享聚合和复合聚合方式

复合聚合是指在“整体-部分”关系中，“部分”类的对象完全参与一个“整体”类的对象。复合聚合反映了“整体-部分”一对多的关系。这就要求“部分”类只能属于“整体”类的一部分，没有“整体”类，“部分”类就没有存在的基础和意义。如图 7-26 所示，文本框、列表框和按钮属于窗口的一个部分，如果系统关闭窗口，则作为“部分”存在的文本框、列表框和按钮将不能再单独存在，随窗口的关闭一并被撤除。

7.5.2 泛化关系

泛化关系用于描述一个类自动具有另一个类的属性和方法的机制，又被称为继承关系。通过继承得到的类称为派生类（Derived Class）或子类（Subclass），被继承的类称为基类（Base Class）、超类（Super Class）或父类（Father Class）。通过继承机制，派生类不仅具有基类的属性和方法，还能够定义自身的属性和方法，成为基类的特殊类。

在 UML 模型元素中，泛化关系用带有空心三角形的直线连接基类和派生类，空心三角形的顶端对着基类，如图 7-27 所示。值得注意的是，泛化关系只用来表示类与类之间的关联，而不能用于对象的关联。因为对象是类的实例，是描述的问题领域的客体，因而不能彼此继承。

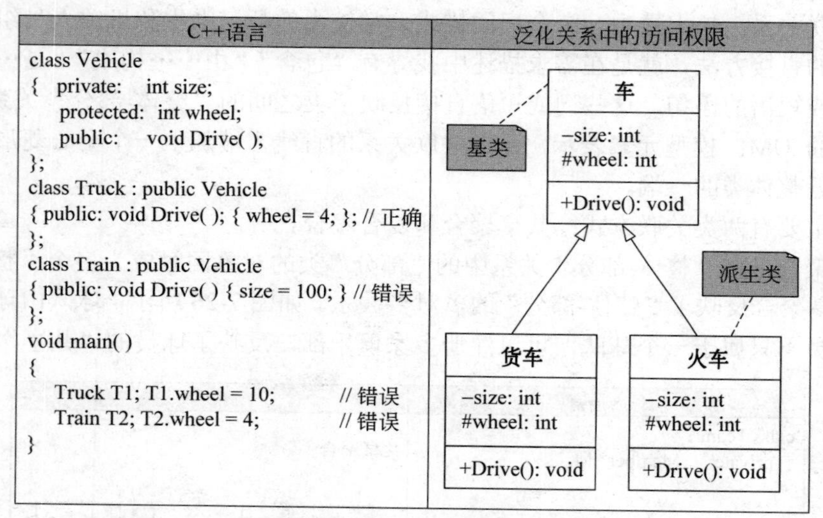

图 7-27 派生类的方法和对象对基类成员的不同访问权限

泛化关系分为普通泛化和受限泛化。

1. 普通泛化

普通泛化关系是指一般意义上的基类和派生类之间的关系。

（1）泛化关系中的访问权限。在继承过程中，目前大多数面向对象程序语言都支持在类中定义公有部分（public）、私有部分（private）和受保护部分（protected）。同时，也支持在继承过程中采取公有继承、私有继承和受保护继承三种不同的继承方式。由于目前的继承方式几乎是公有继承，因此后续关于继承的描述都假定是在公有继承的前提下实现。在公有继承中，派生类对基类的访问权限是：

- 公有部分：派生类的成员方法和派生类的对象都能访问基类公有部分的属性和方法。
- 私有部分：派生类的成员方法和派生类的对象不能访问基类私有部分的属性和方法。

- 受保护部分：派生类的成员方法可以访问基类公有部分和受保护部分的属性和方法，但是派生类的对象不能访问基类受保护部分的属性和方法。

图 7-27 描述了上述派生类的方法，以及派生类的对象对基类各部分成员的不同访问权限。

（2）单继承和多继承。根据基类重数的不同，泛化关系可以分为单继承和多继承两种类型。单继承是指派生类只有一个基类；多继承是指一个派生类可以有多个基类。图 7-27 所示的是单继承方式，图 7-28 定义的是多继承方式。

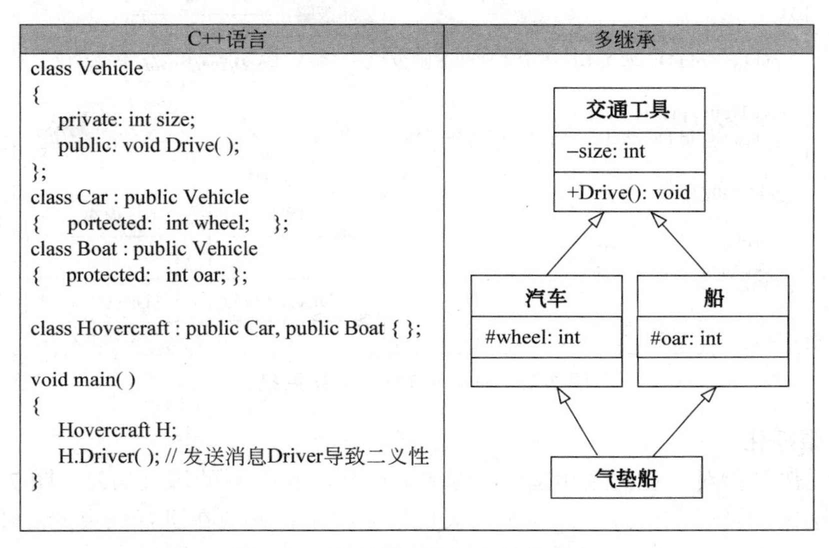

图 7-28 多继承及其二义性的产生

显然，多继承的继承方式使得派生类能同时具有多个父类的属性和方法，利于功能的快速扩展。但其弊端也是明显的，即多继承的组织结构不再是树形结构，而成为网状结构，容易产生继承时的二义性。如“气垫船”继承了“汽车”和“船”，当要驱动“气垫船”时，“气垫船”访问“交通工具”的 Drive 方法。出现的问题是：直观上看，“气垫船”是通过“汽车”类还是“船”类去访问“交通工具”类的 Derive 的？这就是多继承出现的二义性问题。在 C++语言中，可以采用虚继承的方式消除这一类型的二义性。

鉴于多继承可能出现的二义性以及消除二义性的复杂性，目前多种面向对象程序设计语言都不再支持类的多继承机制。即使支持多继承机制，也需要对多继承进行约束，如仅有接口才能定义多继承。

（3）抽象类。在泛化关系中，还有一种特殊的类类型——抽象类。抽象类是指在类中定义纯虚函数（Pure Virtual Function）或接口（Interface），纯虚函数或接口只有函数接口定义而没有具体的实现。因此，抽象类只能作为其他类的基类被继承，不能定义抽象类的对象。图 7-29 给出了抽象类的 UML 扩展机制，即在类的下部附加一个标签值{abstract}，虚函数用斜体进行修饰。

抽象类体现了面向对象的多态性特征。纯虚函数统一定义类继承过程中方法的接口（如 Drive），但具体的实现过程留在各派生类中去完成。这样，通过统一的接口定义，却

能得到不同方法的实现，使得系统功能的扩充和类的重用性得到充分体现。例如图 7-29 所示，只要继承抽象类，并且不修改纯虚函数的接口，就能灵活增加新的交通工具类到“汽车”类族中，而无需对原有系统做任何改动。

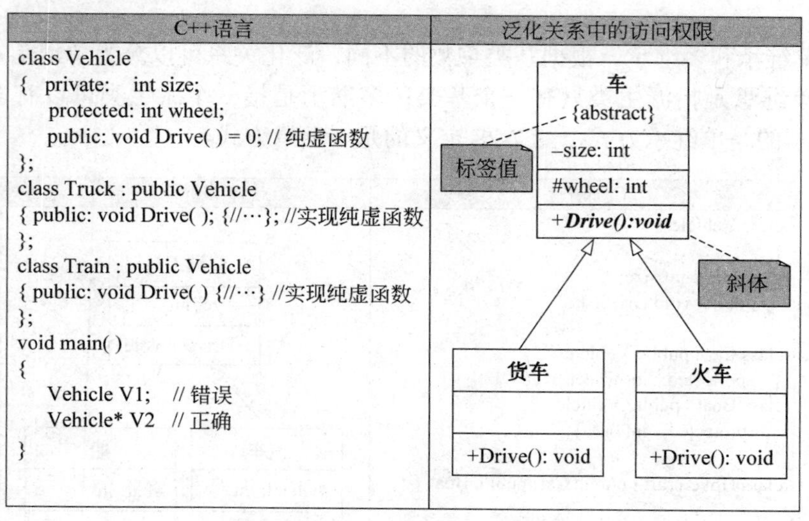

图 7-29　抽象类的 UML 扩展机制

2. 受限泛化

受限泛化是指对泛化关系增加约束条件，强化泛化关系的语义信息。图 7-30（a）描述了受限泛化的模型元素。泛化约束用大括号括起来，并放在进行约束的泛化连线间，多个约束类型用逗号分隔。泛化的约束条件共分四类：交叠（Overlapping）泛化、不相交（Disjoint）泛化、完全（Complete）泛化和不完全（Incomplete）泛化。

- 交叠泛化：按照领域准则，多个派生类对基类的特殊化可以有重叠的约束。
- 不相交泛化：按照领域准则，多个派生类对基类的特殊化不能有重叠的约束。
- 完全泛化：按照领域准则，多个派生类完全列举出基类所有特例的约束。
- 不完全泛化：按照领域准则，多个派生类没有完全列举出基类所有特例的约束。

图 7-30（b）反映了这四种类型的约束条件。

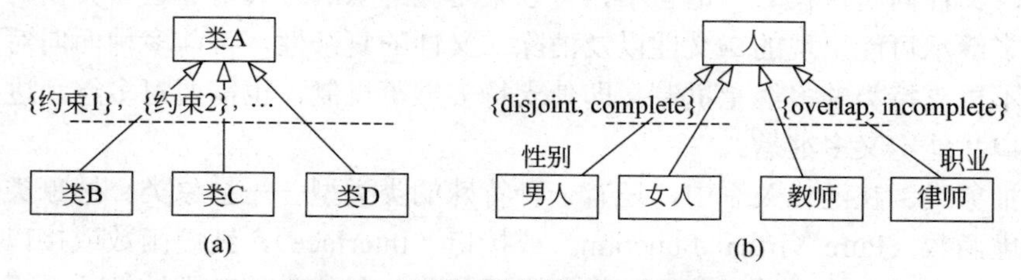

图 7-30　受限泛化的模型元素及示例

在继承过程中，如果按性别进行约束，则“男”和“女”完全划分了性别，且两者不相交。如果按职业进行约束，则显然“教师”和“律师”没有完全列出所有的职业，并且一个人既可以是教师，也可以是律师，它们可以出现交叠。

受限泛化是语义约束，在实现上可以有不同的方式实现，如定义链表（交叠）、布尔类型（不相交）、定义枚举类型（完全泛化）和集合（不完全泛化）等数据结构表示不同的约束条件。

7.5.3　依赖关系

依赖用于描述有较强关联的、多个事物间的关系。一个事物是非独立的，它必须依附于另一个独立事物而存在，一个事物的改变会导致另一个事物发生变化。依赖关系更多地关注不同事物间，一个事物对另一个事物数据的访问。

依赖关系用虚线箭头表示，虚线箭头上用双尖括号括起关键字说明具体依赖关系的语义信息。图 7-31 描述“友元”的依赖关系。

C++语言

```
class Line
{
    private:  Point P;
    public:   void Draw( ) { P.x = 1; P.y = 2; }
};
class Point
{
     private: double x, y;
     public: friend Line;
};
```

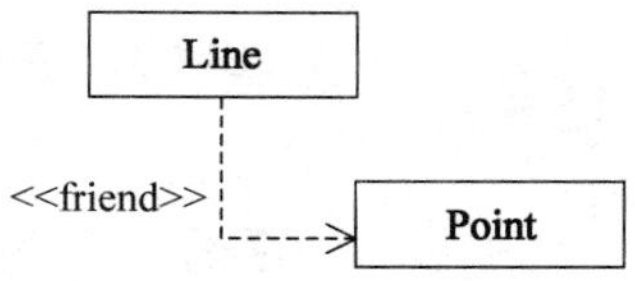

“友元”的依赖关系

Line

<<friend>>

Point

图 7-31　“友元”的依赖关系描述

Line 类是 Point 类的友元类，就意味着在 Line 类中，通过 Point 类的对象（P）直接访问 Point 类的私有成员属性（x 和 y）。Line 类依赖 Point 类而存在。

依赖用不同的语义关键词来表示不同的依赖关系，常见的依赖语义关键词定义见表 7-1 所示。

表 7-1　依赖关系中常见的语义关键词定义

关键词	依赖的语义	功　　能
bind	绑定	对类定义参数为数据类型的模板，以得到一个新的模型元素
permit	许可	允许通过类的对象访问另一个类的成员。不同于共享复合和复合聚合，因为“许可”关系间的类和对象没有“整体-部分”关系
use	使用	一个模型元素需要使用已存在的其他模型元素来实现其功能。例如用例图中的“参与者”与“用例”间的使用关系
call	调用	一个类中的方法需要调用其他类的方法
derive	派生	一个类的信息能从另一个类的方法中得出。如定义“年龄”的类能从定义“出生日期”的类中派生出实际年龄
instantiate	实例化	一个类的对象能够从另一个类的对象导出。例如当一个类的构造函数定义为受保护部分的方法，则该类对象不能直接定义得到，只能通过其他类的对象的定义而间接导出
friend	友元	一个类的对象或成员方法能访问另一个类的私有部分成员
send	发送	信号发送者和信号接收者之间的关系，体现了类间的消息映射

7.5.4 实现关系

实现用于描述同一模型的不同细化过程，体现的是类间的语义关联。实现关系的实现方式有两类：一类是通过继承体现，实现纯虚函数或接口的过程，如图 7-32（a）所示。一类是通过对模型的不断精化过程来体现，如图 7-32（b）所示。实现关系用空心三角形连接虚直线表示。

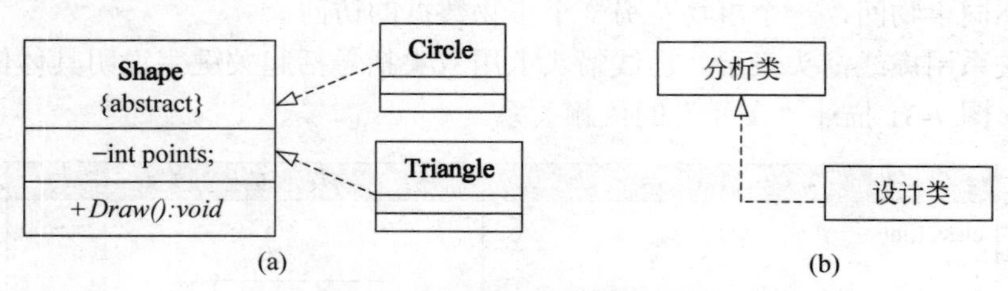

图 7-32 实现模型的不同实现方式

7.6 UML 的通用机制

UML 构建软件系统模型时，并不只建立一个模型。在软件工程生命周期各阶段都需要根据各自的目的和任务建立不同的实现模型。

需求分析模型需要获取系统需求，建立与客观世界对应的静态对象及其相互关系。设计阶段模型为软件系统的具体实现过程提供指导性的、技术上的解决方案，并生成与 UML 图的语义信息对应的面向对象程序语言。最后，通过构件模型描述软件的逻辑组成，通过配置模型展示整个系统的部署和操作。

软件系统建模信息量大，过程复杂，因而难以仅用基本的 UML 图和模型元素准确、详细描述不同领域的需求，一些辅助方法和增加图形的语义信息是对 UML 图是有益的补充。

常用的通用机制包括修饰（Adornment）、注释（Note）和规格说明（Specification）。通过通用机制对 UML 的补充，能更准确、详细地描述模型的内容和语义，增进用户、分析员和设计员间的交流，丰富模型元素的语义，增强模型元素的信息表示，保证了软件质量。

7.6.1 修饰

修饰用于增加 UML 模型元素的语义。UML 中的每个模型元素都有对应的图形符号，但在描述各类问题域时，难以区分不同类型、不同级别的事物，通过修饰就能方便地进行区别。

例如对常用的类和对象加以修饰。由于类和对象都可以用类图的形式定义，容易混淆。因此，当描述某个事物为类时，用黑体修饰类名；当描述某个事物为对象时，用下画线修饰对象名。在体现类的封装性、表明不同控制权限时，用“+”“-”和“#”分别表示公有部分、私有部分和受保护部分。图 7-33 说明修饰可对模型元素增加的语义信息。

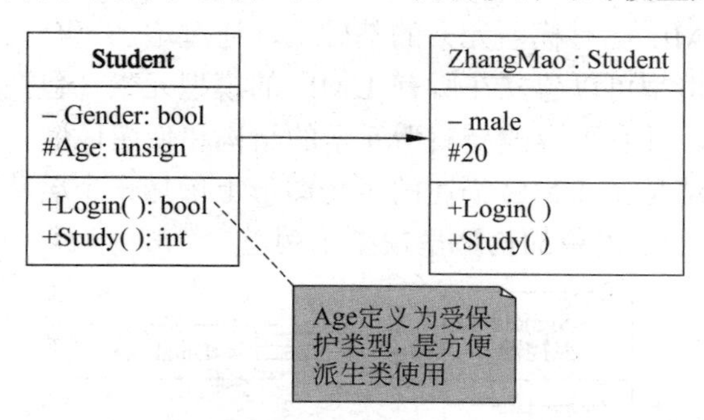

图 7-33 修饰可对模型元素增加语义信息

此外，除了对类与对象进行修饰之外，对于事物间关系，如类间的重数、对象的角色等，也能利用修饰扩充语义。

7.6.2 注释

虽然 UML 图形元素直观和简洁，但缺乏对事物的描述能力。对 UML 图中的某个基本元素需要进一步说明，有时用其他图形元素难以表示。注释就是为了详细描述图形元素的内容或功能而增加的说明文字。它用缺角矩形来表示，并通过虚线与被注释的元素连接起来。图 7-33 中就给出了对 Student 类的 Age 属性定义为受保护类型进行注释。

7.6.3 规格说明

规格说明是对 UML 图形的一个标准化规格描述，它既增加事物的图形文字内容，也使得 UML 提供了可视化视图以及与之有关的语法和描述。由于规格说明并非标准方式，因此它主要是在图形的后端做辅助说明工作。在一些计算机辅助软件工程（Computer Aided Software Engineering，CASE）工具中，可以通过鼠标双击模型元素来弹出与之相对应的规格说明。这样的方法也就使得图形的可视化和文字说明实现了分离。

在模型元素中，对文档、系统响应、数据持久性和程序并发性等内容、功能或性能的描述，UML 都定义了对应的性质，可以直接作为模型元素使用。

7.6.4 扩展机制

UML 增加的修饰、注释、规格说明等内容体现的就是 UML 的扩展机制，但它们主要是对事物外部表象的扩展。为了既适应大型项目开发的建模过程，又适应描述具体的功能、组织和个人，UML 还提供了语义信息更丰富的扩展机制。因为在实际的软件系统建模过程中，根据需要定义特定于某个领域或某类系统的特殊事物和表示，事物的特征（通过属性定义）则通过为事物添加标记值来体现。

扩展机制分为三类不同形式：构造型（Stereotype）、标签值（Tagged Value）和约束（Constraints）。

1. 构造型

构造型用于在 UML 已有模型元素的基础上，通过增加语义信息或说明来建立的一种新的模型元素。构造型可以建立在所有 UML 的模型元素（包括模型元素间的关系）上，并增加新的含义，并且不会改变模型元素的结构和使用环境。

构造型的表示方法是在 UML 描述的事物图形上增加一个名称，并用双尖括号将名称括起来。图 7-34 表示了简单的构造型模型示例。

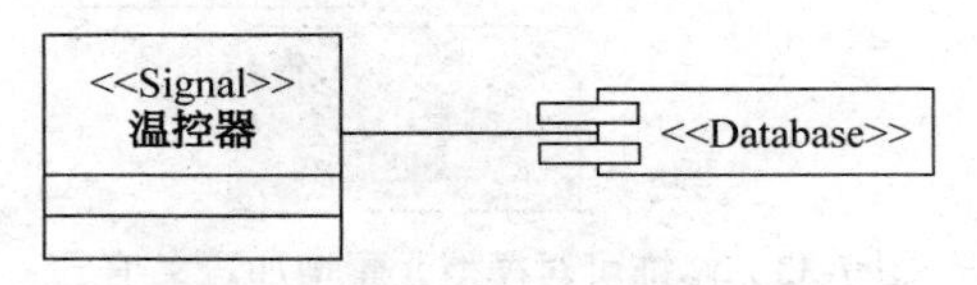

图 7-34　简单的构造型模型示例

当需要定义新的构造型时，需要考虑以下因素：

（1）确认已有的 UML 模型元素无法表示问题域所需事物。

（2）确认定义的新的构造型有利于表示、分析或设计相关领域的问题。

（3）选取必要的模型元素建立新的构造型。

（4）对构造型增加新的特性和语义信息要简明、准确。

（5）构造型应简化 UML 元素的表示、明确 UML 元素的语义，而不应使得 UML 更复杂。

2. 标签值

标签值用于通过增加“属性-值”对来进一步描述问题域中的事物。标签值实际增加的是对事物属性的描述。这些描述不仅有助于了解当前事物的状态，掌握事物在流程中的处理，掌握事物性能的要求，而且还能通过某些语言编译器的翻译而直接得到程序代码或模块参数。与构造型类似，标签值可用于任何 UML 的模型元素，但不能改变原有元素的结构定义和使用环境。

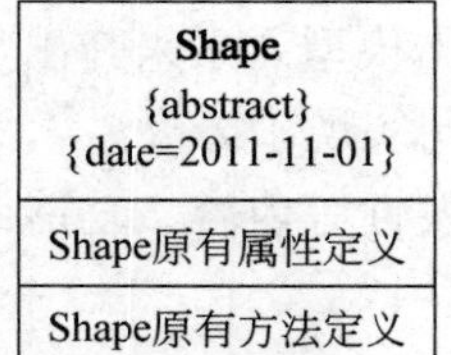

图 7-35　抽象类标签值扩展模型

图 7-35 描述一个抽象类 Shape 的标签值扩展模型。图中的标签值用字符串表示，语法是：

{ 标签名称 [= 标签值] }

其中，中括号表示内容可选。

标签名称作为关键词应具有唯一性，明确表明元素的某项特征属性。标签值可用于 UML 的多个模型元素，但保持它们具有相同的语义。

当需要定义标签值时，需要考虑以下因素：

（1）确认 UML 的模型元素无法表示问题域所需事物。

（2）确认定义标签值清楚地、无二义性地表示相关领域的属性。

（3）用准确的标签名称和标签值表达事物属性，如枚举量等。

（4）在泛化关系中，为当前事物定义的标签值能被其派生类事物所继承和使用。

3. 约束

约束是指在 UML 模型元素基础上，增加对事物或事物间关系应满足的规则或语义。

约束用大括号“{ }”标记来描述，并放置在相关事物或事物关系的附近。

约束可以是定义事物所提供方法的调用规则，或是对系统性能上的要求，或是对事物操作权限的限制，或是对事物数目上的限量，或是对事物间关系的限定等。约束对提升软件系统性能、处理异常事件能力、确保软件质量等方面起着重要作用。

图 7-36 描述了事物（类）的各类约束。图 7-36（a）中限定一个目录中的文件个数最多为 255 个（重数约束）。图 7-36（b）中定义约束规则：一个多边形不仅至少有 4 个结点，并且结点间是有序的，因而该多边形是有向图。图 7-36（c）中的“教师”和“学生”共同被“课堂教学”所限定，因而属于依赖关系约束。

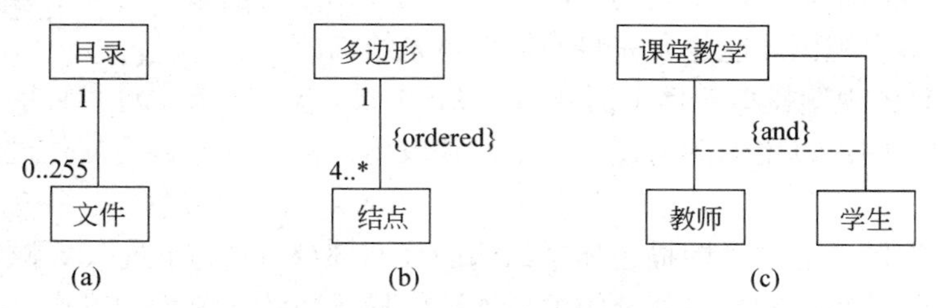

图 7-36 事物（类）的各类约束

当需要定义约束时，需要考虑以下因素：

（1）确认 UML 的模型元素无法表示问题域所需事物。

（2）确认约束能清楚地、无二义性地描述相关领域的问题。

（3）对多个元素间的约束，要用依赖关系连接。

7.7 基于 UML 的软件过程

基于 UML 的软件工程过程是以面向对象思想为指导、以用例为驱动、以类为基础、以体系结构为中心的迭代式增量开发的过程。

1. 用例驱动

在用面向对象技术分析大型项目时，典型的方法是从获取用户需求开始。通过用例获取和分析用户需求，是面向对象需求获取技术的基本方法。

基于用例驱动的需求分析是 Ivar Jacobson 在 1986 年总结、发布的基于实践的需求分析技术。基于用例分析的需求获取通过用例图的描述，为软件需求规格说明提供了基于 UML 的基本的、可验证的和可度量的模型元素。从用例入手，分析和设计类图和类图间关系、并最终实现该系统。用例对系统功能的描述，不仅影响到项目计划、用户需求、进度控制、设计实现、测试等过程，而且还将这些过程有效组织在一起，并使开发团队与客户之间的交流更加顺畅。

用例将软件过程有效串联在一起。在需求获取阶段，用例驱动不仅分析得到用户需求，描述用户功能，并且客户能确认这些功能；在设计阶段，则体现用例间关系和交互；在编码阶段是对用例的实现过程；在测试阶段，用用例验证系统功能，如图 7-37 所示。

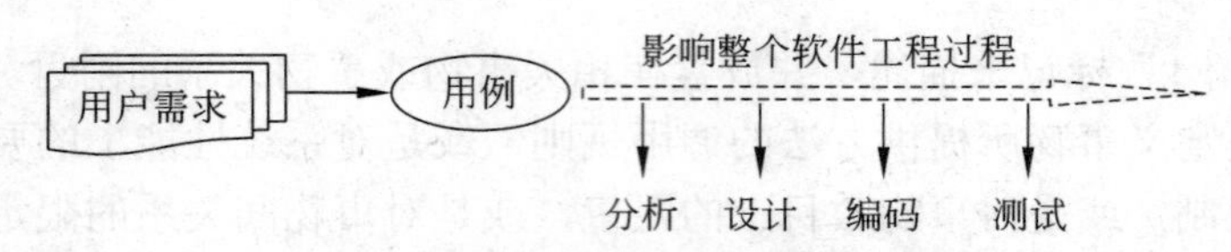

图 7-37 用例涉及软件过程的每一阶段

2．以类为基础的体系结构

UML 的过程是以类为基础、以体系结构为中心的过程。软件系统并不是各模型要素的简单堆叠，而是需要准确的规则、连贯的结构和条理的组织。基于 UML 的体系结构由构成模型的视图来描述，不同的视图用于表示体系结构的某个特殊的方面，或系统的某方面特征，多个视图才能建立完整的软件体系结构。

基于 UML 的视图模型包括用例视图、设计视图、实现视图、过程视图和配置视图。

（1）用例视图：以用例图为模型元素，获取用户需求，并成为软件过程各阶段连接的桥梁。

（2）设计视图：通过类图描述体系结构的静态部分，通过状态图、顺序图、协作图和活动图，描述体系结构静态部分的关系连接，描述系统的流程和操作。

（3）实现视图：通过构件图表示体系结构的软件逻辑构成。

（4）过程视图：通过类图、状态图、协作图和活动图描述软件系统的并发。

（5）配置视图：通过配置图描述软件体系结构在物理设备上的部署。

软件体系结构是对问题域到信息域的映射，各类视图通过类与对象以及它们之间关系，从不同侧面强调系统功能、性能、领域等方面。

3．迭代式增量开发

基于 UML 的软件过程体现的是迭代式增量开发。迭代式增量开发在 1.4 节的软件过程模型中已做过介绍，它有几个主要的显著特点：

（1）软件系统不是整体开发，而是有步骤的增量式开发方式。

（2）软件过程各阶段的转换是平滑过渡的，没有严格的阶段界线。

（3）增量式地集成软件系统，能及早发现问题，降低项目风险。

（4）提高重用性。迭代过程是不断往复分析和设计的过程，结构重用和代码重用都能在迭代式增量开发过程中发挥重要作用。

图 7-38 表示了 UML 主要模型元素在迭代式增量开发过程中的关系，进一步说明了

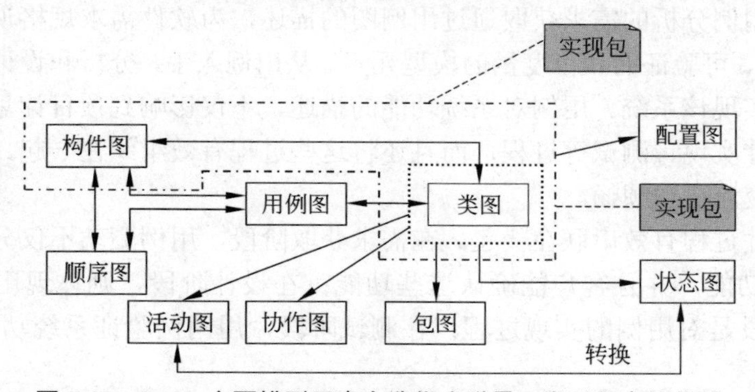

图 7-38 UML 主要模型元素在迭代式增量开发过程中的关系

基于 UML 面向对象建模的迭代特性。

传统软件工程的迭代式增量开发过程中，由于各阶段所使用的图形元素不同，导致在迭代过程中，需要在不同的图形元素间进行转换。有时这些转换是有损的，即转换过程会丢失原有图形的部分语义，导致设计与需求的不一致性。图 7-38 表明，在 UML 的模型元素下，整个软件工程各阶段都能使用 UML 的模型元素，无须严格区分它们适用于哪个过程阶段。这样，确保了在整个软件过程中 UML 表示的内容和语义信息的一致性。

7.8 本 章 小 结

统一建模语言（Unified Modeling Language，UML）是通过图形化的表示机制进行面向对象分析和设计，并提供了统一的、标准化的视图、图、模型元素和通用机制来刻画面向对象方法。

UML 是基于面向对象的建模机制，涉及对象、类、属性、方法、封装性、继承性、多态性、重载和消息等基本概念。

UML 建模语言包括视图、图、模型元素和通用机制四部分。

在面向对象建模过程中，通过用例视图、设计视图、实现视图、过程视图和配置视图来建立一个完整的软件系统模型。

UML 的图用来描述视图内容，是构成视图的元素，不同的视图用不同的图的组合来刻画。UML 定义了 9 种不同的图，它们描述包括系统静态结构和动态行为在内的系统功能、性能、结构和控制。

模型元素是构成图的基本元素，它不仅表示面向对象中有关类、对象、接口、消息和组件等概念，而且还描述这些概念间的彼此关系，如关联关系、依赖关系、泛化关系和实现关系等。这样，通过模型元素，UML 图就能将系统事物和事物间关系联系在一起，构成更有意义的视图。在 UML 中，模型元素间的关系仍然是 UML 的模型元素。

UML 的通用机制为 UML 图增加语义信息，这些信息用原有的 UML 图和模型元素无法描述。常用的通用机制包括修饰、注释和规格说明。通过通用机制对 UML 的补充，能更准确、详细地描述模型的内容和语义，增进用户、分析员和设计员之间的交流，保证了软件质量。UML 的通用机制还包括了扩展机制，它分为三类不同形式：构造型、标签值和约束。

本章最后介绍了基于 UML 的软件工程过程，它是以面向对象为指导、以用例为驱动、以类为基础、以体系结构为中心的迭代式增量开发的过程。

习 题

1. 名词解释：UML、UML 视图、UML 模型元素、扩展机制、状态图、活动图、顺序图、多态性、消息。

2. UML 由哪几部分构成？它们各自有什么意义，彼此间又有什么关联？

3. UML的通用机制有什么意义？如何应用于已有的UML模型元素中？

4. 根据本章的介绍，讨论顺序图与协作图的关系，说明在什么情况下用顺序图建模好于协作图。同时也说明，在何种情况下协作图建模要好于顺序图。

5. 在上课使用的教室中，有黑板、讲台、多媒体设备、粉笔、课桌、板凳、窗户等物品，请用类图描述上述内容，并说明这些类间有什么关系。

6. 结合自己使用ATM的经验，给出在ATM上存取款操作的用例图和活动图。

7. 空调的状态可以定义为开机、启动、工作中、空闲和关机等状态。请用状态图描述空调的上述状态及它们之间的触发事件和状态转换。

8. 房间外形的设计是立方体或圆柱体。根据这样的叙述，指出图7-39中存在的问题，并进行改正。

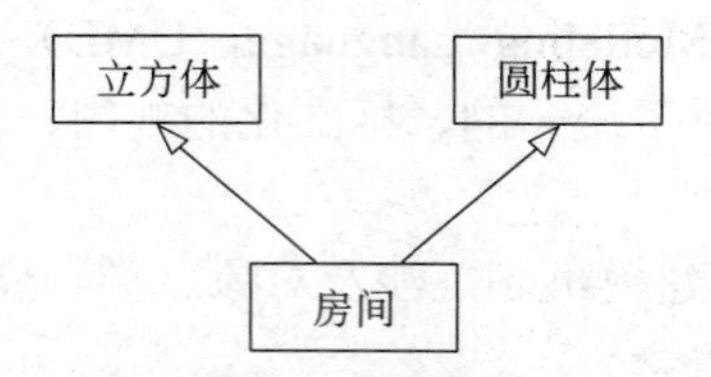

图7-39 房间外形设计的类图描述

9. 一个对象中有一个操作约束是{Sequential}，另一个操作约束是{Guarded}，这两个操作能同时执行吗？请说明理由。

10. 病人打电话预约治疗牙齿，接待员查阅日历并安排病人治疗的日期，如果病人对给出的计划时间满意，接待员输入预约时间、病人姓名和大概的治疗内容；系统将核对病人的名字及相关记录，并建立病人的ID号。在每次病人来医院保健或治疗后，医生或助手将标记预约已经完成，并记录本次的保健或治疗情况，如有必要的话，还会安排病人下一次的预约。预约成功后，接待员可以根据用户的要求查询预约、撤销预约。请根据以上需求描述，画出对应的类图。

11. 某审查站有报废设备子系统，该子系统主要包括四个子功能：删除设备、报废审查、报废申请和主管签字。报废设备由站内人员提出设备报废申请，提交给设备管理员，设备管理人员收到设备报废申请后，要审查待报废设备是否符合报废条件（验证窗口），如果不符合设备报废条件则要向申请人员发消息告知，如果符合报废条件，则给主管发消息待审批，主管审后在网上签字，设备管理员删除设备管理库实现设备更新。请根据以上需求描述，画出报废设备子系统的顺序图。

12. 汽车租赁公司提供租车业务，客户租车流程如下：客户填写租车业务表，业务员审核租车业务表后，客户到财务窗口付款，之后客户将财务人员交付的付款凭证交与业务员，就能取车了。请根据以上需求描述，画出租车业务的顺序图。

第8章 面向对象分析

与结构化分析的过程一样，面向对象分析过程也包括问题定义、可行性分析、需求分析等阶段，并随着用户需求的变化，不断进行往复迭代的过程。与结构化分析过程所不同的是，面向对象分析是以对象为基础，建立功能模型、静态模型和动态模型，它们共同描述从问题域到信息域的映射。

通过面向对象分析，最终建立对问题域正确的、可理解的、无二义性的需求规格说明。

8.1 面向对象分析概述

面向对象分析（Object-Oriented Analysis，OOA）是以类和对象为基础，以面向对象方法学为指导，分析用户需求，并最终建立问题域模型的过程。用户对需求的描述具有不完整、不准确等特性。面向对象就是要确定系统将要实现的各项要求，进行重要数据分析、用例分析、控制分析，确定软件与其他成分间的接口和通信；建立功能模型、静态模型和动态模型，最终定义需求规格说明书，并经技术审查和管理复审，用作评确认测试和质量评估的依据。

8.1.1 传统软件过程中的不足

传统软件过程对用户的需求分析、设计、实现和测试等提供结构化方法和工具，为消除软件危机、推动软件工程发展提供了较好的技术支持，对分析和认识问题域的方法、原则和策略等方面提出了可操作性过程，特别是较完整的体系和文档编写规范，有助于软件的后期开发和维护。

但随着软件系统需求的不断变化、软件技术的不断发展、软件应用环境的日益复杂，传统软件过程也逐渐暴露出它固有的一些问题，如图 8-1 所示。

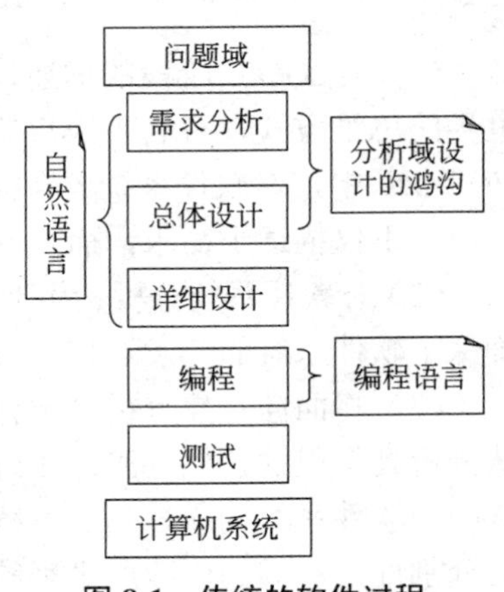

图 8-1 传统的软件过程

1. 需求分析与设计在描述和表示上的不一致

在传统软件工程过程中，需求分析用数据流图描述数据的变换过程，体现系统的功能。设计过程用结构图表示软件系统结构。结构图不仅描述软件的层次结构和彼此调用关系，还表示各软件模块间的数据传递。但是，这些图形工具无论是在外观上，还是在模型元素的表示上都无相似之处。因此，造成从结构化需求分析到结构化设计转换的困难。虽然结构化分析和设计提供了基于数据流图的变换分析法、事务分析法与混合分析法，但这些方法在从分析到设计的转换过程中，都可能会丢失部分需求的语义信息，从而造成设计方案的不足，甚至导致错误。

2. 对编程和测试带来的问题

由于需求分析与设计在表示上的不一致而容易产生对问题域的错误理解，造成设计人员对需求分析结构的错误转换，最终导致在实现过程中出现与需求分析不同的理解。同样，在详细设计阶段提供的图形工具，如程序流程图、盒图、PAD等，主要关注模块的实现逻辑而难以定义相关的数据结构。因此，难以与结构化程序设计语言相对应，特别是判定表和判定树更难以转换为程序设计语言，为软件实现的自动化设置了障碍，增加了测试过程中测试用例的设计和定位错误的困难。

3. 对维护带来的问题

结构化分析和设计过程都强调以功能为基础划分模块。然而，在模块功能单一化的同时，增加了模块数量和模块间关系的复杂性，从而导致对模块的理解和修改难度的增加。此外，当对系统进行维护时，对模块所做的修改或完善，都要及时、全面地反映到整个系统中。前述各阶段工具表示的不一致性，又为文档维护设置了障碍。

8.1.2 面向对象的特点

面向对象的分析、设计和实现过程，克服了上述传统软件工程过程中存在的不足，具有不同于结构化软件过程的特点，如图8-2所示。

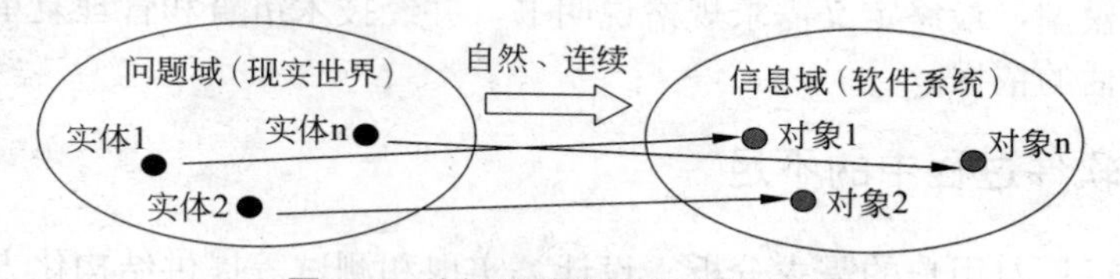

图8-2 从问题域到信息域的映射

（1）对OOA阶段的描述，体现了信息域对问题域的直接映射，符合人们认识客观世界的思维方式，有利于用户的理解和沟通，避免因分析员的误解而造成后续的错误。在OOA中，对软件系统逻辑描述的对象、类、数据等概念都直接与问题域中的实体相对应，不仅描述了需求，而且便于分析员和用户的交流。

（2）对软件系统分析、设计和实现综合考虑，使用前后一致的UML图形模型元素，确保了软件系统的开发过程在方法、工具上的一致性和连续性。

（3）将面向对象分析、设计、编程有机结合在一起，各阶段间没有明显界线，实现从分析到实现的自然过渡，有利于增加系统的稳定性。面向对象过程体现了以类-对象为核心的软件系统构成，易于系统的修改和维护。因为类作为一个整体，具有封装性和不可分割性，对类的修改所带来的影响限定在有限范围内。同时面向对象对类的修改和扩充提供了不同的机制，如通过泛化、依赖、聚合、关联类等方法来实现对类功能、性能的修改和扩充，而不仅仅是直接修改原来的代码。

（4）面向对象具有良好的重用性特征，确保了软件质量和可靠性。重用性不仅体现为类和代码的重用，也体现在OOA和设计模式的重用上。由于UML语言的统一规范，使所有面向对象的设计模式都有良好的重用性和广泛性，保证了相同模型元素在不同软件系统、不同开发过程中的语义一致。

8.1.3　面向对象分析的基本过程

OOA是以类和对象为基础，以面向对象方法学为指导，分析用户需求，并最终建立问题域的准确模型的过程。与结构化需求分析一样，OOA也是从问题定义入手，获取用户需求。由于用户需求描述的不完整和不准确，通过对用户需求陈述的分析，建立功能模型以体现用户将要实现的功能。通过提取问题定义中的实体得到类和对象，并建立静态模型。结合功能模型和静态模型，定义类和对象的内部表示和外在联系，建立动态模型。这样，把用自然语言描述的用户需求转换为功能模型、静态模型和动态模型共同刻画的系统结构、功能定义和性能描述。上述过程是一个迭代往复过程，需要多次和用户协商、讨论，并站在用户角度确定需求涉及的功能、性能、领域等各方面内容。

OOA过程是以类和对象为基础的面向对象需求建模过程，这一过程体现了分析员对现实问题的理解。例如对一栋建筑物的描述，当人们第一次看见建筑物时，首先看到的是建筑物的外观，惊叹它的外部形态（如是鸟巢形还是立方体）。之后步入该建筑物里，看到其内部的结构（是通顶的天井还是豆腐块式的房间隔断）。最后再猜想该建筑的功能（是写字楼还是博物馆）和性能（节约能源与否）。因而，可以将“建筑物”这个实体定义为实体类，“形态”“结构”都是“建筑物”类的属性，通过属性支持建筑物的功能描述。这样，首先从识别问题域中的实体对象入手，分析用户需求中涉及的对象属性、数据、功能等主要内容，并逐渐体现系统性能（安全性、实效性等）和领域需求。相比较而言，结构化需求分析从功能入手，通过功能确定与之相关的属性，以及功能间的彼此关系。这个过程不仅不同于人们认识客观事物的方式，而且在需求分析的初期，要想直接通过用户需求描述得到完整的用户功能也是困难的。

8.1.4　面向对象分析的3类模型

OOA模型由3类独立模型构成：功能模型、静态模型和动态模型。

功能模型描述软件系统的用户交互和功能。功能模型是基于用例的，因而也称为用例模型。OOA的用例分析，涉及用例图和用例描述。用例分析要求识别需求描述中的参与者、用例和用例间关系。用例描述给出用例的上下文、事件流、非功能性需求、前置条件、后置条件、扩展点等内容。功能模型不仅用于描述功能，也是质量评定标准之一，它也用于软件测试和验收的评定。

静态模型描述软件系统中类与对象以及它们间的关系，因此也称为对象模型。它涉及UML的类图、对象图、包图等UML模型元素。类与对象是整个面向对象的基础，它提供了用类的属性，并封装了与属性相关的方法，使得类作为一个整体，提供系统的功能或功能的构成。类的访问权限使得类的封装性得到更好体现。通过区分类的对象和派生类对象（类的外延）、类的内部和派生类的内部（类的内涵）的访问权限控制，既满足类错误的修改和功能的扩充，又体现了模块独立性要求。类间的关联关系、泛化关系、依赖关系和实现关系充分体现类间关系，为类的灵活组织和使用提供了技术上的支持。

动态模型描述系统的控制结构，也称为交互模型。它涉及 UML 建模的状态图、顺序图、协作图和活动图。动态模型提供了对类之间交互的不同表示，能够反映类在时间上的流程顺序、在操作上的逻辑顺序。类的方法提供了动态模型的部分框架，在对用户进行进一步需求获取的同时，类的精化和类间关系将提供动态模型另一部分的框架。动态模型将用例模型和静态模型关联在一起，描述用例和类的动态行为。

OOA 涉及的 3 种模型，在实际建模过程中，都会涉及数据、操作和控制等概念，但它们各自的侧重点不同。这 3 种模型密切相关，每一类模型都从不同侧面反映了需求的内容，综合起来则全面反映用户需求的整体。

对于全面分析和获取用户需求，功能模型、静态模型和动态模型都是必需的。根据软件项目不同规模和复杂度，各模型的重心会有不同，但静态模型是每个 OOA 过程中最基本、最重要的部分，是 OOA 的核心内容。在整个 OOA 迭代过程中，每个模型将不断地发展和完善，并由此进入面向对象设计和实现过程。

8.1.5 静态模型的 5 个层次

Coad 和 Yourdon 提出，对于大型、复杂性软件系统，需要建立分析问题域的静态模型。该模型由 5 个层次组成：类-对象层、结构层、属性层、服务层和主题层，如图 8-3 所示。

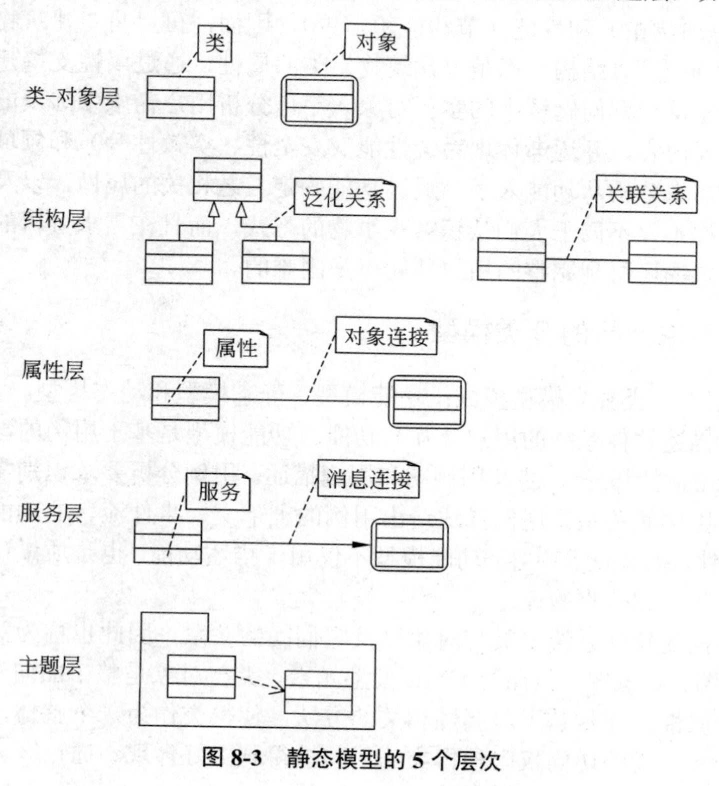

图 8-3 静态模型的 5 个层次

（1）类-对象层：类-对象层是OOA建模的基础，正确识别问题域中的类与对象，才能描述系统结构、划分系统功能。因此，对类与对象的识别过程，就是对问题域中实体、概念的理解和分析过程。

（2）结构层：结构层表示类间关系，体现系统组织和结构。对类之间的关联关系、泛化关系、依赖关系和实现关系的分析是结构层分析的核心任务。

（3）属性层：属性定义了类的数据结构，也同时体现了类间的静态关系。

（4）服务层：服务是类提供的方法，它定义了类的功能，也同时体现了类间的动态关系。

（5）主题层：主题层体现分析人员对软件系统的抽象。通过对类与对象的识别和结构分析，将软件系统划分为多个不同的概念范畴，使得具有紧密关系的类与对象能够尽可能组织在一起，提供统一的访问接口，实现更复杂的功能。

上述5个层次对应OOA过程中建立静态模型的5项重要活动：找出类-对象、识别类间结构、定义类的属性、定义类的服务、识别和划分主题。在静态建模过程中，这5项活动没有先后顺序，可根据不同的需求描述灵活掌握对各层的分析顺序，各层间也没有严格的界限。但在实际过程中，结合OOA分析的特点，分析最先从抽象层面开始，分析出对问题的抽象，并自上而下逐步细化，细化过程分为“深度优先”和“广度优先”。如对类与对象的分析，既能先对类的属性和方法进行深入分析，考虑其提供的服务以及服务间关系，以利于后续实现和将来功能的扩展；也可以先分析类间关系，考虑软件系统的构成方式，以便更好地支持用户需求及可能的需求变化。

在建立OOA静态模型的同时，由于要分析类的属性和方法，因而也需要建立功能模型和动态模型，才能完整体现软件系统的结构。

在2.2节中介绍的需求获取过程和方法同样适用于OOA的3个模型和5个层次的建模过程。大型的复杂系统的OOA不是一个机械的过程，也不是通过一次分析和建模就完成的过程，它是一个和用户、领域专家反复交流、逐步消除问题域中的二义性、补充遗漏的需求和改正需求中错误概念的迭代过程。

8.2　建立功能模型（用例模型）

功能模型通过识别需求中的用例来描述用户功能需求，目的是分析和建立用户功能的需求信息，因此又称为用例模型。目前，用例驱动的功能模型已逐渐成为OOA的主流。

从整体上看，功能模型通过用例图描述系统的总体轮廓，主要确定系统范围和系统功能。功能模型的建模过程主要包括：

（1）识别参与者：标识与系统相关的所有外部事物，包括人、外部系统。

（2）识别用例和用例间关系：用例描述系统将要实现的功能（特别是交互功能），体现系统与参与者的交互。

（3）用例描述文档：用文字信息详细描述用例的内容，它是对用例的有益补充。

在建立静态模型和用例图的过程中，用例主要体现了3个作用：

（1）获取需求：通过用例图表示用户需求中的功能性描述，避免描述中的二义性。

（2）指导设计和测试：用例能指导系统设计，并根据用例进行黑盒测试和验收测试。

（3）在软件工程生命周期过程中，对其他过程任务的展开起指导作用，因为任务是围绕功能展开的。

本章后续的内容将以1.6.2节描述的"试卷自动生成系统"为例，说明OOA的建模过程。

8.2.1 识别参与者

参与者决定了系统的交互边界，它表明系统中哪些用例能提供给参与者使用，或哪些用例需要参与者提供帮助，但不表明如何构造系统及功能的实现。参与者不是系统的一部分，因而它属于系统外部。参与者所扮演的角色为主题划分提供了一个基本的划分标准：即相同参与者的用例应该尽可能划分在同一个主题包中。

参与者的识别可以从系统使用人员、外部系统和硬件设备获得。

（1）系统使用人员通常是系统的参与者，他们或是系统管理员、数据管理员、文件管理员，或是普通用户、授权用户等。

（2）与目标系统进行信息和数据传递的其他系统都属于外部系统，它们也是参与者。

（3）与软件相对应的、特殊的硬件设备也是参与者，如传感器、信号发射器等。

通常可以通过回答以下问题来确定参与者：

- 谁启动系统？谁关闭系统？
- 谁为系统提供数据来源？
- 谁接收系统的输出信息和数据？
- 系统功能的运行需要外部功能的辅助吗？
- 谁使用系统功能？
- 谁在日常工作中管理和维护系统？
- 是否有根据事件或时间自动触发系统功能的行为？特别是，触发事件来自何处？
- 对于识别出的参与者，它们间有何种关系？

对于分析确定的参与者，应对其命名。命名应使用有具体意义的领域概念、名词和名词词组，避免造成歧义的、空泛的或宽泛的名称。

根据1.6.2节"问题陈述"部分的内容，不难确定系统的参与者是管理员和教师。同时，基于对实际的经验和认识，管理员和教师可以由"用户"派生出来。抽象出"用户"这样的参与者，目的不仅是实现管理员和教师基本属性和方法的重用，而且为系统后续增加其他类型的参与者提供了灵活性。

8.2.2 识别用例

从用户视角（用例外部）来看，用例是参与者与系统的一次典型交互；从系统角度

(用例内部)来看，用例是一系列行为构成的完整过程。由于交互的关系，用例的行为过程或结果应该和参与者相关联。因而，识别用例用该从系统交互的边界入手，分为参与者角度和系统角度来识别用例。

一方面，通过从参与者角度来确定系统用例：

- 参与者的任务是什么？与哪些用例相关？
- 是否穷举不同类型参与者及其所有用例？
- 参与者是否有写入、删除、修改、增加等数据更改行为？
- 参与者接收哪些用例的输出结果？
- 参与者之间对同一用例是否有合作或排斥关系？

另一方面，通过从系统角度来确定系统用例：

- 系统是否有信息的显示？
- 系统是否有数据输出？
- 系统是否有与时间有关的自动运行功能？
- 系统是否有与事件或信号有关的自动运行功能？
- 系统是否有维护？
- 识别的用例是否已经覆盖已知的用户需求？
- 是否考虑到系统出现异常的用例？
- 是否考虑有领域的特殊用例？

识别出的用例在规模上可大可小，在复杂度上可高可低，参与者表示粒度由系统分析员确定。过粗的用例粒度会忽略一些有效用例，难以确定用户全面的需求；过细的用例粒度涉及系统的实现过程，已超出 OOA 范畴，同时增加用例间关系的复杂性。因而识别用例还需注意以下几点：

(1) 在不影响交流和理解的基础上，用例粒度宜粗，只描述用例做什么，而不要涉及如何实现。

(2) 重点和难点的用例模型，粒度宜细，并进行有效分解。

(3) 用例图贯穿面向对象的开发、实现和维护过程，需要能让分析员、设计员、测试员和用户都能看懂。

对于识别出的离散用例，用用例列表描述。根据 1.6.2 节的“系统功能陈述”部分的内容，分析得到如表 8-1 所示的“试卷自动生成系统”的用例列表。

表 8-1 “试卷自动生成系统”的用例列表

参与者	用　例	功能描述
管理员	登录	根据用户角色注册身份
	角色管理	对不同用户分配不同角色及角色验证
	课程大纲管理	题库中试题与大纲知识点的对应以及大纲相关信息的录入
	试题录入	试题相关信息的录入
	试题审核	控制试题修改权限
	试题检索	提供手工组卷时，对试题的查询

续表

参与者	用　例	功 能 描 述
教师	登录	根据用户角色注册身份
	自动组卷	根据课程大纲，用户填写组卷表单完成自动组卷
	手动组卷	根据用户自定义组卷要求，并显示组卷过程的状态
	导出试卷	导出设定的试卷，并按指定格式输出到文件
	浏览修改试卷	提供对自动组卷和手动组卷生成的试卷浏览和修改

用例列表中定义的用例，应该为参与者提供一个实际使用价值，它要么直接与参与者交互（直接用例），要么是与参与者交互的其他用例不可或缺的用例（间接用例）。但并不是所有的间接用例都反映在用例图中。图 8- 4 给出了间接用例的取舍情况。

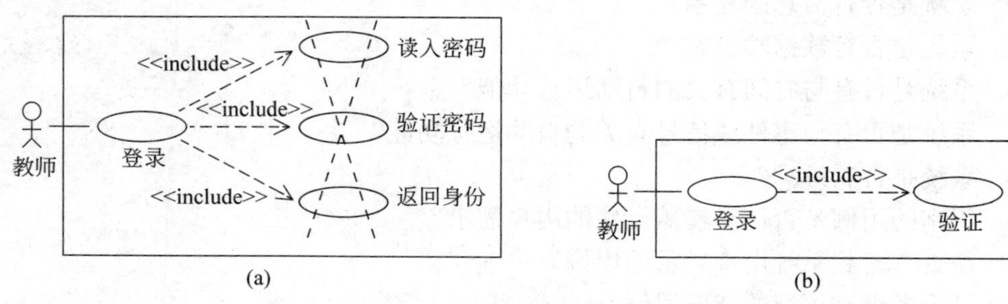

图 8- 4　间接用例的取舍

实际上，图 8-4（a）中的间接用例已经给出了“验证”用例的实现过程，属于用例粒度过细，容易在 OOA 阶段过早地纠缠于实现的细节，而忽略了需求功能完整性约束。

因此，识别用例时应该注意：

（1）一个用例描述一个相对完整的功能。

（2）一个用例是在有限时间内完成的，不同时间段不要涉及同一个用例。

（3）用例图并不反映用例间在时间上或操作上的执行顺序。

（4）一个参与者可以使用多个用例，一个用例也可以被多个参与者使用。

（5）系统边界分析用例时，注意用户界面不一定是用例，一个界面可以对应多个用例，一个用例也可以对应多个界面。

8.2.3　识别用例间关系

关系描述了参与者和用例、用例和用例之间的关联，定义了系统和外部间数据的传递和系统内部功能的衔接。根据 7.4.1 节描述的用例间关系，分析和定义表 8-1 中各用例间的关联。

（1）“登录”用例包含“角色管理”用例，它定义了不同类型用户的操作权限，用户登录实质是赋予用户对应的角色。

（2）“自动组卷”用例包含“课程大纲管理”用例。因为课程大纲覆盖了课程教学的知识点，根据教师指定的知识点等信息，系统完成自动组卷。

（3）“手动组卷”用例扩展了“试题审核”和“试题检索”两个用例。因为如果教师

发现试题出现问题，必须能进行试题审核和更正。

图 8-5 给出了“试卷自动生成系统”的用例图。

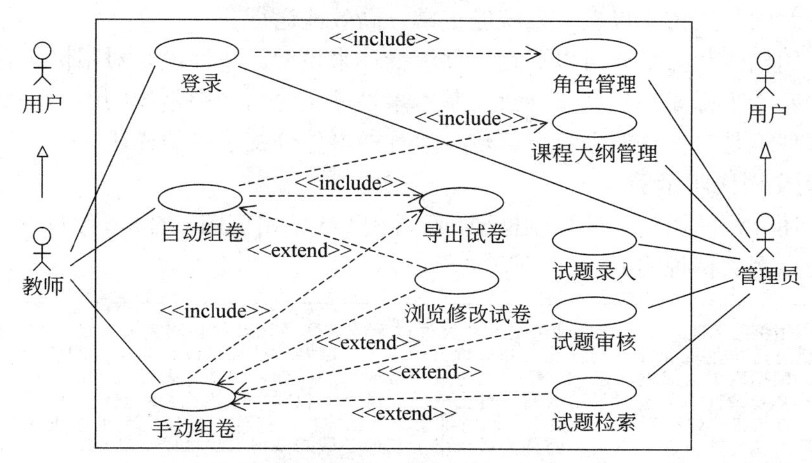

图 8-5 “试卷自动生成系统”的用例图

8.2.4 用例描述文档

用例图虽然表示了参与者、用例以及它们之间的关系，但仍有相当的信息没能描述，如泛化关联是如何体现继承的，扩展的前置条件是什么等。因此，以用例图为主的静态模型还需附加文字描述。

1. 用例文档编制

附加内容是对用例图的详细说明，主要包括用例名称、参与者集合、用例间关系、前置条件、后置条件、例外、限制等部分。根据文献[10]的定义，从该文档中提取用例文档的描述框架，以供读者参考。

1. 图形文档。绘制用例图。
2. 文字说明。用例图文档由以下部分组成：用例图综述、参与者描述、用例描述、用例图中元素间的关系描述和其他与用例图有关的说明。
   2.1 用例图综述。从总体上阐述整个用例图的目的、结构功能以及组织。
   2.2 参与者描述。列出用例图中的每个参与者的名称，并附有必要的文字说明。
   2.3 用例描述。包括：
      （a）名称。
      （b）行为描述。可以包含循环、分支等行为。如有必要，也可使用顺序图、状态图或协作图描述参与者的行为和系统行为。
      （c）用例图中元素间的关系描述。包括关系名称、关系类型（关联、泛化、包含和扩展）以及关系所涉及的类目。
      （d）其他与用例图有关的说明。

对于上述用例文档框架的描述，还可以补充以下内容：

（1）异常。用于描述在用例执行过程中可能出现的意外情况。例如网络连接中断、用例非正常终止等。对于用例中出现的异常，应该分析异常发生时的软硬件环境以及处置方法。

（2）限制。对用例操作进行约束。例如对数据库的更新、文件的关闭、系统资源占有的数量和时间等约束，以保证系统能正常、高效地运行。

（3）对用例的行为描述可以通过事件流描述来说明。事件流是对用例执行路径的描述，它分为基本事件流和扩展事件流。基本事件流是对用例中常规的、可预期路径的描述。扩展事件流是对一些例外情况、较少运行的事件分支进行的描述。

2. 用例文档说明示例

根据上述介绍的用例文档编制框架，结合图8-5的用例图，图8-6给出“自动组卷”用例对应的用例文档说明。

用例图综述：“试卷自动生成系统”通过系统管理员和教师共同完成系统功能。管理员进行角色、课程大纲管理，并负责试题录入、试题审核和试题检索功能的维护。教师可根据教学大纲的要求，系统自动生成符合要求的试卷。此外，教师也可以在输入组卷的必要条件后，进行手动组卷。对生成后的试卷，教师可以浏览和修改。

参与者：包括管理员、教师，同时抽象出“用户”。这样，不仅实现了管理员和教师基本属性和方法的重用，而且为系统增加其他类型的参与者提供了灵活性。

用例名称：自动组卷。

基本事件流：教师通过系统提供的课程大纲中定义的知识点，填写自动组卷表单，系统自动完成试卷的组卷过程，并按照表单中指定的文件格式和路径生成试卷文件。

扩展事件流：无。

关系描述：“自动组卷”用例“包含”了“课程大纲管理”用例，需要它的支持。

前置条件：填写自动组卷表单，满足自动组卷的各项参数。

后置条件：无。

异常：无。

限制：试题不能重复，试题必须按自动组卷表单内容随机选取。

图8-6　用例文档说明示例

8.3　建立静态模型（对象模型）

用例模型分别从参与者和系统的角度描述用户需求，依据用例模型导出静态模型。静态模型是面向对象建模中最基本、最重要、最耗时的技术活动。

静态建模的任务是构建问题域的概念模型，把问题域中的实体转变为信息域的类与对象以及它们间的关系，因此又称为对象模型或领域模型。

静态模型通过建立类图及关系来反映领域概念，而面向对象设计也建立类图，但各阶段对类的抽象程度不同。

8.3.1　识别类与对象

类与对象是对问题域中领域概念和实体的表示，是面向对象软件过程各阶段都要分析和使用的主要元素。因此，对类与对象识别的正确与否将直接影响系统后续的开发和软件质量。同时，类是面向对象范型编程的基础，它涉及编程技术的各项机制，如类的继承、虚函数的定义和重载、消息映射等机制。这就要求对类与对象的识别，不仅仅来自问题域中的概念和实体，还需要进一步从已有实体中分析和挖掘出隐藏的、抽象的、演化的类以及他们间的关系。

一切客观世界和问题域中的实体都能用类描述，但并不是每个实体对象都适合作为信息域的类。同样，用例模型反映了用户需求，类必定也存在用例模型中。但由于用例模型主要反映参与者和系统间的交互，因而由此识别出的类粒度较粗，也不够全面。因此，从用户需求和用例中找出候选的类与对象，并正确识别既满足用户需求、又适合面向对象设计和实现的类，是一项重要而困难的工作。

1. 找出候选的类与对象

类是对问题域中实体的抽象，这种抽象既可以是有意义的物理实体，也可以是领域概念；既可以将物理实体用抽象概念描述，也可以将领域概念用某类具体的物理实体来定义。因而，对类的识别和转换是一个灵活的过程，归纳起来大致有以下几种方法：

- 根据问题域中的实体。实体包括可感知到的物理实体，如表格、设备、人员等。
- 根据问题域中的概念。概念是指包括领域词汇、名词、名词短语等定义和描述的内容，如试题库、试卷文件、课程大纲等。
- 根据问题域中的事件。一般来说，概念不仅体现类与对象，还包括需求功能，如登录、查询等事件。另一方面体现类间的动态关系，如事件涉及多个对象的多项操作，可以将事件定义为实体类进行描述。该事件定义的类的属性要么通过继承获取，要么通过所涉及类的成员函数的依赖关系来定义。
- 根据对用例模型中参与者的分析。识别参与者所对应的类，同时可以抽象或演绎参与者。如“系统管理员”或“教师”，并同时抽象出“用户”类型来表示两者之间的共享部分。

根据 1.6.2 节“问题陈述”中的描述，给出作为候选的类-对象的识别。图 8-7 描述了通过问题域中的事件，识别出候选的类-对象的结果。如下画线的斜体字就是候选类别，它们分别是：

（1）问题域中的实体：计算机、试卷文件。

（2）问题域中的概念：试卷、题库、试题、课程大纲、组卷条件、组卷要求。

（3）用例模型中的参与者：教师、管理员。

“试卷自动生成系统”属于计算机辅助教学软件，是以*计算机*辅助*教师*完成*试卷*的生成工作。系统通过*管理员*进行系统管理和*题库*管理，并提供对*试题*的编辑功能，以便于管理员根据*课程大纲*对试题进行添加、修改和删除等操作。教师在输入*组卷条件*后，系统自动生成符合要求的*试卷文件*。当然，根据教师的*组卷要求*，系统也提供手动组卷的方式。对于生成的试卷，教师可以进行浏览和修改。

图 8-7　对 1.6.2 节的“问题陈述”中的部分类的识别

2. 审查与筛选

通过直观、简单的方式找出的候选类显然是粗糙的，需要对候选类进行逐一审查，认真分析哪些是真正需要的类。对类的筛选就是要删除无关的类，合并相同含义的类，抽象相似内容的类，分解需要更细粒度的类。筛选的原则是：

（1）去除无关类：类应该与问题域紧密相关。

（2）合并同义的类：对同一实体会有不同的描述，尽量选取与领域相关的描述作为类。

（3）抽象和分解类：在划分的主题中，考虑抽象和分解同一主题的类，便于系统的更改和完善。

（4）属性和方法：类具有多个属性和方法，如果类仅有一个属性或一个方法，则应考虑将此类与其他有关联的类合并。

（5）推迟实现：在 OOA 阶段，不应考虑类的具体实现过程，对于涉及实现过程的类的分析，应留在面向对象设计阶段再去完成。

因此，按照上述准则，对识别出的候选类进行审查和筛选：

（1）问题域中的实体：包括“计算机”和“试卷文件”。“计算机”是一个笼统的概念，与系统领域没有相关性。

（2）问题域中的概念：“试卷”“题库”“试题”“课程大纲”“组卷条件”“组卷要求”。“组卷条件”和“组卷要求”都是在组卷之前确定的组卷所需参数，它们具有相同含义，应该合并为“组卷条件”。同时，如果考虑定义“组卷条件”为类，则该类只有属性而没有相应的方法。综合考虑在 OOA 阶段应该尽量避免多个类和复杂的类间关联，决定将“组卷条件”暂时作为“试卷”类的属性。更详细的实现留到设计阶段再做进一步分析。此外，“试卷文件”是试卷存储的物理实体，“试卷”是试卷在系统的逻辑实体，是“试卷文件”在系统中的映像，因而也把“试卷文件”和“试卷”合并为“试卷”类。

（3）用例模型中的参与者没有需要变动的类，但有一个抽象的“用户”类。

3. 类的命名

仅从面向对象编程语言上看，只要符合语法规定的字符串，都可以作为类的名称。但一个好的类名，不仅可以增加对类的理解性，而且对类的修改和维护都会带来方便。

类的命名有如下的经验准则：

（1）类名体现应用领域特征。对于不同的类名，应尽量用领域概念或词汇命名。

（2）类名涵盖类的所有对象，而不是对象的子集。如果对象是金庸和古龙的书，则类名可以是“武侠”；如果还包括贾平凹的书，则类名更改为“小说”；如果还包括李白的诗词，则类名更改为“书”。

（3）类名尽量采用名词或名词短语。如果类名是动词或动宾短语，则表示该类描述的是类间关系，通常作为关联类存在。

8.3.2 划分主题

划分主题的目的是为了降低对系统理解的复杂度，将大型的复杂系统分解为多个不同的主题，每个主题描述系统一个相对独立的功能、性能或领域需求。对于简单系统来说，无须划分主题。对于主题的划分，主要依据类的识别及其关联。紧密关联的类可以确定一个主题。主题通过 UML 的包图来体现。

图 8-8 描述了包的主题划分。

包是描述具有相近语义信息的通用机制，并通过包图描述 UML 的模型元素。包图不一定直接对应面向对象程序设计语言的逻辑，因而一般包图没有实例。用包图描述主题的划分，包间关系主要有依赖关系和泛化关系。此外，从图 8-8 中可以隐约看出分析员的设计模式，即人机交互、业务逻辑和数据访问的三层架构设计模式。

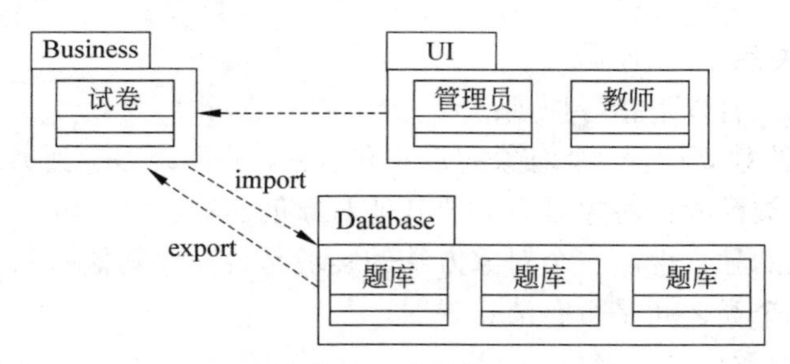

图 8-8 “试卷自动生成系统”的主题划分

8.3.3 确定结构

确定结构就是确定类间关系，给出系统的类图描述。通过类-对象的识别，确定类图构成的基础，下一步是确定类间关系。UML 的类间关系主要有关联关系、泛化关系、依赖关系和实现关系，这些关系都有较强的语义，因此需要结合划分的主题和包图来确定。这里，给出一些关于确定类间关系的指导性原则。

1. 确定关联关系

关联关系是类间最常用的关系，包括普通关联、限定关联、关联类、递归关联和聚合，但并不要求在 OOA 阶段都要识别上述关系。

（1）确定对象间的静态联系。如在“手动组卷”过程中，需要“教师”选择“试题”，“管理员”录入“试题”。而“教师”是否能录入“试题”需要看需求中是否有要求。虽然在实践中会有教师录入试题，但如果需求中没有要求，则不必建立关联。

（2）关联的属性与操作。分析每个关联是否需要单独的属性和操作来描述。一般情况下，关联关系可以通过类间的属性或操作来直接反映。如在“手动组卷”过程中，“教师”和“管理员”通过“试题”的读、写操作发生关联，但读、写操作由“题库”提供，无须考虑在此关联中分析。实际上，对两个类间的关系是否需要对应的属性和方法，甚至是否用一个类来表示，更好的时机是在设计阶段再行考虑。

（3）关联的多重性。关联的多重性可以在类中定义集合、子对象等属性来表示。

2. 确定泛化关系

对于泛化关系，有以下指导原则做参考：

（1）按照领域知识分类。问题域自身的分类方法体现了该领域的规范和原则，如图书管理系统中的《中图分类法》。按照领域知识分类，对识别类的属性、方法，建立类间继承关系有很大帮助。

（2）按常识分类。基于人们对事物分类的普遍法则，并结合自身在信息领域分类的经验，从分析、设计和有利于技术实现的角度去分类，实现继承。

（3）考虑类间的语义联系。如需求中有“是一个”“是一种”等之类的语言描述，则考虑定义为泛化关系。

（4）考虑软件重用。面向对象的优势之一就是提供了很好的软件重用机制。通过继承和多态性，能够实现不同对象的同一操作，以及同一消息的不同对象的响应。

3．确定依赖关系

对于依赖关系，有以下指导原则：

（1）考虑对象的独立性。一个对象的建立和撤销，是否会影响到另一个对象的使用；是否定义或使用了类模板；对象是否需要其他对象创建等。

（2）对象方法的独立性。一个对象方法的实现是否需要其他对象方法的支持。

（3）消息。两个类之间是否有消息映射。

4．确定实现关系

实现关系不仅反映类间关系，也能反映模型间的关系。类间实现关系的语义主要体现在对泛化关系的细化过程，以及从抽象到具体的实现过程，因而更适宜在设计阶段确定。

结合对上述关系的分析和确认，图 8-9 描述了“试卷自动生成系统”的类及类间关系图。

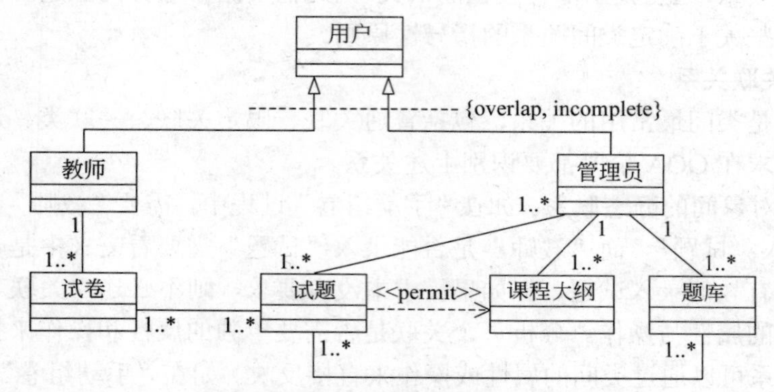

图 8-9 “试卷自动生成系统”的类及类间关系图

8.3.4 确定属性

属性一方面作为类的数据结构支持方法的实现，另一方面表示类间的静态关联。从这两方面出发，确定类的属性。属性的确认需要考虑：

（1）按照领域知识定义属性。领域概念需要哪些属性描述，应了解领域知识，询问领域专家和用户。例如“试卷”需要哪些属性支持才能满足考试需要？题型、试题数量、分数是否已经描述充分？这需要寻求教师的帮助。

（2）按照常识定义属性。对于实体类对象，可以根据常识和自身经验确定属性。

（3）按照类操作的数据定义属性。因为数据本身的特征就能直接定义为属性。

（4）按照需求中的特定描述定义属性。如这样的描述：“试卷分为主观题和客观题”，则考虑“试题”有“客观”和“主观”的属性分类。

8.3.5 确定服务

服务即是类提供的方法，它必须定义在类中。类的服务分为三类：

（1）功能服务。即实现用户需求的功能、性能和领域需求。

（2）关联服务。即实现类间的动态关系，如依赖关系中的友元关系，也就是友元类的方法直接存取另一个类的私有部分。

（3）通用服务。这些服务不体现具体的功能或关系，但为功能或关系的实现提供必不可少的行为，如初始化类的属性、内存空间的申请和释放、删除对象等。通常这类服务不一定在类图中给出，但必须认识到它的重要性。

根据上述服务的不同分类，可以如下定义类的服务。

（1）分析问题域。在问题域中，用户提出了哪些功能需求？这些功能分别涉及哪些类？如何将这些功能分配到对应的类中？

（2）分析用户需求中的特定描述。主要针对由动词或动词短语描述的内容。

（3）分析类间关系。类图中定义的关联，哪些是需要通过服务才能实现？

（4）分析属性。根据属性在类中的处理方式，定义属性的通用服务。

表 8-2 给出了图 8-9 中类的属性和服务的定义。

表 8-2 “试卷自动生成系统”中类的属性和服务的定义

类	属　性	服　务
用户	姓名、工号、权限	登录，查询人员，修改姓名
教师	课程编号	查询课程
管理员	部门编号	修改权限，修改工号
试卷	试卷编号、课程编号、试题（子对象）	自动组卷，手动组卷，导出试卷，修改试卷
题库	课程编号、题型编号、大纲知识点编号、试题编号	查询试题
试题	试题编号、题型编号、试题内容、试题分数	修改试题，删除试题，增加试题
课程大纲	课程编号、大纲知识点编号、知识点	查询、修改、删除、增加大纲

8.3.6 类图描述文档

类图虽然表示问题域中领域概念模型，也表示类间的各类关联关系，但仍有相当的信息没能描述，如依赖关系是在属性还是方法上的依赖？关联类是如何关联有关类的？是定义属性还是定义有关类的子对象来进行互操作？因此，类图还需要附加文字进行说明。

1. 类图文档编制

类图描述文档是对类图的详细说明，根据文献[10]的定义，从该文档中提取类图文档的如下描述框架，以供读者参考。

1. 图形文档。即所绘制的类图。
2. 文字说明。主要包括类图综述、类描述、关联描述、泛化描述、依赖描述和其他与类图有关的说明。在实际使用时，这些部分都是可选的。
   2.1 类图综述。从整体上阐述指针个类图的目的、结构、功能及组织。
   2.2 类描述。包括类整体、属性、服务、关联、泛化、依赖等内容的说明及其他说明。
      2.2.1 类的整体说明包括类名、解释、状态转换图、主动性、永久性、是否引用其他类、多重性、数据完整性和安全性等需要说明的部分。

2.2.2 属性说明包括属性名、多重性、解释、数据类型、聚合关系、组合关系、关联关系和实现要求等需要说明的部分。

2.2.3 服务说明包括服务名、主动性、多态性、解释、活动图、约束条件等需要说明的部分。

2.2.4 关联说明是指与本类有关联关系的类。

2.2.5 泛化说明是指与本类有泛化关系的类。

2.2.6 依赖说明是指与本类有依赖关系的类。

2.3 关联描述。类图中的每个关联都应有如下描述：关联的名称、类型、所联接的类、关联端点。

2.4 泛化描述。类图中的每个泛化都应有如下描述：泛化关系中的父类、子类、访问权限和约束。

2.5 依赖描述。类图中的每个依赖都应有如下描述：依赖的名称、所涉及的类、依赖类型和说明。

2.6 其他描述文档。与类有关的相关文档描述。

2. 类图文档示例

根据上述介绍的类图文档编制框架，结合图 8-9 的类图及类间关系，图 8-10 给出了对应的类图文档说明。

类图综述：图8-9表示的类图描述了“试卷自动生成系统”中所包含的、初步的类及类间关系。类的识别过程见8.3.1节的描述，类间关系识别过程见8.3.3节的描述。图整体上反映了用类描述的系统结构。
类描述：见表8-2的说明。
关联描述：类“教师”和“试卷”之间、“管理员”和“课程大纲”之间、“管理员”和“题库”之间、“管理员”和“试题”之间、“试卷”和“试题”之间是限定关联，关联的重数见类图。类“题库”和“试题”之间是共享聚合，说明一道试题可以属于多个题库，一个题库可以包含多道试题，并且“试题”不会随着“题库”的撤销而被删除。
泛化描述：对类“用户”的派生类是受限泛化。即“用户”的派生结果是不完全泛化，它不仅限于“教师”和“管理员”，可以随着用户需求的改变增加其他类型的用户。同时，对类“用户”的泛化还是可交叠的泛化，即“教师”也可以充当“管理员”角色。
依赖描述：类“课程大纲”和“试题”定义为permit的许可依赖，即通过“课程大纲”可以访问“试题”。
其他描述：无。

图 8-10　类图文档说明示例

8.3.7 包图描述文档

在大型复杂软件系统中，会存在数十个、甚至上百个类。直接用这些类来描述系统，其复杂性以远超过人们的理解能力，同时也会带来类间分析的遗漏和错误。为了方便管理和理解系统，在复杂系统中，通常将关系联系比较密切的模型元素划分到一个包中，使其在整体上能表示一个完整的、复杂的功能。

1. 包图文档编制

包图描述文档是对包图的详细说明，根据文献[10]的定义，从该文档中提取包图文档的如下描述框架，以供读者参考。

1. 图形文档。即所绘制的包图。
2. 文字说明。包括包图的综述、包图中的包描述和其他与包图有关的说明。
    2.1 包图的综述。从总体上描述包图的名称、目的以及与其他包的相互关系等。
    2.2 包图中的包描述。主要包括：
        （a）包的名称。
        （b）包的种类，如类包、用例包、其他包等。
        （c）包所包含的模型元素的文档的名称和位置。
        （d）与包有关的其他包的说明（重复上述内容）。
    2.3 其他与包图有关的说明。

2. 包图文档示例

根据上述介绍的包图文档编制框架，结合图8-8的包图及包间关系，图8-11给出了对应的包图文档说明。

包图综述：图8-8描述了"试卷自动生成系统"中所包含的、初步的类的包图，包括用户接口、业务逻辑与数据库3个包及包间关系。其中，业务逻辑包和数据库包之间有依赖关系，包括对试题的导入、导出关联。
包的名称：见表8-2的说明。
包的种类：类包图。
包图中模型元素所在文档：在实践过程中，给出包图中所描述的模型元素所在的文档的名称和位置。
其他描述：无。

图8-11 包图文档说明示例

8.4 建立动态模型

通过建立用类图描述的静态模型，不仅描述了类的属性和方法，还得到软件系统的类图表示。类图刻画了与类相关的系统责任，详细定义了属性和方法及在操作上的权限，并建立类间关系。但静态模型缺乏对对象行为的描述，没有描述对象间如何进行交互来完成系统任务。而通过对对象的组织和交互，有助于进一步发现对象活动，更能增进类间关系的发现和确认。因此，对于大型复杂系统来说，通过对对象间的动态分析，更有助于明确类的方法的分组、类间关系的完善。

8.4.1 建立顺序图及其描述文档

顺序图是详细描述对象与参与者之间、对象与对象之间在时间上交互的图，它强调交互过程中消息发送的顺序。

1. 建立顺序图

顺序图的建立应遵循系统的某次或通用的交互或操作过程，对于复杂的交互或操作过程，通过结构化控制进行更详细描述。建立顺序图的一般过程如下：

（1）首先建立系统一次交互或操作过程的描述，这一描述过程又称为场景（Scenarios）。在场景中确定参与者、类-对象以及它们间的交互。

（2）按照交互在时间上或操作上的顺序列出参与者和类-对象。

（3）根据场景中描述的交互过程和图 7-13 定义的消息元素，画出参与者以及类-对象间的消息传递。

（4）根据参与者和类-对象各自的生存期，确定它们的创建和撤销。

（5）根据需要，确定是否增加结构化控制。

图 8-12 给出按上述过程得到的“自动组卷”用例的顺序图。

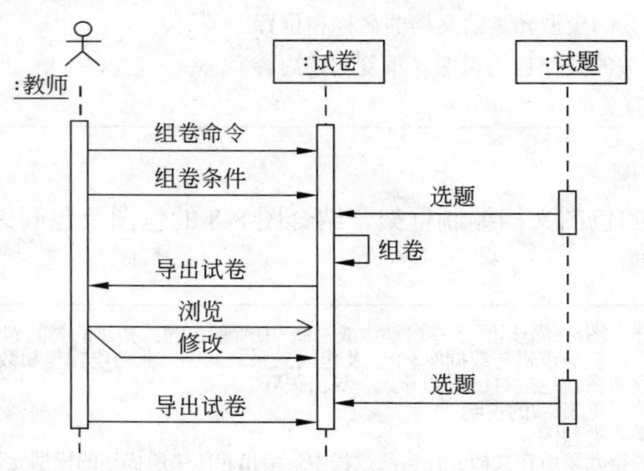

图 8-12 “自动组卷”用例的顺序图

2．顺序图文档编制

顺序图描述文档是对顺序图的详细说明，根据文献[10]的定义，从该文档中提取顺序图文档的如下描述框架，以供读者参考。

1. 图形文档。即所绘制的顺序图。
2. 文字说明。主要包括：
   - 2.1 顺序图综述。从总体上描述顺序图的目的、所涉及的对象和参与者。
   - 2.2 顺序图中的对象和参与者类型、名称和相关信息。
   - 2.3 对象接收发送消息的描述。包括消息名称、消息类型、发送和接收消息的对象等。
   - 2.5 其他与顺序图有关的说明。

3．顺序图文档示例

根据上述介绍的顺序图文档编制框架，结合图 8-12 的顺序图，图 8-13 给出了对应的顺序图文档说明。

顺序图综述：图8-12描述了“自动组卷”的顺序图，涉及教师、试卷和试题3个对象。
参与者对象描述：“教师”是参与者，“试卷”和“试题”是两个对象。试卷负责实现组卷的逻辑操作，包括自动组卷和手动组卷。试题负责提供题库中满足组卷条件的试题。
消息描述：“自动组卷”的顺序是通过消息发送的前后关系得到体现。通过教师发送“组卷命令”和“组卷条件”消息，试卷响应并开始自动组卷过程。其中，试卷发送“选题”消息给试题，试题负责按照条件传递相应试题。自动组卷完成后，教师可以发送“浏览”和“修改”试卷消息，再次启动试卷自动组卷过程。
其他描述：无。

图 8-13 顺序图文档说明示例

8.4.2 建立状态图及其描述文档

顺序图中可以看出，软件系统中的任何对象都有生命周期。同一个对象在系统运行的不同时间上，与不同的对象交互，产生不同的属性值，导致对象状态的转变。状态图描述的就是对象状态的转换过程。通过对对象状态的分析，能够了解对象在系统流程中的变换，从而发现潜在的事件和条件。

1. 建立状态图

建立状态图的一般过程如下：

（1）了解系统的主要功能和性能，确定与它们有关的主要对象。

（2）列出一个对象的生命周期内的所有可能的状态。

（3）确定对象状态改变时的触发条件或事件。

（4）在一个对象中，选定一组与描述状态相关的行为属性和促使改变状态的方法。

（5）结合触发条件、事件、行为属性值改变的先后顺序，以及2.4.4节的介绍，建立软件系统的状态图。

图8-14给出了按上述过程得到的“手动组卷”用例的状态图。CNum是试卷的试题数目，Proj是试卷的科目。

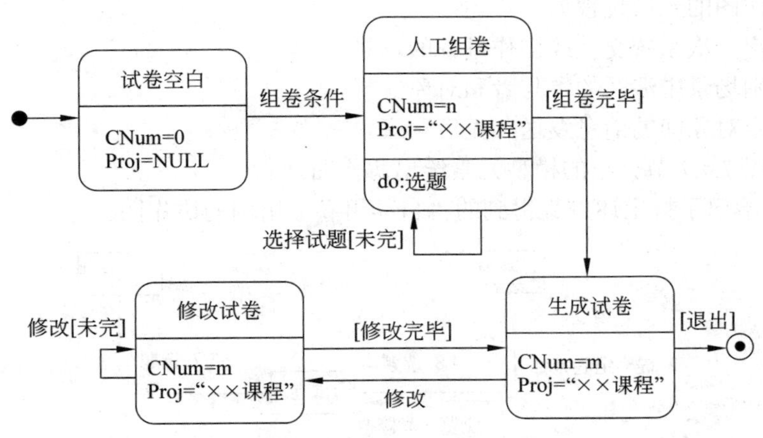

图8-14 “手动组卷”用例的状态图

2. 状态图文档编制

状态图描述文档是对状态图的详细说明，根据文献[10]的定义，从该文档中提取状态图文档的如下描述框架，以供读者参考。

1. 图形文档。即所绘制的状态图。 2. 文字说明。主要包括： 2.1 状态图综述。从总体上描述一个对象在外部事件触发的状态及其变迁。 2.2 状态图的状态描述。包括状态名、类型、内部转换等。 2.3 状态图的转换描述。包括转换的源状态、目标状态、转换事件及转换分支。 2.4 其他与状态图有关的说明。

3. 状态图文档示例

根据上述介绍的状态图文档编制框架，结合图 8-14 的状态图，图 8-15 给出对应的状态图文档说明。

状态图综述：图8-14描述了"手动组卷"中关于"试卷"对象的状态变化。
状态描述：状态图中描述了"试卷"的"空白""人工组卷""生成试卷"和"修改试卷"等4个状态。"空白"是描述试卷的初始过程，"人工组卷"描述试卷正处于选题和生成的过程中，"生成试卷"描述试卷已完成，并按照要求保存，"修改试卷"描述试卷处于打开并被编辑的过程。
状态转换描述："组卷条件"触发试卷由"空白"试卷的初始化，转换为开始组卷的"手动组卷"过程。"组卷完毕"消息触发试卷的生成并按要求生成。"修改"触发试卷再次进入组卷过程。
其他描述：无。

图 8-15 状态图文档说明示例

8.4.3 建立协作图及其描述文档

在 OOA 过程中得出的类彼此合作、共同完成复杂的系统功能、体现系统性能，因此又称为合作图。协作图主要刻画对象间的动态链接关系，并表示不同对象在系统中消息发送的先后关系。

1. 建立协作图

建立协作图的一般过程如下描述：

（1）确定一次系统交互或操作过程的场景。

（2）识别场景中涉及的参与者和对象。

（3）确定对象间的消息发送和先后顺序。

（4）按照 7.4.7 节介绍的模型元素绘出协作图。

图 8-16 给出了按上述过程得到的"自动组卷"用例的协作图。

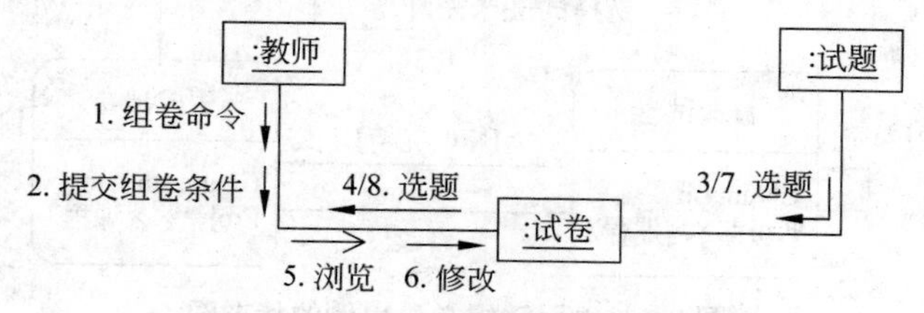

图 8-16 "自动组卷"用例的协作图

2. 协作图文档编制

协作图描述文档是对协作图的详细说明，根据文献[10]的定义，从该文档中提取协作图文档的如下描述框架，以供读者参考。

1. 图形文档。即所绘制的协作图。
2. 文字说明。主要包括：
   2.1 协作图综述。从总体上描述协作图的目的和所涉及的对象或类。
   2.2 协作图中的对象或角色描述。主要包括对象或角色的的名称、类型等。
   2.3 协作图中的对象或角色的消息描述。主要包括消息名称、类型、发送或接收的对象等。

2.4　对象或角色间的链描述。主要包括链名称、链所连接的对象或角色等。

2.5　其他与协作图有关的说明。

3. 协作图文档示例

根据上述介绍的协作图文档编制框架，结合图 8-16 的协作图，图 8-17 给出了对应的协作图文档说明。

协作图综述：图8-16描述了"自动组卷"的协作图，涉及教师（参与者）、试卷和试题3个对象。
参与者对象描述："教师"是参与者，"试卷"和"试题"是两个对象。试卷负责实现组卷的逻辑操作，包括自动组卷和手动组卷。试题负责提供题库中满足组卷条件的试题。
消息描述："自动组卷"通过教师、试卷和试题协同完成。通过教师发送"组卷命令"和"组卷条件"消息，试卷响应并开始自动组卷过程。其中，试卷发送"选题"消息给试题，试题负责按照条件传递相应试题。自动组卷完成后，教师可以发送"浏览"和"修改"试卷消息，再次启动试卷自动组卷过程。
其他描述：无。

图 8-17　协作图文档说明示例

8.4.4　建立活动图及其描述文档

在需求获取过程中，对复杂的功能或操作过程需要进一步分析和描述时，活动图能对其进行详述。有时也需要用活动图对多个对象的活动行为建立模型。

1. 建立活动图

建立活动图的一般过程如下：

（1）首先建立系统一次交互或操作过程的场景。

（2）确定场景中涉及的参与者和对象，并为它们建立各自的泳道。

（3）确定交互或操作过程的起始和结束位置，并确定初始状态和终止状态。

（4）从初始状态开始，随着交互或操作过程的推进，增加各对象的活动到泳道中。

（5）根据需要，确定是否增加分支、并发控制。

（6）根据需要，确定是否增加结构化控制。

图 8-18 给出了按上述过程得到的"手动组卷"用例的活动图。

2. 活动图文档编制

活动图描述文档是对活动图的详细说明，根据文献[10]的定义，从该文档中提取活动图文档的如下描述框架，以供读者参考。

1. 图形文档。即所绘制的活动图。

2. 文字说明。主要包括：

2.1　活动图综述：从总体上，活动图描述一个对象的一个操作的活动过程，或多个对象共同操作的过程等。

2.2　活动图中的动作状态描述。主要包括名称、类型、活动描述等。

2.3　活动图中的转换描述。主要包括转换的名称、状态、、分支控制等。

2.4　其他与状态图有关的说明。

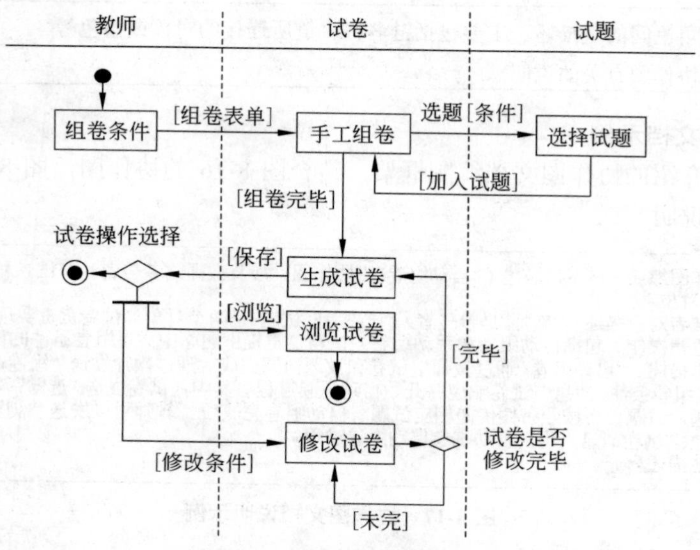

图 8-18 “手动组卷”用例的活动图

3. 活动图文档示例

根据上述介绍的活动图文档编制框架，结合图 8-18 的活动图，图 8-19 给出了对应的活动图文档说明。

> **活动图综述**：图8-18描述了“手动组卷”的活动图，涉及教师、试卷和试题3个对象，它们共同完成手动组卷的过程。
> **参与者对象描述**：“教师”是参与者，“试卷”和“试题”是两个对象。试卷负责实现组卷的逻辑操作，包括自动组卷和手动组卷。试题负责提供题库中满足组卷条件的试题。
> **状态描述**：通过教师发送“组卷命令”和“组卷条件”消息，试卷响应并开始手动组卷过程。其中，试卷发送“选题”消息给试题，试题负责按照条件传递相应试题。手动组卷完成后，教师可以发送“浏览”和“修改”试卷消息，再次启动试卷手动组卷过程。
> **转换描述**：在“手动组卷”活动中，有两个分支控制：一是在生成试卷后，保存试卷，手动组卷结束，或是浏览试卷后进行试卷的修改过程；二是修改试卷过程，它是一个迭代过程，直到有关试题修改完毕后，才完成修改过程，重新开始试卷的生成过程。
> **其他描述**：无。

图 8-19 活动图文档说明示例

8.5 “会议中心系统”的面向对象分析案例研究

本章的主要内容是以1.6.2节的“试卷自动生成系统”为例，较为系统地讲解了OOA的内容和过程。本节再以一个“会议中心系统”为例，对面向对象分析和建模过程进行完整分析与建模，力求让读者对这一方法有一个全面、清晰的认识，并掌握这一方法在实践中的应用。同时，读者会感受到从 OOA 无缝衔接到 OOD，这一过程体现了喷泉模型的基本思想。

“会议中心系统”问题的初步陈述是：有一个对外提供服务的会议中心，拥有各类不同规格的会议室，并为用户提供以下服务。

（1）会议申请人能根据会议人数、会议时间预订会议室。临时会议只能预订一次，

而定期召开的会议可以长期预订。

（2）会议举行之前，会议申请人可以修改会议时间、人数，并重新选择会议室，甚至取消预订的会议。

（3）会议预订确认之后，会议中心负责会务管理，包括通过电子邮件、微信、QQ 等方式发会议通知给参会人员，制作参会证、宣传海报、横幅等。

（4）系统管理员根据会议室的使用情况，有权调整会议室和会议时间，并通知参会人员。

8.5.1　建立功能模型——用例分析

建立功能模型就是进行用例分析的过程。通过用例分析得到参与者、用例及用例间关系。“会议中心系统”的用例分析过程是：

（1）找出所有可能与系统发生交互行为的外部实体、对象、外部系统。

（2）分析系统功能的使用者，就会联想到有普通用户和系统管理员。但根据问题描述，需要将用户类型进一步划分。

（3）从申请会议的角度看，允许会议申请人为某个会议定义召开时间、参会人数，以及定义、更改或删除一个会议。

（4）从管理会议的角度看，允许会议中心发电子邮件、微信、QQ 等，通知参会人员相关信息，制作代表证、会议海报、横幅等。

（5）从系统操作的角度看，允许系统管理员根据会议室使用情况，调整会议室和会议时间，并通知相关人员。

（6）通过不同视角分析，将用户划分为“会议申请人”“会议中心”“系统管理员”“参会人员”四类参与者。

通过寻找问题陈述中的动词，并结合上述分析的结果，各参与者用例归纳在表 8-3 中。

表 8-3　参与者及各自对应的用例

参与者	用　例
会议申请人	预订会议室、修改会议、修改参会人数、重选会议室、取消预订会议
会议中心	发通知（电子邮件、微信、QQ）、制作参会证、宣传海报、横幅
系统管理员	发通知（给参会人员）
参会人员	收到通知

图 8-20 是根据问题描述分析得出的用例图。其中，会议中心负责制作的代表证、宣传海报、横幅不属于中心软件系统功能的范畴。

8.5.2　建立静态模型——5 层结构

构建静态模型是 OOA 过渡到 OOD 的重要内容和过程，它主要构建软件系统的 5 层结构，帮助识别类及类间关系，搭建系统初步的逻辑框架。在实际的软件系统分析过程中，分析人员可以不必严格按照 5 层分析模型刻板地进行，而应根据具体系统的规模、领域、工程进度要求等灵活实施。但是，OOA 的 5 层分析模型提供了进行需求分析的各

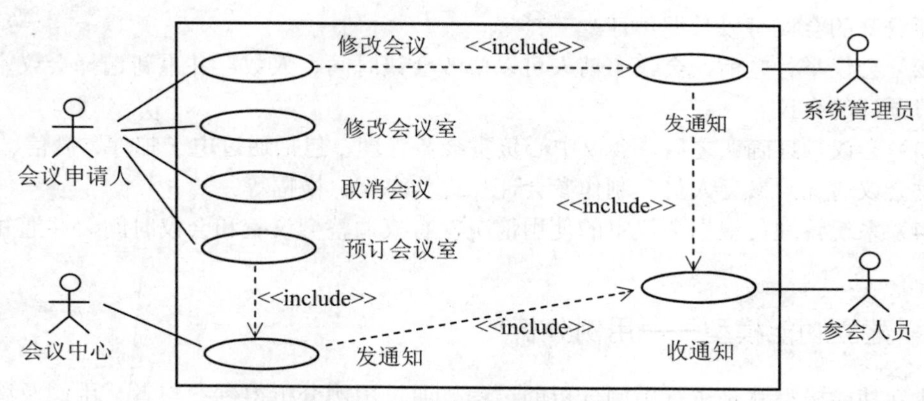

图 8-20　会议中心服务的用例图

个层面的综合分析，对于系统实践是一个很好的指导分析模型。

1. 识别类与对象——类与对象层

在 OOA 的 5 层模型中，“如何识别类”是一个基本而又重要的问题。

（1）根据问题陈述，从查找名词入手进行分析。本例中总结出的、可以作为候选类的有会议申请人、会议、会议时间、会议室、临时会议、长期会议、会议中心、人数、代表证、会议信息、通知、参会人员、系统管理员。

（2）需要注意的是，并不是所有查找和总结出的名词、概念、实体都能定义为类。

（3）对总结出的名词进行初步筛选，将总结出的会议时间、临时会议、长期会议定义在“会议”类中，参会人数、参会证、会议信息定义在“通知”类中。

值得注意的是，筛选后能定义为类的名词也不是唯一的，但基本准则是能覆盖需求、覆盖用例，并利于后续阶段的设计与实现。

图 8-21 是会议中心系统中被初步识别出的类。

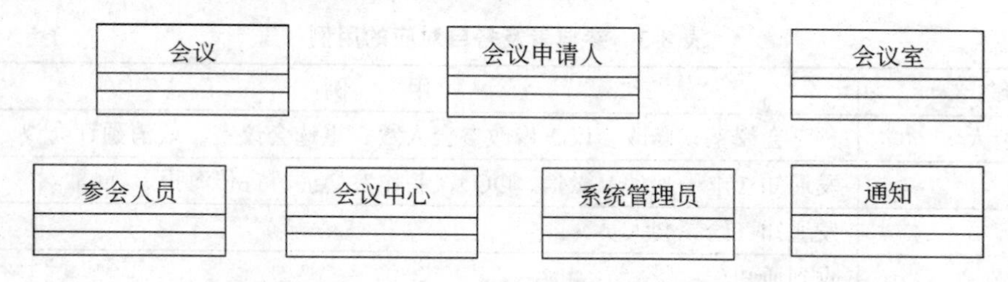

图 8-21　会议中心系统中初步识别出的类

2. 属性与方法——属性与服务层

这里，将属性层与方法层合并进行分析。因为面向对象的封装性体现的就是将类的属性与方法组织在一起，提供更复杂、更强大的功能。

（1）分析类图，初步给出各自所需的属性和方法。在 OOA 阶段，不需要考虑属性类型、大小、优化等细节，也无须考虑方法的接口形式，只需给出类在需求中的属性定义及将要实现的功能模块。

（2）属性和方法的给定，一是通过结合问题描述来分析，二是要将属性和方法相结合来考虑。特别是一些确定的功能模块，它的实现需要什么样的属性集（数据结构）。

表 8-4 给出了初步的类属性和方法。

表 8-4 给出初步的类属性和方法

类	属　性	方　法
会议申请人	会议列表（可以申请多个会议）	
会议	参会人数、时间、会议室、会议类型（临时/长期）	预订（临时/长期）、修改、选择会议室、取消会议
会议中心	参会人员列表	邮寄、发邮件、制作代表证、发通知（确认函）
会议室	编号、容纳人数、预订时间	
参会人员	姓名、性别、电话、Email、微信号、QQ 号	收通知
系统管理员	用户名、密码、权限	调整会议室、发通知（变更函）
通知	名称、类型、日期、会议信息、参会人员	

3. 精化类及类间关系——结构层

对类图的结构层分析，不仅是精化类，也是获得软件系统初步的逻辑框架。

（1）根据类的属性和方法，结合问题描述，分析得出类间关系。

（2）在精化类间关系时，可能会产生新类或新的数据结构。

（3）由于有新类产生，因此图 8-22 中的类会与图 8-21 中初步分析的类有所不同。

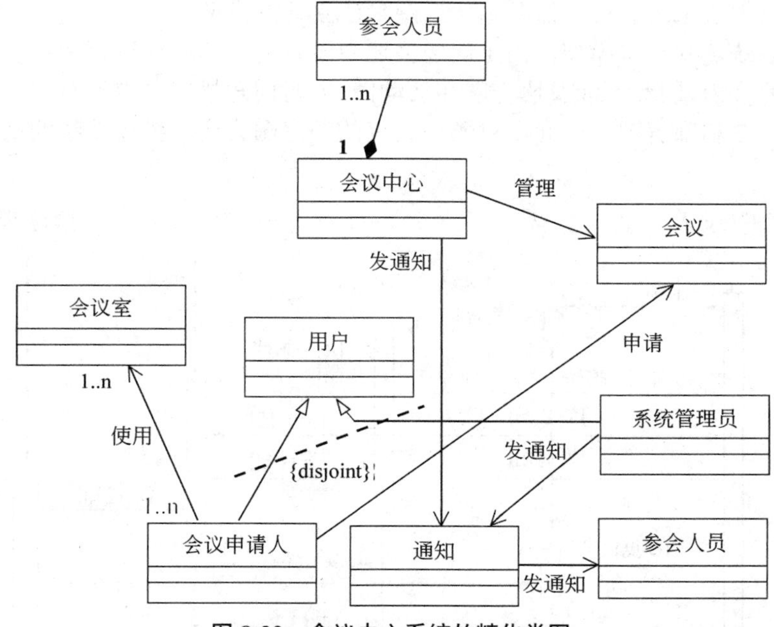

图 8-22 会议中心系统的精化类图

4. 包图——主题层

（1）通过包图，划分子系统，确定主题层。每一个逻辑内部具有更紧密关系，每个逻辑之间具有更松散的关联。

（2）一个包是由若干个类组成的、具有更复杂、更完整功能的逻辑集合。

（3）包之间的逻辑关系、层次关系，也同时反映了系统逻辑关系、层次关系。

图 8-23 为会议中心系统的逻辑包图。

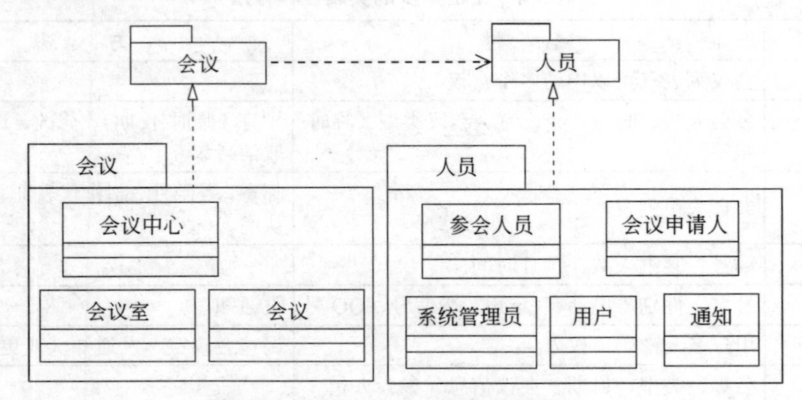

图 8-23 会议中心系统的逻辑包图

8.5.3 建立动态模型——交互行为

OOA 建立的 5 层静态模型关注的是系统各成分的组织结构，而动态模型则描述系统各成分之间的交互行为，即系统的动态特征。OOA/OOD 过程中的动态建模图形主要包括状态图、顺序图、协作图、活动图、配置图和部署图。

针对会议中心系统分析，需要画什么图来建立动态模型？

结合本系统建立动态模型，由于问题描述中没有复杂的操作过程和并发，也没有涉及较多的对象行为，因此不涉及协作图和活动图。同时问题描述中也没有涉及系统要求，因此不画配置图和部署图。因此，以预订会议的顺序图为例，描述系统的动态模型，如图 8-24 所示。

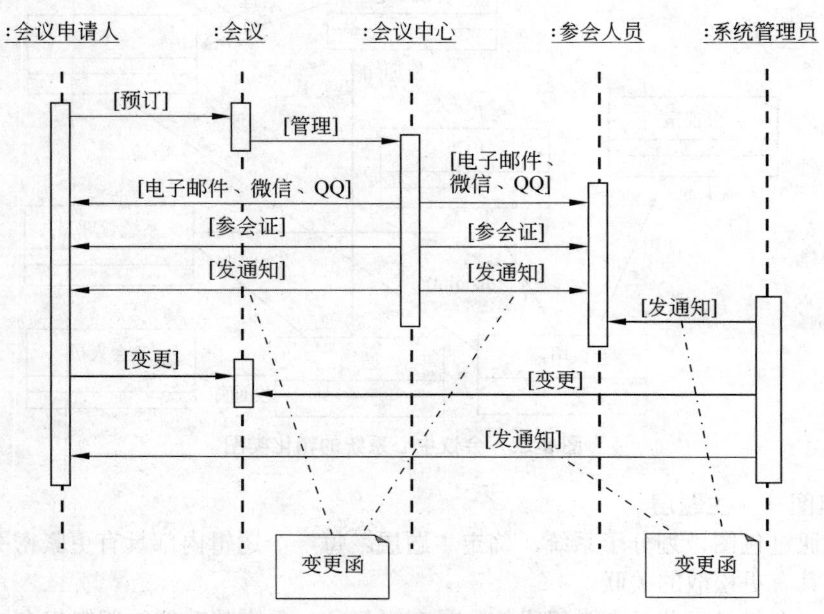

图 8-24 会议中心系统预订会议的顺序图

同时，由于会议中心系统围绕会议室为核心开展服务。因此，选择“会议室”对象，用状态图刻画对象状态之间的转换，为后续在设计中找出状态转换的触发事件/功能做准备，如图 8-25 所示。

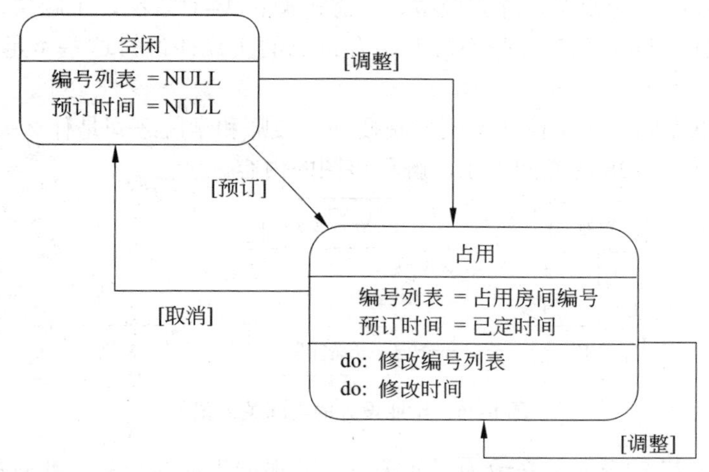

图 8-25 会议中心系统的会议室状态图

8.6 本 章 小 结

面向对象分析包括问题定义、可行性分析、需求分析等阶段，是伴随用户需求的变化而不断进行往复迭代的过程。面向对象分析是以对象为基础，建立功能模型、静态模型和动态模型。这些模型描述了从问题域到信息域的映射。

针对传统软件过程的不足，本章介绍了 OOA 的基本过程。OOA 是以类与对象为基础，以面向对象方法学为指导，分析用户需求，并最终建立问题域模型的过程。它体现了以类与对象为基础的面向对象需求建模过程，这一过程同时体现人们对现实世界的理解过程。

OOA 模型由 3 类独立模型构成：功能模型、静态模型和动态模型。功能模型描述软件系统的用户交互和功能。静态模型描述软件系统的类与对象以及它们之间的关系，又称为对象模型。动态模型描述系统的控制结构，又称为交互模型。本章还介绍了 Coad/Yurdon 的静态模型的 5 个层次：类-对象层、属性层、服务层、结构层和主题层。

本章详细介绍了功能模型、静态模型和动态模型的建模过程和方法，并强调每个模型的文档编制框架，希望读者能通过编写文档，领会文档在软件过程中的重要性。

需要注意的是，在 OOA 建模过程中，并不是所有的 UML 模型元素都要用上，必须根据软件系统领域、涉及的是对象还是逻辑描述等，选择利于问题描述、用户交流以及设计人员理解的图形工具。

习　题

1. 名词解释：功能模型、静态模型、动态模型、类-对象层、主题层、结构层。

2. 传统软件过程中存在哪些不足？结合自己的实践谈谈对这些不足的改进方法和过程。

3. 教师可以在同一所学校的不同学院授课。教师和学院之间是什么关联关系？

4. 仔细分析图 8-26 的类间关系，解释该图的内容。

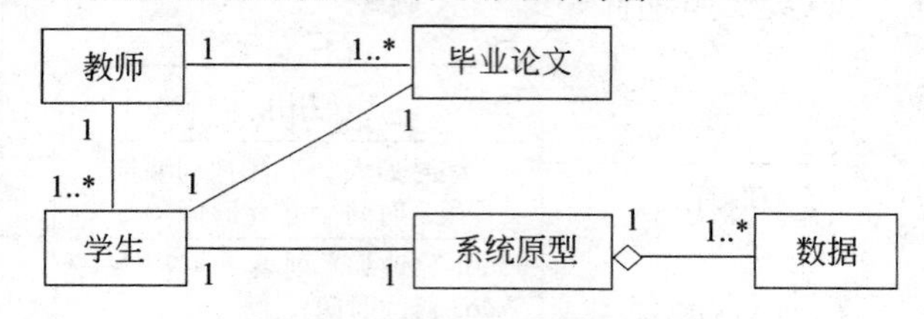

图 8-26　毕业设计的类间关系图

5. 请将图 8-27 的三元关系改为二元关系，并根据生活的经验，补充重数关系。

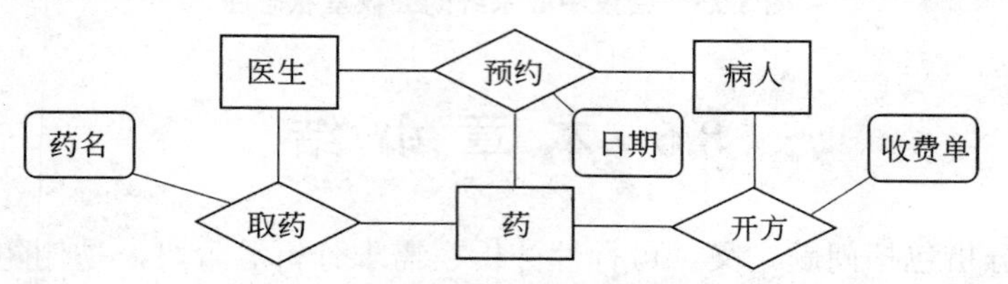

图 8-27　病人看病取药的三元关系图

6. 分析并绘制关于“饺子”的 UML 类图。“饺子”由许多部分组成，包括皮、馅，每一部分又各自包括相关内容，如“皮”包括面粉和水，馅包括蔬菜、肉和调料等。“饺子”的制作包括和面、擀皮、和馅、包等行为。为保证饺子的卫生，对饺子的原材料需受限访问。

7. 用 UML 为教室建模。教室通常包括黑板、粉笔、讲台、电灯、话筒、多媒体设备、多张桌子和椅子，可选的有电视机、DVD 设备。

8. 结合网络购物的经验，绘制网络购物的用例图，并编写用例图文档。

9. 结合收发电子邮件的经验，绘制收发电子邮件的状态图，并编写状态图文档。

10. 一个小型图书馆资料管理系统的主要功能是：读者使用系统时必须先注册，才能有相应的借书、还书、查询、预订等操作。图书馆管理员同样在注册之后，负责添加、更新、修改和删除图书，登记和查询图书的借阅、归还情况等。

根据以上描述内容，绘制读者和图书馆管理员各自操作的顺序图，并编写顺序图文档。

11. 用 OOA 方法建立 1.6.1 节关于“简历信息自动获取和查询系统”的模型。

第 9 章 面向对象设计

面向对象分析（OOA）建立描述问题域的功能模型、静态模型和动态模型，刻画“系统做什么”。通过建立静态模型的 5 层结构来分解问题空间，抽象出类-对象，并分析类间关联、泛化、依赖和实现关系，建立问题域模型。

面向对象设计（Oriented-Object Design，OOD）是把 OOA 阶段得到的需求转换为符合用户功能和性能、便于与某种面向对象程序设计语言编程的系统实现方案。

瀑布模型的需求分析和软件设计阶段有明确的界限，需求分析的结束是软件设计的开始。但基于面向对象的分析和设计的界限确是模糊的，在 1.4.5 节介绍的喷泉模型特点在于每个软件过程阶段的相互重叠，这符合从 OOA 到 OOD 平滑过渡的要求。

9.1 面向对象设计概述

面向对象设计（OOD）是指用面向对象方法指导系统设计软件实现方案的过程。从 OOA 到 OOD 的平滑过渡，能够使 OOA 的分析结果直接映射为设计方案甚至实现。

与传统软件工程过程开发模型中把软件设计分为概要设计（系统设计）和详细设计相类似，面向对象软件工程将软件设计划分为系统设计和对象设计，其中以对象设计为主，因为对象本身的定义和对象间关系体现了系统设计的内容和方案。正是由于以喷泉模型为指导的软件过程间界限的模糊性，本章后续内容将不加区分地使用（软件）系统设计和对象设计的概念。

9.1.1 面向对象分析与设计的关系

早期的 OOD 并不是按照现代软件工程过程从 OOA 转换而来的。它是从面向对象编程（Object-Oriented Programming，OOP）发展而来。根据 OOP 选定的编程语言进行 OOD 过程。需求的获取，仍然采用结构化分析的方法，用典型的数据流图来描述数据和变换过程，并相应地设计为类的属性和方法。但随着 OOD 思想的不断延伸，不可避免地触及到需求分析的内容，如对类-对象的分析、类间关系的描述等。因而结构化的需求分析已难以与之适应，需要有与 OOD 相适应的 OOA 的方法。

面向对象软件工程是以面向对象方法为基础，用 UML 模型元素描述需求、设计、实现和测试的系统开发全过程，OOD 即是建立在 OOA 基础上进行的系统设计。OOD 通过不断加深、补充 OOA 的分析结果，完善 OOA 中的不足，从而进一步深化对需求的理解和把握。因此，从 OOA 到 OOD 是一个反复迭代的过程，同时采用 UML 模型元素，大大降低了从 OOA 过渡到 OOD 的难度、工作量和出错率，保证了分析人员从 OOA 到 OOD 的过程中，对设计人员指导的一致性和完整性，并能有效跟踪系统后续的实现和测试过程，对整个系统管理和开发工作进行质量评估。

OOD 的特点主要体现在以下几个方面：

（1）与 OOA 和 OOP 共同构成面向对象开发的整个过程链，全面地体现面向对象特点。

（2）强调对象结构而不是程序结构，增加了信息共享的机制，提高了信息共享的程度。

（3）OOD 的设计过程有时要与 OOP 所选用的编程语言相结合，因为不同的面向对象编程语言对面向对象机制的支持程度不尽相同。

（4）因为 OOA 和 OOD 的过程都使用 UML 语言来描述，因而过程间的转换不需要任何映射方法和转换步骤，更有利于各阶段间转换和分析结果的重用。

9.1.2 面向对象设计原则

在 3.1.3 节中介绍了软件设计原则，它同样适用于 OOD 的过程。同时，OOD 有着自身的特点和方法，体现面向对象的特征，它与前述的软件设计原则相结合，逐渐形成与面向对象密切相关的设计原则。

（1）信息隐藏和模块化。信息隐藏是为了提高模块的独立性。类将属性和与方法封装在一起，对外提供公共接口以实现系统功能，对内提供对应的数据和存储，并为派生类如何操作基类也提供了半开放式机制（protected 部分），极大地体现了模块化设计的低耦合和高内聚特征。

（2）重用。重用是将原有事物不加修改或只做少量修改就能多次使用的机制。面向对象方法中的重用分为代码重用和设计模式重用。

- 代码重用。这是最常用的重用方式。代码重用包括直接使用已有的源码、继承源代码、引用程序的头文件、调用动态连接库等方式。其中，直接使用源码是最直接，也是最简单的方式。但它会引起诸多问题，如变量名冲突、代码兼容性等；继承源码可以在直接使用源码的同时增加新的功能；引用头文件和调用动态连接库能够避免由于它们的改动而重新编译系统。
- 设计模式重用。这是高层次的软件重用，它重用的是设计模型。一方面是重用系统设计模式，如基于 Web 的数据管理中，数据的分布存储、数据服务的安全性检测和响应方式等；另一方面是代码设计模式。本章 9.6 节将介绍其中的几种典型模式。

（3）单一原则。单一是指一个类无论其定义的属性和方法数量有多少，都应只涉及与它相关的服务。如设计对网站地址 URL 分析的类，就应该围绕对于给定的一个 URL，如何分析得到需求的相关信息（如 WWW 地址、目录层次、网页类型等），而不是考虑如何通过这个 URL 去访问目标服务器。虽然有时需要这项功能，那也只说明 URL 类与其他类有着依赖关系。

（4）规划和统一接口，不要急于考虑细节问题。软件设计初期进行的系统设计，主要是明确类的职责和类间关系。类职责除了类自身的方法所提供的服务之外，类间的关联该由谁响应、该如何响应也需要综合设计。因此，在 OOD 过程中规划类的职责、统一类的方法接口，为产生关联的类提供一致的访问。

（5）优先使用聚合。在考虑类的重用时，应优先使用聚合。因为如果使用继承，则对基类的修改会影响派生类的设计和实现。而使用聚合，只要确保对类的修改不涉及访问权限，就不会对外部类造成影响，同时也保证了引用类的单一原则。

（6）开放封闭原则。所谓开放原则是指对系统功能扩展的完善性设计，应立足于在原有类的基础上提供新的属性和行为，尽量避免类的重新开发。这样既能满足用户新的需求，又能使系统具有一定的适应性和灵活性。所谓封闭原则是指通过封装性将类组织起来，并通过公有部分和私有部分确定对类的合理访问。特别是在继承机制中，越是处于上层的类，对它的修改就要越谨慎，这样才能保证对系统修改时的稳定性和延续性。

9.2　精化类及类间关系

通过 OOA 得到的类图是面向对象设计重要的基础。在 OOA 分析所得类图中，主要描述的是问题域中存在的实体类以及类间关系，但并没有详细描述类中包含的属性、提供的方法和类间关系的细节。因此，OOD 过程的首要任务是精化类的设计，不仅详细定义类的属性、方法和关联，还要结合功能模型和动态模型给出的 UML 图，分析出抽象类、领域类、边界类、关联类等一系列新类，为类图的完整定义和软件系统的修改、扩展和维护提供灵活的设计方案。

9.2.1　设计类的属性

无论如何划分系统职责、确定主题和响应消息，类的功能实现都需要属性的支持。同时，由于在 OOD 阶段需要着手考虑实现的程序语言对设计方案的技术支持程度，因此需要对类的属性进行调整或给出新定义，确保后续编程的顺利实现。

当直接面对问题域时，在 8.3.4 节介绍了属性的确定。但大多数情况下，这些属性主要涉及的是对问题域中类的直观性的描述，而缺乏对复杂属性和类间静态关联与重数的仔细考虑。因而在 OOD 过程中，对类的属性设计还需要补充和完善下面的工作。

（1）复杂属性的分离和描述。每个属性都有相应的数据类型。对于简单属性来说，它是单一数据类型，与之相关的是一个值，如“性别”，类型是布尔型或整型。而复杂数据类型是多个简单属性的集合，作为一个整体，它对应的是一组值。因此，根据需要可以考虑将复杂属性从类的属性中分离，单独定义为类来进行描述。以表 8-2 中定义的“用户”属性为例，图 9-1 描述了用类描述的复杂属性。

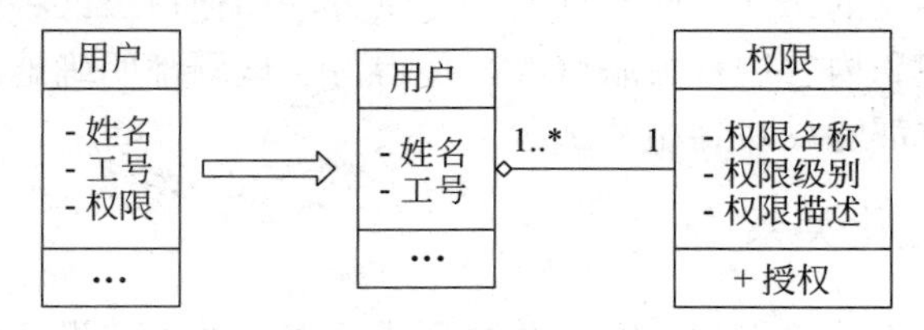

图 9-1　对复杂属性的类描述

当然，是否将复杂属性从类的属性中分离，还需要结合实际需求综合考虑。

（2）类间重数的属性表示。重数定义类间在数量上的关联关系。在 OOD 中，有多种方法体现类在重数上的关联。

- 在类中定义指针，它指向另一个关联类的对象列表。这样，可以通过指针访问多个对象，实现一对多或多对一的关联。多对多的关联通过相互定义关联类的对象指针来实现。
- 如果编程语言不支持指针，通过定义关联类的对象数组来实现。由于一对多的映射是动态变化，因而还需要对对象数组进行约束，以形成对属性的约束。
- 还可以将一对多的关系转换为多个一对一的关系，这样也能避免定义指针，这需要在类中定义关联类的子对象，并在系统中定义类的对象数组间接实现一对多的映射。

（3）对属性的约束。类的封装性约束了类的外部对属性和方法的存取权限。对于有取值范围、特定取值等约束属性，OOD 应该将之定义为私有部分，因为公有部分难以对属性进行约束。同时类也要提供和属性相关的公共方法来间接操作属性，在方法实现过程中做到对属性约束的判断和控制。

（4）对属性的初始化。属性的初始化设计，确保了对象在启动时处于正常初始状态。

（5）导出新“属性”。注意，“属性”用引号括起来，因为这里“属性”并不是类真正定义的属性实体，而是通过方法计算出的具有属性特征的结果。例如，“教师”的“年龄”并不需要定义“年龄”属性，而是提供计算“当前日期减去出生日期”而得到具有年龄这个属性特征的方法。

9.2.2 设计类的方法

如果类不是抽象类或接口，则它必然要给出方法的实现过程。类中的方法与结构化设计中的过程或函数类似。它们的主要区别是：方法是消息驱动的，受到接收消息的类的控制，而函数基本是不受限的全局函数，没有对象对其约束。在 OOA 过程中，主要明确类所提供的方法和分析类间关系；而在 OOD 过程中，需要细化类的方法，并希望通过类方法的识别，体现类间的动态连接。

（1）具有公共服务性质的方法，应该放置在继承结构的高层类中，使得方法重用达到最大化。如果公共方法过多，或涉及核心算法，可定义新类来封装它们。

（2）尽量在已有类中定义新方法，或重用已有代码。这不仅降低开发成本，还减少系统出错的可能，也为系统将来的扩展和灵活变更提供了很好的基础。

（3）反映类间的动态关系，即类间的每个消息都要有相应的操作。在图 8-9 中，“试题”许可“课程大纲”的访问，即“试题”提供方法，使得“课程大纲”能对“试题”中有关课程大纲类型和内容进行关联修改，使得每道试题都明确地对应某项课程大纲，或对课程大纲的修改都能反映到相关试题上。

9.2.3 设计类间泛化关系

类的泛化关系分为单继承和多继承两种形式。在单继承的设计中，可以比较聚合方

式与单继承对类的组织结构的利弊。在多继承的设计中，由于多继承带来的二义性，需要考虑将其进行转换。

1. 单继承与聚合

类间关系是定义为泛化关系还是聚合关系，需要综合多种因素来考虑。

从泛化关系看，派生类继承基类将直接得到基类的属性和方法，并且根据基类虚函数定义和多态性，派生类能通过修改虚函数的局部内容，以适应派生类的特殊需求。受保护类型（protected）提供了派生类内部访问基类的属性和方法，但又不破坏类的封装性的折中方案，简化了派生类和基类消息传递的过程。泛化的不足在于对基类的任何修改，都将影响到派生类。

聚合关系在一定程度上也与继承类似，通过在类（比如类 A）中定义另一个类的子对象（比如类 B 的子对象 Obj）来访问该类。这样，在类 A 的外部，看不到子对象 Obj 的存在，但在类 A 中的方法中，能通过子对象 Obj 访问类 B 的公有部分，达到扩展类 A 功能的目的。此外，如果对类 B 进行修改，在接口不变的情况下，将不会影响到类 A 的设计和实现。

因而在一般情况下，如果只是使用类 B 提供的方法，设计聚合要比设计继承方式要好。

2. 多继承及转换

多继承给快速扩展系统功能提供了更方便的形式，它使得派生类能同时具有多个类的属性和行为，并根据这些属性和行为定义自身特殊的需求。但多继承带来的问题是使得整个继承的结构形成图而不是树形结构，导致在多继承过程中出现二义性问题。目前大多数面向对象程序设计语言都取消了对多继承的支持，因此将多继承方式转换为其他方式来体现类间关系就显得尤为重要。

（1）将多继承转换为单继承。在多继承中，将继承的多个基类的属性和方法定义在新类中，通过在单继承中聚合新类的方式共同实现多继承。图 9-2（a）给出多继承的类图，图 9-2（b）给出转换后的单继承方式。

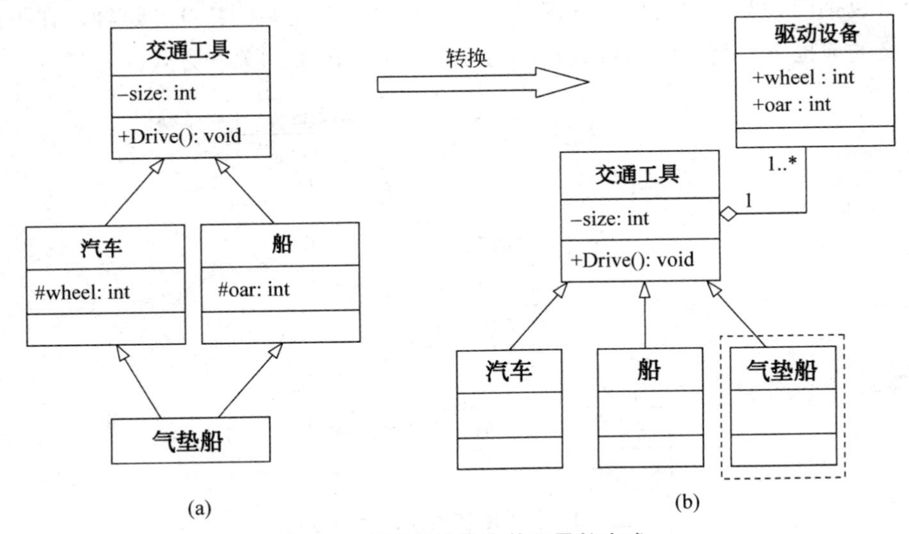

图 9-2　多继承转换为单继承的方式

在图 9-2（a）中，“气垫船”继承了“汽车”和“船”，表明它同时具有在陆地上和水面上行驶的能力。在多继承中“气垫船”主要涉及“汽车”的 wheel 属性，以及“船”的 oar 属性。因此，将多继承中 wheel 属性和 oar 属性取出，封装为图 9-2（b）中的新类“驱动设备”，并与原有类“交通工具”聚合，形成包含有“驱动设备”子对象的聚合类。这样，在不影响原有多继承语义的基础上，改变多继承的形式。当然，图 9-2（b）中的“驱动设备”类定义的 wheel 属性和 oar 属性是公有部分，破坏了类的封装性。另一种处理方案是，“交通工具”类继承“驱动设备”类，同时“驱动设备”类的属性定义为受保护部分。

对于原有的“气垫船”类，有两种不同的处理方式：

- 定义新类“气垫船”，它直接继承自“交通工具”类，原来多继承时拥有的 wheel 属性和 oar 属性由聚合在“交通工具”类中的“驱动设备”子对象来定义。
- 取消“气垫船”类，根据需求描述中气垫船的主要用途和涉及的功能，决定在“汽车”类中还是在“船”类中，通过“驱动设备”的描述增加对“气垫船”的属性的说明。例如，在系统中原有的气垫船主要用于在陆地上行驶，则在“汽车”类中除了说明与陆地上行驶的方法之外，再定义与 oar 属性相关的公共方法，以体现能在水上行驶的能力。

（2）将多继承转换为聚合方式。在多继承中，将继承的派生类直接聚合在基类中，以聚合方式取代多继承。图 9-3 给出图 9-2（a）的聚合方式。

在图 9-3 中，“汽车”类、“船”类和“气垫船”类都直接作为“交通工具”类的子对象，定义新类“驱动设备”，它们通过单继承“驱动设备”类，在各自属性设置具体的驱动设备，统一用 Drive 方法提供驱动不同的交通工具的过程。在重数定义中反映了各种不同交通工具对驱动设备的定义。“汽车”和“船”都只需要一种驱动设备，而“气垫船”能够包括两种驱动设备，以体现“汽车”和“船”的共同特征。这样，在不改变多继承语义的前提下，将多继承方式转换为以聚合为主的类间关联方式。

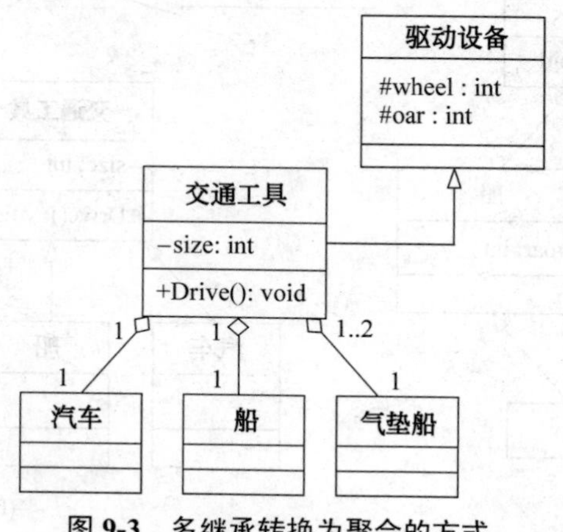

图 9-3 多继承转换为聚合的方式

9.2.4 设计关联类

属性设计中分析了多对多、一对多关系的设计方式。对于多对多关系的转换，还能通过定义关联类来实现。根据图 8-9 表示的“管理员管理试题集”含义，图 9-4 给出多对多关联的模型。

图 9-4 说明一个管理员需要录入多道试题，一道试题也可以由不同管理员录入。因而“管理员”类和“试题”类引入“试题管理”关联来描述“录入”的过程。对这一关联的设计，基本的处理方式是将它作为方法定义在两个关联类中的一方，比如定义在“管理员”类中。但这种方式没有化简关联类间的多对多关系，反而增加了类的复杂性。

类间的“试题管理”关系还能定义为一个新的关联类“试题管理”，通过定义关联类，一是能简化关联类之间的重数，二是在关联类中能扩展关联的语义。图 9-5 通过定义关联类来转换关联的多对多关系。

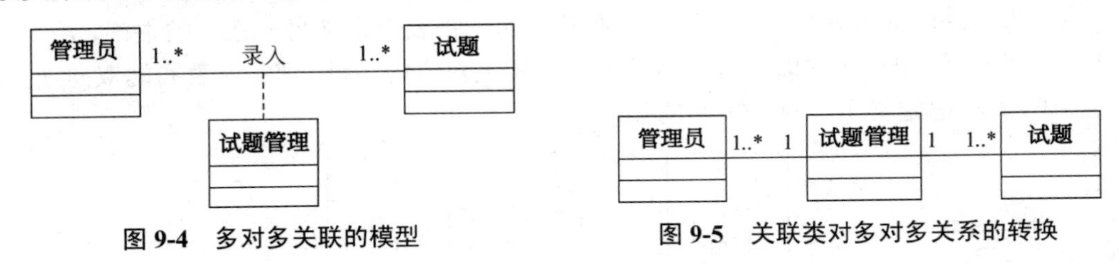

图 9-4 多对多关联的模型　　图 9-5 关联类对多对多关系的转换

9.3 数据设计

数据设计是 OOD 模型中的主要部分之一，负责对持久对象（Persistent Object）的读取、存储等过程进行管理。数据设计可以利用关系数据库、面向对象数据库和文件系统提供的机制来实现。不同的文件管理方法对数据设计有着不同的影响。当采用 OOD 进行数据设计时，目前主要的方法是基于关系数据库来实现。因为关系数据库有坚实的关系代数基础，不同的关系数据库系统都提供相同的数据库管理（共享、锁、完整性约束、支持事务等）、统一的操作接口和标准化的 SQL 语言。而面向对象数据库和文件系统无论在设计上，还是实现上与关系数据库相比，都还存在较大的不足。

9.3.1 基于关系数据库的数据设计

通过 OOA 和 OOD 的分析和设计过程，得到 UML 类图。基于关系数据库的设计，就是将类图作为关系数据库的概念模型，并兼顾类间的关联关系和泛化关系在数据库中的表示。对 UML 的类图，通常只考虑转换类中的属性而不考虑类的方法。因为对关系数据库中表（属性集）的操作，必定通过关系数据库系统的接口，或在系统中提供统一的方法对数据进行操作，在这些方法中就包括了原有类中的方法。

在将持久对象转换为关系数据时，类和对象与关系数据库的表之间有如下的基本对应关系，如表 9-1 所示。

表 9-1 类和对象与关系数据库表间的基本对应关系

OOD	关系数据库	描 述
类	表	类中关于属性的定义，就是关系数据库中表的结构
对象	行	对象是类的实例，即对类的属性有具体的值，对应表中的行
属性	列	类中的一个属性，对应关系数据库中表的一列
关系	表间连接	通过关系数据库中表间连接来设计类间关系

类间关系在关系数据库中的表示主要涉及关联关系和泛化关系。

1．关联关系的数据设计

类间关联关系的数据设计主要涉及类间重数的描述。类间重数的关联包括一对一的关联 、一对多的关联和多对多的关联：

（1）一对一的关联。一对一的关联有两种设计方案：

- 如果关联的双方(类)定义的属性不多，可直接将关联双方定义为一张单独的表。
- 为关联的双方各自定义一张表，在其中的一张表中定义另一张表的主键，用来实现关联。如果在关联双方各自的表里都定义对方的主键，则实现表间的双向连接。

图 9-6 给出定义了一对一关联的类。

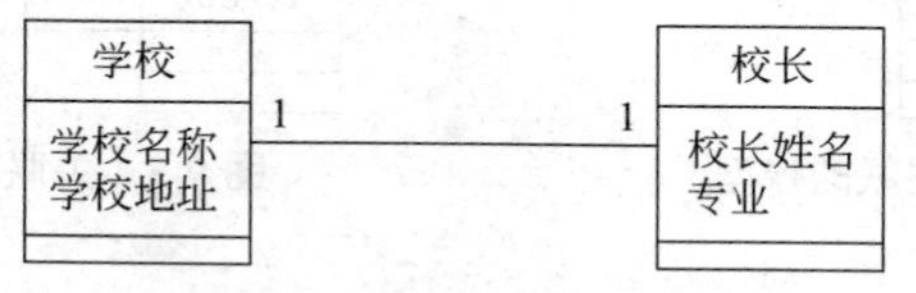

图 9-6 一对一关联的类

图 9-7 给出了用两张表设计的一对一关联，其中补充定义的“学校编号”和“工号”属性是类所对应的表的主键，这样就实现了表间的双向关联。

属性	是否主键
学校编号	是
工号	否(外键)
学校名称	否
学校地址	否

“学校”类的表

属性	是否主键
工号	是
学校编号	否(外键)
校长姓名	否
专业	否

“工号”类的表

图 9-7 用两张表设计的一对一关联

（2）一对多的关联。对于一对多的数据设计，可以考虑将重数为“1”的类直接映射为一张表，并设计主键 K；将重数为“多”的类映射为另一张表，并将 K 作为外键也定义在此表中，以满足关系引用的完整性。例如，图 8-9 中定义的“教师”和“试卷”的一对多关系，并结合表 8-2 中定义的各类的属性，图 9-8 将这一关系映射为两张表的引用关系。

（3）多对多的关联。由于关系数据库的表中只能定义另一个表的主键，因此表间关联只能表示一对多的关系，无法直接表示多对多的关系。为了能表示多对多关联，在多对多数据设计模型中必须引入一张新表，通过此表将多对多的关系转换化为两个一对多

属性	是否主键
工号	是
课程编号	否(外键)
姓名	否
权限	否

"教师"类的表

属性	是否主键
试卷编号	是
课程编号	否(外键)
工号	否(外键)
试题	否

"试卷"类的表

图 9-8 用两张表设计的一对多关系

的关联。

- 如果该关联在系统设计中的语义比较简单，则可以将关联双方（类）直接定义为两张表，将表中各自的主键取出定义一张新表，作为描述关联双方的关系连接。
- 如果该关联在系统设计中的语义复杂，则定义关联类描述两个一对多的关系。图 9-5 描述的就是复杂语义的关联类定义。

针对图 8-9 中"管理员"和"试题"类的多对多关系，并结合表 8-2 中定义的各类的属性，根据简单语义关联方式，图 9-9 将这一关系映射为三张表的引用关系。

属性	是否主键
工号	是
姓名	否
权限	否
部门编号	否(外键)

"教师"类的表

属性	是否主键
工号	否
试题编号	否

描述关系的"关系"表

属性	是否主键
试题编号	是
题型编号	否(外键)
试题内容	否
试题分数	否

"试题"类的表

图 9-9 用三张表设计的多对多关系

2. 泛化关系的数据设计

对泛化关系的数据设计，通常采用如下两种方式进行映射：

（1）由于基类和派生类之间的继承关系，使得派生类具有基类的属性和方法。因此可以仅将派生类映射为表，将基类中的属性直接定义在派生类的映射表中。另外，如果基类是抽象类，那么也适于采用这种方法将抽象类属性直接定义在派生类的映射表中。

（2）对于基类和派生类各自定义对应的表，同时把基类的表中的主键定义为派生类的表中的外键，以实现基类和派生类的泛化关系。

针对图 8-9 中"用户""教师"和"管理员"的泛化关系，并结合表 8-2 中定义的各类的属性，将基类和派生类映射为图 9-10 所描述的三张表的泛化关系。

属性	是否主键
工号	是
姓名	否
权限	否

"用户"类的表

属性	是否主键
课程编号	是
工号	否(外键)

"教师"类的表

属性	是否主键
部门编号	是
工号	否(外键)

"管理员"类的表

图 9-10 用三张表设计的泛化关系

需要说明的是，图 9-10 与前面的图 9-8、图 9-9 中"教师"的属性不同。这是因为前面的图是要清楚描述"教师"类的属性，因而把基类"用户"的属性直接作为"教师"

属性分析。如果不会产生歧义和描述不清，则应把图 9-8 和图 9-9 按照图 9-10 的形式来定义。

9.3.2 基于其他方式的数据设计

除了将类和对象转换为关系数据库以外，还能将类和对象以面向对象数据库和文件形式设计为持久数据存取。

1. 面向对象数据库的数据设计

面向对象数据库是把面向对象的方法和数据库技术结合起来，使得对数据库系统的分析、设计能与面向对象思想一样，符合人们对客观世界的认识。

在传统的数据库建模中，是通过实体-关系定义数据库的表，甚至可以将问题域中的物理表格直接定义为数据库的表。但在面向对象方法中，没有表格，只有对象。因此，面向对象数据库面对的是类-对象，判断出哪些类-对象是持久对象，分析和设计如何高效存取这些对象是面向对象数据库设计的关键。

面向对象数据库系统提供数据描述语言来定义类-对象的属性和方法；提供数据操纵语言来实现对面向对象数据库的访问。借助面向对象数据库系统，在面向对象数据库设计中只需考虑表示出需要存储的对象即可。

2. 面向文件的数据设计

使用文件系统进行数据设计，不会影响 OOD 的数据建模部分。由于文件没有逻辑大小限制（除非是物理存储空间不足），因此适用于海量数据存储。但与关系数据库和面向对象数据库相比，由于文件系统没有专门的数据管理部分，因而需要设计与数据管理相关的内容，如存储的并发、记录更新、锁机制和数据访问的安全性问题等。

数据存储方式多样，包括顺序文件、索引文件、倒排文件等方式。这些方式各有利弊，各自针对不同特征的应用领域和存储文件。但无论采用哪种文件存储方式，都要考虑对文件进行高效检索的问题。

9.4 人机交互设计

交互设计是在 OOD 中与系统外部进行信息交换的过程。如果外部系统是其他的软件系统，交互设计的重点是在接口设计上，并满足数据的发送和接收的进行和同步。如果与系统交互的是人，则人机交互设计的重点在于界面设计、命令层次和输出报表或文件等内容上。

人机交互设计的优劣将直接导致用户是否愿意使用、是否能快速、正确使用系统。好的人机交互设计不仅界面美观、易用、好用，而且操作流程符合用户的方式和习惯，减少用户操作错误。由此可见，人机交互是一个由人的主观性为主导的设计过程，它不仅在技术上满足交互功能，更重要的是站在用户视角上看待人机交互设计的优与劣。

在 3.4 节的界面设计中，已经全面系统地讲述了人机界面设计的任务、原则和模型，因而本节主要从 OOD 的角度补充说明人机交互设计的策略和原则。

1．人机交互设计的策略

结合面向对象特点和实践经验，基于面向对象方法的人机交互设计策略如下：

（1）对用户分类。根据用户的任务和权限，区分不同用户的操作习惯和命令使用。并不是所有用户都会使用系统的全部，事实上用户仅仅会关心与工作相关部分的功能。同时为了保证系统和数据的安全性，也不允许所有的用户操作和管理整个系统。因此，从面向对象角度出发，定义具有不同权限的角色，并将这些角色授予不同用户，以实现对用户的分类。

（2）对控制命令的分类。不同类型的用户，其操作方式（如查询、修改、流程控制等）都不完全相同。导航式设计是广泛采用的控制命令设计，它能根据不同的用户进行不同流程、控制的指导，这样也尽量避免用户操作错误。

（3）设计人机交互的界面类。例如在图形用户界面环境中，为采用的窗口、按钮、菜单、对话框等图形元素定义相应的类，或通过继承方式修改已有界面类的外部视觉。但需要注意的是，界面类的设计应采用在3.4.4节中介绍的MVC模型，避免在界面类中设计与系统功能有关的内容。界面类仅是一个人机交互中交换输入/输出数据的地方，而不进行分析、处理数据。

2．人机交互设计的原则

在应用人机交互设计策略的同时，应结合以下原则来进行全面设计：

（1）保持用户界面的一致性，包括在同一用户界面中，涉及的窗口、菜单、命令、数据显示等都始终保持同一种形式和风格；提供恢复（UNDO）操作；提供上下文环境的帮助；对数据的修改应提供“确认”回答等。在OOD中，应设计一组具有公共显示特性的类，虽然有不同的操作方式、不同的界面结构，但它们都共享这组类。这样，不仅满足界面视觉的一致性，而且也有利于界面修改时保持一致性。

（2）显示必要信息。在用户界面、操作、上下文帮助等信息的显示上，应只显示必要信息，避免给用户造成混乱。信息显示还需要合理设计显示位置、大小等，这样才能高效利用有限的显示屏。在OOD设计中，应避免将显示信息直接放入类中，而应组织信息存储的专门文件。因为显示信息的类负责如何显示信息，而与具体的信息内容无关。同时，组织信息文件也应便于信息内容的修改和维护。

（3）提供不同的数据输入方式。数据输入是人机交互过程中最重要的工作，提供高效的数据输入方式，不仅提高系统效率，更重要的是减少输入数据时出错，包括提供固定格式的输入方式，隐藏当前状态下无效的命令，及时提供输入时的帮助，以及用户能控制人机交互过程等。

9.5 建立实现模型

OOD建立的实现模型，主要用于描述系统实现时的特性，包括系统代码文件的组织构成，以及软件系统在硬件系统上的部署。它们分别由构件图和部署图组成。

9.5.1 构件图及其描述文档

构件图用于描述软件系统代码、数据和文件的物理组织结构，显示它们之间的体系结构和依赖关系。在7.4.8节讲述了构件图的元素和组成，这里主要涉及构件图的建立和构件图文档编制。

1. 建立构件图

建立构件图的重要基础是构件，与系统有关的构件主要包括如下一些。

（1）面向对象开发过程中产生的代码文件，包括源文件和数据文件，以及通过源文件编译得到的中间代码、链接库、可执行文件等。

（2）系统中使用的其他构件，如开发环境提供的库文件、可执行程序等。

（3）与系统有关的文档。这些文档包括了除源程序和数据之外的其他文档，这些文件不能进行编译和执行。

建立构件图的一般过程如下描述：

（1）确定构件。构件存在于整个面向对象开发过程中，在OOA的需求描述、数据字典定义等；OOD的接口设计、界面结构设计、数据设计和过程设计的定义；OOP编写的源文件，生成的链接库和可执行程序中都是确定构件的主要依据。

（2）确定构件间的依赖关系。如可执行程序需要库文件的支持、OOP中（如C++语言）CPP文件通常包含同名的.H文件中的定义等结构，都形成构件间的依赖关系。

（3）确定与构件相关的其他文档。

图9-11给出了“试卷自动生成系统”的构件图示例。

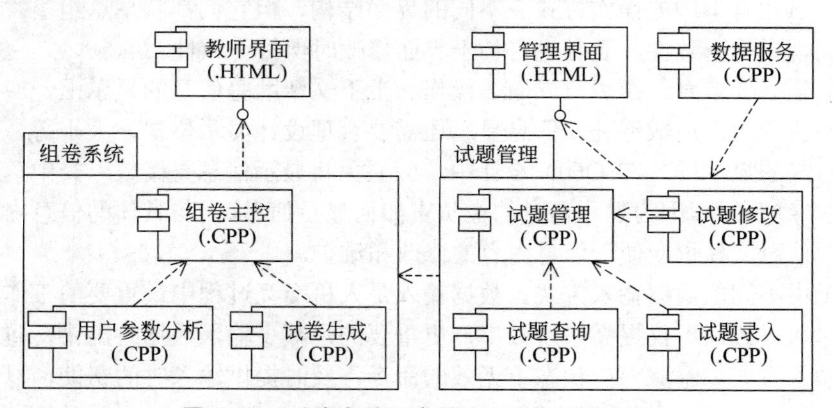

图9-11 “试卷自动生成系统”的构件图示例

图9-11中有两个包“组卷系统”和“试题管理”，分别负责组卷过程和试题的管理过程。“教师界面”传递组卷所必须的参数，“管理界面”提供对试题的操作控制。两个包对各自界面构件都是实现依赖关系。

2. 构件图文档编制

构件图描述文档是对构件图的详细说明，根据文献[10]的定义，从该文档中提取构件图文档如下的描述框架，以供读者参考。

1. 图形文档。即所绘制的构件图。
2. 文字说明。构件图的文字说明文档主要包括构件图综述、构件图中的构件描述、构件图中的关系描述和其他与构件图有关的说明。
    2.1　构件图综述。从总体上，构件图描述构件间的依赖关系，设置该构件图的目的等。
    2.2　构件图中的构件描述。主要包括构件名称、接口、关系、类型及在逻辑上构件所实现的类。
    2.3　构件图中的关系描述。主要包括关系名称、关系双方的构件名称、关系类型（实现依赖、使用依赖或其他依赖）。
    2.4　其他与构件图有关的说明。

3. 构件图文档示例

根据上述介绍的构件图文档编制框架，结合图 9-11 的构件图，图 9-12 给出了对应的构件图文档说明。

综述："试卷自动生成系统"的构件图描述了实现系统的源程序间的相互依赖关系。"试卷主控"通过调用"用户参数分析"和"试卷生成"完成组卷过程，同时通过"试题管理"包的支持，提供组卷所需的试题。"试题管理"在"数据服务"的支持下，实现对试题库的管理，包括查询、录入和修改等。
构件描述："组卷系统"包负责组卷过程，"试题管理"包负责试题的管理过程。"教师界面"传递组卷所必需的参数，"管理界面"提供对试题的操作控制。"数据服务"是通过已有的关系数据库管理系统对数据库提供SQL查询、修改等功能。
构件间关系描述："组卷系统"包与"教师界面"构件是实现依赖关系，前者需要教师提供组卷所必需的参数，如试题要点、题型分布、分数等。"试题管理"包与"管理界面"构件也是实现依赖关系，根据不同管理权限限制对试题库的不同操作。"试题管理"包和"数据服务"是使用依赖关系，前者是通过关系数据库间接对数据进行增加、删除、修改等操作。

图 9-12　构件图文档说明示例

9.5.2　配置图及其描述文档

配置图表示软件系统在硬件系统中的部署，它反映了系统硬件的物理拓扑结构及在此结构上执行的软件或逻辑单元。在一般情况下，用配置图对系统的网络拓扑结构建模，也可以用它来展示位于不同配置结点上的构件。

在 7.4.9 节中介绍了配置图的构成要素，这里介绍配置图的建立和配置图的文档编制。

1. 建立配置图

配置图描述结点、结点间关系，以及结点包含的构件的配置。构件必须属于某个结点，一个构件可以配置在多个结点上，一个结点也可以配置多个构件。

建立配置图的一般过程如下描述：

（1）确定系统配置的拓扑结构，定义物理结点。

（2）确定构件图中的构件在拓扑结构中的位置，这是构件在硬件系统上的配置。

（3）确定物理结点间的关系，确定部署在同一结点上的构件间关系。

图 9-13 给出"试卷自动生成系统"在局域网中的配置图。

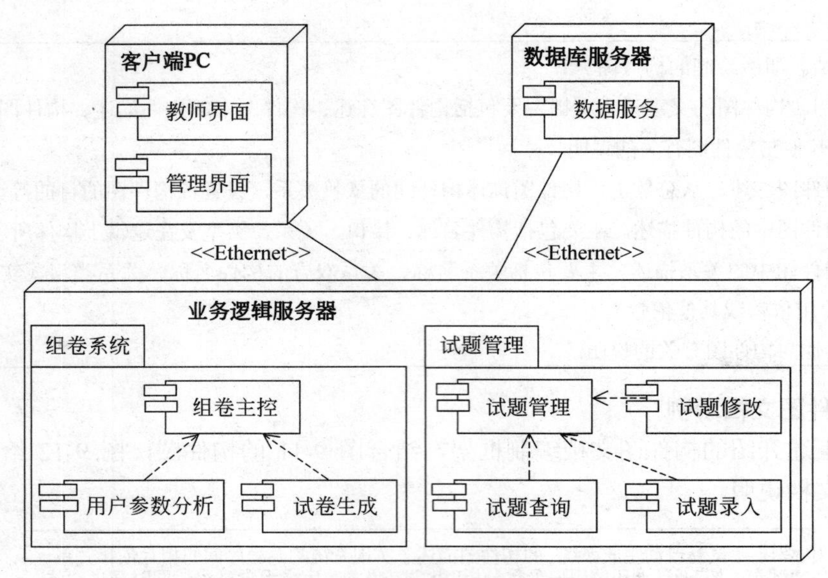

图 9-13 “试卷自动生成系统”的配置图

2. 配置图文档编制

配置图描述文档是对配置图的详细说明，根据文献[10]的定义，从该文档中提取配置图文档的如下描述框架，以供读者参考。

1. 图形文档。即所绘制的配置图。
2. 文字说明。配置图的文字说明文档包括配置图综述、配置图的结点描述、配置图中的关系描述和其他与配置图有关的说明。
   - 2.1 配置图综述。从总体上描述配置图的目的以及结点之间的相互关系等。
   - 2.2 配置图中的结点描述。对每个结点描述都包括结点名称、类型、结点中的构件示例、结点所涉及的链的名称。
   - 2.3 配置图中的关系描述。主要包括关系名称、关系双方的结点名称、关系类型（实现依赖、使用依赖或其他依赖）。
   - 2.4 其他与配置图有关的说明。

3. 配置图文档示例

根据上述介绍的配置图文档编制框架，结合图 9-13 的配置图，图 9-14 给出了对应的配置图文档说明。

综述：“试卷自动生成系统”的配置图描述系统逻辑结构的物理部署。配置图说明系统采用三层逻辑来部署系统，“客户端PC”是应用界面层，部署用户(教师和管理员)操作界面。“业务逻辑服务器”是逻辑应用层，实现系统的主要功能：试卷组卷和试题管理。“数据库服务器”是数据服务层，提供对数据(试题)的关系数据管理。
节点描述：主要有两个节点，即业务逻辑服务器和数据库服务器。在系统运行初期，可以合并这两个节点。这里的划分，主要是为了将来应用扩展做的预留设计。
节点关系描述：在各节点间，“客户端PC”和“业务逻辑服务器”之间是实现依赖关系，“业务逻辑服务器”和“数据库服务器”之间是使用依赖关系。

图 9-14 配置图文档说明示例

9.6　设计模式简介

在 OOD 的理念中，对系统的设计需要考虑两个方面：一是动态变化：设计所得的模型需要适应将来新的需求；二是静态特征：设计所得的模型要尽可能重用原有的类和模型。设计模式（Design Pattern）的提出为上述两方面的考虑提供了一种解决方式。

9.6.1　概述

OOD 的设计模型最早出现在 20 世纪的 70 年代末到 80 年代初，这个时期正处于面向对象方法逐步引起人们的重视，并应用在软件工程过程的起步时期。1995 年出版的 *Design Pattern Element of Reusable Object-Oriented Software*[3]一书，第一次将设计模式由实践提升到理论。该书介绍了多种基本的设计模型，并将其规范化。

设计模式是指一套经过规范定义的、有针对性的、能被重复应用的解决方案的总结。使用设计模式是为了更有效地重用原有代码，使得代码重用有章可循，增加软件结构和代码的可理解性，增强代码的可靠性。

设计模式包含动态变化和静态特征两方面，这样才具有适应不同应用需求的灵活性。通过对一类事物的操作或对象进行抽象，定义更高层次的（抽象）类以表述它们共同的静态特征，定义虚函数或接口，并通过聚合或继承方式来具体实现不同的动态变化。

目前，存在多种对设计模式的描述形式。这里，选取了文献[3]中提出的描述子集，如表 9-2 所示。

表 9-2　设计模式描述格式的部分内容

设计模式要素	说　明
模式名称	用于描述设计模式的名字。由于在实际应用时，是在更抽象的层面上通过模式名称来应用设计模式。因而模式名称应体现模式的内容和特点
目的	通过应用该设计模式而达到的设计效果，例如使设计更加简化、优化、灵活等
问题描述	使用设计模式的场合，或者该设计模式试图解决的问题
解决方案	描述设计模式的组成成分、相互间关系和合作方式
参与者	描述设计模式中涉及的类、对象、关键的属性、方法以及它们的职责
结构	描述设计模式的一般性图例，它应具有通用性。为了便于描述，本节中直接通过示例的图例来描述该模式的组成

在本节内容中，根据表 9-2 的描述格式，结合目前软件工程中易于理解并常用于实践中的设计模式，介绍 Singleton 模式、Abstract Factory 模式、Mediator 模式、Adapter 模式、Iterator 模式和 State 模式等常用的设计模式，供读者参考。希望读者不仅要掌握设计模式的基本原理和应用技术，而且要按照设计模式的设计要素总结和提出新的设计模式，使得 OOD 更加完善。可以预见的是，随着面向对象系统可重用技术的不断发展，新的设计模式将会不断涌现。

9.6.2 Singleton 模式

在一些应用场景下，有时只需要产生一个系统实例或一个对象实例。例如，对于同一个视频播放器软件来说，只希望有一个实例存在而不允许同一播放器的多个实例同时运行。再如用户对数据库的访问，只有一个数据库连接的实例提供给该用户来操作数据。Singleton 模式的优势在于，使得系统运行时仅有一个受约束的实例存在，降低系统控制的复杂度，避免由于产生多个对象而造成的混乱。Singleton 模式的描述格式内容如表 9-3 所示。

表 9-3 Singleton 模式的描述格式内容

设计模式要素	说 明
模式名称	Singleton
目的	一个类仅提供一个实例，并且该实例贯穿于整个应用系统的生存期
问题描述	只需要对类实例化出一个对象
解决方案	为了确保一个类只有一个对象，定义静态成员数据和静态成员函数，以得到控制访问的唯一实例
参与者	包括一个静态成员数据，它是对该类访问的唯一实例；获取该静态成员数据的静态成员函数，它使得能从外部访问类的唯一实例
结构	用实例描述的示例图，如图 9-15 所示

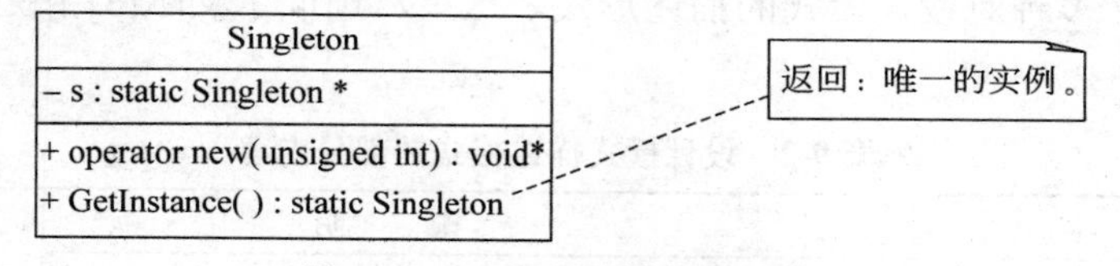

图 9-15 Singleton 模式的结构

下面是关于单个实例的示意性代码，是用 Singleton 模式实现的。

```
#include<iostream>
using namespace std;
class Singleton
{
private:
    //下面的静态对象在实际应用时，可以定义为相关类型
    static Singleton *s;
    Singleton() { }
public:
    static Singleton* GetInstance()
    {
        if (s == NULL)
            s=new Singleton();
        return s;
    }
```

```
    ~Singleton( )
    {
       if (s != NULL)
       {
            delete s;
            s == NULL;
       }
    }
};
Singleton* Singleton::s = NULL;
void main()
{
    Singleton *ps;
    ps = Singleton::GetInstance();
    cout << ps << endl;
}
```

值得注意的是，Singleton类的构造函数定义在私有部分，目的是禁止直接定义该类的对象，只能通过静态的公共接口GetInstance获得类中唯一的操作实例。

9.6.3　Abstract Factory 模式

在一些应用场景下，需要用不同的对象操作统一的接口。比如在绘图系统中，任何图形的绘制都通过Draw( )方法来统一操作。Abstract Factory模式的优势在于，在增强系统功能扩展灵活性的同时，把对类的修改而造成的对系统的影响降到最低，Abstract Factory模式的描述格式内容如表9-4所示。

表9-4　Abstract Factory模式的描述格式内容

设计模式要素	说　　明
模式名称	Abstract Factory
目的	提供一个获得不同类的对象的方法
问题描述	在一个类中能实例化出不同类型的对象
解决方案	定义类的成员函数，该函数能得到不同类的对象实例
参与者	抽象工厂类，得到不同类的实例；需生成对象的类及统一的访问接口
结构	用实例描述的示例图，如图9-16所示

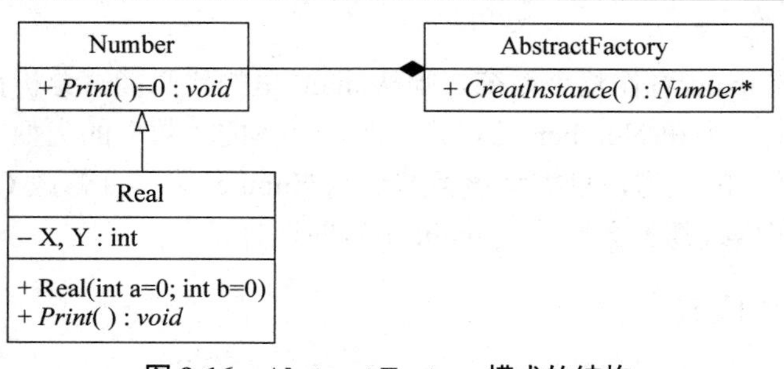

图9-16　Abstract Factory模式的结构

下面是关于“数”及“数”的显示的示意性代码，是用 Abstract Factory 模式实现的。

```
#include<iostream>
using namespace std;
class Number
{
public:
    virtual void Print() = 0;
};
class Real  : public Number
{
private:
    int X, Y;
public:
    Real(int a = 0, int b = 1)
    {
        X = a;   Y = b;
    }
    virtual void Print()
    {
        cout << ((double)X/Y) << endl;
    }
};
class AbstractFactory
{
public:
    virtual Number* CreateInstance()
    {
        return new Real(2, 5);
    }
};
void main()
{
    AbstractFactory F;
    Number * N = F.CreateInstance();
    N->Print();
}
```

如果将主函数 main 看作整个系统，则从 main 里的代码能够分析得到，程序的运行仅与 AbstractFactory 类和 Number 类有关，而与具体的“数”的类型无关。因此，如果需要增加新的“数”的类型，只需将该类型继承 Number 类，并修改 CreateInstance 函数相关部分。而这些修改都不会影响到 main 函数的运行。

9.6.4 Mediator 模式

类与类之间有相互关系，如果类间的相互关系比较复杂，可以定义中介类来专门处理这些关系。这样处理的优势在于，一是降低类间的耦合度；二是使得类的设计集中于自身功能的实现，以提高类的内聚性；三是由于中介类的存在，使得如果类间关系发生改变时，主要的修改发生在中介类中，对类自身的影响降到最小，Mediator 模式的描述格式内容如表 9-5 所示。

表 9-5　Mediator 模式的描述格式内容

设计模式要素	说　明
模式名称	Mediator
目的	通过定义中介类的方式处理类间复杂的交互关系，也能消除类间多对多的关联关系
问题描述	降低类间关联的复杂度，希望能灵活地改变类间的关联
解决方案	定义中介类，依次降低类间耦合度，提高类的内聚性
参与者	发生关联的双方（类），以及中介类
结构	用实例描述的示例图，如图 9-17 所示

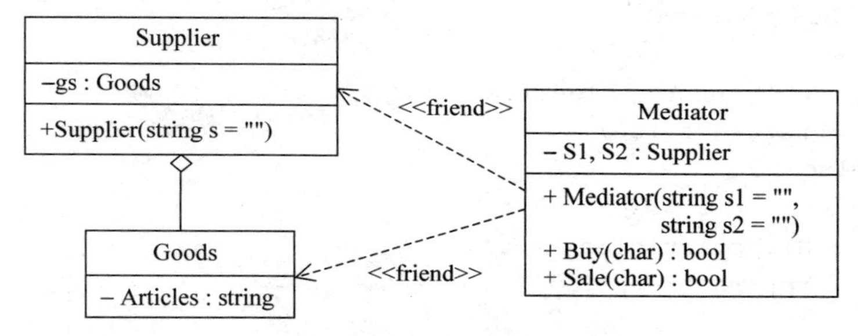

图 9-17　Mediator 模式的结构

下面是关于“供货商”提供“商品”的示意性代码，是用 Mediator 模式实现的。

```
#include <iostream>
#include <string>
using namespace std;
class Goods
{
private:
    string Articles;
public:
    friend class Mediator;
    Goods(string s = "")
    {
        Articles += s;
    }
    friend ostream&
       operator<<(ostream& os, Goods& G)
          {return os << G.Articles;}
};
class Supplier
```

```
{
public:
    friend class Mediator;
    Supplier(string s = "") : gs(s) { }
    friend ostream&
       operator<<(ostream& os, Supplier& S)
           {return os << S.gs; }
private:
    Goods gs;  // 供应商的货物清单
};
class Mediator
{
public:
    Mediator(string s1 = "", string s2 = "") :
              S1(s1), S2(s2) { }
    // 假定买货即是添加指定的字符
    bool Buy(char ch)
    {
        if (!S1.gs.Articles.find(ch))
            return false;
        else
        {
            S1.gs.Articles += ch;
            return true;
        }
    }
    // 假定卖货即是删除指定的字符
    bool Sale(char ch)
    {
        if (int i = S2.gs.Articles.find(ch))
        {
            S2.gs.Articles[i] = ' ';
            return true;
        }
        else
            return false;
    }
    friend ostream&
    operator<<(ostream& os, Mediator& M)
    {
        return os << M.S1 << M.S2;
    }
private:
    Supplier S1, S2; //考虑动态增加供应商
};
void main()
```

```
{
    Mediator M("ABCDE", "12345");

    M.Buy('+');
    M.Sale('4');
    cout << M << endl;
}
```

通过中介 Mediator 类的实现过程不难发现，Supplier 类和 Goods 类间的关系被封装起来，这两个类中主要的设计是围绕着自身展开，而无需考虑两者间的“供货”关系。

9.6.5 Adapter 模式

为了适应不同类的接口，常常需要修改各自的接口。但这样直接修改类的接口，会影响到其他已经使用该接口的代码。因此，通过 Adapter 模式定义一个适应不同接口的接口类是解决此类问题的良好方式。这样，一方面避免直接修改接口带来的副作用；另一方面增加不同类间接口应用的灵活性，Adapter 模式的描述格式内容如表 9-6 所示。

表 9-6　Adapter 模式的描述格式内容

设计模式要素	说　明
模式名称	Adapter
目的	解决类间接口不匹配的问题
问题描述	将类的接口转换为所希望的另一种接口
解决方案	定义 Adapter 类，用其转换类的接口
参与者	接口不匹配的类，Adapter 类
结构	用实例描述的示例图，如图 9-18 所示

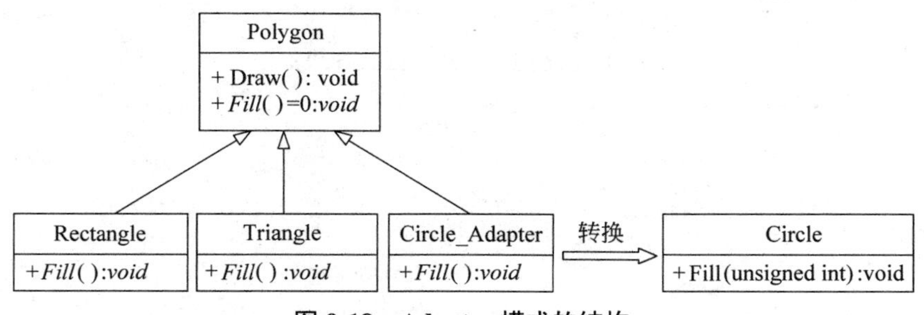

图 9-18　Adapter 模式的结构

下面是关于“多边形”类和新增的“圆”类的示意性代码，是用 Adapter 模式实现的。

```
#include <iostream>
using namespace std;
class Polygon
{
public:
```

```
    void Draw()
    {
        Fill();
    }
    virtual void Fill() = 0;
};
class Rectangle : public Polygon
{
public:
    virtual void Fill()
    {
        cout << "Rectangle::Fill is called.";
    }
};
class Triangle : public Polygon
{
public:
    virtual void Fill()
    {
        cout << "Trigle::Fill() is called.";
    }
};
class Circle
{
public:
    bool fill(unsigned int color)
    {
        if (color)
        {
            cout << "Circle::fill is called.";
            return true;
        }
        else
            return false;
    }
};
class Circle_Adapter : public Polygon
{
public:
    Circle_Adapter(unsigned R) { Color = R; }
    virtual void Fill() { C.fill(Color); }
private:
    Circle C;
    unsigned Color;
};
void main()
```

```
{
    Polygon *P = new Rectangle;
    P->Draw();
    P = new Triangle;
    P->Draw();
    P = new Circle_Adapter(1);
    P->Draw();
}
```

可以看到，通过定义 Circle_Adapter 类实现了新增类 Circle 和原有类 Polygon 不同接口间的转换。

9.6.6 Iterator 模式

对于保存数据的类来说，需要提供一种便于顺序访问类中的数据，同时又不会暴露类中数据的存储形式的方法。将保存数据的类称为容器，访问类中数据的算法封装在 Iterator 类中，称为迭代器。这样，当定义新容器的同时，与之对应的 Iterator 类通过统一的接口来操作该容器中的数据。于是，在使用 Iterator 访问容器中数据时，不需要知道所处理的数据形式，从而使迭代器成为数据访问的方法与容器之间的一座桥梁。表 9-7 给出了 Iterator 模式的描述格式内容。

表 9-7 Iterator 模式的描述格式内容

设计模式要素	说 明
模式名称	Iterator
目的	提供一种便于顺序访问类中数据，同时又不会暴露类中数据的存储形式
问题描述	对类中数据的顺序访问，需要知道容器内部的数据结构情况，并难以统一访问形式
解决方案	定义 Iterator 类，对某类型的容器统一提供 Iterator 模式的访问
参与者	容器类与迭代类 Iterator
结构	用实例描述的示例图，如图 9-19 所示

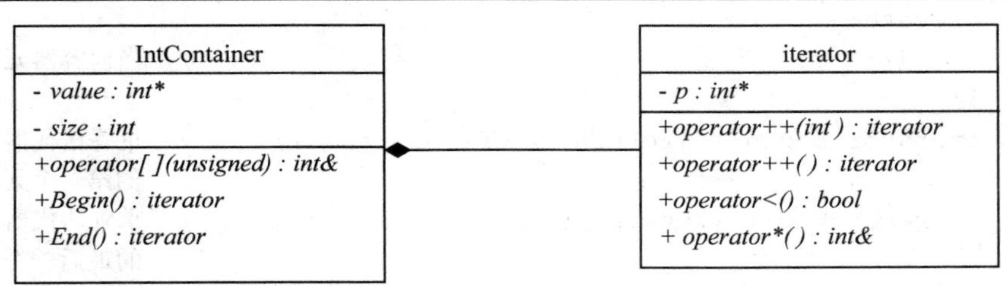

图 9-19 Iterator 模式的结构

下面是关于容器类与依次访问容器中元素的迭代器类的代码，是用 Iterator 模式实现的。

```
#include <iostream.h>
class IntContainer {
public:
```

```
    IntContainer( unsigned sz );
    IntContainer( const IntContainer& other);
    ~IntContainer();
    int& operator[ ]( unsigned i );
    IntContainer& operator=(const IntContainer&);
    friend ostream& operator<<(ostream& os, const IntContainer& arr);
    class iterator;         // 向前引用，对后续的友元类进行声明
    friend iterator;

    // 将类iterator定义在类IntContainer中，目的是说明该迭代器仅为当前类服务
    class iterator
    {
    public:
       iterator(IntContainer& arr, bool isEnd = false)
       {
          p = arr.values;                              // 指向第一个元素
          if (isEnd)  p += arr.size - 1;               // last element
       }
       iterator operator++(int)                        // 重载++为后缀运算符
       {
          p++;
          return *this;
       }
       iterator operator++()                           // 重载++为前缀运算符
       {
          iterator temp(*this);
          p++;
          return temp;
       }
       bool operator<(const iterator& it) { return p < it.p + 1; }
       int& operator*() { return *p; }
    private:
        int* p;                                        // 当前容器元素的地址
    };
    iterator Begin() {return  iterator(*this);}     // 重置迭代器指向容器
                                                       的第一个元素
    iterator End() {return iterator(*this, true);}// 重置迭代器指向容器
                                                       的最后一个元素
private:
    int * values;
    unsigned size;
};
// 容器类的构造函数
IntContainer::IntContainer( unsigned sz )  {
   values = new int[sz];
   size = sz;
```

```
}
// 容器类的拷贝构造函数
IntContainer::IntContainer( const IntContainer& other ) {
    size = other.size;
    values = new int[size];
}
// 容器类的析构函数
IntContainer::~IntContainer()
{
    if (values != NULL)
        delete[ ] values;
}
// 重载容器类的下标运算符，得到或设置指定位置的元素值
int& IntContainer::operator[] ( unsigned i )
{
return values[i];
}
// 重载容器类的输出运算符<<，输出当前容器中的元素
ostream& operator<<(ostream& os, const IntContainer& arr)
{
    for (int i = 0; i < arr.size; i++)
         os << arr.values[i] << endl;
    return os;
}
// 重载容器类的赋值运算符=
IntContainer& IntContainer::operator=(const IntContainer& arr)
{
    if (values != NULL) delete[] values;

    size = arr.size;
    values = new int[size];
    for (int i = 0; i < arr.size; i++)
         values[i] = arr.values[i];
    return *this;
}
void main()
{
      IntContainer  dive(3);
      for (int i = 0; i < 3; i++)
         cin >> dive[i];
      // 用迭代器的方式，依次访问容器类 IntContainer 中的元素
      for (IntContainer::iterator it = dive.Begin(); it < dive.End();
           it++)
      {
         cout << *it << ", ";
      }
}
```

通过在容器类 IntContainer 中嵌套定义的迭代器 iterator 类，实现利用迭代器顺序访问容器中数据的模式。在本章的练习题中将实现更抽象层次的容器类与迭代器间的关系。当需要增加新的容器类，并对该容器类中的数据进行访问时，则通过编写新的、对应的容器及迭代器完成。这样，无须对调用者做修改就可实现迭代对数据的统一操作。

9.6.7 State 模式

在软件设计时，经常遇到根据不同的状态进行不同处理的问题，面对此类问题，通常的处理方法是采用多重 if-then-else 语句嵌套，或用 switch-case 语句进行处理。这种方式虽然简单可行，但会造成两个主要问题：一是实现过程中嵌套或分支较多，增加程序的复杂度；二是在后续修改、维护过程中，每当加入一个新的状态，就需要对原来的代码进行修改并重新编译，增加修改或维护的工作量。State 模式就是通过对不同状态的封装，以统一的方式处理上述问题。也即是说，系统在设计时，面对的是抽象的“状态”，当状态发生改变时，具体的状态操作交给实际运行时的状态类去完成，如表 9-8 所示。

表 9-8　State 模式的描述格式内容

设计模式要素	说　明
模式名称	State
目的	解决对状态转换的一致性处理问题
问题描述	不同状态进行不同处理时，均要修改对状态判断及对应调用问题
解决方案	定义 State 类，统一处理状态的转换
参与者	State 类、处理实际状态操作的状态类
结构	用实例描述的示例图，如图 9-20 所示

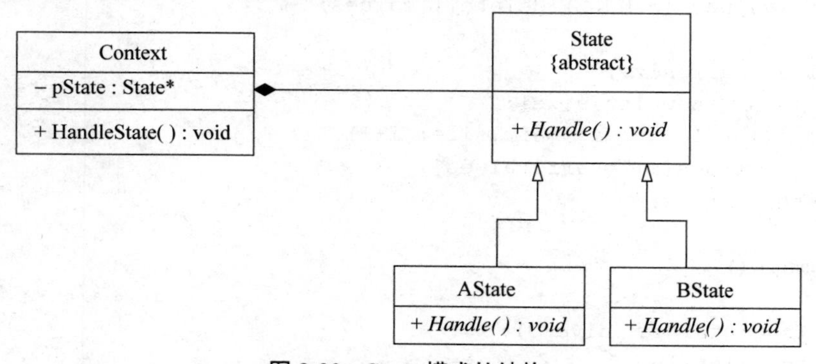

图 9-20　State 模式的结构

下面是关于“状态”类与具体实现处理的“状态”类的示意性代码，是用 State 模式实现的。

```
#include <iostream>
using namespace std;
class State
{
```

```
public:
    virtual void Handle() = 0;
    virtual ~State() { }
};
class AState : public State
{
public:
   virtual void Handle()
   {cout << "AState is handling..." << endl;    }
};
class BState : public State
{
public:
   virtual void Handle()
   { cout << "BState is handling..." << endl;}
};
class Context
{
private:
    State* pState;
public:
    Context(State* S)
    {pState = S;}
    void HandleState()
    {
        if (pState != NULL)
            pState->Handle();
    }
    void ChangeState(State* S)
    {    pState = S;    }
};
void main()
{
    State *pS = new AState();
    Context C(pS);
    C.HandleState();
    delete pS;
    pS = new BState();
    C.ChangeState(pS);
    C.HandleState();
    delete pS;
}
```

通过 State 类，当设计实现需要新增状态时，只需将新的状态类继承 State 类，并实现其纯虚函数（状态处理的统一接口），就可以在不修改 Context 类与 State 类的情况下，实现对新状态的不同处理过程。

9.7 面向对象的测试

面向对象方法以类-对象为基础，具有封装性、继承性、多态性、消息等机制和特征，因此对由面向对象程序设计（Object-Oriented Programming，OOP）得到的源码进行测试方法，有别于传统的测试内容和技术。

9.7.1 面向对象测试概述

结构化的软件过程分析是将问题域进行功能分解，侧重于对系统功能的处理过程的分析和设计，并衍生出模块及相关的数据结构，因而结构化测试是基于函数模块展开的。而面向对象的软件过程是通过识别问题域中的对象，围绕对象及对象间关系进行实体关系分析，并根据对象责任分解系统功能。因而面向对象测试是基于类展开的。

面向对象提供的封装性、继承性、多态性机制为OOP带来灵活性的同时，也使得原有的测试技术必须有所改变。利用访问权限，封装性明确地限制了属性和方法的访问权限，减少结构化测试重用对数据和函数非法操作和调用的测试。继承性在使得代码重用效率提高的同时，也使得原有代码中的错误得到传播，并增加了派生类的测试工作。多态性增强继承中对基类成员函数的覆盖，使得在类继承体系的类家族中，对同一接口的函数（如C++中的虚函数）的操作更为复杂，测试策略的设计也要更为仔细。

借助于6.1.2节讲述的测试V模型，面向对象测试（Object-Oriented Test，OOT）模型也能设计为类似的V模型，如图9-21所示。

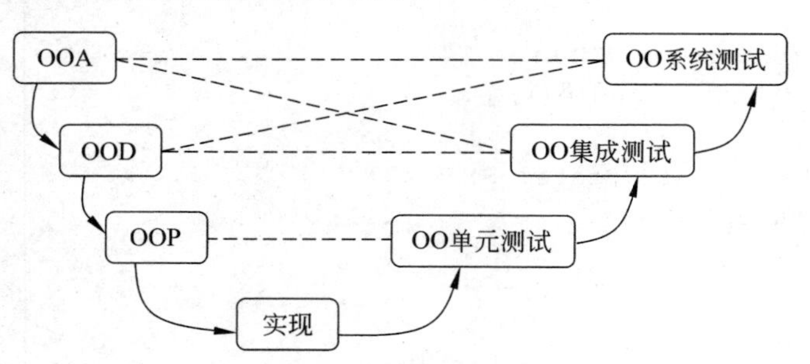

图9-21 面向对象测试的V模型

（1）对OOA的测试。针对OOA静态模型的5个层次，分别进行对象测试、结构测试、属性测试、服务测试和主题测试。由于OOA是对问题域的抽象描述，因此这个阶段的测试是验证各层次的设计是否符合用户需求，对象、属性和服务是否有遗漏、错误等，属于系统测试。

（2）对OOD的测试。OOD阶段精化OOA阶段的类图，并进一步划分类层次和类间关系，包括类设计的合理性、类的接口规范、设计中对类库的支持等测试，属于集成测试。

（3）对OOP的测试。OOP是对系统的最终实现，测试面对的是类的具体实现过程，因此这个阶段应以类为单位进行单元测试。

下面将以技术为重点，介绍以类为单元模块进行的单元测试分析。

9.7.2　面向对象的单元测试

结构化单元测试是针对函数、过程等设计的。在面向对象测试（OOT）中，针对类的成员函数及函数接口测试，在第 6 章中介绍的结构化测试技术仍然有效，但同时面向对象方法使得必须提供另外的技术来对类-对象进行更全面的测试。例如下面求绝对值的语句：

```
int a = abs(b);
```

在结构化测试中，只需考虑函数 abs 的接口和功能。而在面向对象测试中，由于函数是类的成员，从而需要考虑调用函数 abs 的对象。特别是在继承环境中，还必须考虑函数 abs 在基类中的定义形式，以及它在派生类中的实现。

因此，对类进行单元测试还需要从以下几个方面综合考虑。

1. 确保属性的封装性约束

对类的封装是把与类的属性和属性相关的方法定义在类中，并分别赋予不同的访问权限。属性描述了类的数据结构，是对类方法的支持，一般情况下不允许类外部的方法直接访问，目的是保证属性访问的安全性和合理性。

值得注意的是，虽然面向对象技术提供了对类的访问权限，但仍有相关技术会破坏类的封装性，导致出现错误。其中，有两类问题需要注意：一是当类的属性中定义有指针、引用类型或数组时；二是当类的成员函数返回指针或引用类型，而该指针或引用类型指向类的属性时。特别是指针对内存空间的操作缺乏有效管理，因此为在类的外部通过指针或引用来操作类内部的属性提供了可能性，从而引发各类问题。

下面的程序说明，即便是将类的属性定义在私有部分（private），也会出现封装性“泄漏”的问题。

```
#include <iostream>
using namespace std;
class Array
{
public:
    Array(int sz)
    {
        size = sz;
        if (sz <=0 )
            value = NULL;
        else
             value = new int[sz];
        for (int a = 0;  a < sz; a++)
             value[a] = a;
    }
    ~Array()
```

```
    {
        if (value != NULL)
            delete[] value;
    }
    // 返回指定位置的元素地址
    int* GetValue(int index)
    {
        if (index < 0 || index >= size)
            throw exception("OVERFLOW");
        return value + index;
    }
private:
    int size;
    int *value;
};
```

对于成员函数 GetValue 来说，其功能的实现是正确的。但是，由于它直接返回的值是类成员数据的地址，这将导致从类的外部通过返回的地址能间接访问类的内部数据，甚至修改内部数据的情况。因此，在面向对象测试中，测试用例的设计不仅要考虑类成员函数接口的定义、功能的实现，还要测试类的封装性是否被破坏。

```
void main()
{
    int otherValue = 50;
    Array arr(10);
    int *p = arr.GetValue(3);
    // 通过指针变量 p，修改了类 Array 中数组元素的值，存在错误的隐患
    *p = otherValue;
}
```

2. 派生类对基类成员函数的测试

在对基类完成测试之后，如果出现以下情况，需要在派生类中重新进行测试：

（1）如果派生类重定义了基类成员函数，则需要对派生类中重定义的成员函数进行测试。

（2）如果在派生类继承的基类的成员函数中，调用了被修改的成员函数，则需要进行测试。

下面的程序说明，即使没有对基类进行任何修改，也要根据派生类的实现重新对基类进行测试。

```
#include <iostream>
using namespace std;
class Base
{
public:
    void Display(double a, double b)
```

```
    {
        cout << Calculate(a, b) << endl;
    }
private:
    virtual double Calculate(double a, double b)
    {
        return a + b;
    }
};
class Derived : public Base
{
private:
    virtual double Calculate(double a, double b)
    {
        return a * b;
    }
};
void main()
{
    Base base;
    base.Display(2, 5);
    Derived derived;
    derived.Display(8, 9);
}
```

假设对基类 Base 的测试已经完成。但是，由于派生类 Derived 重定义了基类 Base 的成员函数 Calculate，因此需要在 Derived 类中对该函数进行测试。同时，基类 Base 的成员函数 Display 中调用的函数发生了修改，因此它也需重新进行测试，以确保派生类的修改不会给基类带来副作用。

3. 对抽象类的测试

由于抽象类中定义了纯虚函数（C++语言）或接口，因此不能通过直接定义抽象类的对象来调用成员函数进行测试。对抽象类的测试必须定义测试类，同时该测试类必须继承抽象类，并且实现抽象类中定义的所有纯虚函数或接口。下面的程序示例说明对抽象类测试的基本要求。

```
#include <iostream>
using namespace std;
class Number
{
public:
    virtual void Show() = 0;
protected:
    int X, Y;
};
// 有理数类
```

```
class Rational : public Number
{
public:
    Rational(int a, int b)
    {
        X = a;
        Y = b;
    }
    virtual void Show()
    {
        cout << X << " / " << Y << endl;
    }
};
// 复数类
class Complex : public Number
{
public:
    Complex(int a, int b)
    {
        X = a;
        Y = b;
    }
    virtual void Show()
    {
        cout << X << " + " << Y << "i" << endl;
    }
};
void main()
{
    Rational R(2, 7);          // 通过派生类对象进行测试
    R.Show();
    Number *p = &R;            // 通过定义基类的对象指针进行测试
    p->Show();
    Number &r1 = R;            // 通过定义基类的对象引用类型进行测试
    r1.Show();
    Complex C(5, 9);           // 通过派生类对象进行测试
    C.Show();
    p = &C;                    // 通过定义基类的对象指针进行测试
    p->Show();
    Number &r2 = C;            // 通过定义基类的对象引用类型进行测试
    r2.Show();
}
```

派生出的测试类 Rational 和 Complex，不仅继承了抽象类 Number，而且还实现了所有的纯虚函数。在测试过程中，通过定义抽象类指针或引用，以及定义派生类对象来进行测试。

9.7.3 基于过程的面向对象单元测试

在面向对象技术中，类是一个紧密的整体。类与类之间、类中各成员属性与成员函数之间的关系纷繁复杂，有时难以根据它们之间的关系来设计测试案例。因此，在面向对象的集成测试过程中，引入基于过程的测试策略，通过一个场景、一个案例、一次具体的实施、一次流程等过程，将需要测试的类、类间关系、类中成员关系纳入测试用例中。

【例 9.1】 在银行管理系统中，设计了一个关于银行卡的类，如图 9-22 的类图所示。类中操作的每一项都可用于计算，但各类操作都必须在账户验证（Open）之后进行，并且在关闭账户（Close）之前结束。类中的存款（Deposit）、取款（Withdraw）、资产情况（Balance）、汇总（Summarize）等操作可以有多种排列。请设计该类的测试用例。

DepositAccount
-AccountID : string
+Account(int) +Open() : bool +Deposit() : bool +Withdraw() : bool +Balance() : double +Summarize() : List<string> +Close() : bool

图 9-22 储蓄卡的类图

这里，根据系统的操作过程设计测试用例。

过程 1：Open + [Deposit | Withdraw | Balance | Summarize] + Close

过程 2：Open + Balance + [Deposit | Withdraw] + Balance + Close

过程 3：Open + [Deposit | Withdraw | Balance | Summarize]

过程 1 的基本想法是基于系统操作过程中，各功能模块间前后操作的任意性进行测试用例的设计。过程 2 是基于用户常用的操作过程来设计测试用例，即先查询、再操作，最后再次查询。过程 3 是测试如果操作结束后没有关系账户，会导致什么结果，测试结果与预期结果是否一致。

9.8 本 章 小 结

面向对象分析（OOA）建立描述问题域的静态模型、功能模型和动态模型，刻画了“系统做什么”的问题。通过建立静态模型的 5 层结构来分解问题空间、抽象出类-对象，并分析类间关联、泛化、依赖和实现关系，建立问题域精确模型。面向对象设计（Oriented-Object Design，OOD）是把 OOA 阶段得到的需求转换为符合用户功能和性能、便于与某种面向对象程序设计语言编程的系统实现方案。

OOD 有着自身的特点和方法，并逐渐形成与面向对象密切相关的设计原则：信息隐藏和模块化原则、重用原则、单一原则、规划和统一接口原则、优先使用聚合原则、“开放封闭”原则。

OOD 过程的首要任务是精化类的设计，不仅详细定义类的属性、方法和关联，还要结合功能模型和动态模型给出的 UML 图，分析出抽象类、领域类、边界类、关联类等一系列新类，为类图的完整定义和软件系统的修改、扩展和维护提供灵活的设计方案。

数据设计是 OOD 模型中的主要部分之一，负责对持久对象的读取、存储等过程进行管理。数据设计可以利用关系数据库、面向对象数据库和文件系统提供的机制来实现。

OOD 建立的实现模型，主要用于描述系统实现时的特性，包括系统代码文件的组织构成，以及软件系统在硬件系统上的部署，它们分别由构件图和部署图组成。

在 OOD 的理念中，对系统的设计需要考虑两个方面：一是动态变化，设计的模型需要适应将来新的需求；二是静态特征，设计所得的模型要尽可能重用原有的类和模型。通过对 Singleton 模式、Abstract Factory 模式、Mediator 模式和 Adapter 模式等的介绍，为上述两方面的考虑提供了一种解决方式。

面向对象提供的封装性、继承性、多态性机制为 OOP 带来灵活性的同时，也使得原有的测试技术必须适应面向对象特性。封装性通过访问权限，明确地限制了属性和方法的访问权限，减少结构化测试重用对数据和函数非法操作和调用的测试。继承性在使得代码重用效率提高的同时，也使得原有代码中的错误得到传播，并增加了派生类的测试工作。多态性增强继承中对基类成员函数的覆盖，也使得在类继承体系的类家族中，对同一接口操作的测试更为复杂，测试策略的设计需要更为仔细。

通过对面向对象单元测试的介绍，让读者了解和掌握对类、类在封装性、继承性、多态性等方面的测试技术。

习　题

1. 名词解释：面向对象的设计原则、人机交互、实现模型、设计模式、面向对象测试。

2. 面向对象设计的主要内容是什么？

3. 为什么说面向对象方法为软件重用提供了良好的设计环境？

4. 在 OOA 和 OOD 阶段都需要设计类图，请说明两个阶段对设计类图的主要区别是什么？

5. 什么是面向对象的数据设计？如何将持久类映射为关系数据表？

6. 关联类和 Mediator 模式有何联系与区别？

7. 对图 7-24 描述的类进行面向对象的数据设计，结合实际经验自定义相关的类的属性。

8. 为图 9-23 所示的持久存储类及其关系设计数据库表，并说明类与所定义的关系表之间是如何对应的。

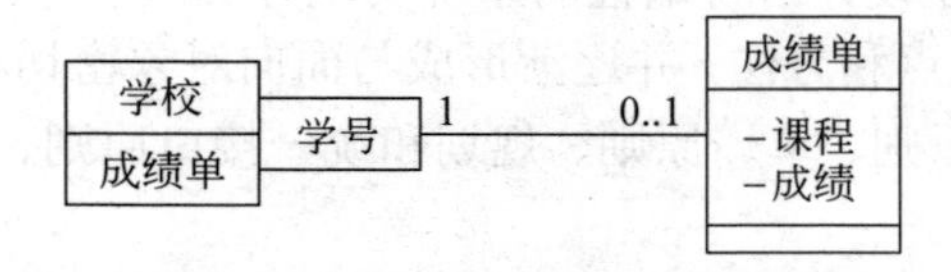

图 9-23　学生成绩单管理的类间关系图

9. 构件图和配置图的用途是什么？它们之间有什么联系？

10. 在 Singleton 模式中，如果运行图 9-15 所对应的 C++程序，会发现类 Singleton 的析构函数并未执行。请回答下面问题：

（1）类 Singleton 的析构函数为什么未执行？

（2）如何解决析构函数未执行的问题？

11. Abstract Factory 模式和 Adapter 模式都使得对类间关系的修改影响程度降低尽可能降低。简要分析它们之间在设计上的不同之处。

12. 利用抽象工厂的设计模式，对图 9-16 所示的 Abstract Factory 模式的结构，假设增加新类 Complex（复数），该如何修改 9.6.3 节的代码？

13. 联合国（UnitedNations）是主权国家（Country）的全球性组织，各国在联合国上可以发表各自国家对国际事务的声明（Declare）。试用 Mediator 模式对该描述进行设计。

14. 某系统记录用户操作日志，该日志的类图如图 9-24 所示。现需要引入一个新的日志类型，但其接口为 Write。试用 Adapter 模式对该描述进行设计（UML 图），并编写程序实现。

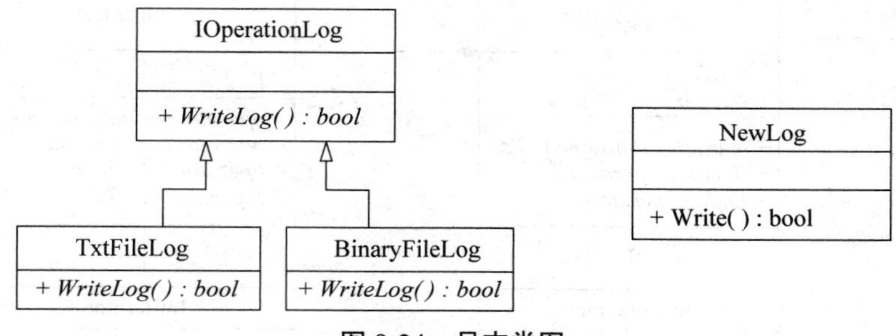

图 9-24 日志类图

15. 图书馆的书架上有 M 本书，图书馆的自习室里有 N 个学生。试用 Iterator 模式设计一个迭代器，以统一的方式顺序访问 M 本书或 N 个学生。

16. 某打印机的状态图如图 9-25 所示，显示该打印机状态，包括进入打印队列、打印文档、提示警告、提示错误。请根据该状态图，完成以下问题：

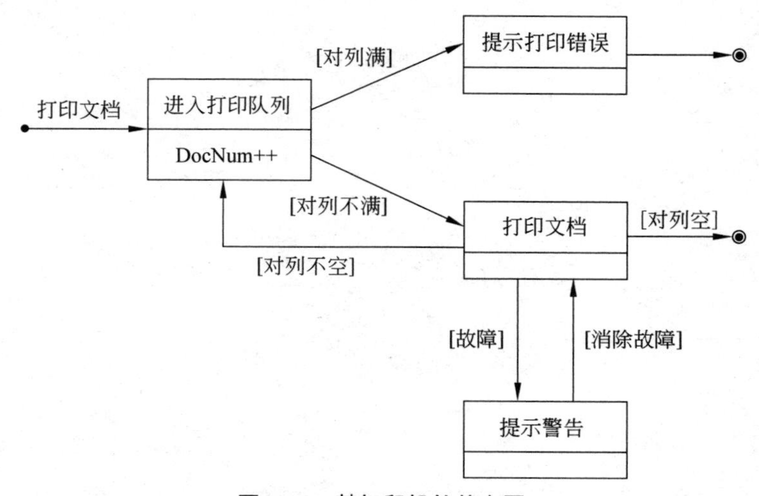

图 9-25 某打印机的状态图

（1）给出打印机 Printer 类的定义。

（2）根据状态转换间的事件、条件，给出打印机 Printer 类的状态场景测试用例。

17. 教师一天的工作状态如下：上午（12 点以前）备课，中午（12 点到 13 点）休息，下午（13 点到 18 点）上课，傍晚（18 点以后）自由支配。这样，通过时间能了解教师的当前状态。试用 State 模式对该描述进行设计（UML 图），并编写程序实现，并根据你的实现，考虑如果教师工作状态发生改变时，例如增加一个状态：晚上（20 点以后）看书，则设计与实现该如何进行相应修改？

18. 在本章 9.6.3 节 Abstract Factory 模式的源代码中，该源码是否存在问题？能否通过相应的测试发现此问题？

19. 对本章 9.6.6 节的 Iterator 模式更抽象的描述如图 9-26 所示。请根据该类图，设计并实现其对应的 Iterator 模式。

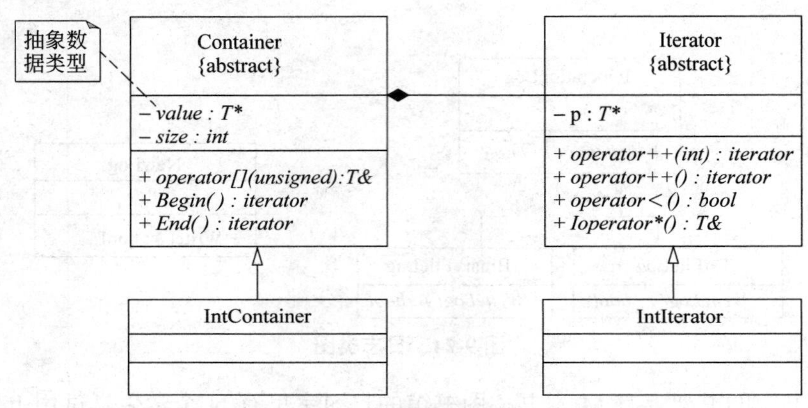

图 9-26 抽象的 Iterator 模式的类图

第10章 软件维护

软件系统经过测试、验收后就进入实际运行阶段。从软件工程上看，软件也就进入维护阶段。软件维护是软件生命周期的最后一个阶段，其基本任务就是确保软件在整个运行期间能够正常工作。

软件维护周期随软件系统工作的生命来决定，随软件系统的消亡而结束。通常，软件维护周期长，所消耗的人力、物力、资金、时间等资源占整个软件生命周期的60%以上，甚至是软件需求、实现阶段成本的数倍。随着软件系统使用时间的延长，软硬件环境的改变、需求的改变、错误的更改、性能的变化，使得软件难以维护，甚至不能维护。此时，需要进行系统新的工程设计过程，或通过软件再工程，对软件系统结构进行重新设计和实现。

通过长期软件工程的实践经验，人们逐渐认识到软件维护工作的重要性和迫切性，需要提高软件的可维护性，增强对软件维护工作的重要性认识，减少软件维护阶段的工作量，降低软件维护的难度，延长软件系统使用时间，以发挥系统最大效益。

10.1 软件维护概述

软件维护是软件系统交付使用后，为了纠正系统错误或满足用户需求变更而修改软件的过程。

10.1.1 软件维护的任务

软件维护就是对软件系统在整个运行时期内出现的问题、需求变更、软硬件环境变化进行必要的调整或修改，这也是软件工程过程的一项重要任务。进行软件维护的目的，主要有以下原因：

（1）在软件系统运行过程中发现测试阶段未能发现的、潜在的软件错误和缺陷。实践也再次说明，软件测试是软件质量的保证，但它不能证明软件质量的正确性、完整性和一致性。

（2）随着软硬件环境的改变，与系统交互的外部系统的改变，网络通信技术的发展，系统数据或文件格式、存储方式、读取步骤的变迁，要求软件系统适应这些变化。

（3）根据实际情况的发展，用户操作、流程发生改变，需要改进软件设计，增强软件功能，提高软件性能。

（4）不断扩大软件系统的应用范围。随着计算机应用领域的不断扩展，社会对计算机需求越来越大，要求软件必须快速发展。在软件发展的同时，必须考虑软件开发成本。显然，软件维护就是要尽量避免在软件开发过程中出现错误，改进和完善软件功能和性能，以适应软件开发需求的要求的同时，减轻软件维护成本。

10.1.2 软件维护的特点

在现代运行的软件系统中，没有不需要进行维护的软件产品，也不可能开发一个不需要维护的软件系统。即使是完全正确无误的软件系统，也会随着使用时间的不断延长、需求的变更而需要进行维护。因而，软件维护阶段有其自身特点：

（1）软件维护是软件生命周期中时间最长、工作量最大的活动。相对于软件开发周期、软件维护周期可以是其数倍。对软件系统错误的改正、环境变化的适应、需求的变更，都要求软件维护分阶段地解决这些困难。因而，在项目成本计算中，软件维护可能占60%甚至更多的成本。

（2）软件维护虽立足于解决系统问题、改进系统功能和性能，但它不可避免地会引入新问题，直接影响软件质量。因此，对软件的维护工作必须在严格计划和设计下逐步展开。

（3）软件维护实际上是一个简化的软件生命周期开发过程。从维护类型的确定，到维护需求描述，维护方案设计，维护完成之后的测试，包括回归测试等一系列活动，完整地体现了软件开发过程的一系列活动。

（4）鉴于对上述的认识，软件维护也要按照软件工程开发过程和评审展开，对软件维护过程也运用工程化的原理、方法和技术进行软件维护工作。

10.1.3 软件维护的分类

根据对软件维护活动目的、性质和内容，把软件维护分为四类，如图10-1所示。

1. 完善性维护（Perfect Maintenance）

完善性维护也称改善性维护，是为了满足用户在软件使用过程中提出的新的功能或性能要求。完善性维护包括软件功能的扩充、功能的新增、性能的提升、效率的增加、用户操作的改善等一系列活动。

例如，在“简历自动获取和查询系统”中，性能上要求增加实时性，即求职简历在规定的时间内必须得到分析和处理；功能上要求增加“猎头”功能，即能在各大公司招聘网上搜索符合企业需求的人才。此外，还希望能提供系统联机帮助和实时功能帮助。

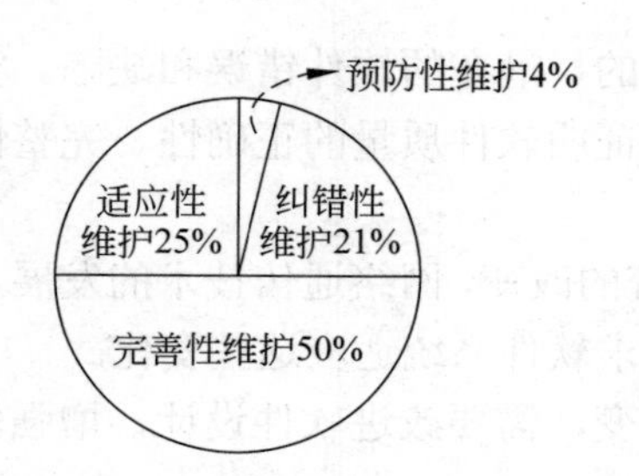

图10-1 软件各类型维护所占比例

由于完善性维护主要是以满足新的需求为主，因此针对新的需求，必须要进行需求分析、设计、实现、测试和验收等软件工程过程。这是一次软件的“再开发”过程，并且新增功能需要与原有系统融合，存在引入新错误的可能，因而完善性维护需要有更多的管理支持。实践表明，完善性维护是所有软件维护活动中所占比重最大的过程，约占50%。

2. 纠错性维护（Corrective Maintenance）

由于软件测试不能找出系统的所有错误，因此随着软件使用时间的增长，不同用户操作过程的不一致，系统中原有的错误会逐步暴露出来。

纠错性维护，又称为改正性维护，是针对在软件系统运行过程中暴露出的错误进行的测试、诊断、调试、纠错及修改和验证的过程。对在维护中发现的错误，进行修改后必须要实行回归测试。

实践表明，纠错性维护工作仍集中在条件判断、边界值分析、数据处理前的初始化（包括数据格式的标准化）、异常处理、用户不规范操作、数据库记录第一条、最后一条及空记录等常见问题。可见，软件测试仍是提高软件质量的重要手段，而不应视其可有可无的过程。

3. 适应性维护（Adaptive Maintenance）

适应性维护是为了适应计算机飞速发展而引起的软件外部硬件与软件的环境变化、数据变化（数据库、数据文件格式、数据输入/输出方式、数据存储），而进行软件系统修改的过程。适应性维护的工作量大致占维护工作的25%。

例如，为适应企业员工增长的趋势，数据库的共享必须增加并发操作；随着数据量的增加，数据服务器对数据存储的位置、读取方式会发生改变。

适应性维护的维护策略，是尽量将因环境而改变的内容限定在一定范围内，尽量减少对整个系统特别是对用户操作的影响。

4. 预防性维护（Preventive Maintenance）

不同于上述三种被动的维护方式，预防性维护是主动性维护类型，即为了提高软件的维护性和可靠性，采用软件工程技术，主动为下一步的软件维护打好良好基础。对于预防性维护是否真正属于维护工作，在业界还存在争议。因为预防性维护是为了将来可能发生的维护工作而进行的维护，如果将来未发生预想问题，则预防性维护就失去其维护的意义。

预防性维护的主要内容是运用软件工程先进技术，对已经过时以及很可能需要维护的软件系统或系统中的一部分重新进行需求分析、设计、部分实现及测试的过程，以期达到将来功能扩展、性能提升、结构改善、操作简便等效果。预防性维护的意义在于“把今天的方法学用于昨天的系统，以满足明天的需要”。由于预防性维护存在争议及成本因素，导致它在整个维护工作中所占比例较小。

预防性维护采取的策略是提前定义将来系统的框架和接口。当将来系统升级时，按照框架设计新增需求，并实现预留接口的过程，从而达到功能扩展的目的。在面向对象程序设计中，还可以用软件重用、继承性、多态性等机制达到预防性维护的目的。

10.2　软件维护过程

软件维护过程周期长，工作量大，是一件复杂而困难的事。因此，每项维护活动，都要建立维护组织、提出维护报告，并在相应技术指导下进行论证，有步骤地展开维护活动。维护活动包括维护登记、维护申请、维护记录等，并进行维护评审和评价。图10-2

给出维护过程的概貌。

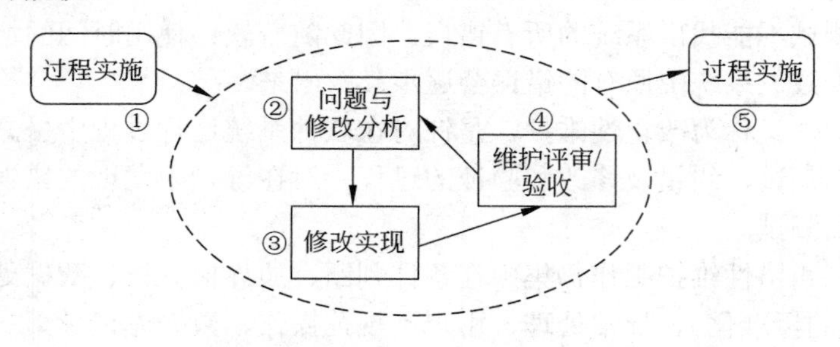

图 10-2　维护过程的概貌

10.2.1　软件维护方式

软件维护方式分为结构化维护和非结构化维护。图 10-3 展示了两者不同的维护过程。

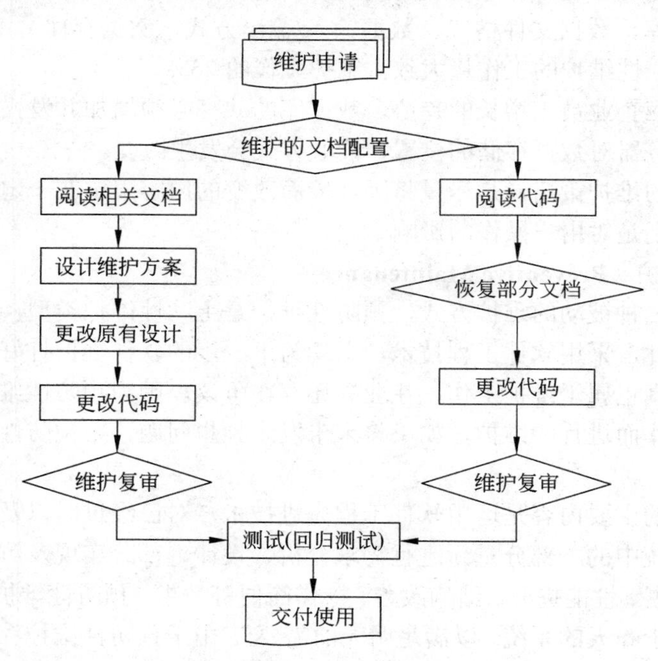

图 10-3　结构化维护与非结构化维护过程

1. 非结构化维护

如果进行软件维护所需的软件配置仅仅是程序代码，那么维护活动从艰苦的阅读程序代码开始，有时甚至是不可能完成的任务。就笔者自身经验来说，阅读程序由于没有其他文档的配合显得尤为艰难。首先是要了解整个软件系统的整体软件结构、全局数据结构、系统接口、模块间的相互调用关系、对主要功能模块的算法流程的掌握。其次是问题的定位，发现问题可能产生的原因，并试图修改代码以验证猜想。但由于系统在功能上、技术技巧上、性能上的某些约束，使得对代码的修改极为困难，极易出错。更为重要的是，测试文档的缺失，导致无法实现回归测试，使得代码的修改隐含了未发现的错误，给软件系统的运行带来极大隐患。

非结构化的维护使维护人员难以把握系统结构，做任何一项修改都要付出极大代价，从而使维护人员有很大的挫折感，更加剧维护的失败。因此，没有良好定义、设计并通过软件管理的软件开发过程的维护注定要失败。

2. 结构化维护

为什么在软件生命周期的每个阶段都要有相应的规格说明呢？这不仅是后续阶段工作的需要，也是增强软件可维护性的需要。

结构化维护是指有完整的软件配置（需求规格说明、设计规格说明、代码、测试文档及相关的数据说明），并定义从阅读设计规格说明开始的一系列活动。首先是设计规格说明，了解软件系统整体结构、全局数据结构、模块间调用关系、性能特征、技术特征；然后是分析维护申请，设计一个具体实施方案；最后是完成修改编码、测试（包括回归测试）、验收、文档修改、维护记录等过程，最终交付用户使用。

因此，从维护角度，软件工程生命周期各阶段活动和软件过程实施的工作，都是为了提高软件系统的可维护性。

10.2.2 软件维护管理的基本内容

软件维护工作是一个小而全的软件开发过程，因而必须纳入有效的管理中，才能保证维护工作的有效性和正确性，确保维护后系统的稳定性。

软件维护管理的基本内容主要涵盖维护的组织结构、提交软件维护申请报告、制定维护工作流、软件维护的组织管理、维护成本、维护评审等。

1. 维护的组织结构

由于维护周期长、工作量，应该成立专门的维护组织来实施维护阶段的活动。但存在以下几方面的操作困难：

（1）维护工作的不确定性。维护工作会在系统运行初期有一个集中出现的过程，但整体来看，维护工作的出现是随机现象，难以就整个维护过程事先进行安排（除了预防性维护），而只能出现维护事件后再进行管理。

（2）维护人员的流动性。显然，由开发人员完成系统维护工作是最好的方式，因为他们对系统从整体结构到具体实现细节了如指掌，能很快评估维护内容，发现问题所在。但设计人员通常需要进行多个项目的同步研发，难以以专职的身份完成维护工作。

（3）从企业运行来说，为不确定的维护工作确定固定人员的方式涉及系统成本和效益问题。

因此，除了大型、有实力的软件企业外，一般的系统开发队伍都没由正式维护组织和人员。但通过软件工程的实践，使得人们普遍认识到，即使对于一个小型系统或小型开发团队，成立非正式组织、非正式的岗位责任，以及非正式的维护管理工作却是绝对必要的。图 10-4 给出了维护组织的一种组织模式。

当有维护请求申请时，由维护管理员提交给系统管理员进行评估。维护管理员可以是某个人，也可以是包括系统管理员在内的一个小组。系统管理员一般都是了解系统的技术人员。维护申请评估后，交由维护人员完成具体的维护任务。同时，配置管理员提

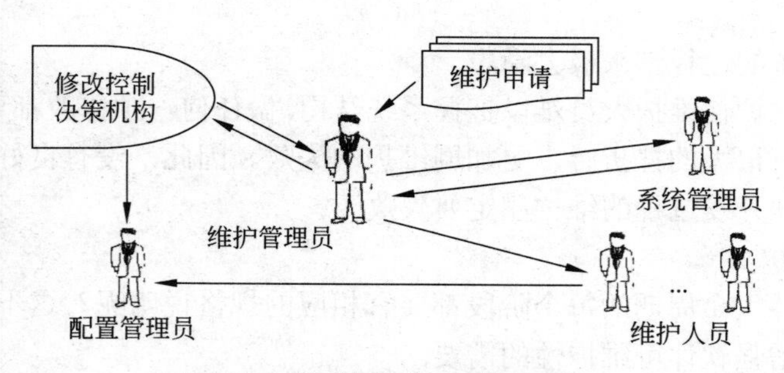

图 10-4 维护组织的一种组织模式

供软件配置项，并对软件配置项进行审查和管理。

各类人员之间可以有交叉，并非需要完全独立，但必须在软件维护工作开始前，明确责任，避免相互推诿。

2. 提交软件维护申请报告

所有的维护在开始前都要提交维护申请报告。正式申请报告采用标准化格式，统一采用维护申请表（Maintenance Request Form，MRF）。当遇见系统问题时，完整地记录出现问题的详细描述，包括现场的输入/输出、文件、提示信息、问题表现情况等有关信息，并同时提交一个简短的修改说明书，提出希望完成的修改内容。表 10-1 给出了 MRF 的一个范例。

表 10-1 软件故障维护申请表

申请人/单位：			编号：
软件名称	故障发生时间	维护开始时间	故障修复时间
故障现象：			申请人：
故障原因（包括发生故障前的操作）：			申请人：
故障分析（包括故障产生的后果）：		系统管理员：	申请人：
维护方案：			申请人：
维护结果：		系统管理员：	申请人：

维护管理员和系统管理员就下列各项范围分析 MRF，并就修改以及请求对组织、现行系统和接口系统的影响做出评估。

（1）类型：例如纠正、改进、预防或对新环境的适应。

（2）范围：例如修改规模、涉及的费用、修改时机。

（3）关键性：例如对性能、安全、保密的影响。

3. 制定维护工作流

图 10-5 描述了实施软件维护的工作流。

当提出一个维护申请时，维护管理员需要确定维护类型，这是软件维护的第一步。维护管理员与用户反复协商，务求弄清问题的实质、对系统影响的大小以及用户希望的改动，并记录备案。

如果是纠错性维护，通过评价错误的严重程度来安排。

如果是严重错误，则要进行错误问题的全面分析，在确定维护方案后，由软件配置人员和维护人员共同实施维护活动。

如果是完善性维护或适应性维护，则需要进行维护的优先级评价。并非所有的完善性维护和适应性维护都会得到考虑，这会结合用户自身需求、可用资源、软件技术未来的发展等综合因素的考量。如果确有需要维护，则将制定好的维护方案、过程等工作列入计划。

如果是预防性维护，则需要重启软件生命周期开发过程，从需求分析入手，对将来系统在功能上、性能上、操作上、软硬件环境等方面可能的变更作评估分析，并通过设计实现部分代码、测试、调试、验收等过程来实施。

无论何种类型的维护，都要进行如下工作：修改软件设计、进行设计复审、重新编码、测试（回归测试）、复查、验收。复查旨在确认软件配置中所有项目的完整协调，并满足 MRF。

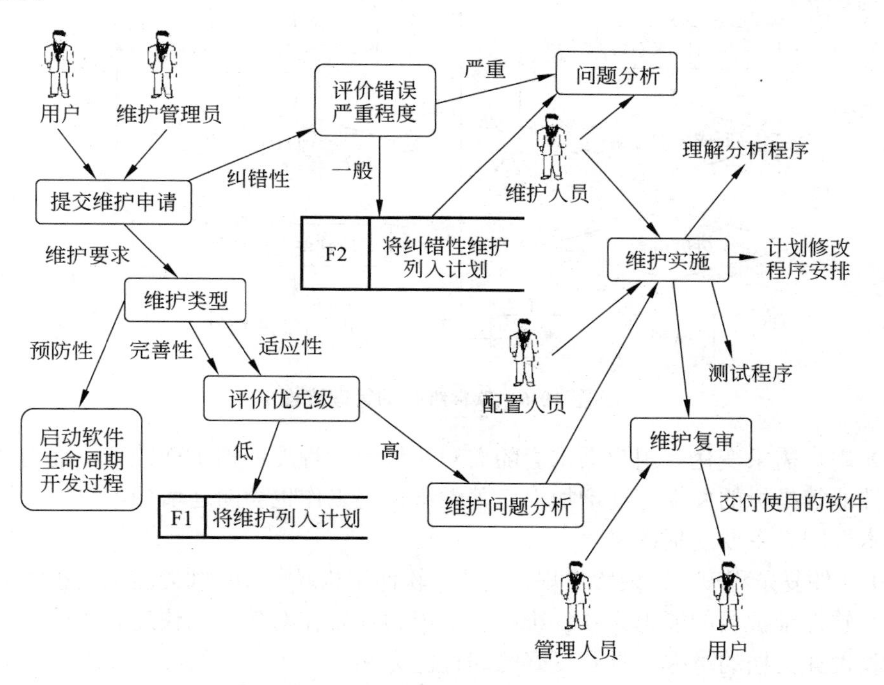

图 10-5 实施软件维护的工作流

4. 软件维护的组织管理

软件维护的特性，决定了软件维护不仅要在技术上解决用户问题，也需要有效的管理与之配合，才能确保维护工作的顺利进行，做到维护前评估，维护中监控，维护后评审，确保维护对原系统的影响最小。图 10-6 给出了软件维护的管理流程。

5. 维护成本

随着软件规模的不断扩大，软件维护成本一直在不断增长。统计表明，20 世纪 80 年代以后，软件维护占整个软件开发成本的 60%以上。如果不使用先进的软件工程技术，不改进软件维护方式和技术，软件维护成本会成为用户难以承受的负担。

软件维护的成本主要由非技术因素和技术因素两大类构成。

非技术因素主要有以下几点：

（1）开发经验。系统维护员如果对软件的应用领域有开发经验，系统需求能完全确定，则维护工作量就较少。反之则增加。

（2）人员稳定性。如果系统维护员就是系统的开发人员，则不需要系统维护员再去熟悉系统整体结构、了解代码等工作，可以降低维护成本。

（3）应用时间。在软件系统运行初期，纠错性维护的工作量会较大。随着软件系统运行时间的增加，错误总量会逐渐减少，但适应性维护和完善性维护的工作量会上升。

（4）外部支撑环境。外部环境是指围绕系统的操作、接口、网络通信技术的改变等特性，过多地依靠外部支撑环境，会造成适应性维护的工作量增大。

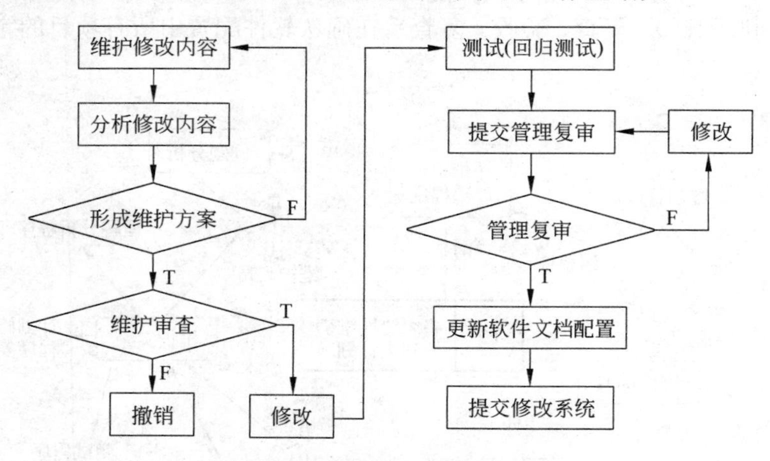

图 10-6　软件维护的管理流程

（5）用户需求变化。用户需求会随着对系统熟悉程度的增加而改变，而对软件系统功能、性能等指标的要求逐渐增加，完善性维护的工作也会随之增加。

技术性因素主要包括：

（1）软件复杂程度。如果软件规模较大，软件结构较复杂，则会增加维护的复杂性。

（2）软件维护员的能力。软件维护员的能力体现在对代码的快速且正确理解、对软件需求和设计文档的掌握、具有良好的编程能力和风格等因素的综合体现。

（3）软件配置管理能力。软件配置丰富且完整，为维护员维护提供充分的资源，减少软件维护员理解和分析的过程。

（4）软件编程规范。良好的编程风格，用软件工程的原理、方法和步骤进行维护，能有效地降低软件维护成本。

1981年Boelm建立了一个维护成本预测公式，它是COCOMO模型（COnstructer COst MOdel，COCOMO）的一部分。软件维护成本由年变化冲突（Annual Change Traffic，ACT）的计算得到。ACT是指软件产品一年中变化部分占总规模的比例，软件产品的变化包括每年软件功能新增部分和软件修改部分的总和。

Boelm提出的基本年维护成本计算公式为：

$$AME_b = ACT \times SDT \tag{10-1}$$

其中，AME_b 是基本年维护成本，通常以人月为单位；SDT（Software Date Time，SDT）是项目开发成本，也可理解为软件的总体规模或开发时间，通常也是以人月为单位；ACT 是年变化冲突，它可以通过经验值进行估算，取值区间为[0，1]。

从式（10-1）中可以直接看出，软件维护成本和软件开发成本间是线性关系，SDT 越大，软件维护的成本也越大。软件系统的年变化冲突变化越大，维护成本也越大。

另外一种维护工作量的估算模型是：

$$M = P + K^{(c-d)} \tag{10-2}$$

其中，M 是维护所用总工作量；P 是生产性总工作量；K 是经验常数；c 是复杂度（标志设计的好坏及文档完整度）；d 是对维护软件的熟悉程度。

式（10-2）表明，如果没有遵循软件工程思想，或软件开发人员未参加维护，都会增加维护的工作量。

6. 维护评审

软件维护的每阶段工作完成，都应进行正式软件维护评审，或非正式的软件维护评价。

软件维护在完成系统问题修改的同时，也要进一步提高下一次修改的可维护性。如在设计时，应从易于维护和提高软件质量的角度评审系统结构设计、过程设计、数据设计和界面设计的修改，代码中增加必要的注释，强调编程风格、提高代码的重用性等。

对于非正式的维护评价，由于难以有量化数据而变得较为困难。因此，强调软件维护记录的管理，将记录的一些特性量化，作为维护评价的参考指标。这些量化特性包括：

（1）记录维护申请报告的平均处理时间。

（2）每次维护活动的总工作量。

（3）每次程序运行时的平均出错次数。

（4）统计每段程序、每种语言、各种维护类型的程序平均修改次数。

（5）统计在维护中，增加、删除每个源程序语句所花费的平均工作量。

（6）统计所有语言及用于每种语言的平均工作量。

（7）计算各类维护申请的比例。

通过统计计算上述各项值，并根据不同领域、系统规模、系统复杂度，调节权值的不同来计算维护的总工作量。维护调节因子（Maintenance Adjustment Factor，MAF）可以参考以下模型：

$$MAF = \frac{\prod_{i=1}^{n} C_i * F_i}{\prod_{i=1}^{n} C_i * \max(F_i)} \tag{10-3}$$

其中，n 是量化特征的数量（这里取 7）；C_i 是第 i 个量化特征值，分母是归一化因子；F_i 是第 i 个影响因素的权重值。

10.2.3　维护中存在的问题

软件维护中出现的大多数问题，都归结于软件定义、软件设计、软件实现中存在着缺陷。没有严格按照软件工程步骤和规范进行软件的规划，没有严格实施软件过程管理，都会造成软件维护困难和工作量的增大。

软件维护中出现的问题分为两大类：一类是较少考虑软件的可维护性问题，另一类是软件维护过程中带来的副作用。

由于没有认真考虑软件系统的可维护性，就会出现下面一些常见问题：

（1）代码没有注释。理解别人写的代码，就是理解代码编写者的设计思路。缺少注释文字的代码，将难以真正领会设计者的思想。

（2）缺乏软件配置。除了代码文件外，系统的需求说明、设计文档、测试案例等软件配置成分应完整、翔实。应充分认识到，文档是软件维护工作的基石。

（3）开发人员的流动性。理想的维护组织的参与人员中应该有系统开发人员。但由于系统使用时间长，加之人员流动，软件开发人员或已不在开发团队或企业中了。

（4）缺少软件维护理念。软件分析员、设计员在进行系统开发时，必须考虑到将来系统的维护特性，否则软件维护将既困难又易出错。

（5）缺乏对软件维护工作的认识。许多企业、开发团队只重视软件前期的设计和实现，而忽视后续的软件维护工作。这更会使软件维护困难，使用户满意度降低。

软件维护中存在的另一方面问题是软件维护自身带来的副作用。软件维护副作用是指在维护软件过程中引发的其他不希望发生的情况。

（1）代码修改的副作用。在修改原有系统代码的同时，可能引入新的错误。错误可能发生在引入的新代码中，也可能是修改旧代码而造成系统别处的错误。前一种错误要进行严格的代码测试，特别是回归测试。后一种错误要求系统严格按照模块独立性进行系统设计，降低模块间的耦合度。

（2）修改数据的副作用。数据包括全局数据结构、公共数据、数据库结构。因为数据的改变，会导致原有的操作与数据不匹配。这一问题可以通过模块封装性加以解决，尽量使数据与操作数据的方法紧密结合。另外，数据接口的抽象，也能为数据的改变提供一定的灵活性，但这样会降低系统的运行效率。

（3）文档的副作用。对软件系统的任何修改，都要在文档中反映出来。这样，才能使得系统修改设计、软件维护具有可追溯性。否则，文档的记录与软件的实现不匹配，将引起维护的混乱。特别是维护过程中对文档的管理尤为重要，在维护评审阶段，组织专门的软件配置评审，以减少文档的副作用。

10.2.4 维护活动记录

实际上，软件维护活动在维护申请前就已开始，它包括软件生命周期各阶段对可维护性的支持，建立维护组织，提交维护申请报告，制定维护工作流，最后进行维护评审。对于这一系列过程进行有效评估，确保修改后系统的稳定性，同时确定维护的实际成本，需要在软件维护全过程中，做好维护的活动记录。

维护活动记录围绕维护申请表进行，主要包括以下内容的记录：

（1）修改的程序标志，源程序行数。

（2）所使用的编程语言，开发环境、软件环境。

（3）维护后系统的启用日期。
（4）从启用日期开始的程序运行次数，其中失败的次数。
（5）对源程序修改时，增加的行数、删除的行数、变更的行数。
（6）修改的工作年（人/月或人/时）。
（7）程序修改日期。
（8）程序修改的人员名单。
（9）维护类型。
（10）维护开始、结束日期。
（11）维护过程中参与的所有人员数目。
（12）本次维护的成本效益。
每次维护后记录下上述各项数据，以供软件维护评审时使用。

10.3 软件的可维护性

软件维护困难，主要原因在于软件的文档和源程序难以理解，更难以修改。从原则上说，严格按照软件工程规范开支软件活动，严格软件过程管理，能最大程度满足软件维护。但在实际过程中，由于软件文档管理混乱，程序设计人员不愿意写文档，开发过程没有按设计过程展开，根据用户需求变更随意修改设计，程序编写风格差，人员流动性大等诸多因素而集中于项目开发过程，给原本困难的软件维护雪上加霜。

为了提高软件系统的可维护性，首先要考虑与软件维护有关的因素。

10.3.1 可维护性因素

软件可维护性是评价软件产品质量的一项重要指标，它是指当对软件实施各类型的维护而进行修改时，软件产品可被修改的能力。决定软件可维护性的因素主要有以下 5 个要素：

（1）可理解性。可理解性包括对软件体系结构、模块、接口、过程描述、数据结构的了解和掌握的难易程度。模块化设计、对象的封装性、软件配置的完整性、良好的高级程序设计语言都能增强可理解性。

（2）可测试性。软件系统测试的难易程度由程序复杂性决定，因而也影响软件维护。良好的系统设计、尽量简单的数据结构，都能提高软件测试的效果。测试文档提供了在修改代码后进行回归测试的方案。

（3）可修改性。软件维护基本都会涉及代码的修改。模块化设计思想和封装性把对代码修改的影响局限在一定的范围内。低耦合，高内聚，信息隐藏和独立性，控制域和作用域的划分，类间继承和聚合的机制，结合启发式规则，使得代码在集成性、灵活性、扩展性的方面得到协调统一，极大增强软件的可修改性，并使得修改后的软件系统具有稳定性。

（4）可移植性。可移植性涉及到系统与外部系统（如外部软件、操作系统、网络通信等）的交互。增加可移植性，就是确保系统与外部系统交互的操作集中在有限、独立的模块集或类库中，因环境的变化而进行的修改应尽量避免涉及系统功能模块。

（5）可重用性。可重用性的一个重要目的就是减少系统错误，从而减轻软件维护工作。重用的软部件都经过其他系统的测试和实践运行，具有质量高、可靠性好的特性。因此，软件中重用部件越多，纠错性维护的工作量越少。重用的部件适应新的软硬件环境，适应性维护和完善性维护也更容易。

10.3.2 提高软件的可维护性

正是由于软件维护成本占据软件开发成本的60%以上，因而研究如何提高软件的维护效率，减少维护成本，使开发出的软件有更好的可维护性就显得非常重要。

当然，这可能会增加软件设计的复杂性。因为设计不仅考虑到当前如何架构软件系统结构，实现用户功能，还要进一步考虑到将来维护系统时的高效性。

下面的几个方法可以为提高软件维护性提供参考。

1. 软件文档配置

文档配置是影响软件可维护性的决定因素。由于软件维护的反复，维护文档被修改多次，因而文档显得比代码更为重要。

软件系统文档在维护过程中分为用户文档、系统文档和历史文档三类。

（1）用户文档。用户文档描述系统的功能和操作过程，并不涉及功能和性能的实现。用户文档面向用户，是用户了解系统的第一步。由于用户通常是非计算机人员，因此它对用户有很强的使用和指导意义。对用户文档的编制要做到：

- 描述规范，准确翔实。
- 语言严密朴实，有助于用户快速掌握操作系统。
- 内容系统完整，包括系统的安装、运行、操作、功能、人机交互等。
- 帮助内容全面，提供系统中常见问题和疑难问题的解决方法。

因此，用户文档应该包含的文档内容包括：

- 功能和性能描述。
- 安装文档：说明安装的步骤及软硬件设置。
- 使用手册：简要说明如何使用系统。
- 参考手册：方便用户查询常见问题、各类提示信息的处理方法。
- 操作员指南：说明软件系统操作员如何负责管理整个系统。

（2）系统文档。系统文档是指从问题定义、需求分析、设计方案、测试计划到维护的整个软件生命周期过程的工程性、数据和管理的全部文档。这些文档不仅保证了软件质量，对于提升对代码的理解和系统维护也很重要。同时，用户也能从需求文档、维护计划中了解系统的概貌，及后续对软件系统问题的处理，加深用户对系统的进一步了解。

各阶段系统文档编写内容、要点已经在前面章节做了介绍，此处不再重复。但要注意两点，一是各阶段文档的衔接；二是维护中对文档修改的版本管理。

（3）历史文档。历史文档是在软件工程生命周期过程中，曾经编写的文档，对它们可能会存档编号，也可能作为临时文档而被遗弃。但通过历史文档，不仅能知晓软件开发全过程的分析、设计、实现和修改历程，而且向软件维护人员提供了最直接、最容易

判断问题所在之处的资料。历史文档有三类：

- 系统开发日志：它就像是一本流水账，是对每日系统开发的各项工作的客观记录，不仅包括开发进度、完成的任务，更包括出现的问题、计划的变更甚至失败的过程，对于今后了解同类系统开发历程及避免所遇问题提供了翔实的资料。
- 错误记录：错误给人的启示比正确的更令人记忆深刻，对预测今后发生的错误，及如何避免发生错误提供有利的帮助。
- 系统维护日志：系统维护日志记录了在软件维护阶段所做的所有修改信息。这些修改不一定都是代码变化，也可以是针对文档进行文档维护。维护日志有助于人们了解和掌握修改背后的思维过程，为后续维护提供依据。
- 系统文档的版本记录。文档的修改是难以避免的。文档修改，不只是得到新文档，还应记录修改的内容、时间、修改人员等信息。文档的变化，体现的是设计人员思想的变化。文档变化所记录的过程不仅反映了人的思想变化，还提供了将来设计、实现方案的回溯——因为不是每次变化都是进步。

无论何种类型的文档，软件文档配置都起到多种桥梁的作用，它有助于用户了解系统的开发，掌握系统的操作；它有助于分析员完整、正确、一致地描述用户需求；它有助于设计人员编写方案和实现代码；它更有助于维护人员进行有效、正确地修改、扩充系统。因此，软件文档必须要保证质量。

高质量的软件文档配置包括以下的几个方面：

（1）正确性：文档必须是对软件工程各阶段内容的正确反映。

（2）针对性：不同阶段的文档内容，是针对不同阶段所涉及的人员所编写的，具有阶段特性。此外，用户文档的编写要结合用户特点来编写。

（3）完整性：软件文档配置是所有文档的集合，涵盖系统从问题定义到测试和验收的整个过程。每阶段文档都要与其他阶段文档相互印证，缺一不可。

（4）可追溯性：围绕软件文档配置的任何一项内容，都能延伸并在文档集里找到与之相关的所有系统问题。每一阶段的工作都能对应前一阶段的分析和设计，也能指导后一阶段功能的实现和性能的改进。

2. 使用能提高维护效率的开发技术和工具

目前主流的软件开发技术——结构化程序设计和面向对象程序设计中的特性和指导性规则，以及支持结构化设计和面向对象设计的软件开发工具，都可以在不同程度上改善软件维护特性。

（1）模块化设计。模块化设计的思想深深地影响了软件设计和维护过程。信息隐藏和局部化，控制域与作用域的限定，低耦合和高内聚的模块设计，都尽可能地将代码对整个系统的影响降低到一个很小的合理范围。

（2）结构化程序设计。结构化程序设计是自顶向下、逐步求精、单入口单出口的设计思想，使得模块的过程设计具有层次性和逻辑性。从模块接口入手到模块结束的顺序阅读，就能分析出设计人员的算法思路，提高软件的可理解性，也为正确修改代码提供帮助。

（3）面向对象程序设计。面向对象程序设计提供了以类为基础的另一种程序设计方法。类的封装性更好地把设计的数据结构和算法捆绑在类中。继承性则体现另一种类与类相互合作、共同实现用户功能的新机制。类与类的组合关系提供不同对象共同运行的协同机制。多态性为软件重用、完善性维护提供有利的技术支撑。

（4）伪码设计规范。软件工程强调的数据字典描述、接口定义，直至代码书写标准、标识符命名、代码注释等一系列约束，也同样能增加软件的可理解性、增强软件维护性。

3. 可维护性复审

可维护性复审是指在为软件工程各阶段进行技术审查和管理复审的同时，还要考虑以下一些可维护性因素，努力提高软件的可维护性。

（1）开发各阶段的可维护性因素。图10-7给出各阶段可维护性因素的要点。

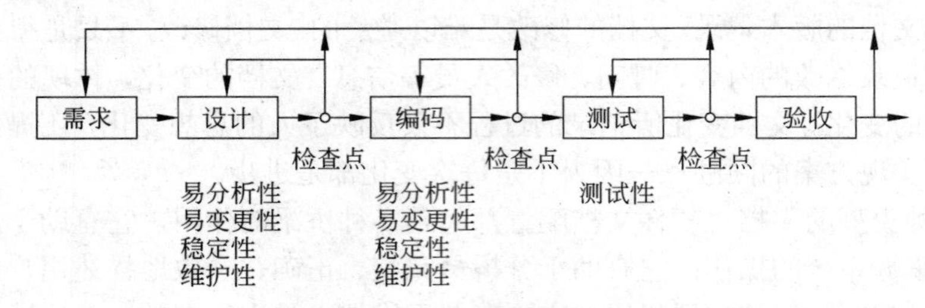

图10-7 各阶段可维护性因素的要点

如何在各阶段开发活动中强调这些可维护性因素呢？

- 在需求分析阶段的活动中，应对将来要改进的部分和可能修改的部分加以注意和说明。
- 在设计和编码阶段的活动中，应尽量使用可重用部件。即使是开发新的软部件，也需要考虑如何提高其可重用性。
- 在测试阶段的活动中，应将测试方案、测试用例、测试结果相互对应，以便在后续软件维护中能进行回归测试，并能将修改前后系统的测试结果进行比较。

（2）软件维护不是面对源程序代码，而是整个软件文档配置。因此，对软件结构、数据结构、实现过程等任何内容的修改，都必须及时、准确地反映在文档中。不正确的文档不仅不会对维护有任何意义，反而给维护造成更大的困难，在维护中引入更多的错误。

（3）编程的风格和代码规范，对软件维护起着重要作用。因为大多数的维护工作都需要涉及源程序，对源程序的理解和掌握程度，决定软件维护的质量，以及维护后系统的稳定性。

10.4 逆向工程

逆向工程（Reverse Engineering，RE）是软件工程发展的一个新兴领域，它是指分析已有软件系统，得到比源代码更抽象的、更高层次的系统描述。

随着软件复杂性的日益增加，旧系统遗留的问题也逐渐增加。其中，有两个主要原因引起逆向工程的发展。一是随着软件维护次数的增加，逐渐造成软件结构的混乱或复杂，使得软件的可维护性和稳定性降低，反过来再制约软件维护活动，因而需要对旧的软件系统进行重新整理、分析和设计，在旧系统基础上得到一个新软件系统。二是软件系统文档的缺失，面对没有任何说明的源代码进行分析，试图得到更高层次的软件抽象，例如系统软件结构、数据结构、模块间调用关系等是非常困难的工作。

图 10-8 描述了逆向工程的过程。

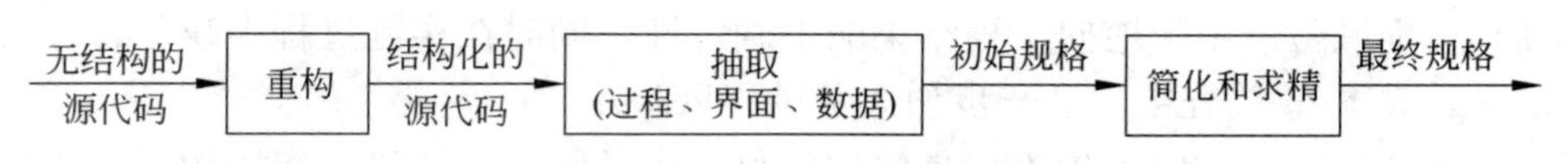

图 10-8 逆向工程的过程

1. 逆向工程中恢复信息的级别

逆向工程导出的软件系统针对不同抽象级别的内容，可分为以下 4 个抽象层次：

（1）代码级：把无结构的代码转换为结构化或面向对象的代码，并增加相应注释。

（2）结构级：反映软件的系统结构，通过代码分析，得到模块间的相互调用或依赖关系。

（3）功能级：结合代码和结构，分析每个模块的实现过程，生成模块过程说明书，包括模块的接口、参数和返回类型说明。

（4）领域级：自底向上集成为各子系统，并说明各子系统在软件系统的作用和位置，反映在应用层面上用户的可能操作。

并不是每次逆向工程都要抽象出上述 4 个级别的内容，需根据维护要求和内容的不同、系统使用和维护时间的长度来决定抽象级别。

2. 软件重构

软件重构是指从源代码重构开始，将无结构的代码转换为结构化代码，并增加注释，提高代码的可阅读性。之后，通过源代码重构工具分析代码，得到源代码模块间相互调用关系，并自底向上进行集成，得到部分或全部软件结构，最终重构得到与代码相关的文档。

在软件重构过程中，数据重构也是很重要的逆向工程活动。数据重构首先要理解当前代码的数据结构，系统模块如何操作数据结构，以及每项数据结构都与哪些代码相关联。在此基础上，重新设计软件结构，使之更符合重构代码的应用。

软件重构修改了软件结构或代码，提高了软件质量，从而可减少维护工作量。

3. 文档重构

逆向工程的主要目标之一就是重构文档。因为如果有了软件文档的完整配置，既能继续当前系统的维护工作，也可以重新对当前系统开始再工程的分析和设计。

（1）文档重构必须有代码的支持，因而非常耗时。由于软件应用的复杂性，代码中的模块有成百上千的数量，一一进行文档重构是困难的，选择系统核心模块、维护次数最多的模块、调用最频繁的模块进行文档重构是可选的方案。

（2）对于整个系统的逆向工程，采取逐步递进的方式重构文档。随着模块间关系的逐渐清晰，系统软件结构的组装过程也逐渐明朗化。按照软件结构重构过程，文档重构也逐渐展开，完成整个系统的软件文档配置工作，但这同样是一个耗时费力的过程。

4. 逆向工程的风险分析

逆向工程与软件工程的其他活动一样也会遇到风险，并且风险程度较高，因为从代码或部分残缺文档着手进行的逆向分析，希望得到的更高层次抽象描述的信息是不确定的，甚至是难以得到的。因此，软件工程的管理过程必须要进行风险分析和风险评估，并制定规避风险的策略。逆向工程的主要风险有以下几点：

（1）过程风险。由于逆向工程结果的不确定性，同时在实施过程中缺乏管理人员的投入、缺乏成本/效益分析，进一步加大了过程风险。

（2）领域风险。逆向工程不仅是软件学科，还是硬件、通信、应用领域、工程学、心理学等学科的交叉领域，因而仅靠软件技术完成逆向工程将缺乏领域知识和专家指导。

（3）技术风险。相同的代码、相同的功能，不同技术将产生不同的软件结构和设计方案。缺乏对代码采用技术的了解，得到的会是无效分析，将会走很多弯路。

（4）人员风险。一是人员流动性，因此需要建立良好的逆向工程组织管理结构。二是人员对逆向工程的认识、企业和团队对逆向工程的支持程度，都决定技术人员是否愿意完成这项高风险的活动。

（5）法律风险。由于法律的原因，目前各国都禁止对购买的软件系统实施逆向工程的研究，特别是用于商业研究。现在，逆向工程主要用于对自身开发系统的逆向工程，或对旧系统的再工程过程。

10.5 软件维护评审

在软件维护工作完成之前，必须编写软件维护规格说明，形成软件详细维护过程文档，以便于维护过程的改进。同时要收集、分析和解释有关数据，辅助估算软件系统的生命周期成本，更确切地掌握维护成本开销情况。此外，软件维护规格说明需要对软件维护过程各活动进行记录，包括：维护过程的实施、问题和修改分析、修改实现及最终的维护评审与验收。通过了评审的软件维护规格说明，就成为基线配置项，纳入项目管理的过程。

10.5.1 软件维护规格说明文档

《GB 20157-2006—T 信息技术 软件维护》主要对软件维护过程和管理过程应编制的主要文档及其编制内容规定了基本要求，其中包括文档的规范性引用文件、文档的术语、标准规范的应用、维护策略以及维护过程。本节介绍的软件维护过程规范说明的内容框架都取自于文献[9]和[26]。

软件维护规格说明（Software Maintenance Specification，SMS）描述了软件系统维护人员建立维护过程期间执行的计划和规程。从软件工程的角度来看，维护计划应与开发计划并行制定。在制定维护计划和规程之后，还应建立修改请求/问题报告规程，并实施配置管理。

SMS 的基本框架如下：

1. 引言。

   1.1 标识。对软件维护过程中的旧基线、系统文档编号、修改请求或问题编号等的完整标识。

   1.2 系统概述。简述文档适用的系统和软件用途。概述系统开发、运行和维护的历史；标识项目的投资方、需求方、用户、开发方和支持机构；标识当前和计划的运行现场；并列出其他有关文档。

   1.3 文档概述。应概述本文档的用途或内容，并描述与其适用有关的保密性和私密性要求。

2. 引用文件。本文档中所有引用的所有文档的编号、标题、修订版本和日期等相关信息。

3. 软件维护过程和策略。维护过程包含为修改现行软件产品的同时，保持其完整性所必需的活动和任务。维护人员根据文档按步骤描述维护任务，确保维护过程在任何软件产品开发之前已经存在并发挥作用。当提出软件产品维护要求时，根据制定的维护策略，制订维护计划和规程，实施维护过程，并纳入项目管理的范畴。

4. 软件维护实施过程。

   4.1 过程实施。

      4.1.1 输入。

         a. 旧基线。

         b. 系统文档。

         c. 修改请求或问题报告。

      4.1.2 任务。

         a. 制定维护计划和规程。

         b. 建立修改请求/问题报告规程。

         c. 实施配置管理。

      4.1.3 维护计划和规程。

         a. 协助需求人员提出维护概念。

         b. 协助需求人员维护范围。

         c. 协助需求人员分析维护组织的替代方案。

         d. 确保书面指定软件产品的维护人员。

         e. 进行资源分析。

         f. 估算维护成本。

         g. 进行系统的可维护性评估。

         h. 确定应使用的维护过程。

         i. 编制维护过程的文档。

   4.2 问题和修改分析。

      4.2.1 输入。

         a. 修改请求/问题报告。

         b. 基线。

         c. 系统文档。

         其中，系统文档包括：

         d. 配置状态星系。

         e. 功能需求。

         f. 接口需求。

g. 项目数据。

h. 过程实施活动的输出记录。

4.2.2 任务。

4.2.2.1 修改请求/问题报告分析。

a. 确定维护人员是否为实现变更申请配备了相关人员。

b. 确定项目是否为实现变更申请做了预算。

c. 确定是否有足够的可用资源。

d. 确定需要考虑的运行问题。例如，对系统接口需求、运行有限级别、安全性等的预期是否有改变等。

e. 确定短期成本和长期陈本。

f. 确定修改的成本/效益。

g. 确定修改对进度的影响。

h. 确定所要求的测试和评价的级别。

i. 确定实现更改的管理成本。

4.2.2.2 验证。

a. 指定验证问题的测试策略。

b. 从配置管理中提取受影响的软件版本。

c. 安装受影响的版本。

d. 运行测试以验证问题，最好用受影响的数据。

e. 编制测试结果文档。

4.2.2.3 选项。

a. 对修改请求/问题报告赋予有限级别。

b. 确定对问题是否有变通方法。

c. 规定修改确认要求。

d. 估算修改的规模和范围。

e. 提出进行修改的至少三个可供选择的方案。

f. 针对每个可选方案进行风险分析。

4.2.3 控制。

这一过程的最后进行风险分析。利用“维护过程”的“问题和修改分析”活动的输出，修改先前的资源估算，并与用户一起决定是否推进到“修改实施”活动。

4.3 修改实施。

4.3.1 输入。

a. 基线。

b. 批准的修改请求/问题报告。

c. 批准的修改文档。

基线包括：

d. 系统体系结构定义。

e. 修改请求记录。

f. 源代码。

批准的修改文档包括：

g．影响分析报告。

h．“问题和修改分析”活动的输出。

4.3.2　任务。

维护人员执行分析，然后实现修改。

4.3.3　分析。

a．确定现行系统能够中拟更改的元素。

b．确定受修改影响的接口元素。

c．确定拟更新的文档。

d．更新软件开发文件夹。

5. 注解。包含有助于理解SMS的一般信息，主要包含有助于理解文本档的一般信息（如背景信息、词汇表、原理）。

10.5.2　软件维护评审

软件维护评审确保对系统的修改、移植、完善等活动是正确的，并且这些活动是使用正确的方法并按照软件标准或企业标准来完成。

软件维护的质量，从软件工程的视角来看，应在软件过程实施的每一阶段来进行，而不仅仅是在软件维护阶段才进行。因为在软件工程每一阶段的复审中，系统的可维护性都是一个重要指标。在软件生命周期每阶段结束时，都要进行评审。因此，需要在各阶段评审中再次强调维护的重要性。

1．软件工程生命周期的各阶段

软件工程生命周期的各阶段需要明确与维护相关的内容。

（1）在需求分析阶段的评审中，需要在需求规格说明中对将来可能修改以及能加以改进的部分进行注明。

（2）在设计阶段的评审中，应从易于维护和提高系统设计总体质量的角度对设计进行全面评审。

（3）在实现阶段的评审中，应主要审查编码风格、代码注释等直接影响代码可维护性的因素。

（4）在测试阶段的评审中，应进行测试的配置复审，目的是确保配置中所有成分的完整、移植、易于理解且便于修改维护。

2．进行明确的质量保证审查

对于获得和维持软件的质量，质量保证审查是一项有效的技术。审查可以用来检测在需求、开发、实现、测试各阶段内发生的、可能导致质量发生变化的各项因素。一旦检测出问题，就可以采取事先预订的措施——如风险分析及规避——来纠正，以控制不断增长的软件维护成本，也可能尽量延长软件系统的使用生命周期。

质量保证可以通过在检查点进行复审，以及周期性的维护审查来强化。一方面，如图10-7所示的可维护性因素要点和检查点，就是要求在软件过程各阶段把质量考虑进去，并在各阶段活动结束时，设置检查点进行检查。检查的目的是要验证已完成的软件任务是否符合需求，是否满足规定的当前阶段质量要求。不同检查点的重点和要求不完全相同；另一方面，对已有软件系统进行周期性的维护检查，是考虑到系统在运行期间的修改、移植、完善等维护活动，可能会导致软件质量变差。因此应对软件系统作周期性的维护审查，以跟踪软件质量的变化。

3．软件维护过程管理

在软件维护评审中，软件维护的管理对软件维护的最终结果有着重要作用。应按照图10-4所示的软件维护组织模式来承担软件维护管理工作，并确保软件维护的顺利进行，按时完成SMS报告。在软件维护评审过程中，维护管理人员、维护人员、用户组织一起实施评审，以确定对维护内容修改的一致性和完整性。

10.6 本章小结

本章介绍了软件工程过程最后一个阶段的——软件维护的内容、过程，以及如何提高软件的可维护性。

软件维护是软件系统交付使用后，为了纠正系统错误或满足用户需求变更而修改软件的过程。软件维护就是对软件系统在整个运行时期内，出现的任何问题、需求变更、软硬件环境变化而进行的调整、修改，这也是软件工程过程的一项重要任务。

根据软件维护活动的目的、性质和内容，软件维护分为四种类型：完善性维护、纠错性维护、适应性维护和预防性维护。

软件维护方式分为结构化维护和非结构化维护。结构化维护是指有完整的软件配置（需求规格说明、设计规格说明、代码、测试文档及相关的数据说明），并从阅读设计规格说明开始的一系列活动。结构化维护大大降低了维护的难度，减少了维护的工作量。非结构化的维护使维护人员难以把握系统结构，做任何一项修改都要付出极大代价，也会加剧维护失败的可能性。

软件维护工作是一个小而全的软件开发过程，因而必须纳入有效的管理中，以保证维护工作的有效性和正确性，确保维护后系统的稳定性。软件维护管理的基本内容主要涵盖维护的组织结构、提交软件维护申请报告、制定维护工作流、监控维护活动的展开。

软件维护中出现的大多数问题，都归结于软件定义、软件设计与方法中存在的缺陷。没有严格按照软件工程步骤和规范进行软件的规划，没有严格实施软件过程管理，都会造成软件维护困难和工作量的增大。软件维护中出现的问题分为两大类：一类是较少考虑软件的可维护性问题，另一类是软件维护过程中带来的副作用。

软件维护困难，主要原因在于软件的文档和源程序难以理解，更难以修改。原则上说，严格按照软件工程规范开展软件活动，严格软件过程管理，能最大程度地满足软件维护。但在实际过程中，由于软件文档管理混乱，程序设计人员不愿意写文档，开发过程没有按设计过程展开，根据用户需求变更随意修改设计，程序编写风格差，人员流动性大等诸多因素集中于项目开发过程，因而给原本困难的软件维护雪上加霜。因此，本章还介绍了有关提高软件可维护性的相关因素，以及如何提高软件系统的可维护性。

软件维护的最后阶段是编写软件维护规格说明，并按照维护要求和质量要求进行评审。从软件工程的角度来看，维护计划应与开发计划并行制定。在制定维护计划和规程之后，还应建立修改请求/问题报告规程，并实施配置管理。软件维护评审确保对系统的修改、移植、完善等活动是正确的，且这些活动是使用正确的方法并按照软件标准或企业标准来完成的。

习　　题

1. 名词解释：软件维护、完善性维护、可维护性、软件再工程。

2. 软件维护分为哪些类型？你所接触的程序错误是否都能归纳到某种软件维护类型中？

3. 纠错性维护与排错是否是同一问题？请说明理由。

4. 对于“搜索引擎为了满足不同用户的搜索结果要求，提高检索时间或检索准确度”的描述，属于什么类型的维护工作？

5. 什么是软件维护的副作用？你还能补充哪些类型的软件维护副作用？

6. 你认为如何才能更好地提高软件的可维护性？

7. 查阅资料，并结合自己面向对象设计与实现的经验，总结面向对象软件维护的特点与难点。

8. 假设你是一家大型软件开发公司负责系统后续维护工作的项目经理，在雇佣新员工时，你希望员工应具备哪些方面素质？

9. 你应聘一家软件开发公司的维护工程师职位。入职一段时间后发现，公司不重视软件维护工作，并且维护人员的薪水少于其他技术人员。你认为合理吗？请写一份报告给上司，说明你对此问题的意见和建议。

10. 假设有一项任务是对一个已有软件系统做重大修改，而且只允许从下列文档配置中选择两份，你会选择哪两份文档？为什么？

（1）程序的规格说明。

（2）程序的详细设计规格说明（想想详细设计规格说明都包括什么内容）。

（3）源程序（有相应注释）。

11. 假设你是公司校园网系统业务的项目负责人。现在你的任务是要找出哪些因素影响你所负责的校园网系统的可维护性。请你确定一个分析维护过程的计划，从中发现适合公司可维护性的度量。

12. 图 10-9（a）是某超市销售系统中销售环节的类图。由于超市扩大经营范围，增加了特价商品和计量商品等货物类型，如图 10-9（b）所示。请根据用户需求，对系统进行完善性维护。

13. 针对上题的描述和初步设计，请说明如何确保系统中的代码尽可能多地重用于未来的系统产品中。

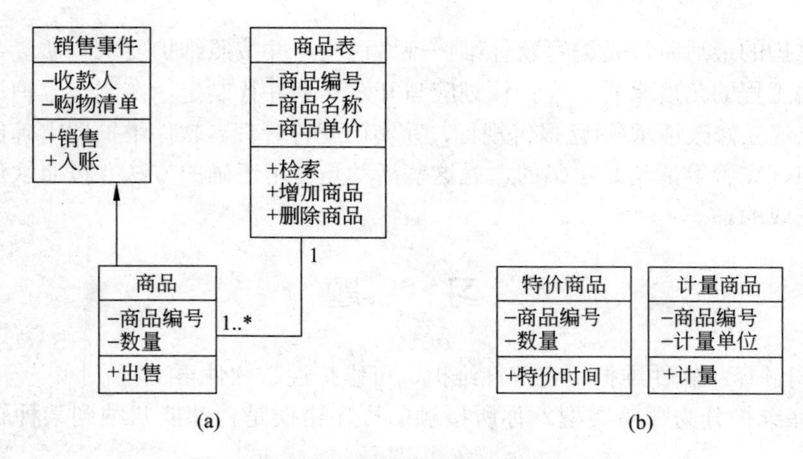

图 10-9　某超市销售系统销售环节的类图

第 11 章 软件项目管理

软件工程各阶段的任务需要在一定约束条件下，在相应技术和工具的支撑下，才能保质保量完成。但如何确保软件工程按照既定计划完成，并能提供足够的资源保障任务的顺利实施呢？这需要实施软件项目管理。

任何工程项目的成败，都与管理的好坏密切相关。特别地，由于软件项目的结果是逻辑而非物理产品，是人的智力活动的产物，因而对它的管理有特殊性。软件项目管理贯穿项目开发的全过程。为了使项目能按照既定计划的成本、进度、质量顺利完成，就必须对人力、物力、财力、资源、时间、风险等要素进行分析和管理。

随着软件规模不断扩大、复杂程度持续增加，需要更多的开发人员，需要更长的开发时间，需要更大的开发成本，这些都增加了软件项目管理的难度，同时也突出了软件项目管理的必要性和重要性。软件项目开发实践表明，不实施正确的软件项目管理，不仅难以按照预定目标、进度和预算顺利推进软件开发过程，并且在软件质量和可靠性方面将带来灾难性后果。

11.1　软件项目管理概述

软件项目管理是通过对软件工程全过程的计划、组织和控制等一系列活动，合理配置和使用与软件项目开发有关的各项资源，并按照预定目标、进度和预算顺利推进软件开发过程，最终得到符合用户需求的高质量、高可靠性的软件产品的过程。

11.1.1　软件项目管理的特点和内容

与其他项目管理过程的实施一样，软件项目也需要进行管理控制和目标管理。但软件项目有它自身的特点，它是针对人的知识、智力开发活动而进行的管理。在整个软件开发活动进程中，需要对思想、架构、概念、算法、流程、逻辑、效率和优化等各项抽象因素进行综合管理，因而使软件管理的过程更为复杂和难以控制。

软件项目管理的特点体现如下。

（1）软件项目的产品是抽象的逻辑产品，难以用尺寸、重量、体积、外观等物理实体标准来衡量和评价，难以制定软件产品的质量评价体系。

（2）软件产品的生产过程是人的智力活动过程，而非传统意义上的“制造”过程，难以监管并及时纠正生产过程中出现的错误和问题。

（3）软件产品开发过程中涉及软件分析师、设计工程师、程序员、测试人员、用户和管理人员等，人员配备复杂，难以进行有效管理。

（4）软件产品虽然分为通用软件和领域软件，但都是“定制”的定向系统，目前仍无法摆脱手工开发模式。“没有完全一样的软件项目”，这不仅对项目实施过程难以控制，而且还需要根据具体应用领域、环境等制定特殊管理过程和内容。

（5）源于应用领域的复杂性和软件开发技术的复杂性，软件自身是一个复杂系统。因而软件管理要对复杂软件系统过程做到未雨绸缪，对软件开发内容抽丝剥茧般的细致。

（6）软件项目管理需要综合各方面，特别是社会因素、精神因素、认知要素、技术问题、领域问题、用户沟通等各项复杂内容。

（7）管理技术的基础是实践，只有反复实践才能提高管理技术，总结管理经验，更好地、要有效地实施和控制管理过程。

针对软件项目管理的特点和存在的问题，在实施软件管理过程中，应明确软件管理内容和范围，做到有的放矢。否则就会迷失在软件管理纷繁复杂的事务中，既浪费管理资源，又达不到预期的管理目标。

软件管理涉及以下几方面内容。

（1）软件可行性分析。软件可行性分析主要完成对软件项目的技术可行性、操作可行性、经济可行性和法律可行性的分析。其中，从项目管理角度上看，需要从技术、经济和社会等方面对软件项目进行成本估算，避免盲目上马项目，减少损失。

（2）人员的组织与管理。人员直接关系到工作效率的发挥和软件项目开发的成功与否。特别是由于软件开发中人员配备复杂，需要把注意力集中在项目组里的人员构成、组织结构和人员优化等方面。

（3）软件度量。由于软件产品的不可见性，因此在管理过程中，应注重如何量化软件开发过程中的费用、生产率、进度、产品质量等重要指标，并进行有效控制，使得各要素符合软件项目管理的预期。

（4）软件生产率。对影响软件生产的人员、过程、产品和资源等要素需要仔细、深入分析，这样才能在软件开发过程中更好地完成资源配置，使得软件开发效益最大化。

（5）风险管理。风险管理通过预测和评估在将来可能出现的各类危害软件产品质量、阻碍软件过程实施的潜在因素，并采取预防措施规避风险的发生，降低风险发生的概率，以及风险发生后采取相应的措施。

（6）软件质量保证。软件管理规定了保证软件产品满足用户需求的关键过程域。

（7）软件配置。软件配置通过对软件开发过程中各项活动的记录，特别是对发生改变的部分进行管理，使得修改正确，同时减少所需的花费，降低修改涉及的影响面。

11.1.2　软件项目管理目标

软件项目管理的目的，就是希望通过对软件开发各阶段进行合理安排和控制，使得软件开发在既定时间、资金、人员的计划下，顺利推进软件过程，得到满足用户需求的软件产品，使软件项目取得成功。

软件项目管理成功的目标包括以下几方面。

（1）如期完成项目。项目的复杂性和软件产品的特点，决定了软件开发过程必定会发生变动。因此，如何使得变动在可控的范围内，使得变动易于适应系统开发过程的继续，使得变动对项目计划的影响最小，并最终如期完成项目是管理的重点目标。

（2）项目成本控制在计划之内。软件开发的成本/效益分析说明软件产品是要盈利的。因此，任何对计划的改变，都必须控制在项目成本可接受的范围内。

（3）妥善处理用户的需求变动。由于软件规模大、复杂性高，因此在需求阶段难以完成整个系统的需求获取。在软件项目实施过程中，如何记录用户需求变更、如何把用户需求变更及时反映在系统中，是目标管理的一个难点。

（4）保证项目质量。管理实施过程中，确保软件开发过程按照既定计划完成，是保证项目质量的坚实后盾。

（5）保持对项目进度的跟踪与控制。软件管理的实施不仅是在项目启动时，进行合理计划和安排，更重要的是管理过程必须贯穿软件项目开发的全过程。不仅保持项目开发过程中进度跟踪和控制，而且在项目结束后的维护阶段，对系统进行的任何修改（包括文档维护）都应纳入管理范畴。

11.1.3 软件项目管理的4P观点

Roger S. Pressman提出有效的项目管理集中于4个P上，即人员（people）、产品（product）、过程（process）和项目（project）。

1. 人员

软件项目管理实质上是对人的管理，因为项目管理任务的实施和目标的完成都需要人去执行，人才是项目的主体，才是决定项目成功的关键因素。

美国卡内基·梅隆大学软件研究所（SEI/CMU）的Bill Curtis在1994年提出了PM-CMM（People Management-Capability Maturity Model）模型，该模型力图通过吸引、培养、激励、部署和聘用高水平人才来提高软件组织的软件开发能力。

在软件开发过程中，对人员管理涉及以下人员：

（1）项目高级管理人员：负责项目商业问题，如谈判、签合同、决策、市场推广等。

（2）项目经理：负责项目计划、实施、控制及开发人员的组织与管理。

（3）开发人员：负责项目的具体实现。

（4）用户：提出项目需求，并最终使用软件产品的人员。用户还可以是中间代理机构，负责与开发人员就软件开发过程中的各项议题进行沟通，履行交互和监督之责。

2. 产品

软件工程过程、项目管理的实施，都是为了得到符合用户预期的软件产品。然而，由于软件产品是由人创造出来的逻辑产品，它的整个开发过程有很大的不确定性，最终的产品还会存在错误，甚至难以满足用户需求。即便这样，仍然要在项目管理初期定下软件产品的质量评价标准，估算它的规模、工作量，并以此作为资金、人才、时间估算的基础。作为项目高级管理人员和项目经理，必须在项目开始之前，做好产品成本/效益分析，认真细致地制定软件项目开发计划，开发计划应具备可操作性、可控制性。这样，通过有效的管理确保软件开发过程的稳定性。

软件项目开发计划明确预期软件产品的目标，包括：

- 产品的功能。
- 产品的性能。
- 产品所需的数据，包括数据的来源、处理、数据的去向。
- 产品的工作环境，包括软件环境和在硬件系统上的部署。
- 产品的维护工作。
- 产品附加文档，包括安装、使用、常见疑问等相关文档。

3. 过程

过程在软件工程中起着至关重要的作用，它决定了在软件项目中以何种形式展开项目各阶段活动，各阶段定义了哪些活动，如何开展这些活动，以及活动需要的技术、工具、人员的支持。对于成熟的软件组织，已经具备完整的软件过程标准。

在软件项目中，过程分为技术实现过程和软件过程管理。软件生命周期开发过程（瀑布模型、原型模型、演化模型、增量模型、喷泉模型等）体现了各阶段技术实现的方法、步骤和工具。以软件能力成熟度模型为代表的过程管理，定义不同的过程级别，各级别过程包括各自的关键过程域，不同关键过程域中也有各自的关键过程，为不同成熟度等级的过程管理提供了软件过程的标准。

在实践过程中，各种开发模型和过程管理级别决定了在何种情况、何种项目下选用什么样的模型和过程。例如，需要明确需求可采用快速原型模型，大型项目可采用线性模型。

4. 项目

项目是对整个软件工程中涉及的所有资源、人员、相关辅助数据、文档的总和。项目管理就是利用现有资源，组织相应人员实施项目计划、执行过程，最后提交用户合格的产品。项目管理主要开展以下工作：

（1）项目计划及计划管理。高级项目管理人员制定项目策划及定义计划、项目估算、风险分析及管理。项目经理实施进度管理、跟踪和监督计划实施。

（2）项目过程及过程管理。选用不同的开发模型，过程模型也就不同，但基本体现需求、设计、实现和测试等阶段。过程管理则监督各阶段活动（过程域）的实施。

（3）资源管理。主要是面对人员管理，并使得在计划的时间和资金范围内完成项目。

（4）软件产品管理。包括配置管理、质量管理、变更管理等。

11.2 软件项目规模度量

任何软件项目都需要定量描述，才能制定软件开发成本。只有把软件项目中设计的各项因素，如软件开发时间、人员数量、开发环境的软件工具和硬件系统、资金等资源的指标尽可能量化，才能准确估算软件产品的规模、复杂度、工作总量。没有定量的项目，将难以展开软件管理和实施过程。

由于软件产品不是物理产品，难以用传统的大小、外观、质地、重量等物理特性来

衡量，因此对软件产品的度量分为直接度量和间接度量。

直接度量是指通过对软件产品的简单属性直接计算而得到结果的过程。简单属性是指代码行数、操作数和运算符个数、接口个数等能直接计数的特征，它反映的是软件产品内部特征。

间接度量是指通过对软件产品的简单属性与要素的各项特征、准则的经验值间接计算而得到结果的过程。例如，软件质量评价、软件复杂性测量等。因此，间接测量必须建立一定的测量方法和模型。间接测量反映的是软件外部特性。

本节介绍的代码行技术是直接度量，功能点计算是间接度量。

11.2.1　代码行技术

代码行技术是指用程序的代码量来衡量软件的规模。程序的代码量用代码行（Line of Code，LOC）表示。代码行既可以人工进行测量，也可以用工具自动计算。目前，几乎所有软件开发团队都保留代码行数据，同时也把代码行作为宣传、描述软件产品的一个重要数据。

通过代码行度量，还可以得到软件开发生产率、每行代码的平均成本、文档代码的比值、每千行代码的错误率等。这些数据不仅能评价系统规模，还能评价软件质量、文档管理等要素。

生产率计算：

$$P = KL / E \tag{11-1}$$

其中，KL 是软件项目的千代码行数（即 1000 行代码为一个千行代码单位）；E 是软件项目工作量，用人•月（Person Month，PM）度量；P 是软件项目生产率，用每人•月完成的千行代码度量。

每千行代码的平均成本：

$$C = S / KL \tag{11-2}$$

其中，S 是软件项目总成本；C 是千行代码的平均成本。

每千行代码的平均文档支持度：

$$D = PG / KL \tag{11-3}$$

其中，PG 是软件项目文档的总页数；D 是每千行代码的文档支持度。

每千行代码错误率：

$$R = ER / KL \tag{11-4}$$

其中，ER 是软件项目代码中的总错误数；R 是每千行代码的错误率。

代码行技术简单、直观，又易于实现，应用较为广泛。但它也有其明显的缺点：

（1）严重依赖程序代码，而代码量与使用的编程语言和工具密切相关。相同功能、不同语言有不同的表达能力，也就有不同的代码量。

（2）不利于程序算法的优化和设计的精巧化，因为这将减少代码量。

（3）代码行技术只适用于过程式程序设计语言，对非过程式语言（如 4GL）则不太合适。

11.2.2 功能点计算

鉴于相同功能，不同语言实现存在代码量的差异，且软件需求是面向功能的描述，1979 年 Albrecht 提出了面向功能点（Function Point，FP）的度量。

面向功能点的度量是基于定义的 5 个信息领域的特征数，以及 14 项技术复杂性因子综合进行的间接度量。图 11-1 描述了可用于功能点度量的 5 个信息领域特征。

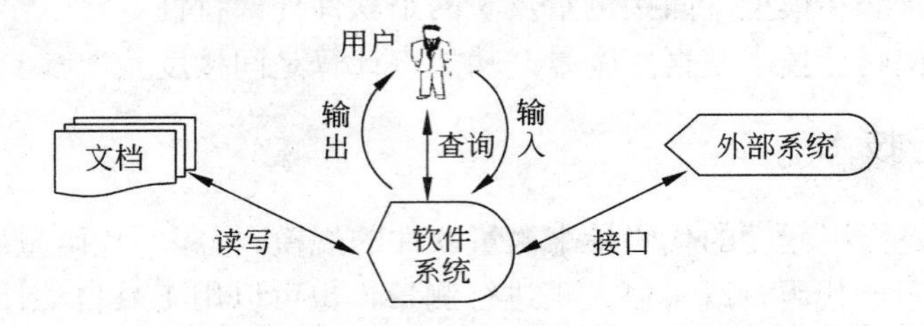

图 11-1 面向功能点度量的 5 个信息领域特征

（1）输入项数。用户向软件输入的数据和控制信息数。数据经过处理后形成内部信息。控制信息是系统内部完成不同数据处理所输入的数据。

（2）输出项数。软件向用户输出的数据和控制信息数，如输出报表，错误信息等。输出报表通常作为一个输出项整体。

（3）查询数。用户执行一次联机输入即查询，它实现实时输出检索信息的结果。查询既不处理输入的查询数据，也不更改内部系统数据或文件。

（4）文档数。统计系统逻辑涉及的主文件数，主文件可以是一个单独的物理文件，也可以是物理文件中的一个逻辑片段或子集。

（5）外部接口数。系统内部访问的全部系统接口（如存储器上的文件）的数量，外部接口用于把信息传递给另一个系统。

功能点的计算模型是：

$$FP = UFP \times TCF \tag{11-5}$$

其中，FP 是软件项目的功能点数；UFP 是上述 5 个信息领域特征的计算，它的计算如式（11-6）所示；TCF 是 14 个技术复杂性调节因子，它的计算如式（11-7）所示。

对信息领域特征的计算：

$$UFP = a_1 \times I + a_2 \times O + a_3 \times R + a_4 \times F + a_5 \times E \tag{11-6}$$

其中，I 是输入项数；O 是输出项数；R 是查询数；F 是文件数；E 是外部接口数；系数 a_i（$1 \leqslant i \leqslant 5$）是各项特征的复杂性加权，如表 11-1 所示。

对技术复杂性调节因子 TCF 的计算：

$$TCF = 0.65 + 0.01 \times \sum_{i=1}^{14} F_i \tag{11-7}$$

其中，F_i（$1 \leqslant i \leqslant 14$）是 14 种技术调节因子对软件规模的影响。表 11-2 列出了所有因子。根据软件特点，每个因子取值范围为[0, 5]，0 表示该因子对软件系统规模无影响，5 表示该因子对软件系统规模有很大影响。

表 11-1　信息领域特征的复杂性加权

特性系数	简单	平均	复杂
输入系数 a_1	3	4	6
输入系数 a_2	4	5	7
输入系数 a_3	3	4	6
输入系数 a_4	7	10	15
输入系数 a_5	5	7	10

表 11-2　技术调节因子

序号	技术调节因子描述	F_i 取值[0, 5]
1	系统是否需要可靠的备份和复原	
2	系统是否需要数据通信	
3	系统是否有分布式处理功能	
4	性能是否是临界状态	
5	系统是否在一个用户实际操作环境下运行	
6	系统需要联机输入	
7	联机数据操作入口操作是否方便	
8	系统是否需要联机更新主文件	
9	系统的输入、输出、文件、查询是否复杂	
10	系统内部处理是否复杂	
11	代码设计是否可重用	
12	安装是否方便	
13	设计是否具有可移植性	
14	系统的设计是否具有可维护性	

如何理解这 14 项技术因素呢？假设这 14 种技术因素对软件系统规模的影响度均为 5，则根据式（11-7）就得到：

$$\mathrm{TCF} = 0.65 + 0.01 \times \sum_{i=1}^{14} 5 = 0.65 + 0.7$$

将上述结果代入式（11-5）得到：

$$\mathrm{FP} = \mathrm{UFP} \times (0.65 + 0.7)$$

可以看出，技术因素对功能点 FP 的影响比 5 个信息领域特征略高。但考虑到技术因素全为最大值的可能性，因此两者对 FP 的贡献大体相当。

与代码行技术相似，通过功能点也能分别计算以下各项：

生产率为：

$$\mathrm{P} = \mathrm{FP} / \mathrm{E} \tag{11-8}$$

其中，P 表示每人•月完成的系统的功能点数。

每个功能点的平均成本为：

$$C = S / FP \tag{11-9}$$

每个功能点的平均文档支持度为：

$$D = PG / FP \tag{11-10}$$

每个功能点所包含的错误率为：

$$R = ER / FP \tag{11-11}$$

由此可以看到功能点度量软件规模的优点：

（1）完全不依赖程序设计语言，因此它同样适应用于4GL编写的程序规模的度量。

（2）根据用户需求规格说明就能确定信息领域特征及技术复杂性因素，适用于在软件项目初期对软件规模的估算。

但它也有较为明显的不足：

（1）对于复杂性技术因素确定的主观因素太多，量化标准把握不统一。

（2）计算所涉及的某些数据不易采集，同时也由于主观因素造成数据确定困难。

（3）对于计算得到的功能点，难以说明其高或低的结果是由哪些因素所导致。

下面在"简历自动获取和查询系统"中，以简历信息提取为例说明功能点计算的过程。

【例11.1】 在"简历自动获取和查询系统"中，简历信息提取是根据用户设定的简历文档类型，以及根据用户设定的关键字，下载简历文件并保存在简历文件库中。然后提取简历中相关信息，自动存入简历信息数据库，并提示有关信息。之后，用户根据自己对人才的需求，对简历信息进行简历标记（输入标记符）、简历分配（输入分配条件）、简历查看等操作。简历查询分为简历查询与复合查询。

第一步：根据信息领域特征分类项。

（1）外部输入：包括设置下载简历格式、获取的关键字、简历标记符、简历分配条件。

（2）外部输出：包括存入简历信息数据库、提示有关信息。

（3）查询数：包括简单查询、复合查询。

（4）文件数：包括简历文件库、简历信息数据库。

（5）外部接口数：系统无外部接口。

第二步：计算UFP，并假定信息领域特征项系数值都取平均值。

根据表11-1的信息领域特征项系数值，计算如下：

$$UFP = 4\times4 + 5\times2 + 4\times2 + 10\times2 + 7\times0 = 54$$

第三步：计算技术复杂性调节因子TCF。

根据表11-2，并结合问题陈述，分析得到各因子取值如表11-3所示。

表11-3 技术复杂性调节因子取值

序号	技术调节因子描述	F_i 取值 [0, 5]
1	系统是否需要可靠的备份和复原	1
2	系统是否需要数据通信	5
3	系统是否有分布式处理功能	1

续表

序号	技术调节因子描述	F_i 取值 [0, 5]
4	性能是否是临界状态	0
5	系统是否在一个用户实际操作环境下运行	5
6	系统需要联机输入	1
7	联机数据操作入口操作是否方便	5
8	系统是否需要联机更新主文件	0
9	系统的输入、输出、文件、查询是否复杂	2
10	系统内部处理是否复杂	4
11	代码设计是否可重用	3
12	安装是否方便	5
13	设计是否具有可移植性	0
14	系统的设计是否具有可维护性	3

因此，14 个调节因子构成的 EAF 如下：

$$EAF = 1+5+1+0+5+1+5+0+2+4+3+5+0+3 = 35$$

于是，复杂度调节因子 TCF 计算如下：

$$TCF = 0.65 + 0.01 \times 35 = 1$$

第四步：计算功能点 FP。

根据式（11-5），得到功能点

$$FP = UFP \times TCF = 54 \times 1 = 54$$

11.2.3　代码行与功能点间的转换

实践表明，与代码行技术相比，采用功能点估算项目规模的误差明显减少。若用代码行技术，一般情况下误差最大达到 8 倍，而功能点计算平均误差最多为 2 倍。

代码行技术和功能点都有一个不足，就是忽略了软件维护工作量的估算。因为软件维护不仅会导致程序代码的修改，同时文档、结构、接口也会发生改变。而这些变化所导致的工作量均被忽略了。

代码行技术虽然误差较大，但它直观、易懂，计算结果易于人们理解和接受。对同一类程序语言开发项目的评估和估算，它仍不失一种简单易行的方法。为了能吸收功能点计算的优势，表 11- 4 给出了功能点与某些程序设计语言的代码量的对比。

表 11- 4　功能点与某些程序设计语言代码量的对应

语言	LOC	语言	LOC	语言	LOC	语言	LOC
汇编	320	C	128	Pascal	91	4GL	15
BASIC	64	FORTRAN	58	High-Order	105		

11.3　软件项目估算

软件项目管理的核心是对人的管理，其难点是成本和进度的控制。因此在软件项目立项和项目管理中，客户和项目管理人员都非常重视软件项目成本估算。但由于软件开发受人员、环境、技术、法律等综合因素影响，难以准确估算成本，因而是基于经验和已有项目成本的比对，具有以下一些估算方法：

（1）对比已有项目产生的实际成本，结合当前项目的需求估算项目成本和工作量。

（2）总结已有项目的数据，分析并概括软件项目成本和工作量的经验公式。

（3）按项目中的问题分解。将项目分解为若干个子项目，在估算出每个子项目的成本和工作量后，再汇总估算整个项目的总成本和总工作量。需注意的问题是，按问题分解还要考虑子项目集成时所需的成本和工作量。

（4）按过程分解。采用线性模型开发软件，可以按照软件生命周期开发过程，各阶段分别估算成本和工作量，之后汇总估算总成本和总工作量。按过程分解还要考虑对整个生命周期开发总体，以及协调各阶段衔接控制的成本和工作量。

11.3.1　代码行和功能点的其他估算模型

代码行和功能点的估算是项目管理的基础，采用上述不同的估算方法，能够估算代码行或功能点的特征值，并通过经验公式计算得出工作量（规模）。

下面介绍几个代码行和功能点的简单估算模型。

（1）对于代码行和工作量之间的关系，Boehm 给出了一个基本模型：

$$E = 3.2 \times KLOC^{1.05} \tag{11-12}$$

其中，E 是工作量；KLOC 是千代码行。

（2）如果估算的代码行较大（大于 9 KLOC），Poty 给出了一个更为准确的模型：

$$E = 5.288 \times KLOC^{1.047} \tag{11-13}$$

（3） IBM 公司也提供了估算代码行与工作量间关系的模型：

$$E = 5.2 \times KLOC^{0.91} \tag{11-14}$$

$$M = 4.1 \times KLOC^{0.36} \tag{11-15}$$

$$D = 49 \times KLOC^{1.01} \tag{11-16}$$

$$P = 0.54 \times E^{0.6} \tag{11-17}$$

其中，M 是项目开发时间（月）；D 是文档数量（页）；P 是所需人员（人）。

（4）对于功能点和工作量之间的关系，Albrecht 和 Gaffney 给出了一个基本模型：

$$E = -13.39 + 0.054FP \tag{11-18}$$

11.3.2　专家估算模型

模型（11-12）～（11-17）都主要围绕代码行展开，因此对代码行的估算是首要的管理准备工作。

专家估算模型是由多位专家各自凭借多年的经验对软件项目进行代码行估算的模型。

由于专家个人经验的有限和不足、能力的差异和偏见，以及心理因素的影响，通常采用多位专家进行估算，综合各位专家的意见而得到最终的代码行估算结果。

代码行的专家估算模型实现过程如下。

第一步：陈述软件范围，最好能给专家提供完整的需求规格说明。

第二步：根据需求规格说明，各位专家可以按照问题分解或过程分解技术，将软件项目划分为可估算的基本问题。

第三步：在开发阶段，结合模块分析、类-对象技术的经验进行估算。分解过程尽量详细，划分越细，越能得到合理和准确的估算。

第四步：对于每个估算单元，都给出下面3个代码行的估算值：

a_i：该估算单元可能的最小代码行数。

b_i：该估算单元可能的最大代码行数。

m_i：该估算单元最可能的代码行数。

分别计算软件项目规模的a_i、b_i和m_i的估算值。

第五步：根据以下模型估算代码行的值：

$$E = \frac{1}{N}\sum_{i=1}^{N}\frac{a_i + 4m_i + b_i}{6} \tag{11-19}$$

其中，E是软件代码行的期望值；N为专家人数。

第六步：重复以上步骤，直到期望值E得到大多数专家的肯定为止。

11.3.3　Putnam模型

1978年Putnam提出针对大型软件项目工作量的估算模型。它是一种动态多变量模型，因为项目工作量与代码行和软件开发时间均有关系。该模型如下定义：

$$E = L^3 / (C^3 \times T^4) \tag{11-20}$$

其中，L是代码行数；T表示软件开发时间；C是常数，按照以下情景取值。

$$C = \begin{cases} 2000，比较差的开发环境 \\ 8000，一般的开发环境 \\ 11000，较好的开发环境 \end{cases}$$

模型（11-20）表明了工作量与项目开发时间的4次方成反比。假设在代码行（L）不变的情况下，如果希望提前一半的时间完成项目，则通过计算可以得出工作量将增加16倍。可见随意加快工期，将极大地增大项目工作量，降低软件开发的生产率。因此，项目管理中安排人员数量、计划开发时间是需要综合考虑的问题。

11.3.4　COCOMO模型

1981年Boehm提出了基本的构造性成本模型（COnstructive COst MOdel，COCOMO），1997年他对基本的COCOMO模型进行了改进，以反映在成本估算技术方面所积累的经验。

COCOMO模型给出了基本、中级和详细共3个层次的软件项目开发工作量估算模型。随着这3个估算模型的逐步推进，对软件细节考虑的详尽程度逐级深入，对成本和工作量的估算更为准确。

COCOMO 模型的 3 个层次分别对应软件生命周期不同的开发阶段：

（1）基本 COCOMO 模型。这个模型主要应用于系统问题定义、需求和分析阶段，估算整个系统的工作量和开发时间，也用于估算构建原型系统或大型构件的工作量。

（2）中级 COCOMO 模型。这个模型主要用于概要设计（体系结构设计）阶段估算各子系统的工作量和开发时间。

（3）详细 COCOMO 模型。这个模型主要用于详细设计和编码阶段，估算独立的软部件、模块、核心算法的工作量和开发时间。

1. 基本 COCOMO 模型

基本 COCOMO 模型是静态的单变量模型，模型定义为：

$$E = a \times KLOC^{b} \tag{11-21}$$

$$D = cE^{d} \tag{11-22}$$

其中，D 是软件项目开发时间；a、b、c 和 d 是常数，具体取值见表 11-5 所示。

表 11-5　基本 COCOMO 模型常量取值表

项目类型	a	b	c	d
组织型	2.4	1.05	2.5	0.38
嵌入型	3.6	1.20	2.5	0.32
半独立型	3.0	1.12	2.5	0.35

模型（11-21）和模型（11-21）给出了代码行与工作量、开发时间之间的函数关系。表 11-5 中的软件类型，允许不同应用领域和项目复杂度的软件，根据实际情况选取相应的参数值。各软件类型含义如下：

（1）组织型（Organic Mode）：规模小、复杂度较低的简单系统，开发人员对软件需求有较好的理解，对项目内容有丰富的经验，适于各类应用程序。

（2）嵌入型（Embedded Mode）：这类软件系统需要与控制、通信等紧密结合，共同完成用户功能，适于实时处理、操作系统等。

（3）半独立型（Semi-Detached Mode）：这类项目介于上述两类模型之间，其规模和复杂度适中，适于编译系统、数据库管理系统等。

2. 中级 COCOMO 模型

中级 COCOMO 模型是在初级 COCOMO 基础上，增加调节因子，以适应软件开发过程的推进。

中级 COCOMO 模型工作量定义为：

$$E = a \times KLOC^{b} \times EAF \tag{11-23}$$

$$D = 3.0 \times E^{0.33+0.2\times(b-1.01)} \tag{11-24}$$

其中，EAF 是有关产品、人员、项目等属性的调节因子，其计算模型为：

$$EAF = \prod_{i=1}^{15} f_i \tag{11-25}$$

其中，各工作量调节因子值分为很低、低、正常、高、很高、极高共 6 级，Boehm 推荐

的各级取值区间是[0.7, 1.66]。一般情况下，每个调节因子默认取值为 1。表 11-6 给出了中级 COCOMO 模型的系数值，表 11-7 给出了中级 COCOMO 模型各工作量调节因子的取值。

表 11-6　中级 COCOMO 模型的系数值

项目类型	a	b
组织型	3.2	1.05
嵌入型	2.8	1.20
半独立型	3.0	1.12

表 11-7　中级 COCOMO 模型各工作量调节因子的取值

工作量因素		很低	低	正常	高	很高	极高
产品因素	软件可靠性	0.75	0.88	1.00	1.15	1.40	
	数据库规模		0.94	1.00	1.08	1.16	
	软件复杂度	7.0	0.85	1.00	1.15	1.30	1.65
计算机因素	时间约束			1.00	1.11	1.30	1.66
	存储约束			1.00	1.06	1.21	1.56
	环境变化率		0.87	1.00	1.15	1.30	
	计算机变化率		0.87	1.00	1.07	1.15	
人员因素	系统分析员能力		1.46	1.00	0.86		
	应用领域实际经验	1.29	1.13	1.00	0.91	0.71	
	程序员能力	1.42	1.17	1.00	0.86	0.82	
	开发人员环境知识	1.21	1.10	1.00	0.90	0.70	
	程序语言实践经验	1.41	1.07	1.00	0.95		
项目工程因素	设计技术	1.24	1.10	1.00	0.91	0.82	
	软件工具	1.24	1.10	1.00	0.91	0.83	
	进度限制约束	1.23	1.08	1.00	1.04	1.10	

3. 详细 COCOMO 模型

针对软件项目的详细设计和实现，详细的 COCOMO 模型定义了可靠性在各阶段的不同取值，如表 11-8 所示。

表 11-8　详细 COCOMO 模型可靠性在各阶段不同的取值

可靠性级别	需求和产品设计	详细设计	编程及单元测试	集成及测试	综合
非常低	0.80	0.80	0.80	0.60	0.75
低	0.90	0.90	0.90	0.80	0.88
正常	1.00	1.00	1.00	1.00	1.00
高	1.10	1.10	1.10	1.30	1.15
非常高	1.30	1.30	1.30	1.70	1.40

11.3.5 项目估算模型的小结

从以上介绍的各类模型可以看出，不同模型有不同的应用范围，也有其一定的局限性。相同项目使用不同模型，估算的成本和工作量都不一样，这是因为这些模型都是从有限项目经验中获得的，而软件应用领域广，人员、技术、需求、环境等千差万别，因而估算的成本和工作量也不同。因此，在进行项目估算时，必须根据当前项目特点，有选择地利用多个模型的估算结果来综合评定。

另外，从各种估算模型不难看出，对于静态单变量模型，如果需要自定义工作量估算模型，则考虑其形式基于如下：

$$E = A \times CF^{B}$$

其中，A 和 B 是常数；CF 是代码行或功能点。

如果需要细致地估算，结合各项影响因子，可以考虑增加影响因子模型 EAF，则自定义工作量估算模型可以考虑为：

$$E = A \times CF^{B} \times EAF$$

其中，对常数 A 和 B 以及影响因子 EAF 中各因素的取值，可以从已有项目中通过函数逼近法来确定取值或取值区间，后续各阶段再不断修改和完善各项取值。

11.4 项目进度管理

软件工程开发过程的各阶段都划分有各自的任务，制定和安排了各阶段任务的完成时间，这是整个项目按时完成的基础和保障。

11.4.1 项目进度控制

软件项目进度安排把工作量分配给特定软件工程阶段，并规定完成各项任务的起止日期。进度计划将随着项目进程的变化会有所更改，但作为整个项目开发时间的宏观控制，则不应有太大变化。

软件项目能否按计划时间完成并及时交付合格的产品是项目管理的重点，也是客户关心的重要内容。如果要缩短开发时间，就会大大增加项目的工作量。Putnam 模型已明确说明两者的关系。

在工作量增加的情况下，通常会考虑加入更多的技术人员到开发过程中来。但严格来说，在软件工程已经开始的情况下再增加人员会适得其反。首先是新加入人员的能力、技术和个性等，不可能与原有开发人员相同。其次，新加入人员会使开发人员间相互通信量的增加。一般来说，在开发团队或小组中，人员之间相互通信的工作量为：

$$E_c = \mu N \times (N-1) / 2 \qquad (11\text{-}26)$$

其中，E_c是彼此间通信的总工作量；μ 是每两人间每次通信的平均工作量。

例如，当小组中有 7 人或 10 人时，小组内部通信的总工作量为：

$$E_c(7) = \mu \times 7 \times (7-1) / 2 = 21\mu$$

$$E_c(10) = \mu \times 10 \times (10-1) / 2 = 45\mu$$

可见，增加人员会使通信工作量成倍地增长。

对于软件项目延期的原因，通常有以下几种情形：

（1）项目进度本身不合理。由于项目进度的制定与实施人不是相同人员，则不切实际地进度安排将使实施人员难以按时完成。

（2）团队或小组成员的问题。一是成员能力不够；二是成员间彼此沟通不够；三是项目过程中人员的流动，这些都将导致项目的延期。

（3）软件架构的问题。软件架构设计不仅要考虑功能、性能、子系统划分、接口定义和组件设计等应用性需求，还要考虑满足系统的健壮性、可扩展性、安全性、可维护性以及非功能性需求（如界面、操作等）。

（4）对项目各阶段任务所需的资源投入不足。这源于对各阶段工作量的估算不充分。

（5）在项目开发过程中，遇到难以克服的困难。如技术、政策法规等原因。

（6）用户需求变更。一是用户需求变更使系统整体架构、数据文件发生根本性修改；二是没有将用户需求变更及时体现在项目开发过程中。

（7）项目风险管理未做好。一是没有树立项目风险意识；二是没有认真进行风险分析，对项目进程中可能发生的问题或潜在的不利因素未及时发现；三是未能制定风险发生时的应急预案。

11.4.2　甘特图

甘特图（Gantt Chart）是表示工作进度计划及工作实际进展状况最为简明的图形表示方法。它是历史悠久、使用广泛的进度计划工具之一。

甘特图的一般表示如图 11-2 所示。

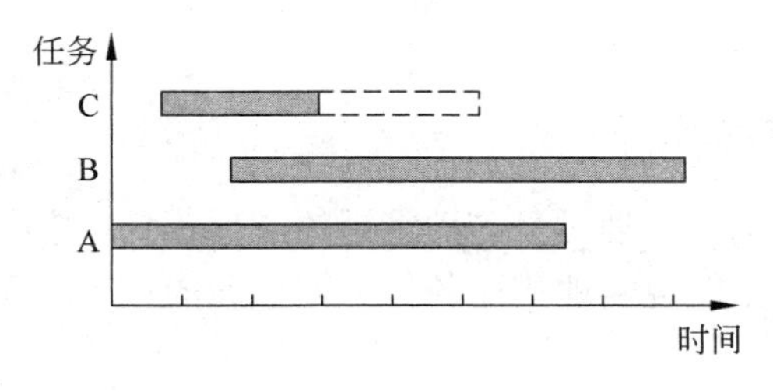

图 11-2　甘特图的一般表示

图 11-2 中的横坐标表示项目进行时间，纵坐标表示项目的各项任务，方框（或直线）的不同长度代表各任务执行的时间，并对应各自任务的起止时间。同一方框中的实线代表当前任务已用的时间，虚线表示剩余时间。一般情况下，在制定进度计划时，可以都用实线表示。例 11.2 说明了甘特图的画法。

【例 11.2】　在“简历自动获取和查询系统”中，把对简历文件的下载、分析、检索过程从时间上做一个示意性的定义：系统下载 1 小时的简历文件，之后经过 1.5 小时的简历分析，才能得到结果并存入简历数据库中。系统对用户提交的检索内容在 1 秒内得到检索结果。

当用户分别在系统运行到第 1 小时、第 2.5 小时、第 4 小时和第 5 小时的时刻，对同一个检索内容进行检索，则系统运行 5 小时后的甘特图如图 11-3 所示。

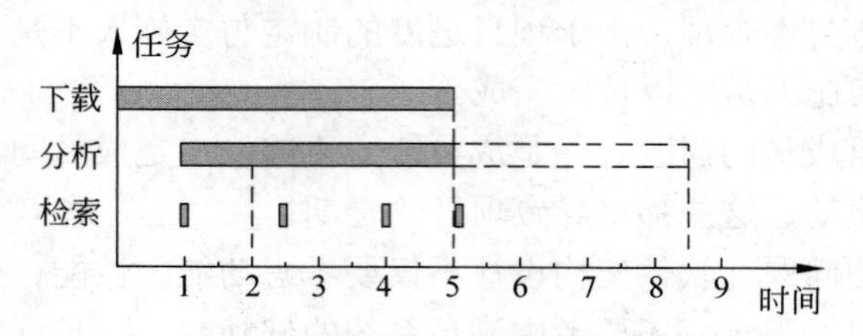

图 11-3 系统运行 5 小时后的甘特图

图中虚线部分说明，在系统运行 5 小时后，分析阶段将继续运行直到 8.5 小时后才结束。

根据系统描述和检索时间，可以看到在第 1 小时进行的检索没有结果，因为此时系统对简历的分析才刚开始。因此，有意义的检索得等到系统运行 2.5 小时后才能进行。在第 2.5 小时和第 4 小时进行的同一检索，可能会有不同的检索结果，因为系统在第 2.5 小时和第 4 小时的时候，分别将简历分析结果入库，更新数据库信息。在第 5 小时进行的检索与在第 4 小时进行的检索结果相同，因为此时并未更新数据库信息。

此外，通过甘特图还可以看出，分析阶段的任务实际上得在 8.5 小时才能完成，而从第 5 小时开始可以暂停下载过程，把分配给下载过程的计算资源重新分配给分析过程，从而提高系统的分析效率。

因此，对于上述对甘特图的分析过程，可以看出甘特图的不足，主要表现在：一是难以发现各任务之间的隐含关系。例如检索应在简历下载和分析结束后才能进行；二是难以找出项目计划中的关键任务，从而难以挖掘项目中有潜力、灵活机动的任务安排。

11.4.3 工程网络图

工程网络图是制定项目计划时又一种常用的图形工具，它不仅能描述项目的起止时间和各项任务的工期，更能现实地描述各任务间彼此的依赖关系。工程网络图的一般表示如图 11-4 所示。

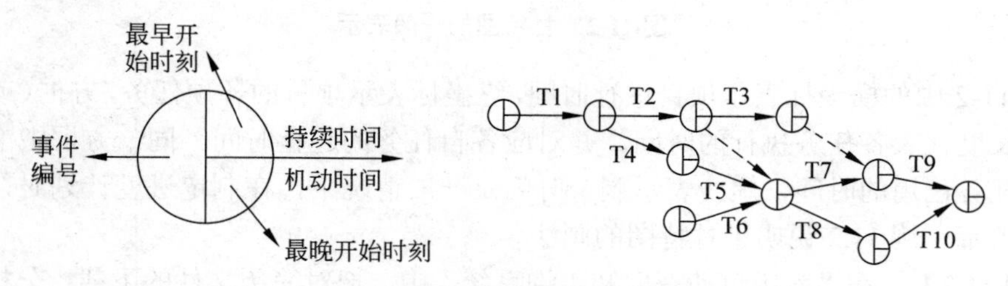

图 11-4 工程网络图的一般表示

图 11-4 中的虚线表示各任务间隐含的依赖关系。机动时间是最早开始时间与最晚开

始时间的差。由于可以计算得出，有时机动时间在工程网络图中也可省略不写。机动时间表明该任务的灵活度，它在最晚开始时间之前着手进行，不影响整个项目的进度计划。例 11.3 说明工程网络图对项目计划的安排。

【例 11.3】　表 11-9 给出了某项目各任务的持续时间，及各项任务间的依赖关系。通过工程网络图的分析，得出项目的总工期及关键路径。

表 11-9　项目各任务的持续时间及各项任务间的依赖关系

任务	持续时间	任务间依赖关系	任务	持续时间	任务间依赖关系
T1	10		T6	15	T3，T4
T2	15	T1	T7	20	T3
T3	10	T1，T2	T8	30	T7
T4	20		T9	15	T6
T5	10		T10	5	T5，T9

设计工程网络图的基本步骤是：

（1）找出项目初始任务并放入当前任务集 Ts 中。初始任务是指工程中最早开始时间为 0 的任务，一个项目可能有多项初始任务。当前任务集 Ts 是具有先后顺序的队列。

（2）i ＝ 1。

（3）如果 Ts 为空集或当前已到 Ts 队列的队尾，转至（6）。

（4）取 Ts 队列的当前任务 T[i]，填写 T[i]的最早开始时间和持续时间。其中：

（4.1）如果 T[i]是初始任务，最早开始时间是 0。

（4.2）否则：

（4.2.1）根据“任务间依赖关系”，确定 T[i]的前驱任务是否已在 Ts 中。

（4.2.2）如果 T[i]的前驱任务已在 Ts 中，则 T[i]的开始时间是其所有前驱任务的最早开始时间和持续时间之和的最大值。

（4.2.3）否则将 T[i]从 Ts 中删除，重新放入到 Ts 队尾。

（5）找到 T[i]的所有后续任务并放入 Ts 的队尾，并转至（3）。

（6）所有任务都加入工程网络图，得出项目的总工期，并从项目的最后一项任务回溯到开始任务，填写每项任务的最迟开始时间。

（7）在工程网络图中，给出最早开始时间和最晚开始时间相等的任务集合，它们形成当前工程的关键路径。

根据上述过程，得到本例的工程网络图如图 11-5 所示。从工程网络图中，还得出关键路径是：T1、T2、T3、T7、T8。

关键路径是指该路径上的所有事件都是关键事件。关键事件是指该任务的最早开始时间等于最迟开始时间的事件，即该任务的机动时间为 0。关键路径说明要保证整个项目如期完成，就要保证关键事件的按时完成。在管理过程中，就要全力保障完成关键事件所需的各项资源。如果要缩短项目时间，就必须考虑缩短关键路径上各事件的时间。

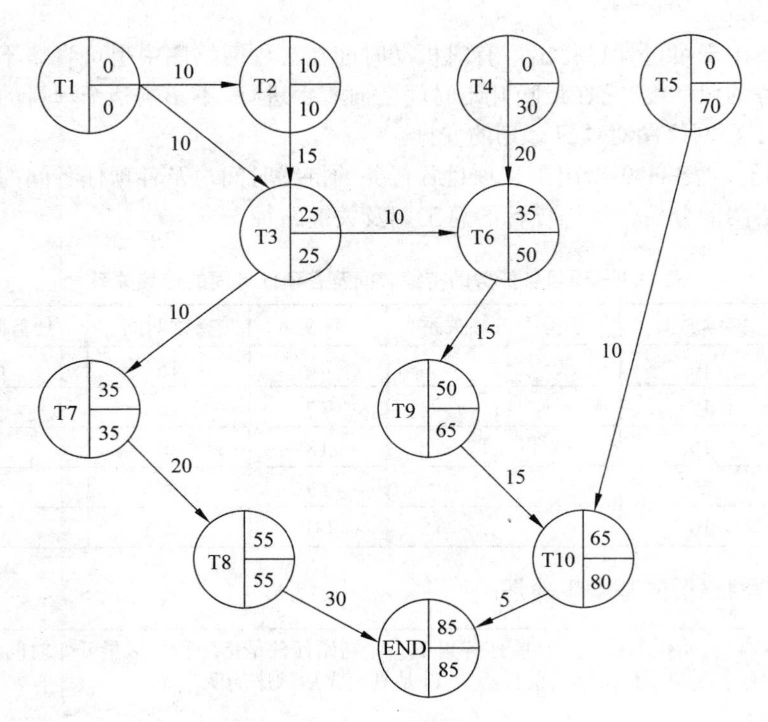

图 11-5　例 11.3 的工程网络图

11.5　项目风险管理

项目管理的重要内容之一就是对风险进行管理。在任何项目、任何任务的执行过程中，不遇到困难几乎是不可能的。最后导致项目失败，究其原因，除了项目启动时的需求、估算未能完整分析以外，一类重要原因就是未能预测到风险的出现，以及出现风险时的处理措施。因此，软件项目的成功与否，还应考虑在风险出现之前，是否能尽量预测风险，并尽量避免风险的发生。如果风险发生不可避免，那就必须准备好必要的应急预案。

11.5.1　软件风险概念

软件风险管理是在 20 世纪 80 年代逐渐发展起来的软件工程新领域。由于软件开发项目的成果是不可见的、复杂的逻辑产品，体现的是人的脑力劳动，因此在项目实施过程中出的各种风险问题更难以把握。

软件项目风险是指在软件工程过程中可能出现的、影响项目目标实现的事件，或者是会给项目实施过程带来重大损失的事件。这些事件可能是在设计、实现、接口、验证和维护过程中存在的潜在技术问题，也可以是如政策的改变、人员的流动、项目中行业标准的修改、需求发生重大变化、意外事故导致系统崩溃、数据丢失等非技术问题。因此，能否较早地了解和管理这些未知事件，不仅体现了管理团队的管理水平，也被认为是软件项目减少失败的一项重要手段。

当不能确定或预测未知事件的发生时，不能被动地任由它发生而造成严重后果，而是应该在风险管理中主动地发现并处理各类技术风险，并有针对性地避免发生非技术风险，以减小风险发生的概率，同时安排和设计风险发生时的对策，以减少风险对项目的影响。

风险不同于软件工程过程中的其他事件，它有其自身的特点：

（1）可能性。项目风险是将来要发生的事情。虽然可以采取措施避免或减少风险发生所导致的损失，但完全消除项目风险是困难的。

（2）偶然性。首先，软件项目，特别是有较强领域特征的软件应用项目，是一次特定的开发过程，其产生的风险属于个别事件，有很大的不确定性。其次，软件开发的智力活动产生的风险难以预料和控制，并且人员受环境、心理、任务等因素的影响较大，更增加了风险发生的偶然性。

（3）复杂性。软件项目各部分间的非线性关系，其复杂性远远超过由少数几人就能掌握的程度，需要通过有效的技术分解和团队式管理才能掌握。

（4）需求的变动。需求的不断变化，导致软件项目过程的不断变化，风险平衡状态的出现是动态而短暂的，但其造成的后果可能是严重的，甚至是灾难性的。

11.5.2 风险管理过程

风险管理的目的是要将风险管理带来的影响和造成的损失减少到最小。目前，软件发展朝大规模、复杂度高的方向不断发展，使得风险管理更加重要。没有风险意识、风险措施不得当都会给软件项目带来巨大损失。

风险管理目标主要是两点：

（1）风险识别。风险识别就是要发现软件项目将来可能出现的风险，并对其进行分析、评估、排序、建档，使可能的风险提前“暴露”。

（2）风险措施。风险措施分为两个方面：一方面是规避风险的发生，通过严密的开发方案，严格执行开发计划，严肃进行过程控制管理，最大限度防止风险的发生；另一方面是制定风险发生后的应对措施。由于风险的偶然性和难以控制性，要在风险管理前就制定风险应急方案，力求把风险影响和造成的损失降到最少，使得软件项目进度仍能按计划向前推进。

为了达到风险管理的目标，软件研究人员提出了不同的管理模型。

1989 年 Bohem 提出了“软件开发过程的风险管理”的概念，并提出了相应的项目风险管理模型，如图 11-6 所示。

Bohem 提出的管理模型要求管理者关注高风险性，及其产生影响项目效率和质量的关键风险因素上，这将大大提高风险管理的效率。

另一个具有代表性和影响力的模型是 SEI/CMU 提出的持续风险管理（Continuous Risk Management，CRM）模型，如图 11-7 所示。

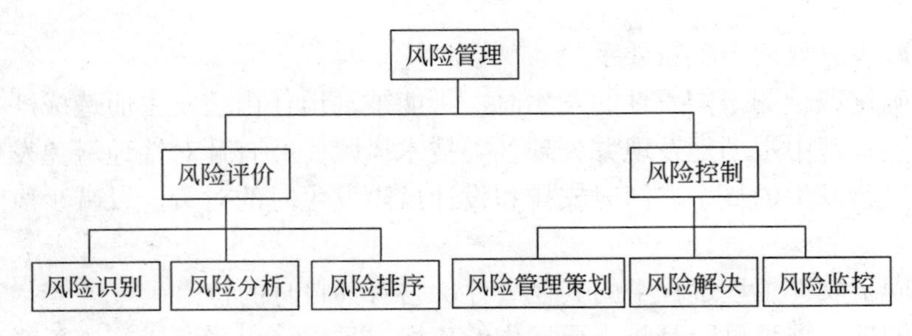

图 11-6　Bohem 的项目风险管理模型

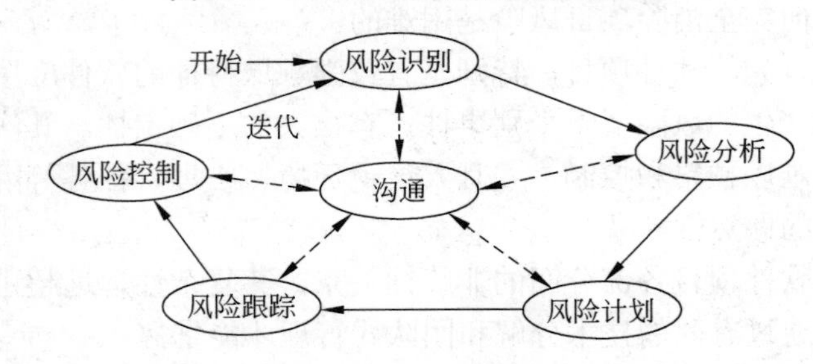

图 11-7　SEI/CMU 提出的持续风险管理模型

该模型将风险管理划分为 5 个过程：风险识别、风险分析、风险计划、风险跟踪和风险控制，强调了在一个项目中，风险管理是反复持续的活动过程。

目前，风险管理过程通常包括风险识别、风险估算、风险评估和风险控制。

1. 风险识别

风险识别是风险管理过程的第一步。根据具体的项目特征，列出可能出现的风险。对于风险识别，首先是要确定风险的类别。

（1）项目风险。随着软件技术的日新月异，网络技术和应用的不断发展，特别是 Web 系统的多层架构和分布式存储，增加了项目复杂度，软件结构不合理，整个项目的需求、预算、人员、精度等方面都有潜在风险。项目风险可能导致开发时间的延长和成本的增加。

（2）技术风险。需求规约的二义性、设计方案的不确定性、实现时采用先进技术的可靠性、软件的维护性等，都存在无法达到预期效果的风险。技术风险可能影响项目质量和产品交付时间。

（3）市场风险。对于商业软件来说，还需要面对市场风险。开发不符合市场需求的软件、不符合企业商业策略的软件、不符合资金和人力资源成本的软件，都有市场风险，这些风险将会影响产品的市场和生存能力。

（4）人员风险。一方面是技术人员的综合素质要紧随时代的发展，既懂技术又能管理的项目人员配备困难。另一方面，与客户交流，让客户了解软件项目开发进程，并及时了解和修改用户的需求，从而避免因客户的原因而造成对项目的影响。人员风险可能会导致项目最终失败。

识别项目风险的办法可以通过填写风险检测表来识别。风险检测表根据不同风险类型，列出相关问题，并针对当前软件项目来回答，这些答案将作为风险估算的基础。

2. 风险估算

风险估算可以从影响风险的因素和风险发生后造成的损失两方面来度量。

对于增加风险估算的准确度，必须对风险度量建立指标体系；为风险类型更进一步细分；定义每种风险的因素及诱发因素产生的各类活动；指明风险发生后采取各项措施的成本及造成影响的损失。

假设风险检测表有 m 项风险，每项风险有 n 个检测指标。每项风险指标的取值范围为$[a_k, b_k]$，通常 a_k 是该项风险的最理想值，b_k 为最差值。如果 a_k 为 0，b_k 为 1，且取值为整数，则说明第 k 项风险的评价是布尔型。

设第 i 项风险的第 j 项指标值为 R_{ij}，对应的权值为 w_{ij}，于是第 i 项风险的估算定义为：

$$R_i = \sum_{j=1}^{n} W_{ij} R_{ij} \tag{11-27}$$

其中 $\sum_{j=1}^{n} W_{ij} = 1$，$0 \leqslant W_{ij} \leqslant 1$。

$$R = \sum_{i=1}^{m} R_i \tag{11-28}$$

式（11-27）说明，R_i 值越大则第 i 项风险越大，R 值越大则整个项目的风险也越大，应采用风险管理的规避风险措施，避免或降低风险发生的概率，减少由此造成的损失。

3. 风险评估

风险评估是通过将风险估算与风险参考水平相比较而得出结论。风险参考水平是多项风险的组合。这样不仅体现了单项风险超过风险参考水平值，更体现了多项风险综合而造成更大损失的评估。

在实践中，试图通过简单的基于风险参考水平值的组合来预测管理是有问题的，因为大多数情况下，风险本身存在很多不确定性。因此，在风险评估中，执行以下步骤，再与水平值共同完成评估。

（1）定义与当前项目有关的风险类型和各项风险的水平参考值。

（2）建立风险类型、风险发生概率与风险发生造成的后果与每项水平参考值之间的关系。

（3）预先定义一组参考点（标准）。当估算的风险值超过所定义的参考点时，将启动风险干预过程。

（4）对每组参考点，要考虑用哪些风险组合作为参考项。

此外，随着项目的推进，对项目风险的了解加深，还要将风险进一步精化，这有助于发现和规避风险，也使得对风险的分析和处理更容易控制。

4. 风险控制

前述的风险识别、风险估算和风险评估是被动的风险管理活动，风险控制是为了尽可能避免风险发生而采取的主动措施。

风险控制的主动措施有两项：一是控制在软件项目各阶段活动中可能发生风险，认真执行风险监督和管理计划；二是当风险不可避免地发生后，及时启动风险处理过程，降低风险造成的影响和损失，确保软件项目仍按计划、按质保量地向前推进。

建立风险控制策略是一项必然的选择。有效的风险控制策略包括3个问题：

（1）风险避免。

（2）风险监控。

（3）风险管理及应急计划。

风险控制策略可以是软件项目计划的一部分，也可以是独立的风险环节、监控和管理（Risk Mitigation、Monitoring、Management，RMMM）计划。RMMM计划将所遇风险分析都文档化。风险信息表（Risk Information Sheet，RIS）就是对每项风险进行分析而记录的表单。图11-8描述“建立自动获取和查询系统”中关于噪声数据可能干扰简历信息的风险信息表。

风险分析表

风险标识号：R2012-01-01	日期：2012/01/01	概率：80%	影响度：高
描述：简历文本中的噪声数据会影响简历信息的自动获取结果			
精化/语境： 子条件1：噪声数据会比简历正文内容更多，从而降低简历信息自动获取的效率 子条件2：噪声数据会干扰简历正常内容的自动获取			
缓解/监控： 1. 去除噪声数据。 2. 提高噪声数据识别的准确性，不能把有效的数据当作噪声数据处理掉			
管理/应急计划/触发：一旦出现噪声数据的极大干扰，加入手工删除噪声的方式，确保简历自动获取信息的准确率不低于70%			
创建者：×××		受托者：×××	

图11-8 风险信息表表单实例

11.6 项目质量管理

软件质量是软件产品的生命，它直接影响软件的使用、维护和用户体验。所有软件开发人员、管理人员和用户都要非常重视软件质量。无论是软件工程开发过程、控制，还是风险管理、软件配置管理，都要高度重视质量。如何保证软件质量是质量管理的重要内容。

11.6.1 软件质量因素

对于软件质量的定义，不同时期、不同专家、学者和技术人员有着不同的理解。

- M. J. Fisher定义的软件质量：所有描述计算机软件优秀程度的特性的组合。
- *IEEE Standard Glossary of Software Engineering Terminology*（ANSI/IEEE Std 729—1983）定义的软件质量：与软件产品满足规定的、隐含的、需求的能力有关的全部特征。
- 《质量管理和质量保证术语》（GB/T6583 – ISO 8402—1994）定义的软件质量：反

映实体满足明确和隐含需要的能力和特性总和。

- 《软件工程术语》(GBT 11457-2006) 定义的软件质量：软件产品中能满足给定需要的性质和特性的总体。

无论是何种定义，都能看出软件质量要满足以下几方面的问题：

(1) 软件需求是度量软件质量的基础。软件产品质量必须满足用户需求，不符合需求的软件就不具备良好的质量。

(2) 软件各方面属性的组合满足软件质量的程度。

(3) 定义规范化的标准和一组开发准则，用来指导软件的工程化开发方法和过程。如果不遵守这些标准和开发准则，软件质量就难以得到保证。

(4) 存在隐含的需求（如对软件期望有良好的软件可维护性、操作的易用性）没有显式地提出。如果软件忽略了隐含的需求，最终软件质量也不能得到保证。

因此，软件质量的目的就是在整个软件生命周期中，根据软件自身特性以及用户需求、标准和开发准则的各种因素来度量和评估软件质量需求是否得到满足。软件特性和属性是质量评价的因素，通过对软件特性和属性的量化来评价软件质量。

为了对软件质量进行度量和评估，需要定义影响软件质量的因素和度量的方法。1976 年，Boehm 等人提出软件质量模型的分层模型。1979 年 McCall 等人改进了这一模型，提出包括质量因素（factor）、准则（criteria）和度量（metric）的三层次软件质量度量模型，如图 11-9 所示。

在该软件质量度量模型中，第一层次为质量因素，它们是面向管理人员和用户的质量属性；第二层次是评价准则（质量子因素），这些评价准则体现了面向软件的质量属性；第三层次是度量要素，这些度量通常在软件生命周期过程中用来测定一个系统的产品和过程。

软件质量因素是软件开发过程各个阶段产品质量的评价因素，由于不同人员和不同时期对软件质量的理解不断转变，软件质量因素也不是一成不变。McCall 等人提出的软件要求共 3 类 11 个因素，它们之间的关系以及对其的改进如图 11-10 所示。

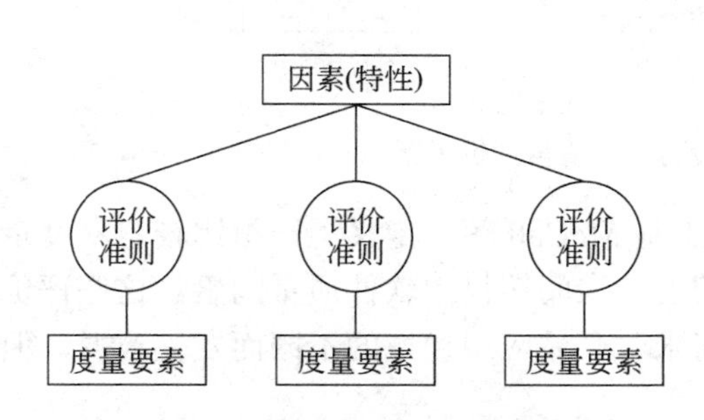

图 11-9　三层次软件质量度量模型

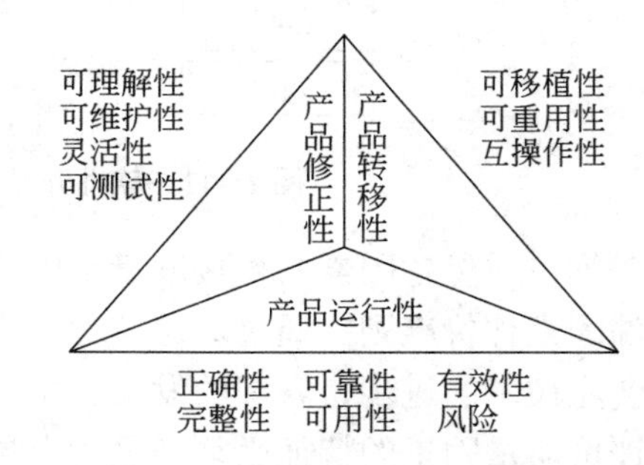

图 11-10　McCall 的软件质量因素及改进

在 McCall 软件质量因素模型中，增加“可理解性”是因为随着软件规模、复杂度的增加，对软件可维护性提出新的要求；增加“风险特性”，提出预期的软件错误或问题并给出应对措施，这为避免项目失败提供了可能。

上述软件质量各因素的具体含义如下。

（1）可理解性（Understandability）：理解、修改和维护系统文档与代码的难易程度。

（2）可维护性（Maintainability）：对系统错误修改、功能扩展、系统移植的能力。

（3）灵活性（Flexibility）：修改或改进系统的难易程度。

（4）可测试性（Testability）：对文档与代码进行测试的难易程度。

（5）可移植性（Portability）：将系统从一种硬件和软件环境转移到另一种硬件和软件环境时所需的工作量。

（6）可重用性（Reusability）：软部件在不同系统中被反复使用的程度。

（7）互操作性：（Interoperability）：软件系统与其他系统在通信和数据上交换的能力。

（8）正确性（Correctness）：系统满足用户需求规格说明和用户目标的程度。

（9）可靠性（Reliability）：当出现软件或硬件异常情况时，系统能做出正确响应的能力。

（10）有效性（Efficiency）：系统能有效利用软件和硬件资源的能力。

（11）完整性（Completeness）：系统不仅实现系统功能，而且能够控制对系统操作和数据访问安全的能力。

（12）可用性（Usability）：学习系统操作、理解系统输出结果的难易程度。

（13）风险（Risk）：对影响系统开发、导致系统出错甚至项目失败的因素的预先评估，以及出现问题时制定补救措施的能力。

软件生命周期不同开发阶段的任务、特点各有不同，要求也不一样。因而，不同开发阶段的质量评价因素也不尽相同。图 11-11 描述了与软件开发各阶段有关的质量评价因素。

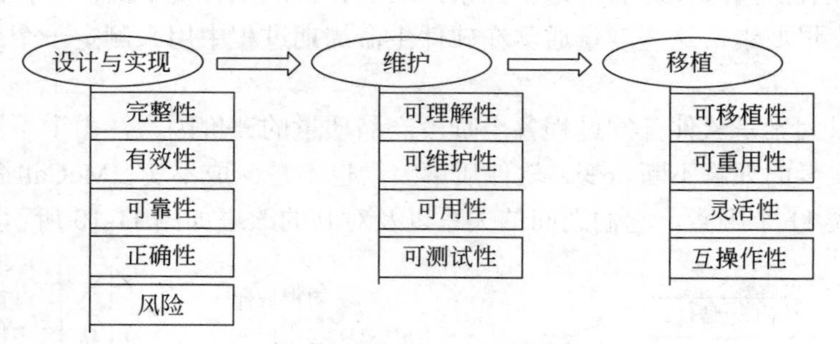

图 11-11　软件开发各阶段有关的质量评价因素

对软件质量各因素的直接度量是困难的，于是 McCall 等人定义了一组比较容易度量的软件因素评价准则，通过对这些评价准则的度量来间接描述软件质量因素。这些评价准则会随技术的进步、管理的发展、用户的需求、产品应用领域的不同而发生改变，但作为评价质量因素的特征必须满足两个条件：

（1）能够较为完整地、准确地描述软件质量的各因素，并突出各因素在软件生命周期各阶段的不同。

（2）容易量化和测量。因为评价准则就是通过量化结果反映软件产品质量的。

McCall 定义的软件质量因素评价准则共 21 种，它们分别是：

（1）可审查性（Auditability）：对软件需求、设计、代码、测试、维护等过程的规格

说明、它们间的自封闭性、风险评估、管理过程控制的容易程度。

（2）准确性（Accuracy）：软部件接口、模块计算精度，以及系统各部分间的控制复杂度。

（3）通信通用性（Communication Commonality）：使用行业领域标准、技术标准、通信和网络标准协议。

（4）完全性（Completeness）：实现的功能满足需求规格说明的程度。

（5）简明性（Conciseness）：系统开发文档、代码的紧凑程度。

（6）一致性（Consistency）：对软件需求、设计、编码、测试、维护等过程规格说明保持内容前后一致的能力。

（7）数据通用性（Data Commonality）：对领域概念、数据结构描述、数据文件、接口定义、精度要求等定义在系统设计和实现过程中必须保持一致。

（8）容错性（Error tolerance）：系统出现各种异常时，仍处于用户的有效控制之下。

（9）执行效率（Execution Efficiency）：程序运行的效率、对资源利用的效率。

（10）可扩充性（Expandability）：对软件系统结构设计、数据设计、过程设计和界面设计进行扩充的容易程度。

（11）通用性（Generality）：系统软部件对相同领域的应用、对不同领域相同功能的适应范围的广泛程度。

（12）硬件独立性（Hardware Independence）：软件系统与硬件系统无关性的程度。

（13）检测性（Instrumentation）：当系统出现错误或问题时，系统给出的提示信息所描述的准确性，定位错误的能力。

（14）模块化（Modularity）：刻画代码中各模块的独立性。

（15）可操作性（Operability）：用户学习操作系统的容易程度。

（16）安全性（Security）：一是对不同授权用户访问系统功能和数据范围的控制域；二是对系统出现异常时保护现场数据、恢复执行操作步骤的机制；三是防止遭受外部恶意系统的访问、使用、修改、破坏等行为的能力。

（17）自文档化（Self-documentation）：代码的文档支持程度，包括代码的注释及说明文档。

（18）简单性（Simplicity）：对文档和源代码理解的程度。

（19）软件系统独立性（Software System Independence）：包括硬件独立性、软件与操作系统、与其他软部件、与数据库支持等环境的紧密程度。

（20）可追踪性（Tracebility）：对软件开发过程的顺序描述、对系统错误追溯的容易程度。

（21）易培训性（Training）：包括可操作性、用户安装、部署和使用该系统的能力。

根据这 21 种软件质量因素的评价准则，如何度量 McCall 的 11 项软件质量因素以及补充的可理解性和风险因素，式（11-29）和式（11-30）给出了评价的基本模型：

$$F_i = \sum_{j=1}^{21} C_{ij} M_{ij}\text{，} 1 \leqslant i \leqslant 13 \qquad (11\text{-}29)$$

$$F=\sum_{i=1}^{13}C_iF_i \tag{11-30}$$

其中，F_i 是第 i 项软件质量因素；M_{ij} 是软件因素 F_i 的第 j 项评价准则的值；C_{ij} 是对第 j 项评价准则的权值，且满足 $\sum_{j=1}^{21}C_{ij}=1$；C_i 是第 i 项软件因素 F_i 的权值，且满足 $\sum_{i=1}^{13}C_i=1$；F 是对整个软件系统质量的度量。

由于 McCall 定义的评价准则难以定义客观的评价标准，大多都只能是靠质量评价人员的经验、评价的角度、理解程度来综合地为评价准则定值。表 11-10 给出了 ISO 关于软件质量因素与评价准则间的关系。

表 11-10 ISO 关于软件质量因素与评价准则间关系

评价准则	质量因素										
	正确性	可靠性	有效性	完整性	可维护性	可测试性	可移植性	可重用性	互操作性	可用性	灵活性
可审查性				√		√					
准确性		√									
通信通用性									√		
完全性	√										
简明性			√		√						√
一致性	√	√			√						√
数据通用性									√		
容错性		√									
执行效率			√								
可扩充性											√
通用性							√	√	√		√
硬件独立性							√	√			
检测性				√	√	√					
模块化		√			√	√	√	√	√		√
可操作性			√							√	
安全性				√							
自文档化					√	√	√	√			√
简单性					√	√					√
软件系统独立性							√	√			
可追踪性	√										
易培训性										√	

11.6.2 软件质量保证活动

软件质量保证（Software Quality Assurance，SQA）通过建立一套有计划的、有系统

的方法，保证拟定出的标准、步骤、实践和方法能够正确地被所有项目正确采用。SQA 通过管理人员对软件产品和开发活动进行评审和审计，并验证软件是否符合软件质量评价标准。图 11-12 描述了 SQA 的工作及人员组织结构。

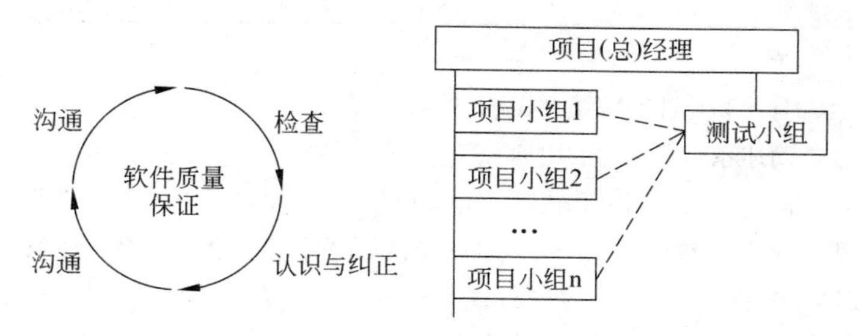

图 11-12　SQA 的工作及人员组织结构

SQA 由各项任务组成，这些任务的参与者有两类：软件开发人员或 SQA 组。

- 软件开发人员采用相应的技术、工具、方法，进行正式的技术复审和管理审查，以及严格的软件测试，并最后度量与技术有关的质量因素。
- SQA 组辅助软件设计人员以获得高质量的软件产品，他们通过确保软件过程的质量，负责 SQA 的计划、监督、记录、分析和报告，以此保证软件产品的质量。

1993 年软件工程研究所推荐了一组有关质量保证的计划、监督、记录、分析及报告的 SQA 活动。这些活动期望由一个独立的 SQA 组实施。

（1）制定项目质量标准和计划。应该从项目立项开始就建立系统的质量要求，以及质量标准实施的计划过程，并作为软件工程文档的一部分，进行各阶段的管理复审。项目质量标准和计划规定了软件开发人员和质量和 SQA 组执行的质量保证活动，如采用的质量标准、错误报告的内容和跟踪过程、SAQ 组应该产生的文档及内容、及时提供质量跟踪反馈结果。

（2）参与软件项目的软件过程描述。根据选定的软件开发过程，SQA 组对照建立的需求，评估开发过程所达到的质量标准。

（3）记录所有活动并进行处理。根据预定的规程进行记录，确保软件工作和产品出现的错误、缺陷、不足等内容记录在案，并及时进行错误的分析和处理。

（4）评审软件工程的所有活动。SQA 组对软件工程活动进行监督、审查，使技术开发过程符合软件过程各项规范和要求。

（5）计划和变更的跟踪。一是跟踪项目的实施过程，及时提出不符合软件工程过程和软件质量因素的活动；二是跟踪错误发现、修改和验证过程，确保修改的系统不会影响原有工作的功能和性能；三是协调变更的控制与管理，并在需求分析开始就收集和分析软件度量所需要的质量因素。

11.6.3　软件质量保证计划

软件质量保证计划（Software Quality Assurance Plan，SQAP）规定在项目中采用的软件质量保证的措施、方法和步骤。文献[12]定义了 SQAP 文档格式及其内容，并需要根据项目的具体情况有所变化，目的就是体现SQA组对用户需求、性能需求、领域需求等方面的约束，对软件工程实施的监督和控制，对软件配置变更管理的记录和跟踪。

下面是文献[12]定义的SQAP的部分基本框架。

1. 引言。
    1.1 标识。包含系统和软件的完整标识。
    1.2 系统概述。简述系统和软件的用途。
    1.3 文档概述。简述文档的用途和内容，并描述与其使用的有关的保密与私密性要求。
    1.4 资质和职责。描述SQA负责人在项目中的职责和权限；相应的高层经理、与SQA紧密配合的项目经理的职责；部门内部SQA组长的职责以及与项目SQA负责人的关系。
    1.5 资源。描述出项目质量保证活动所需的各种资源。
2. 引用文件。本章应列出本文档引用的所有文档的编号、标题、修订版本和日期。
3. 管理。必须描述负责软件质量保证的机构、任务及其有关的职责。
    3.1 机构。必须描述与软件质量保证有关的机构的组成，及其相关单位或机构间的关系。
    3.2 任务。必须描述计划所涉及的软件生存期中有关阶段的任务，特别是要把重点放在描述这些阶段所应进行的软件质量保证活动上。
    3.3 职责。必须指明软件质量保证计划中规定的每一个任务的负责单位或成员的责任。
4. 文档。必须列出在该软件的开发、验证与确认以及使用与维护等阶段中需要编制的文档，并描述对文档进行评审与检查的准则。
    4.1 基本文档。包括软件需求规格说明、软件设计规格说明、测试计划与测试报告、软件验证与确认计划。
    4.2 用户文档。如用户手册、操作手册等。
    4.3 其他文档。包括项目开发计划、项目进展报表、项目开发各阶段的评审报表、项目总结报告。
5. 标准、规程和约定。必须列出软件开发过程中要用到的标准、规程和约定，并列出监督和保证执行的措施。
6. 评审和检查。
    6.1 软件需求（规格）评审。
    6.2 系统/子系统设计评审。
    6.3 软件设计评审。
    6.4 软件验证与确认计划评审。
    6.5 功能检查。
    6.6 物理检查。
    6.7 综合检查。
    6.8 管理评审。
7. 项目策划阶段的SQA活动。描述SQA负责人参与制定项目的软件开发计划和配置管理计划的活动，以及这三者之间的关系。
8. 评审和审核。

8.1　过程的评审。描述对项目进行过程评审的方法和依据，并在表中列出项目定义的过程以及相应的过程评审。

8.2　工作产品的审核。

8.3　不符合问题的解决。

9. 软件配置管理。

10. 工具、技术和方法。必须指明用以支持特定软件项目质量保证工作的工具、技术和方法，描述它们的用途。

11. 媒体控制。必须指出保护计算机程序物理媒体方法和设施，以免非法存取、意外损坏或自然老化。

12. 对供货单位的控制。

13. 记录的收集、维护和保存。

14. 日程表。列出项目质量保证活动的日程表，并确保质量保证的日程表与项目开发计划以及配置管理计划保持一致。

15. 注解。本章应包含有助于理解文档的一般信息（例如背景信息、词汇表、原理）。

11.7　软件配置管理

任何软件开发过程，都不可避免地发生计划的变化和修改。这些变化和修改是发生在开发人员之间、开发人员和管理人员之间、开发人员、文档和程序之间的一个往复迭代过程。如果发生了变化和修改而没有及时记录和通知相关人员、修改相关文档，势必影响软件质量和可靠性。随着时间的推迟，这些影响将越来越广，也越来越难以控制，最终可能导致项目失败。

软件配置管理（Software Configuration Management，SCM）是对软件修改进行标识、组织和控制的技术。SCM的目的是通过定义管理软件变化的一组活动来减少由此引起的混乱，提高软件生产率。SCM定义的变更管理活动主要包括：

- 标识变化。
- 控制变化。
- 监督、记录变化过程。
- 通知与变化相关的所有人员，更新与变化相关的文档。

软件配置管理应贯穿整个软件工程过程。

11.7.1　软件配置项

Pressman指出，任何软件产品的最终结果都可以分为如下3类信息：

（1）计算机程序（包括源程序、目标程序和可执行程序）。

（2）软件产品在开发过程中生成的文档（面向开发人员和面向用户）。

（3）软件产品内部和系统外部存储的数据。

综合上述所有信息就构成软件配置，组成上述信息的各项（子信息）构成一个软件配置项（Software Configuration Item，SCI）。具体来说，软件配置项可以是：

（1）系统规格说明。

（2）软件项目计划，包括软件开发计划、质量保证计划、配置计划和验收确认计划。

（3）软件需求规格说明。

（4）软件设计规格说明，包括概要设计说明和详细设计说明。

（5）程序，包括源代码、目标文件、可执行文件、软件部件库、数据等。

（6）软件测试文档，包括测试计划、测试用例、测试脚本和测试报告。

（7）维护文档，包括软件维护计划、软件问题报告、变更报告。

（8）用户文档，包括用户手册、联机帮助、安装和部署文档等。

（9）软件工程和软件质量管理的标准与过程。

（10）对上述各项内容的按需组合，构成复合软件配置项（针对中小型项目，以及极限编程、敏捷编程等软件开发过程的需要）。

对 SCI 的修改需要进行技术审查和管理复审。但并非对 SCI 的任何修改都需要进行复审，而只有通过基线的 SCI 的变化和修改才进行复审。

基线（Base Line，BL）与软件配置密切相关。IEEE 给出的基线定义是：已经正式通过复审和批准的某规约或产品，它因此可作为进一步开发的基础，并且只能通过正式的变化控制过程改变。简而言之，基线是通过正式技术审查和管理复审的 SCI。在基线之前对 SCI 的修改可以随时进行，属于非正式修改。同时，对修改的内容也不做任何承诺。但该 SCI 已经基线确认后，对它的任何修改都必须要接受配置管理的严格控制，修改将严格按照变更控制要求的过程进行评估、审查和复审。因此，基线具有以下特点：

- 基线是正式的评审过程。
- 对基线的变更要受到更为严格的限制和监控。
- 基线是对 SCI 进一步开发和修改的基准和出发点。

11.7.2 配置管理过程

软件配置管理是软件质量管理中重要的环节，它的管理目的就是有效控制变化和修改，缩小更改的涉及面，减少修改带来的副作用。

软件配置管理过程主要包括软件配置项命名、软件版本控制、变化控制、配置审计和配置状态报告。

1. 软件配置项命名

在软件工程过程中，会产生成百上千的文档，它们既有技术文档，也有管理文档。如何定义这些文档、如何确定文档的 SCI 和管理这些文档，特别是当这些文档出现变化和修改时，如何及时通知相关人员，及时更改相关文档，是软件配置管理的重要内容。

同时，软件配置又是一个动态概念。随着软件开发过程的进行，各类文档在数量、内容上都发生了改变。因此，为了控制和管理 SCI，必须单独命名每个 SCI。

对 SCI 制定适合的命名规则是配置管理的第一步，它必须具有：

- 唯一性：SCI 在软件工程过程中的命名是唯一的，这样避免重名导致的混乱。
- 适应性：命名能反映 SCI 的版本信息，适应软件配置的不断变化。
- 可追溯性：命名能够反映 SCI 间的关系。

命名通常有两种类型：树形结构和面向对象方法。

（1）树形结构反映了文档间的线性关系。如有关登录界面的代码位置为：

Project/Forms/User/UserInput/Login/V1.0/Codes

这样，通过 SCI 名称，能追溯与当前文档相关的文件，保证 SCI 修改后的一致性。

（2）用面向对象方法进行 SCI 标识。这时，需要标识的对象分为基本对象和复合对象。

- 基本对象是指需要进行质量管理的、从问题定义到维护阶段的文本单元。它可以是某阶段文档的一个小节（如数据字典中某项数据的定义）、一个过程描述、一项性能描述、一段模块的源代码、一个测试用例及其预期结果等。
- 复合对象是指由基本对象和其他对象构成的集合。例如，设计阶段得到的设计需求规格说明，它就是由多项基本对象构成的复合对象。图 11-13 描述了软件配置中的基本对象和复合对象以及他们之间的关系。

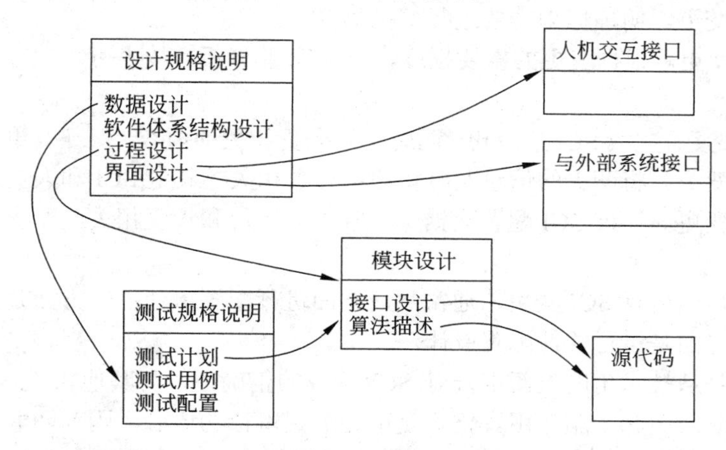

图 11-13　软件配置对象以及它们之间的关系

每个 SCI 都包括名字、描述、资源和实现。

- 名字：明确表明对象含义，具有唯一性。
- 描述：包括对配置对象内容、标识、作者、变更记录、版本等信息的说明。
- 资源：配置对象提供的处理过程、结果信息，也包括需要其他配置对象提供的引用、支持等数据和信息。
- 实现：配置对象说明当前文档实体内容的位置，只有基本对象具有实现，复合对象取 null 值。

由于软件开发是一个动态过程，难以在问题的完成前全面考虑，因此 SCI 的内容也应该随着开发的进程不断演进。

2．软件版本控制

理想情况下，每个 SCI 只需保留当前最新版本修改的文档即可。但由于以下原因，必须保留 SCI 修改过程中出现的不同版本的文档。

- 问题的回溯。修改并不意味着总是正确的。保留旧版本则能回溯问题的起源，分析导致错误的真正原因。

- 不同配置的需要。不同用户对系统的运行环境、软件配置、操作习惯等方面有着不同的需求。各自的需求必须有相对应的软件配置文档。
- 相同SCI的多人处理。不同的SCI版本，记录了不同人员处理的过程和信息。

版本控制系统为SCI提供一组属性，用于描述不同的版本。属性集可以是SCI名称，也可以是SCI修改时间、修改人员等属性的组合，其目的是能正确反映SCI在功能上、性能上、内容上、重要性上的改变。

3. 变更控制

软件开发过程中SCI的变更是不可避免的，但不受控制的变更会导致软件项目混乱。变更控制就是建立一套修改和管理SCI变更的机制，通过控制对SCI的变更，使得变更过程有序进行，并将修改结果传递给与之相关的其他SCI和人员。

变更控制的主要内容包括：

（1）标识变更。明确标识需要进行变更的SCI。

（2）分析变更。根据变更的重要程度、成本/效益分析、技术可行性等方面分析变更的必要性。

（3）记录变更。完成SCI的变更，同时记录变更相关的内容，保证变更过程的追溯。

（4）通知变更。将变更的信息及时传递给与之相关的其他SCI和人员。

（5）配置变更。通过SCI配置数据库，收集、评价和管理相关的变更活动和内容。

4. 配置审计

为了确保适当进行SCI变更，通常从两方面进行配置审计：一方面是进行正式的技术复审；另一方面是进行软件配置审计。

技术复审是从技术角度重新审查对SCI修改的正确性，与其他相关SCI的一致性，以及是否有遗漏或引起了副作用。技术复审是配置审计的核心，因为随着软件开发过程的深入，在需求和概要设计中难以确定的功能和性能，或没有发现的问题都将逐步暴露出来，因而对技术（包括设计和实现）的修改是必然的、持续的。

软件配置审计是对技术复审有益的补充，因为技术复审有时更多的是从技术角度出发，忽略了文本内容更新的实时性和相关性。因此，软件配置审计主要关注：

（1）技术变更也要遵循软件工程规范。

（2）技术复审都要通过技术正确性验证。

（3）SCI中有关版本的属性集要进行相应的修改。

（4）变更的过程要遵循标识、分析、记录、通知和配置变更的步骤。

（5）所有变更都要纳入配置审计的管理中。

5. 配置状态报告

配置状态报告（Configuration Status Reporting，CSR）记录软件配置的变更过程和内容，反映开发活动情况。CSR的主要内容包括：

（1）为什么发生对SCI的变更？

（2）对于SCI发生了哪些变更？

（3）变更发生在什么时间？

（4）变更的处理是由何人完成？

（5）变更导致了哪些变化？

（6）变更造成了什么样的影响？

当文档内容通过基线，作为一个正式的 SCI，则对它的每一次变更都要编写或执行 CSR。因为它将作为所有开发人员和管理人员共享的通信内容，能避免由更改导致的不一致性。

11.7.3　软件配置管理计划

软件配置管理计划（Software Configuration Management Plan，SCMP）说明在项目中如何实现配置管理。下面是文献[12]定义的 SCMP 的部分基本框架。

1. 引言。
   - 1.1　标识。应包含文档使用的系统和软件和完整标识。
   - 1.2　系统概述。简述文档适用的系统和软件的用途。
   - 1.3　文档概述。概括文档用途与内容，并描述与其使用有关的保密性与私密性要求。
   - 1.4　组织和职责。描述软件配置管理负责人、委员会的组成以及各类人员在项目中的职责和权限。
   - 1.5　资源。描述出项目质量保证活动所需的各种资源。
2. 引用文件。应列出文档引用的所遇文档的编号、标题、修订版本和日期。
3. 管理。描述负责软件配置管理的机构、任务、职责及其有关的接口控制。
   - 3.1　机构。描述在各阶段中负责软件配置管理的机构。
   - 3.2　任务。描述在软件生命周期各阶段中的配置管理任务以及要进行的评审和检查工作，并指出各个阶段的阶段产品应存放在哪一类软件库中（软件开发库、软件受控库或软件产品库）。
   - 3.3　职责。描述与软件配置管理有关的各类机构或成员的职责，并指出这些机构或成员相互之间的关系。
   - 3.4　接口控制。描述：
     - a．接口规格说明标识和文档控制的方法。
     - b．对已交付的接口规格说明和文档进行修改的方法。
     - c．对要完成的软件配置管理活动进行跟踪的方法。
     - d．记录和报告接口规格说明和文档控制状态的方法。
     - e．控制软件和支持它运行的硬件之间的接口的方法。
   - 3.5　实现。规定实现软件配置管理计划的主要里程碑。例如，确定各个配置基线，建立控制接口协议，制定评审与检查软件配置管理计划和规程等。
   - 3.6　使用的标准、条例和约定。
     - 3.6.1　指明所适用的软件配置管理标准、条例和约定。
     - 3.6.2　描述要在本项目中编写和实现的软件配置管理标准、条例和约定。
4. 软件配置管理活动。
   - 4.1　配置标识。
     - 4.1.1　本条必须详细说明软件项目的基线。
     - 4.1.2　本条必须描述本项目所有软件代码和文档的标题、代号、编号以及规程。

4.2 配置控制。

4.2.1 本条必须描述3.2条描述的软件生命周期中各个阶段使用的修改批准权限的级别。

4.2.2 本条必须定义对已有配置的修改申请进行处理的方法。

4.2.3 对于各个不同层次的配置控制组和其他修改管理机构，规定权限、职责、结构、成员等。

4.2.4 当要与不属于本软件配置管理计划使用范围的程序和项目进行交互时，必须说明对其进行配置控制的方法。

4.2.5 本条说明与特殊产品（如非交付的软件、现存软件、用户提供的软件和内部支持软件）有关的配置控制规程。

4.3 配置状态的记录和报告。本条指明：

a. 指明怎样收集、验证、存储、处理和报告配置项的状态信息。

b. 详细说明要定期提供的报告及其分发办法。

c. 如果有动态查询，要指出所提供的动态查询的能力。

d. 如果要求记录用户说明的特殊状态时，要描述其实现手段。

4.4 配置的检查和评审。

5. 工具、技术和方法。指明为支持特定项目的软件配置管理所使用的软件工具、技术和方法，指明它们的目的，并在开发者所有权的范围内描述其用法。

6. 对供货单位的控制。

7. 记录的收集、维护和保存。

8. 配置项和基线。

8.1 配置项命名规则。

8.2 配置项的识别和基线的划分。

8.3 变更和发布。描述配置项和基线变更、发布的流程以及相应的批准权限。

9. 备份。说明配置库和配置管理库的备份方式、频度、责任人。

10. 日程表。

11. 注解。

附录。

11.8 项目人员组织管理

软件质量管理归根到底是对人的管理。由于参与到软件项目中的人员很多，各自的职责也不尽相同，因而对人的管理需要有组织地进行。

11.8.1 团队组织

随着软件规模和复杂度的增加，在给定期限内个人“单打独斗”地完成软件项目已经是很难的了。只有汇集多名软件技术人员，并将他们合理组织起来，使他们有效、分工、协同、一致完成开发工作。

1. 团队构建因素

成功地完成软件开发项目，项目团队必须以高效、有益的方式组织起来，并能有效

进行交互和通信。在构建团队时，就要结合项目因素和人员因素考虑团队的组成结构。

项目因素主要结合下面的问题来考虑：

（1）项目规模大小和复杂程度。

（2）对项目中用户问题的分解程度。

（3）对项目性能、操作等非功能性要求的程度。

（4）项目开发时间的限制程度。

（5）对项目质量要求和可靠性要求的程度。

（6）与用户就项目的交流程度。

项目因素是团队组建的外部因素，人员因素是团队组建的内部因素。人员因素主要考虑以下几个方面。

（1）对团队人员综合因素的考虑。综合因素涉及人员参与项目的时间、技术能力，适宜完成需求、设计、实现、测试和维护哪些阶段的任务。

（2）对团队人员的培训和磨合。包括项目的应用背景、团队人员的技术培训、彼此之间的配合和默契程度。

（3）在有条件的情况下，对团队人员配置应该按照技术和管理双轨制组织。

2. 团队组织原则

对于团队在组织过程中，应遵循以下原则：

（1）尽早落实责任：在软件项目工作开始时，要尽早指定专人负责，使其有权进行管理，并对任务的完成负全责。

（2）减少接口：一个组织的生产率随完成任务中存在的通信路径数目增加而降低。要有合理的人员分工、好的组织结构、有效的通信，减少不必要的生产率损失。

（3）责权均衡：软件经理人员所负的责任不应比委任给他的权力还大。

11.8.2 团队组织方式

目前软件项目团队的组织方式很多，团队组织方式不仅涉及人员的构成和组织形式，更要取决于项目特点、对人员的组织和管理经验。

对项目问题分解方式的不同，团队组织和团队人员的分工也不一样。

（1）按项目划分。把软件人员按项目整体打包分配方式组成项目开发团队。团队成员自始至终参加项目的整个软件工程开发过程，负责完成软件系统的问题定义、设计、实现、测试、维护、文档编写、各阶段的技术审查和管理复审等工作的全过程。

这种组织方式要求团队人员的综合素质高，每个人所分配的任务可以涉及整个项目的各个阶段，同时还包括质量管理控制和文档编制。

（2）按开发阶段划分。把团队人员按软件工程开发阶段划分成若干不同的小组，小组成员负责本阶段的工作，作为开发流程的一个阶段，起到承上启下的作用。这种职能划分方式，使得软件人员把主要精力关注于有限的问题上，有利于提高系统质量。

图 11-14 描述了上述按项目问题分解方式进行的划分。横坐标表示同一开发阶段的项目并发过程；纵坐标表示同一项目的不同开发阶段。

对团队人员的组织和管理，目前有 3 种常用的组织方式。

（1）民主制小组。民主制小组形式的特点是在遇见问题时，小组成员间是平等地交换意见，共同协商解决问题。任务目标的制定和分配，都由小组成员共同完成。

假设有N个小组成员，则小组成员间彼此通信量为：N×（N－1）/ 2。如果小组成员增加1倍，则通信量将增加4倍多。可见，民主制小组成员不宜过多，以2～8名成员为宜。同时，较少人员容易就重大问题达成共识，制定的标准易于被大家接受，并容易管理和实现过程控制。

民主制小组通常就开发过程中的核心技术、系统攻关等问题以非正式方式组织。虽然小组名义上有组长或负责人，但他的地位和作用与小组其他人员相等的。

（2）主程序员组。主程序员组最初是由IBM公司在20世纪70年代初采用的人员组织方式。这种组织的核心是由一位经验多、技术好、能力强的主程序员、2～5位程序员、一位后备程序员组成。

主程序员负责小组开发活动的计划、任务分配、人员协调与技术审查，同时设计和实现项目中核心部件。

程序员按照主程序员的设计方案和步骤，具体实现所分配任务的开发，文档编写等相关工作。

后备工程师支持主程序员的工作，为主程序员提供咨询，或共同参与分析、设计和实现任务。后备工程师在必要时能够替代主程序员引导小组继续完成后续项目的任务。

同时根据项目规模、时间、资金等条件的约束，可以灵活增加其他相关人员以辅助项目并按质保量完成整个项目。

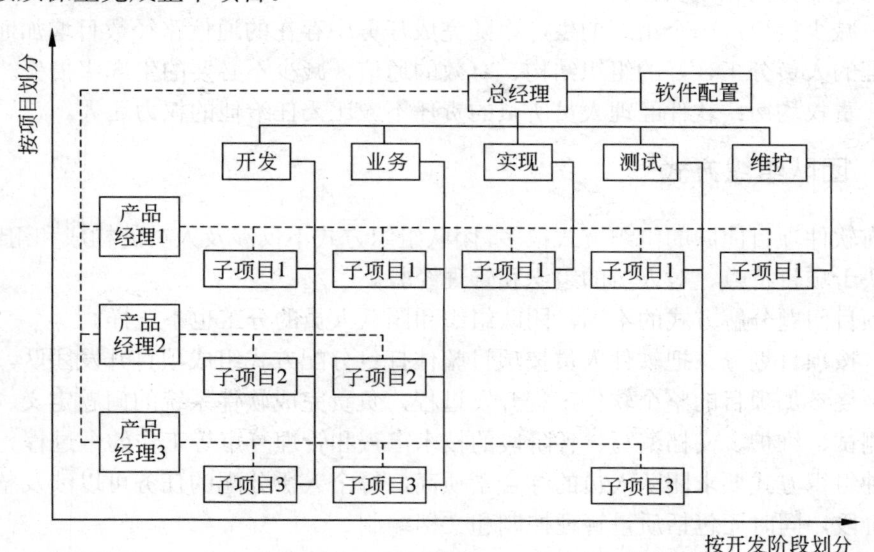

图 11-14　按项目问题进行分解

（3）层次式小组。层次式小组的人员由一位项目负责人负责小组开发活动的计划、任务分配与人员协调。项目负责人的下面由多个小组按层次结构组织，每个小组类似主程序员组形式，小组内部由一位经验多、技术好、能力强的程序员作为高级程序员，他负责小组开发活动的计划、任务分配、人员协调与技术审查，同时设计和实现项目中核心部件。层次式小组其他成员按照按层次结构分配到多个小组中，并由多个小组共同完成项目任务。

图 11-15 简要描述了上述 3 种人员的组织结构。

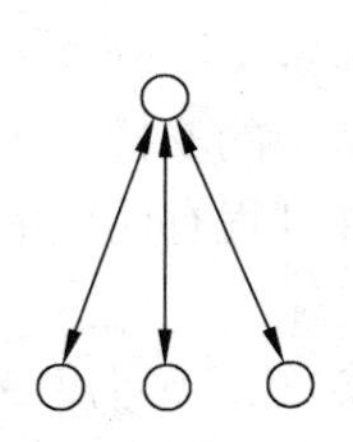
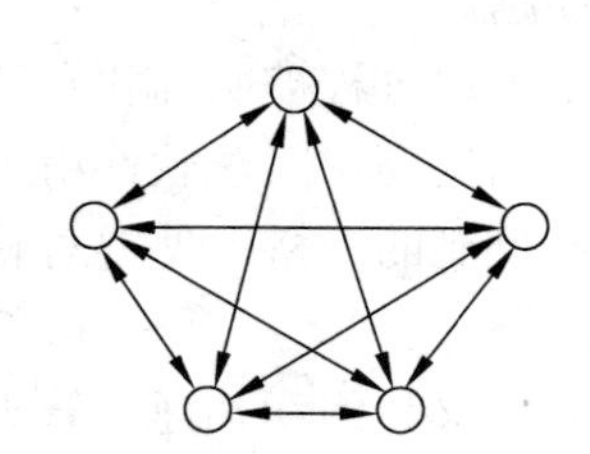
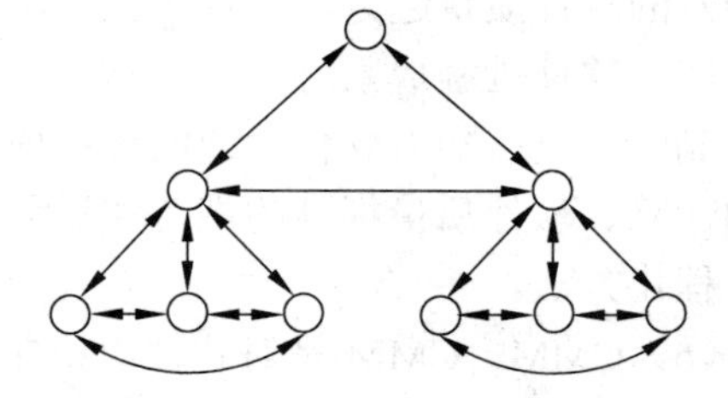

图 11-15 团队人员的 3 种组织结构

11.9 软件能力成熟度模型

从软件工程概念提出开始，研究新的软件开发方法和技术，提高计算机软件的生产率，提高软件产品质量和可靠性，一直是软件工程研究发展的重点。同时，在 20 世纪 80 年代中后期，软件工程业界开始认识到，随着软件向大型化、复杂化发展，最关键的问题不仅在于开发技术、方法和工具的好坏，更重要的是软件工程难以定义和规范软件过程，难以管理软件过程的实施。

1986 年底美国 SEI/CMU 开始着手研究和制定支持软件开发组织控制、管理和改进软件过程的软件过程成熟度框架，并于 1987 年开发了“软件过程评估”和“软件成熟度评价”两个模型，1991 年发布了软件能力成熟度模型（Capability Maturity Model for Software，SW-CMM 或 CMM），陆续发布了 CMM v1.0 和 CMM v2.0。

11.9.1 基本概念

在 CMM 描述内容中，常用到一些基本概念。

（1）过程。虽然人们所处领域和角度的不同，但对过程的理解基本是一致的。

- 《牛津简明词典》中的定义：过程是一组活动与操作的集合。
- 《韦氏大词典》中的定义：过程是用于产生某种结果的一整套操作、一系列活动、变化以及作为最终结果的功能。
- 《IEEE-Std－610》中的定义：过程是为完成一个特定目标而进行的一系列操作步骤。

（2）软件过程。SEI/CMU 中的定义是：软件过程是用于软件开发及维护的一系列活动、方法及实践。软件过程是对项目计划、需求和设计文档、源代码、测试文档、维护文档等的活动及实施管理。

（3）软件生命周期过程。《ISOIEC12207－1995》中的定义为：它是一个框架，包含有遍历系统从需求确定到使用终止这一生命周期的软件产品的开发、运行和维护中需要实施的过程、活动和任务。软件生命周期过程包括软件基本过程、软件支持过程和软件组织过程，如图 11-16 所示。

（4）软件过程能力。它用于描述通过执行软件过程、实现预期结果的能力。此能力包括质量、效率、工期、成本等达到预期的满意程度。通常情况下，软件过程能力越强，所开发的软件质量越好，成本越低，而工期越短。

（5）软件过程成熟度。它是指一个特定软件过程被明确和有效地定义、管理、测量和控制的程度。随着软件组织的过程成熟度的提高，其对软件组织结构的安排、组织结构的建立、软件质量标准的规范和过程实施控制的严格，使得对软件过程有明确的管理和工程化方法。

（6）CMM。CMM 是对软件组织在项目定义、组织构建、管理实施、项目度量、过程控制和改善的实践中，对各个开发阶段和管理过程的描述。CMM 通过确定当前过程的成熟度、识别实施软件过程的不足之处，并提出对软件质量和过程的改进问题，最终形成对软件过程的改进策略。

（7）CMM 框架。CMM 框架以 CMM 为基础，将软件过程从无序到有序的进化过程，并将该过程划分为 5 个等级，为软件过程不断改进奠定了一个循序渐进的基础。

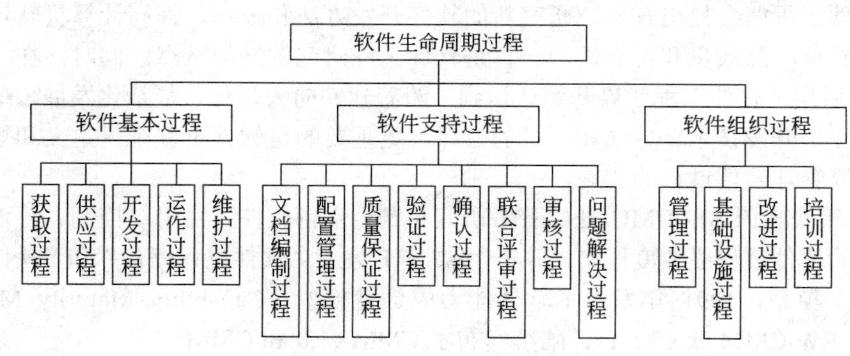

图 11-16　软件生命周期过程分类

11.9.2　软件能力成熟度模型等级

CMM 把软件过程的改进过程划分为 5 个等级，每个等级都有各自软件过程的基本特征、实践任务和管理目标，每个等级都为过程改进的继续提供基础。当每个等级的过程实施达到该等级的过程目标，对该等级的特征、任务和管理建立一个重要成分并稳定下来，从而也使在 CMM 框架中软件开发组织的过程能力得到一定程度的提高。图 11-17 简要描述了软件过程级别及演化。

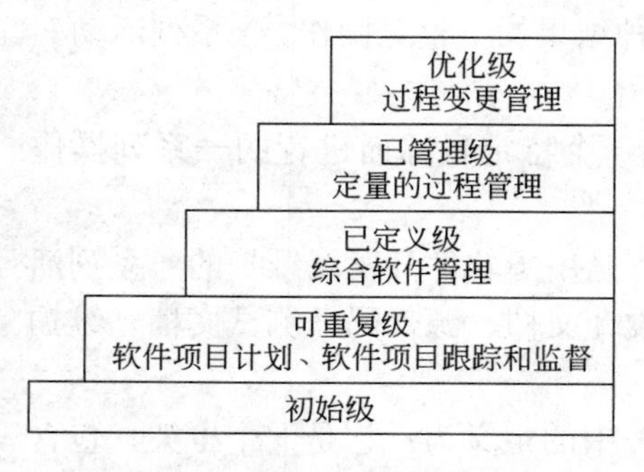

图 11-17　软件过程级别及演化

1. 初始级

在初始级阶段，软件开发组织无法提供开发和维护软件的稳定环境，软件开发状态是无序的，开发过程是不稳定的。由于没有管理和控制，大多数

工作主要集中在编码上，项目的成功完全取决于个人能力和小组自身的管理和努力。

2. 可重复级

在可重复级阶段，软件开发组织根据具体的应用领域和软件开发的实际情况，建立基本的管理制度，制定基本的软件过程和控制过程，使得软件组织能重复以往类似项目的成功实践、管理制度和软件过程。

3. 已定义级

在已定义级阶段，将完成项目的技术和管理的软件过程标准化、文档化和制度化，并定义对软件产品和过程的质量评估的量化目标，确保对所有软件活动的生产率和质量完成量化评定。这样，软件组织在后续软件项目定义和开发活动过程中，可以根据已建立的软件过程标准或其子集，实施软件过程标准的、一致的和稳定的关键活动。

4. 已管理级

在已管理级阶段，重视软件度量的作用，对软件产品和过程定义了量化的质量目标。度量软件过程活动的生产率和质量，记录软件开发过程中各项技术指标以及 SEI 的度量过程和结果，进行深入分析，以此为基础进行项目开发中的决策。此外，已管理级已加入项目风险分析，对可能产生的风险以及由此带来的后果进行预测，同时安排了应急预案。

5. 优化级

在已优化级阶段，软件组织能够持续不断对软件过程进行改进，发现软件过程中的优势并加以定量度量和文档化；发现软件过程中的薄弱环节，则认真评价软件过程存在的问题、增强管理和监控，总结经验以防止类似事情的再次发生。这样，软件组织采用新思想、新方法、新技术来不断改进软件过程，提高软件过程能力。

11.9.3　关键过程域

CMM 中各成熟度等级定义了一组关键过程域，它说明一个软件组织要达到成熟度等级，就必须按照关键过程域要求来实现所有的关键实践。

关键过程域（Key Process Area，KPA）是描述软件过程的属性集合。它通过定义一组相互关联的软件实践活动和有关的基础设施，达到成熟度等级的目标，同时体现和提高软件过程能力。关键过程域是 SCI 标识、评估软件过程能力和成熟度的单元，它将彼此相关的关键实践进行分类和概括，便于开展实践和实施管理。要达到 KPA 的目标，不仅要完成同级关键实践，还需要低一级 KPA 关键实践的支持。

关键实践是指对 KPA 有效实施和制度建设起关键作用的组织、标准、规范、措施、策略、培训、工具以及对上述相关内容的建立、实施和检查。

每个 KPA 与特定 CMM 等级相对应，每个 KPA 包含一组关键实践，这些实践定义了各类人员在 KPA 实施过程的作用和各自职责。表 11-11 定义了 KPA 和相关的过程能力。

表 11-11　成熟度等级的 KPA 和过程能力

等级	成熟度	可视性	过程能力	关键过程域
1	初始级	有限的可视性	一般达不到进度和成本的目标	
2	可重复级	具有管理可视性	由于基于过去的性能，项目开发计划比较现实和可行	需求管理 软件项目计划 软件项目跟踪与监督 软件子合同管理 软件质量保证 软件配置管理
3	已定义级	项目定义软件过程的活动具有可视性	基于已定义的软件过程，组织持续地改善过程能力	软件机构过程关注点 软件机构过程定义 培训计划 整体化软件管理 软件产品工程 组间合作 同行评审
4	已管理级	定量地控制软件过程	基于对过程和产品的度量，组织持续地改善过程能力	定量过程管理 软件质量管理
5	优化级	持续改善软件过程	组织持续地改善过程能力	过程变更管理 预防故障 技术变更管理

11.10　本 章 小 结

软件项目管理是通过对软件工程全过程的计划、组织和控制等一系列活动，合理配置和使用与软件项目开发有关的各项资源，并按照预订目标、进度、和预算顺利推进软件开发过程，最终得到符合用户需求的、高质量和高可靠性的软件产品的过程。

软件项目管理的目的是希望通过对软件开发各阶段进行合理安排和控制，使软件开发在既定时间、资金、人员的条件下，顺利推进软件过程，得到满足用户需求的软件产品，使软件项目取得成功。

Pressman 提出了有效项目管理的 4P 内容：人员（people）、产品（product）、过程（process）和项目（project）。

软件项目管理的难点是成本和进度的控制。本章介绍了基于代码行、功能点、专家估算模型、Putnam 模型、COCOMO 模型等。

软件工程开发过程各阶段都划分有各自的任务，制定和安排各阶段任务的完成时间，是整个项目按时完成的基础和保障。软件项目进度安排通过把工作量分配给特定软件工程阶段，并规定完成各项任务的起止日期。软件项目能否按计划时间完成并及时交付合格的产品，是项目管理的重点，也是客户关心的重要内容。甘特图和工程网络图是常用

的项目进度管理工具。

项目管理的重要内容之一就是对风险进行管理。软件项目的成功是指应在风险出现之前，尽量预测风险、避免风险的发生。当风险发生时，需要准备好必要的应急预案。风险管理划分为4个过程：风险识别、风险估算、风险评估和风险控制，项目中的风险管理是反复持续的活动过程。

评价软件质量的目的就是在整个软件生命周期中，根据软件自身特性以及用户需求、标准和开发准则的各种因素来度量和评估软件质量需求是否得到满足。软件特性和属性是质量评价的因素，对软件特性和属性的量化来评价软件质量。McCall等人提出包括质量因素（factor）、准则（criteria）和度量（metric）的三层次软件质量度量模型。

软件配置管理（Software Configuration Management，SCM）是对软件修改进行标识、组织和控制的技术。SCM的目的是通过定义管理软件变化的一组活动来减少由此引起的混乱，提高软件生产率。SCM 定义的变更管理活动主要包括标识变化、控制变化、监督、记录变化过程、通知与变化相关的所有人员、更新与变化相关的文档等。软件配置管理应用于整个软件工程过程。

成功地完成软件开发项目，项目团队必须以一种高效、有益的方式组织起来，并能有效进行交互和通信。在构建团队时，就要结合项目因素和人员因素考虑团队的组成结构。项目因素是团队组建的外部因素，人员因素是团队组建的内部因素。

随着软件向大型化、复杂化发展，最关键的问题不仅在于开发技术、方法和工具的好坏，更重要的是软件工程难以定义和规范软件过程，难以管理软件过程的实施。本章通过简要介绍CMM的基本概念和CMM标准制定的过程，指出了研究新的软件开发方法和技术，提高计算机软件的生产率，提高软件产品质量和可靠性。

习　　题

1. 名词解释：过程、软件过程、项目、软件质量、软件配置、软件配置项、风险管理、关键过程域、关键实践。

2. 软件项目管理的 4P 观点包括哪些内容？它们符合读者对软件项目管理的认识吗？

3. 表11-12提供了一个国外典型的软件项目记录。根据此记录，请计算软件开发的生产率、千代码行的平均成本、文档与代码比例、每千行代码存在的软件错误个数。

表11-12　软件项目记录

项目	工作量 PM	成本	代码行 KLOC	文档页数 P	错误数 N	人数 H
A	24	168 000	12.1	365	29	3
B	62	440 000	27.1	1224	86	5
C	43	314 000	20.2	1050	64	6

4. 假设有一座陈旧的举行木板房需要重新油漆。这项工作必须分三步完成：首先，

刮掉旧漆，然后刷上新漆，最后清除溅在窗户上的油漆。假设一共分配了 15 名工人去完成这项工作。然而工具却很有限：只有 5 把刮旧漆用的刮板，5 把刷漆用的刷子，5 把清除溅在窗户上的油漆用的小刮刀。木板房 4 面墙各项步骤所需时间如表 11-13 所示。请分别用甘特图和工程网络图完成进度安排。

表 11-13　墙面所需工时

墙壁	刮旧漆	刷新漆	清理
1 或 3	2	3	1
2 或 4	4	6	2

5. 根据 1.6.1 节所描述“简历自动获取和查询系统”的问题陈述，计算其功能点。

6. 根据读者自身所参加的软件系统，采用本章介绍的各种项目估算模型，验证它们的估算结果和实际项目的吻合程度。

7. 根据例 11.1 的计算结果，并结合式（11-18）计算得到的工作量，请说明你对工作量计算结果的理解。

8. 你是某大型企业负责信息收集、分析、处理的管理人员，该系统为全国各地的子公司、各部门产品的进存销进行管理控制。当前有用户报告的 3 种不同类型的错误需要修复，你将这些错误分配给了小张、小王和小刘分别进行处理。两天之后，你通过分析他们修复的反馈信息发现，修复错误需要更改 4 个相关模块。你将如何管理这些更改？

9. 假设你是公司的项目经理。现在公司要求你所负责的项目必须在某个时间之前交付产品。时间紧，任务重，除了加班加点别无选择。而项目组成员也各有难处，有的需要照顾孩子、有的身体不好、有的需要请假办理重要事宜等各类情况。你是服从公司要求，还是决定说服项目组成员克服困难？请给出你所做的决定，并说明应考虑哪些重要因素。

10. 结合读者自身软件开发实践和经验，给出除了本章介绍的风险类型、风险分析之外，还有哪些你认为重要的风险类型，并进行简要分析，最终就某个风险填写一张风险信息表。

11. CMM 模型将过程成熟度分为几级？各自的主要内容是什么？

参 考 文 献

[1] Mills H D, M Dyer, and R Linger. Cleanroom Software Engineering. IEEE Software, Vol. 4, No.5, September 1987, pp.23-35.

[2] Boehm B. Anchoring the Software Process. IEEE Software, Vol. 13, No.4, July 1996, pp.73-82.

[3] Erich Gamma, Richard Helm, Ralph Johnson, John Vlissides. Design Pattern Element of Reusable Object-Oriented Software. New York: Addison-Wesley Professional. 1995.

[4] 中国国家标准化管理委员会. GBT 11457-2006 信息技术 软件工程术语. 2006.

[5] 全国信息技术标准化技术委员会. GB 20157-2006-T 信息技术 软件维护. 2006.

[6] 中华人民共和国信息产业部. SJ/T 11291-2003 面向对象的软件系统建模规范 第 3 部分：文档编制. 2003.

[7] 中国国家标准化管理委员会. GBT 8567-2006 计算机软件文档编制规范. 2006.

[8] 教育部软件工程学科课程体系研究课题组. 中国软件工程学科教程. 北京：清华大学出版社，2005.

[9] Barry W Boelm, 李师贤 译. 软件工程经济学. 北京：机械工业出版社，2004.

[10] 郑人杰，马素霞，殷人昆. 软件工程概论. 北京：机械工业出版社. 2010.

[11] 麻志毅. 面向对象分析与设计. 北京：机械工业出版社. 2008.

[12] 许家珆. 软件工程——方法与实践. 北京：电子工业出版社. 2008.

[13] 张海藩. 软件工程导论. 5 版. 北京：清华大学出版社. 2008.

[14] 齐治昌，谭庆平，宁洪. 软件工程. 2 版. 北京：高等教育出版社. 2004.

[15] 曲朝阳，刘志颖. 软件测试技术. 北京：中国水利水电出版社. 2006.

[16] IBM 官方网站，Rational 统一过程：http://www.ibm.com/developerworks/cn/rational/r-rupbp/.

[17] 敏捷项目管理：迭代与增量开发：https://en.wikipedia.org/wiki/Iterative_and_incremental_development.

[18] 维基百科：https://en.wikipedia.org/wiki/Minimum_viable_product.

[19] 中国国家标准化管理委员会. GBT 8566-2007 信息技术 软件生存周期过程. 2007.